生活垃圾卫生填埋工程
实用技术指南

标准应用·设计计算·案例精选

陈朱蕾　薛　强　主编

U0293001

中国建筑工业出版社

图书在版编目（CIP）数据

生活垃圾卫生填埋工程实用技术指南　标准应用·设计
计算·案例精选/陈朱蕾，薛强主编. —北京：中国建筑工业
出版社，2013.3（2025.2重印）
ISBN 978-7-112-15150-9

Ⅰ.①生… Ⅱ.①陈… ②薛… Ⅲ.①垃圾处理—卫生
填埋—指南 Ⅳ.①X705-62

中国版本图书馆 CIP 数据核字（2013）第 031868 号

　　本指南基于我国现行的卫生填埋系列技术标准，归纳了卫生填埋设计的实用算法及实际案例，主要内容是：1. 概论；2. 基本概念和术语；3. 选址及工程地质勘察与规模计算；4. 总体设计与填埋库容计算；5. 基础处理与土方计算；6. 垃圾坝与坝体稳定性计算；7. 防渗及地下水导排系统技术要求与设计计算；8. 防洪及雨污分流系统技术要求与设计计算；9. 渗沥液收集及处理系统技术要求与设计计算；10. 填埋气体收集及利用系统技术要求与设计计算；11. 封场系统技术要求与设计计算；12. 填埋新技术；13. 附录。

　　编写组经广泛调查研究，参考国内外先进标准及相关文献，并结合几十座卫生填埋场的工程设计经验，提炼了约 380 条技术要点，归纳了 100 多个设计计算方法及约 248 个相关计算公式，给出了 39 个设计计算案例，总结形成了本指南。

　　本指南作为卫生填埋技术参考工具书，可供生活垃圾填埋场设计、建设、运行管理技术人员使用，还可作为国家注册环保工程师考试（固废方向）的辅导资料以及高校环境工程专业固废处理课程设计和毕业设计的参考手册。

＊　　＊　　＊

责任编辑：孙玉珍
责任设计：赵明霞
责任校对：张　颖　赵　颖

生活垃圾卫生填埋工程实用技术指南
标准应用·设计计算·案例精选
陈朱蕾　薛　强　主编

＊

中国建筑工业出版社出版、发行（北京西郊百万庄）
各地新华书店、建筑书店经销
北京红光制版公司制版
建工社（河北）印刷有限公司印刷

＊

开本：787×1092毫米　1/16　印张：24　字数：596千字
2013年4月第一版　　2025年2月第三次印刷
定价：58.00 元
ISBN 978-7-112-15150-9
（23237）

编写人员名单

主　　编：陈朱蕾　薛　强

副 主 编：罗继武　杨　列　刘　勇

参编人员：郑得鸣　史波芬　陈　思　解　莹　付　乾　张　俊

曹泳民　俞瑛健　詹爱平　杨　林　刘　磊　龚　哲

谢文刚　胡骏嵩　褚　岩　陶其阳　曹　丽　万　睿

张　雄　杨金凤　李北涛　汪　佳　甘　露　郭治远

唐淑琴　王　璐　黄丽娟　赵梦龙　周传斌　宫千惠

徐丽丽　李林蔚　李元元　邵　蕾　黎小保　周　磊

吕志中　章　保　刘　晓　曾姗姗　廖朱玮　刘　婷

熊尚凌　张文静　黄　亮　杨　庆　李希堃　蔡新美

汪理科　喻文娟　席　爽

前　　言

　　生活垃圾卫生填埋技术在我国已有近 30 年的发展历史，相关工程建设标准也日趋完善。这些标准规范并指导着我国生活垃圾卫生填埋场的设计、建设、运行、评价等活动各方的技术行为和管理行为。但同时，由于固废处理领域科学技术的迅速发展、设计和建设经验的不断积累以及设计和建设活动的复杂性，现行标准尚不能及时全面细致地为从事建设活动的广大工程技术人员提供指导。

　　本指南旨在衔接我国现行的卫生填埋系列技术标准，编写出一本归纳了实用性算法及实际案例的技术参考工具书。编写组长期从事标准化研究工作，具有丰富的编制经验。在此基础上，编写组经广泛调查研究，参考国内外先进标准及相关文献，并结合几十座卫生填埋场的工程设计经验提炼归纳了约 380 条技术要点，建立和归纳参考了 100 多个设计计算方法及约 248 个相关计算公式，给出和归纳了 39 个设计计算案例，总结整理形成本指南。本指南可供生活垃圾填埋场设计、建设、运行管理技术人员使用，还可作为国家环保工程师考试（固废方向）的辅导工具书和高校环境工程专业固废处理课程设计和毕业设计的参考工具书。

　　由于水平有限，本指南难免有不妥之处，恳请读者朋友在使用过程中将意见及时反馈给编写组，以便进一步修订完善。

　　本指南中的部分设计计算方法和计算案例采用了钱学德先生主编的《现代卫生填埋场的设计与施工》一书的内容，在编写过程中得到了一些从事固废处理设计和建设的单位提供案例资料，特别是得到许多标准化管理专家和固废处理专家的帮助与指导，他们是董一新、冯其林、张范、徐文龙、施阳、秦峰、邓志光、吴文伟、陶华、张益、郭祥信、王琦、潘四红、齐长青、吴东彪、齐奇、杨军华、田宇、彭银仿等，在此一并表示感谢。

2012 年 12 月

目　　录

1 概 论

1.1 我国生活垃圾填埋场建设发展

据统计，2010年我国设市城市建设有628座生活垃圾处理设施（表1-1），其中填埋场498座，处理方式以填埋为主。

我国生活垃圾处理设施数量及规模统计表（2001～2010年）　　　　表 1-1

年份	处理厂（场）数（座）				处理能力（t/d）			
	合计	卫生填埋	堆肥	焚烧	合计	卫生填埋	堆肥	焚烧
2001 年	741	571	134	36	224736	192755	25461	6520
2002 年	651	528	78	45	215511	188542	16798	10171
2003 年	574	457	70	47	218603	187092	16511	15000
2004 年	559	444	61	54	238143	205889	15347	16907
2005 年	469	356	46	67	255862	211085	11767	33010
2006 年	413	324	20	69	256098	206626	9506	39966
2007 年	449	366	17	66	267751	215179	7890	44682
2008 年	509	407	14	74	315153	253268	5386	51606
2009 年	566	447	16	93	355780	273498	6979	71253
2010 年	628	498	11	104	387607	289957	5480	84940

注：数据来源于 2001 至 2010 年《中国城市建设统计年鉴》。

表1-1中填埋场数量近十年持续下降的原因，主要是由于小填埋场和简易填埋场的陆续关闭，但是垃圾填埋总量仍持续上升（图1-1），同时填埋场平均规模不断增大（图1-2）。

我国目前卫生填埋场数量、处理规模和技术水平依然不能满足要求，仍有大量的生活垃圾简易填埋处理，分散堆积在城市周边的自然环境中；同时已建填埋场还存在诸多运行管理和监管问题。与此同时，引导、约束建设活动的卫生填埋技术标准的制定工作，却有待于相关课题研究工作的推进和相关科研及设计成果的转化，应及时将卫生填埋技术发展中更为成熟的工艺、材料、设备、设计方法和最新技术纳入标准条文要求或技术导则中，以便更好的用以指导国内卫生填埋场的新建、扩建，简易填埋场的封场、改建等。

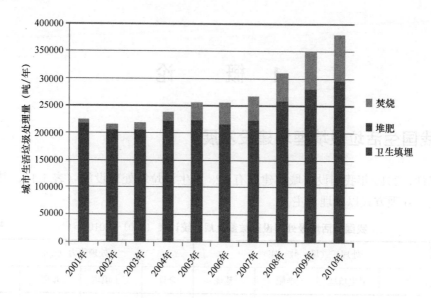

图 1-1　我国生活垃圾处理量（万 t/d）变化图（2001～2010 年）

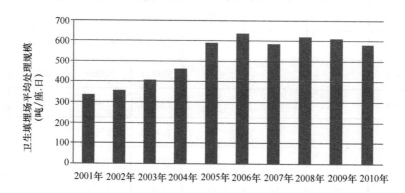

图 1-2　我国生活垃圾填埋场平均处理规模变化图（2001～2010 年）

1.2　我国生活垃圾卫生填埋技术发展

　　早期的生活垃圾采用简单堆放的方式进行处理，并未控制对环境的污染。直到 20 世纪 30 年代，美国才首次提出"卫生填埋"的概念，日本和德国也在 20 世纪 70 年代相继开展了卫生填埋技术的研究和并应用于实际工程当中。

　　我国的卫生填埋技术起步较晚，始于 20 世纪 80 年代末。1988 年建设部颁布了我国第一部卫生填埋技术标准《生活垃圾卫生填埋技术规范》CJJ 17-88，该标准的颁布标志着我国正式迈进了以无害化处理为特征的卫生填埋阶段。经过 20 多年的发展，我国的生活垃圾卫生填埋技术取得了显著的进步，国外先进技术的引进、大型企业的介入、新型材料及设备的运用、污染控制标准的提高等都加速了我国卫生填埋技术的发展。

　　本章从防渗技术、渗沥液处理工艺、填埋气体收集利用技术、封场技术等四个方面简要概括了我国卫生填埋技术的发展历程。

1.2.1 防渗技术的发展

我国生活垃圾卫生填埋场防渗技术的发展经历了天然水平防渗、垂直防渗、人工水平防渗三个阶段。

1.2.1.1 天然水平防渗阶段 (20世纪80年代末)

1988年颁布的《生活垃圾卫生填埋技术规范》CJJ 17-88规定,生活垃圾卫生填埋场必须进行天然或人工防渗处理。20世纪80年代末至90年代初,我国的生活垃圾卫生填埋场一般采用天然黏土进行防渗,技术指标为黏土衬里的厚度大于2m,渗透率不大于 1.0×10^{-7} cm/s。如北京安定卫生填埋场、武汉金口卫生填埋场等都采用这种天然水平防渗系统。但由于诸多因素的限制,当时建设的大部分填埋场的黏土衬里并没有取得很好的防渗效果。

1.2.1.2 垂直防渗阶段 (20世纪90年代初)

垂直防渗是水利水电工程常用的防渗方式,即利用压力灌浆的方法设置防渗帷幕将地下水出口处及邻区的岩石裂隙充填封闭,使上游受污染的地下水阻集于帷幕前的水池中,使渗沥液不向下游及邻区渗透。垂直防渗较好地防止了地下水的污染。1991年4月建成并投入使用的杭州天子岭固体废弃物总场一期工程是我国第一个采用垂直防渗方式的生活垃圾卫生填埋场,这标志着垂直防渗开始应用于我国填埋场的防渗工程。随后垂直防渗方式又相继应用于南昌、贵阳、长沙、福州、宜昌等地的垃圾填埋场防渗工程。

然而,垂直防渗对于填埋场区的地质要求较高,填埋场场区必须具备一定的水文地质条件,如必须为一个小的、独立的水文地质单元;地层的透水性较差且富水性弱;下游一定范围内地下水无利用价值。但是,不透水层的勘测界定难度较高,灌浆深度很难确定,而灌浆深度不够很容易造成污染物外泄。

随着对防渗要求的提高,单独的垂直防渗已不能满足填埋场的防渗要求,因此在修编的《生活垃圾卫生填埋技术规范》CJJ 17-2004标准中,未将垂直防渗纳入标准中。之后颁布的《生活垃圾填埋场无害化评价标准》CJJ/T 107-2005中也规定,如果填埋场只采用垂直防渗的方式,防渗单项应予以扣分。自从填埋场新的技术标准和评价标准颁布后,单独的垂直防渗技术已逐渐停止使用。近些年来,"垂直防渗"技术只作为水平防渗的辅助防渗方式或作为地下水控制技术在填埋场中使用。

1.2.1.3 人工水平防渗阶段 (20世纪90年代末至今)

1997年,深圳下坪生活垃圾卫生填埋场采用了HDPE人工合成膜水平防渗技术,这是我国首次将人工合成材料应用于填埋场的防渗工程。此后,昆明、海口、保定、北京、天津等地也相继建成了一批采用HDPE膜进行水平防渗的填埋场。2002年8月,我国第一个采用双层HDPE膜防渗的卫生填埋场——广州兴丰生活垃圾卫生填埋场一期工程建成并投入使用。

在1997年到2004年之间,我国填埋场可选择性地采用水平防渗或垂直防渗方式。而2004年颁布的《生活垃圾卫生填埋技术规范》CJJ 17-2004明确规定垂直防渗不得作为填埋场的防渗方式,同时对水平防渗做了更加细致的规定,增加了对人工合成材料厚度的要求、人工防渗系统的详细防渗结构和每层的具体要求。2007年出台的《生活垃圾卫生填埋场防渗系统工程技术规范》CJJ 113-2007,2008年出台的《生活垃圾填埋场污染控制标准》GB 16889 - 2008 也确定了我国生活垃圾填埋场防渗工程只能采用水平防渗方式。

目前，人工水平防渗技术及相应的防渗材料如 HDPE 膜、GCL、土工布等广泛应用于我国填埋场的防渗工程。

1.2.2　渗沥液处理工艺的发展

1.2.2.1　传统生物处理阶段（20 世纪 90 年代初）

20 世纪 90 年代初，我国渗沥液的处理主要采用生活污水的传统生物处理工艺或高浓度工业有机废水生物的传统处理工艺。这个阶段的主要代表工程有杭州天子岭填埋场（两级好氧工艺）、武汉金口填埋场（升流式厌氧污泥床 UASB）、上海老港填埋场（生物稳定塘和土地处理相结合的方法）等。

然而，这些处理工艺没有充分考虑渗沥液的变化特性，仅在填埋初期有一定效果。随着填埋时间的延长，渗沥液的浓度越来越高，成分也越来越复杂，渗沥液的可生化性变差，该工艺的处理效果也明显下降。因此，虽然渗沥液处理工艺是按渗沥液排放标准设计的，但实际建成投入使用后，大部分都难以达到《生活垃圾填埋场污染控制标准》GB 16889 - 1997 中三级排放标准要求。

1.2.2.2　物化预处理＋生物处理阶段（20 世纪 90 年代中后期）

到了 20 世纪 90 年代中后期，人们开始认识到，仅靠生物处理方法是难以达到渗沥液处理排放标准的。在此阶段，研究及设计人员开始重视渗沥液的水质、水量及处理特性，尤其是高浓度的氨氮、有毒有害物质、重金属离子及难生物降解有机物的去除。

为保证生物处理的效果，设计逐步采用在生物处理前添加物化预处理过程，以降低渗沥液中氨氮、COD、BOD 的浓度，为生物处理系统的有效运行提供良好条件。在此阶段，物化预处理主要采用的手段有化学氧化法、物理吸附、混凝及氨吹脱等，主要代表工程有广州大田山垃圾填埋场（将原工艺改造成氨吹脱＋SBR 处理工艺）、上海老港垃圾填埋场三期改扩建工程（增加回灌、采用芦苇湿地分水与断水隔堤、化学氧化反应池等、加强曝气量）和深圳下坪生活垃圾卫生填埋场（氨吹脱＋厌氧复合床＋SBR 工艺）。

随着工程实践经验的累积，人们对渗沥液的认识也更加深入。但是，当时流行的工艺对难降解有机物的处理效果并不明显，大部分垃圾填埋场渗沥液处理设施的运行只能满足《生活垃圾填埋场污染控制标准》GB 16889 - 1997 中的二、三级排放标准，难以达到一级排放标准的要求。

1.2.2.3　生物处理＋深度处理阶段（21 世纪初）

进入 21 世纪后，膜生物反应器（MBR）、纳滤（NF）、卷式反渗透（RO）、碟管式反渗透（DTRO）等工艺开始应用于渗沥液处理工程中，处理后的水质可达到《生活垃圾填埋场污染控制标准》GB 16889 - 1997 的一级排放标准的要求。

以 MBR 工艺在渗沥液处理中的发展为例：MBR 工艺的研究始于 20 世纪 60 年代的美国，70 年代以后，日本也开始在废水处理领域大力开发和研究 MBR 工艺的应用。而 MBR 在我国的研究始于 1993 年，最早用于中水回用，取得了良好的效果。到 21 世纪，MBR 工艺开始应用于我国渗沥液处理工程实践当中，并取得了良好的效果。如今，预处理、MBR 与膜工艺的组合已发展成为渗沥液处理的主流工艺。

表 1-2 列举了国内典型垃圾渗沥液处理应用 MBR 工艺的工程实例。

国内典型垃圾渗沥液 MBR 处理工程实例　　　　　表 1-2

序号	项　目	工　艺	执行标准	规模（t/d）
1	青岛小涧西垃圾填埋场渗沥液处理	MBR＋NF	GB 8978－1996 Ⅱ级标准	200
2	北京高安屯填埋场渗沥液处理	MBR＋NF＋RO	GB16889－1997 Ⅰ级	200
3	武汉陈家冲垃圾填埋场渗沥液处理	MBR＋NF＋RO	GB8978－1996 Ⅰ级标准	400
4	苏州市垃圾填埋场渗沥液处理	厌氧＋MBR	GB8978－1996 Ⅲ级标准	1200
5	哈尔滨西部垃圾填埋场渗沥液处理	MBR＋NF	GB8978－1996 Ⅰ级标准	200
6	北京北神树垃圾填埋场渗沥液处理	MBR＋NF＋RO	GB16889－1997 Ⅰ级	200
7	某夹山垃圾填埋场渗沥液处理	MBR＋NF	GB8978－1996 Ⅰ级标准	210
8	广州李坑垃圾综合处理厂废水处理	UASB＋MBR＋RO	GB8978－1996 Ⅰ级标准	800
9	郑州市垃圾填埋场渗沥液处理	MBR＋NF＋RO	GB8978－1996 Ⅰ级标准	400
10	北京市小武基垃圾中转站废水处理	MBR	GB8978－1996 Ⅰ级标准	50
11	北京顺义垃圾填埋场渗沥液处理	MBR＋RO	GB8978－1996 Ⅰ级标准	100
12	昆明市两个垃圾填埋场渗沥液处理	MBR＋NF	GB8978－1996 Ⅰ级标准	150＋250
13	临沂市生活垃圾卫生填埋场渗沥液处理站	MBR＋NF	GB8978－1996 Ⅰ级标准	300
14	泰安市垃圾厂渗沥液处理站	MBR＋NF	GB8978－1996 Ⅰ级标准	120
15	溧阳市垃圾填埋场渗沥液处理工程	MBR＋NF	GB8978－1996 Ⅰ级标准	200

目前渗沥液处理的行业标准《生活垃圾渗沥液膜生物反应处理系统技术规程》已通过评审，近期颁布后将使渗沥液处理的 MBR 工艺走向规范化。

1.2.2.4　预处理＋生物处理＋膜深度处理或预处理＋物化处理（近 5 年）

2008 年，国家颁布了修订后的《生活垃圾填埋场污染控制标准》GB16889－2008，该标准将原标准的 Ⅰ 级、Ⅱ 级、Ⅲ 级排放标准修改为一般地区排放标准（简称表 2 标准）和敏感地区排放标准（简称表 3 标准），提高了渗沥液的排放标准，这对渗沥液处理工艺提出了更高的要求。

为了达到新标准的排放要求，目前的渗沥液处理工艺一般都采用"预处理＋生物处理＋膜深度处理"，如"化学沉淀或水解酸化-MBR-NF-RO"、"化学沉淀或水解酸化-MBR-DTRO"等。

渗沥液处理工艺也采用"预处理＋物化处理"组合，如"预处理－两级碟管式反渗透（DTRO）"。此外，"预处理－蒸发浓缩法（MVC）＋离子交换树脂（DI）"工艺在国内也有应用。

表 1-3 列举了国内典型垃圾渗沥液处理执行新排放标准，应用预处理＋生物处理＋膜深度处理或预处理＋物化处理的工程实例。

国内典型垃圾渗沥液处理执行新排放标准工程实例　　　　　表 1-3

序号	项　目	工　艺	排放标准	规模（t/d）
1	成都长安垃圾填埋场渗沥液处理工程	MBR＋深度膜处理	GB 16889－2008	1000
2	佛山高明垃圾填埋场渗沥液处理工程	MBR＋深度膜处理	GB 16889－2008	860
3	上海老港生活垃圾处置场渗沥液处理工程	MBR＋深度膜处理	GB 16889－2008	950

续表

序号	项 目	工 艺	排放标准	规模（t/d）
4	无锡桃花山垃圾填埋场渗沥液处理工程	MBR+深度膜处理	GB 16889−2008	800
5	长沙固废处理场渗沥液处理工程	MBR+深度膜处理	GB 16889−2008	1000
6	蚌埠垃圾处理厂渗沥液处理站	MBR+NF+RO	GB 16889−2008	200
7	湖北宜昌黄家湾垃圾填埋场渗沥液处理工程	DTRO+DTRO	GB 16889−2008	240
8	辽宁铁岭柴河垃圾处理厂垃圾渗沥液处理站工程	DTRO+DTRO	GB 16889−2008	150
9	广西北海市白水塘生活垃圾处理厂改扩建渗沥液处理工程	DTRO+DTRO	GB 16889−2008	250
10	安徽宁国市生活垃圾处理工程渗沥液处理站工程	DTRO+DTRO	GB 16889−2008	100
11	江苏徐州市雁群生活垃圾处理场渗沥液处理工程	DTRO+DTRO	GB 16889−2008	200
12	河北石家庄市峡石沟垃圾卫生填埋场污水站改造工程	生化+DTRO+DTRO	GB 16889−2008	200
13	青岛市小涧西垃圾综合处理厂渗沥液处理扩容改造工程	MBR+DTRO	GB 16889−2008	900
14	上海浦东新区黎明垃圾卫生填埋场渗沥液处理扩建工程	MBR+DTRO	GB 16889−2008	800
15	西安市江村沟垃圾渗沥液处理厂改扩建工程	MBR+DTRO	GB 16889−2008	1200

1.2.3 填埋气体收集利用技术发展

1.2.3.1 无组织排放阶段（1988年之前）

1988年之前，我国的大部分垃圾填埋场并没有设置填埋气体（LFG）收集设施，填埋气体处于无组织排放状态，温室气体未得到控制并存在安全隐患。上海、北京、重庆等地都发生过填埋气体导致爆炸的事故。

1.2.3.2 被动收集阶段（1988～1998）

1988年颁布的《生活垃圾卫生填埋技术规范》CJJ17−88规定，生活垃圾卫生填埋场应设置填埋气体导排系统。在此阶段，国内建设的生活垃圾卫生填埋场采用的大部分是被动收集方式，使用导气石笼进行垂直收集，收集的填埋气体基本都排放到大气中。

1.2.3.3 主动收集、简单利用阶段（1998～2005）

1998年签署的《京都议定书》提出的CDM机制和碳"排放权交易"促进了我国填埋气体收集利用技术的发展。1998年10月，杭州市天子岭废弃物处理总场建立了我国第一个填埋气体回收利用项目。此后一些城市如广州、北京、马鞍山等也相继建成了填埋气回收利用项目。在这之中，大部分项目利用了回收的填埋气进行发电。此阶段为了鼓励填埋气体的收集利用，我国还出台了若干相关政策，见表1-4。

鼓励提高填埋气体收集利用的政策 表1-4

政策名称	出台机构	颁布时间	具 体 内 容
《中国21世纪议程－中国21世纪人口、环境和发展白皮书》	国务院	1994年	大力推广沼气应用技术，利用生物质能生产沼气，用于生活和动力能源

政 策 名 称	出台机构	颁布时间	具 体 内 容
《关于进一步开展资源综合利用意见的通知》	国家经贸委等部门	1996 年	把填埋气体发电划定为资源综合利用项目，享受相应的优惠政策
《中国城市生活垃圾填埋气体收集利用国家行动方案》	国家环保总局	2002 年	分析了我国城市垃圾处理管理体制、政策、技术、融资障碍，提出了相应的建议，对城市垃圾填埋气体的利用提出了三阶段实施的计划
《关于加强生活垃圾填埋场气体管理工作的通知》	建设部	2002 年	提出对于有条件的填埋场，要加强气体的收集和综合利用；鼓励多方投资，建立多元化的投资体系

同时，修编后的《生活垃圾卫生填埋技术规范》CJJ 17 - 2004 也极大地促进了我国填埋气收集利用技术的发展。该规范对《生活垃圾卫生填埋技术规范》CJJ 17 - 88 中 6.4 节（填埋气体导排及防爆）作了较多修改和补充，将"填埋场必须设置有效的气体导排设施及严防火灾和爆炸"列为强制性条文。此外，还在总则第一条中规定"填埋气体应尽可能收集利用"。

1.2.3.4 主动收集、利用方式多样化阶段 (2005 年至今)

由于某些原因，在 2005 年之前，我国实际上投入运行使用的填埋气体回收利用项目并不多，CDM 项目更是稀少。截止 2005 年，我国政府批准的填埋气体 CDM 项目只有三个：①北京安定填埋场填埋气体收集利用项目；②南京天井洼垃圾填埋气体发电项目；③梅州垃圾填埋场填埋气体回收与能源利用项目。

2005 年 2 月 16 日，《京都议定书》正式生效。在这之后，CDM 项目的建设和相关技术的发展向中国的垃圾填埋气体回收利用领域注入了前所未有的动力。截至 2010 年 11 月 12 日，国家发改委共批准填埋气体利用 CDM 项目 57 个，估计年减排量 CO_2 的总量达到 708 万吨。

2009 年《生活垃圾填埋场填埋气体收集处理及利用工程技术规范》CJJ 133 - 2009 的颁布使我国填埋气体的收集利用做到了有据可依、也使得整个行业更加规范。

经过近十年的发展，我国填埋气体收集利用技术有明显的发展，在新型高效垃圾填埋气体燃烧发电机和发电系统、新型高效垃圾填埋气体火炬燃烧系统、垃圾填埋气体提纯工艺的研究等领域都取得了一定的成果。然而与国外相比，我国在此领域的差距还是较大的。目前，国内的填埋气体利用项目绝大多数关键设备都是依赖进口。虽然国内一些研究机构曾对填埋气体发电机的开发作过一些研究，但研究内容主要集中在内燃机系列，一般只是对汽油机和柴油机进行粗略的改装，并没有足够的设备运行经验。总体而言，目前我国将填埋气体作为清洁燃料的发电技术正处于探索阶段。

1.2.4 封场技术的发展

1.2.4.1 无覆盖阶段 (1988 年之前)

1988 年之前，我国垃圾填埋场基本无封场覆盖设计，生活垃圾裸露在大气之中，经常给环境造成二次污染。

1.2.4.2　自然黏土覆盖阶段（1988～2004）

1988 年颁布的《生活垃圾卫生填埋技术规范》CJJ 17 - 88 规定生活垃圾卫生填埋场应进行终场覆盖设计。但该规范只规定了自然黏土的覆盖厚度、封场顶坡坡度等参数，并没有对终场覆盖进行分层设计的具体要求。随后颁布的《生活垃圾填埋场污染控制标准》GB 16889 - 1997 和《生活垃圾卫生填埋技术规范》CJJ 17 - 2001 也没有终场覆盖的分层设计。

该阶段我国生活垃圾卫生填埋场主要采用简单自然黏土覆盖，封场效果并不好，仍然容易造成二次污染。

1.2.4.3　多层终场覆盖结构阶段（2004～2010）

2004 年颁布的《生活垃圾卫生填埋技术规范》CJJ 17 - 2004 促进了我国填埋场封场技术的发展。该规范第一次对生活垃圾卫生填埋场的终场覆盖系统的分层及每一层的技术参数做出了要求。而 2007 年颁布的《生活垃圾卫生填埋场封场技术规程》CJJ 112 - 2007 是我国第一部专门针对生活垃圾卫生填埋场封场技术的标准，该标准对终场覆盖系统做出了更为详细的规定。同时，两个标准对封场后的土地利用也做出了明确的规定。

在该阶段，人工覆盖如 HDPE 土工膜材料开始应用于我国填埋场终场覆盖系统。我国也开始对老填埋场进行改造，如上海老港四期工程，杭州天子岭二期工程，开始探索老填埋场的封场技术。

1.2.4.4　封场后土地利用阶段（2010 年至今）

2010 年之前，我国的填埋场大部分尚未终场覆盖，故未考虑填埋场覆盖后的土地利用问题。2010 年颁布的《生活垃圾填埋场稳定化场地利用技术要求》GB/T 25179 - 2010 则对填埋场终场覆盖后的土地利用方式做出了具体的规定。该标准的颁布拉开了我国对填埋场终场覆盖后土地利用的序幕。

经过二十余年的发展，我国生活垃圾卫生填埋场终场覆盖技术经历了无覆盖、黏土覆盖、多层终场覆盖系统（包括使用人工材料的终场覆盖）等阶段，从不考虑封场后的土地利用到封场后土地利用的标准化、规范化，取得了长足的进步。

1.3　我国生活垃圾卫生填埋工程建设标准发展

我国生活垃圾卫生填埋技术标准工作始于 20 世纪 80 年代中期，在 90 年代有较快的发展，并初步构成了标准系列（见表 1-4），主要用于指导国内生活垃圾填埋场的建设。在 90 年代末期我国制订了工程建设领域环境卫生专业标准体系，涵盖了生活垃圾卫生填埋处理系列工程建设标准。这个体系正处于开放的状态，根据国家标准项目年度制（修）订计划有序地完成编制和修订任务，不断地发展和完善，为我国垃圾填埋处理工程技术的发展和进步提供了有力的支撑。

1.3.1　我国工程建设标准体系

工程建设标准是我国工程建设的一项十分重要的技术基础工作，它涉及城乡规划、城镇建设、房屋建筑、交通运输、水利、电力等各个行业和领域，是对这些领域中各类工程的勘察、规划、设计、施工、安装、验收、运营维护及管理等所作技术要求和规定。工程建设标准的编制，原则上是按照工程建设标准体系规划进行。目前，《工程建设标准体系（城乡规划、城镇建设、房屋建筑部分）》作为我国工程建设标准体系的重要组成部分，主要由综合标准和三个对应的标准系列组成，其内容与国家相关法律法规相呼应（图1-3）。

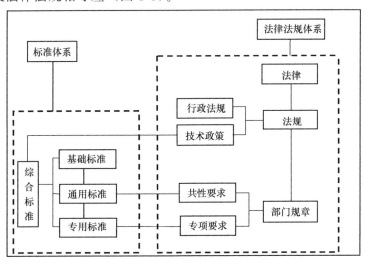

图1-3　我国标准体系框图

体系中的综合标准，主要是涉及质量、安全、卫生、环保和公众利益所必需的技术要求及管理要求。综合标准对该部分所包含的各专业的各层次的标准均具有制约和指导作用。

基础标准是在某一专业范围内作为其他标准的基础并普遍使用如：术语、符号、计量单位、图形、模数、基本分类、基本原则等。

通用标准指某一类标准化对象制定的覆盖面较大的共性标准，它可以作为制定专项标准的依据，如：通用的安全、卫生和环保要求，通用的质量要求，通用的设计施工要求，通用的质量要求，通用的设计、施工要求与实验方法，以及通用的管理技术等。

专用标准是指对某一具体标准化对象或作为通用标准的补充、延深而制定的专项标准，覆盖面一般不大，如某种工程的勘察、规划、设计、施工、安装、及质量验收的要求，某种新材料、新工艺的应用技术要求等。

1.3.2　我国生活垃圾填埋工程建设标准体系

生活垃圾填埋技术标准在工程标准体系中被包括在城镇市容环境卫生专业。市容环境卫生专业标准体系中（图1-4），其对应的子系统见图3-2。在工程建设标准体系中市容环境卫生标准体系被列为第［2］7系列，与我国城市环境卫生行业历史及20世纪80年代中期建立的市容环境卫生标准体系一脉相承（表1-5）。

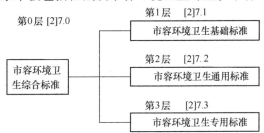

图1-4　市容环境卫生标准体系相对关系

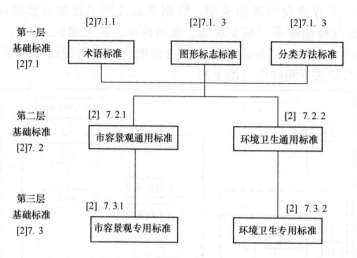

图 1-5 市容环境卫生专业标准分体系

市容环境卫生生活垃圾卫生填埋专业标准体系

表 1-5

	[2]7.0 综合标准		
体系编码	标准名称	现行相关标准	备注
[2]7.0.2	生活垃圾处理技术规范		在编

	[2]7.1 基础标准		
体系编码	标准名称	现行相关标准	备注
[2]7.1.1	术语标准		
[2]7.1.1.1	市容环境卫生术语标准	CJJ 65 - 2004	
[2]7.1.2	图形标志标准		
[2]7.1.2.1	环境卫生图形符号标准	CJJ/T 125 - 2008	
[2]7.1.3	分类方法标准		
[2]7.1.3.1	城市生活垃圾分类及其评价标准	CJJ/T 102 - 2004	

	[2]7.2 通用标准		
体系编码	标准名称	现行相关标准	备注
[2]7.2.2	环境卫生通用标准		
[2]7.2.2.7	生活垃圾卫生填埋处理技术规范	GB 50869	

	[2]7.3 专用标准		
体系编码	标准名称	现行相关标准	备注
[2]7.3.2	环境卫生专用标准		
[2]7.3.2.12	生活垃圾卫生填埋场运行维护技术规程	CJJ 93 - 2011	
[2]7.3.2.13	生活垃圾卫生填埋场岩土工程技术规程	CJJ 176 - 2012	
[2]7.3.2.14	生活垃圾土土工试验技术规程		在编
[2]7.3.2.15	生活垃圾卫生填埋封场技术规程	CJJ 112 - 2007	
[2]7.3.2.16	垃圾填埋场人工防渗系统渗漏破损探测技术规程		在编
[2]7.3.2.17	生活垃圾卫生填埋场防渗系统工程技术规范	CJJ 113 - 2007	

[2]7.3.2.18	生活垃圾渗沥液处理技术规范	CJJ 150 - 2010	
[2]7.3.2.19	渗沥液膜生物反应处理系统技术规程		在编
[2]7.3.2.20	生活垃圾填埋场填埋气体收集处理及利用工程技术规范	CJJ 133 - 2009	
[2]7.3.2.21	城镇环境卫生设施除臭技术规程		在编
[2]7.3.2.22	生活垃圾卫生填埋场气体收集处理及利用工程运行维护技术规程	CJJ 175 - 2012	
[2]7.3.2.23	生活垃圾卫生填埋场运行监管标准		在编
[2]7.3.2.24	生活垃圾填埋场无害化评价标准	CJJ/T 107 - 2005	

注：体系表中数字分别表示工程建设标准体系部分、专业号、层次号、门类号、标准序号。其中[2]7.3.2.14、[2]7.3.2.19、[2]7.3.221、[2]7.3.2.23为2010年工程建设标准制订计划中的项目。

1.3.3 现有生活垃圾卫生填埋标准的适用范围

在我国生活垃圾卫生填埋场的工程建设中，《生活垃圾卫生填埋技术规范》CJJ17是一本重要的通用规范，1988年建设部颁布实施。实施后的标准与卫生填埋技术相伴相生，至2004年已修订了四次。《生活垃圾卫生填埋技术规范》CJJ17在环卫标准体系中是通用标准，主要适用于我国生活垃圾填埋场的新建、改建、扩建工程。标准中的技术内容包括填埋场建设的整个过程和各个专项技术要求：体现填埋场建设的标准与水平—包括填埋场的选址，填埋库区地基与防渗，渗沥液导排与处理，填埋气体导排与防爆，封场工程、环境保护与劳动卫生工程施工及验收。目前国家标准《生活垃圾卫生填埋处理技术规范》GB 50869作为国标即将颁布。

对于填埋场的防渗、渗沥液处理、填埋气体发电、封场填埋作业等专项技术，也有配套的专用标准，用于指导填埋场建设中专项技术的实施与操作。这些专用标准简介如下：

(1)《生活垃圾卫生填埋场防渗系统工程技术规范》CJJ 113 - 2007：内容涉及填埋场防渗系统工程设计、材料的选用，施工工艺验收和系统测试等内容。

(2)《生活垃圾填埋场填埋气体收集处理及利用工程技术规范》CJJ 133 - 2009：内容涉及填埋气体的收集、储存、填埋气体发电与制燃气工艺、环境保护、填埋气体发电与制燃气工程的设计、施工、验收等。

(3)《生活垃圾卫生填埋场封场技术规程》CJJ 112 - 2007：内容包括垃圾堆体整形，填埋气体的导排、封场、覆盖、防渗、地表水和地面污水的控制、垃圾渗沥液的导排与处理、封场工程的施工与管理、环境保护与劳动卫生、封场绿化和土地利用。

(4)《生活垃圾卫生填埋场岩土工程技术规程》CJJ 176 - 2012：内容包括生活垃圾填埋场的渗流、稳定及沉降等有关填埋场土工方面的技术问题。

(5)《生活垃圾土工试验技术规程》(在编)已完成报批稿，该标准将提供生活垃圾填埋场在建设和运行过程中采用土工技术分析时所需的物理、力学、化学等参数指标及测试方法。

值得关注的是，生活垃圾卫生填埋标准体系已经考虑和涉及垃圾填埋场的垃圾填埋土土工方面的技术标准，如上述的《生活垃圾卫生填埋场岩土工程技术规程》CJJ 176 - 2012和《生活垃圾土工试验技术规程》(在编)。实践证明在垃圾填埋场的建设中，土工技术手段运用到填埋场的建设中，对于垃圾填埋场的稳定安全和污染控制是非常必要的。

生活垃圾卫生填埋专用标准的立项和制定原则是按照工程建设标准体系中的项目安排，根据生活垃圾卫生填埋的工艺流程进行考虑的。这些专用标准在《生活垃圾卫生填埋处理技术规范》GB 50869 中都对应有原则性规定，但《生活垃圾卫生填埋处理技术规范》GB 50869 是填埋场建设的总体的技术要求，在专项技术内容的深度要求上比较笼统，填埋场在运行过程中出现的防渗、填埋气体处理、臭气、封场等工程技术问题是需要有针对性的专用标准进行具体的操作性规定的。因此从量上讲，生活垃圾的专用标准要远多于通用标准。

1.3.4　生活垃圾卫生填埋标准体系发展展望

卫生填埋场的建设是一个综合的工程，在初期建设中还是有一些技术规定欠成熟，在填埋场运行过程中随着填埋技术的不断发展，相关的技术要求不断在标准中得到体现。同时专用标准的配套制订，都极有利地促进了我国生活垃圾填埋场建设。以往在填埋技术标准的体系中关注较多的是垃圾填埋场的环境和卫生方面的问题，当卫生填埋技术发展到今天，在通用标准和专用标准中结合相关工程技术全面考虑填埋场的稳定安全、污染控制已势在必行。

我国地域辽阔，不同地域的环境条件、地质条件以及气候所造成的填埋场建设条件的差异较大，如：超小规模填埋场的渗沥液处理。高山地区卫生填埋场的选址。平原地区地下水位对卫生填埋场的影响。黄土高原地区卫生填埋场的建设等，通过全面的考虑这些地区的特点或根据生活垃圾卫生填埋技术的发展和国内填埋场建设的需求，制订填埋技术标准或技术导则，因地制宜的指导填埋场建设。使得我国卫生填埋技术标准的实施在国内具有引领不同区域共同发展的作用，在国际平台上彰显自有的特色同时具备共同认定的技术要求。

同时，近些年来，我国陆续颁布了《垃圾填埋场用高密度聚乙烯土工膜》CJ/T 234－2006、《垃圾填埋场用线性低密度聚乙烯土工膜》CJ/T 276－2008、《垃圾填埋场压实机技术要求》CJ/T 301－2008 等产品标准，目前在编的有《垃圾填埋场用土工网垫》、《垃圾填埋场用土工滤网》等产品标准。各类生活垃圾卫生填埋产品标准的编制、颁布也推进了我国卫生填埋技术的发展，完善了我国生活垃圾卫生填埋的技术标准体系。

值得关注的是，生活垃圾卫生填埋标准体系已经考虑和涉及垃圾填埋场的垃圾填埋土土工方面的技术标准，实践证明在垃圾填埋场的建设中，土工技术手段运用到填埋场的建设中，对于垃圾填埋场的稳定安全和污染控制是非常必要的，2009 年《生活垃圾卫生填埋场岩土工程技术规范》列入当年工程建设标准制订计划，目前该标准经颁布实施，这本标准解决了生活垃圾填埋场的渗流、稳定及沉降等有关填埋场土工方面的技术问题。2010年《生活垃圾土工试验技术规程》也已列入工程建设标准编制计划，编制工作已开始启动，该标准将提供生活垃圾填埋场在建设和运行过程中采用土工技术分析时所需的物理、力学、化学等参数指标及测试方法。

总体上，生活垃圾卫生填埋的技术标准体系是较为完善的标准体系，现有的标准在工程实践中发挥着巨大的作用。并且标准也在逐年的滚动修订。

1.4 国内外填埋技术及标准比较

1.4.1 渗沥液排放标准及排放方式

1.4.1.1 美国

美国填埋场渗沥液的排放标准是保证渗沥液处理水平与环境保护法规、经济发展和科学技术水平相协调，强调环境标准应与处理技术相适应，排放控制由法规及最终排放去向所决定。

1）城市固体废弃物填埋标准

40CFR258.27 规定城市固体废弃物填埋场排入地表水的污染物必须遵守 National Pollutant Discharge Elimination System（NPDES）《国家污染物排放削减制度》的相关规定，并对填埋场非点源污染物作出了限制。《城市固体废弃物填埋标准》（U S EPA，1991，Municipal Solid Waste landfill Criterion，简称 MSWLC）规定填埋场的运营管理必须保证不会释放出违反《清洁水法》（Clean Water Act，以下简称 CWA）的污染物，以保护地表水。MSWLC 允许渗沥液回灌填埋场，要求业主必须建立、维护地表水排水控制系统，排水必须根据 CWA 的要求进行，遵守 CWA 关于排入水体和湿地的污染物的要求。其第三部分设计指标中规定：经有关州批准，设计上要保证在"一致相关点"的渗沥液中 24 种有机物和无机物的浓度不得超过允许排放的最大浓度（MCL），根据现场水力学条件，监测点范围选择在填埋场边界 150m 范围内。

2）清洁水法

《清洁水法》（CWA）规定，所有排放到美国规定水体中的点源水污染都必须拥有许可证，即通过制定以可行技术为基础的排放许可限制，来控制具体的排放源。CWA 规定："自 1972 年 10 月 18 日起 180 天内，及其之后随时，局长应随需要公布提议规定，为向公共污水处理系统引入不能处理或干扰其正常运行的污染物制定预处理标准"，规定了任何违反预处理标准的污染源控制方案属于违法行为。对于向公共污水处理厂排放的污染源，法律要求通过城市污水处理厂对污染源预处理标准加以控制。

1.4.1.2 欧盟

欧盟关于废物的 75/442/EEC 指令第 9 条规定，要建立一个基于高环境保护水平的渗沥液处理网络，渗沥液必须达到相应标准后排放，但法令中没有提及具体的排放标准，而是要求各成员国自行制订。

2005 年 7 月颁布的填埋导则也对地下水保护和渗沥液管理做出了规定，其中规定所有的垃圾填埋场都必须达到《地下水指令》（Groundwater Directive）的基本要求，即在填埋场的整个生命周期内，其所在地不存在有不可接受的排放风险；除非填埋场没有任何潜在危害，否则渗沥液都要予以收集、处理并达到合适的标准才能排放。

1.4.1.3 日本

日本 1979 年修订颁布了《废弃物最终处置场指南》，其中的城市固体废物处置部分对渗沥液的排放标准做了详细的规定，部分检测项可参考表 1-6。

1.4.1.4 中国

我国生活垃圾卫生填埋场污染控制标准中对渗沥液的污染控制采用直接排放与间接排

放相结合的基本框架。

1）直接排放

直接排放的渗沥液原则上其排放要求宜与修订后的城市污水处理厂排放要求一致。要求现有和新建生活垃圾填埋场自 2008 年 7 月 1 日起执行表 1-6 规定的水污染物排放浓度限值。

2）间接排放

2011 年 7 月 1 日前，现有的垃圾渗沥液在满足一定条件时可送往城市二级污水处理厂进行处理。

表 1-6 列举了中国、德国、日本、美国等几个主要国家垃圾渗沥液的主要控制参数的最大排放标准。

中国、德国、日本和美国渗沥液的最大排放标准　　　　　　　　表 1-6

参　　数	最大排放标准			
	中国	德国	日本	美国
色度	40(30)	—	—	
COD_{Cr}(mg/L)	100(60)	200	90	
BOD_5(mg/L)	30(20)	20	60	160(月均值 40)
悬浮物(mg/L)	30(30)	—	60	89(月均值 27)
氨氮(mg/L)	25(8)	NA	—	5.9(月均值 2.5)
总氮(mg/L)	40(20)	70	120(日均 60)	—
总磷(mg/L)	3(1.5)	3	16(日均 8)	—
粪大肠菌群数(个/L)	10000(1000)	—	3000	—
总汞(mg/L)	0.001	—	0.005	0.002
总镉(mg/L)	0.01	0.1	0.1	—
总铬(mg/L)	0.1	0.6	2	—
六价铬(mg/L)	0.05	0.1	0.5	0.05
总砷(mg/L)	0.1	—	0.1	0.05
总铅(mg/L)	0.1	0.5	0.1	0.05

注：NA 表示不可检出，"—"表示不做规定。中国的数据项中，括号外的数据是针对一般地区，括号内的数据是针对环境敏感地区，参数是依据《生活垃圾填埋场污染控制标准》GB 16889－2008 确定的。上表主要是对中国渗沥液排放标准中各控制项的最大排放标准与国外相应控制项进行对比。

此外，我国垃圾渗沥液排放标准的控制项目和渗沥液的排放方式与国外的标准相比，也存在显著差异。表 1-7 中列举了与其他国家渗沥液排放标准相比，我国所缺少的一些控制项。

我国缺少的渗沥液控制项　　　　　　　　表 1-7

国　　家	我国缺少的渗沥液控制项名称
美国	A—松油醇、苯甲酸、P—甲酚、苯酚、氟化物等
德国	AOX、GF、锌、氰化物、硫化物等

国　　家	我国缺少的渗沥液控制项名称
日本	氰化物、多氯联苯、西马津、矿物油、苯酚等
加拿大	TOC、油脂、铝、酚、锌等
中国	上述控制项均无

表 1-8 列举了我国与其他国家渗沥液排放方式的比较。

渗沥液排放方式比较　　　　　　　　　　表 1-8

国　　家	渗沥液排放方式
德国	场内回灌或预处理达标后排入城市生活污水处理厂
英国	经过预处理达标后排入地表水或市政污水管道
美国	经过预处理达标后排入地表水或市政污水管道
澳大利亚	场内回用、回灌或达到污水处理厂接受标准后排入城市生活污水处理厂
中国	2011 年 7 月 1 日前，现有的垃圾渗沥液在满足一定条件时可送往城市二级污水处理厂进行处理，2011 年 7 月 1 日后，现有全部的生活垃圾填埋场都要自行处理并且要达到排放标准

1.4.1.5　比较结果

比较表明，我国的 COD 排放标准明显严于德国和美国，接近日本水平。而中国的垃圾渗沥液一般浓度很高，若渗沥液初始浓度 COD 达 10000mg/L（南方很多城市均可以达到），而国家排放标准为 COD<100mg/L，这就意味着有的渗沥液的处理效率要达到 99%，这对处理技术的要求是相当高的，同样也需要相当昂贵的费用。总氮、总汞、总镉、总铬和六价铬同样也比国外标准要严格很多。同时跟国内其他行业横向比较，也可发现规定的污染物排放浓度限值明显严于化工、医药等大部分工业废水进入城市二级污水处理厂的排放标准要求。

我国在过去较长时期，主要采用垃圾渗沥液经现场预处理后再输送至城市污水处理厂合并处理的方式。《生活垃圾填埋场污染控制标准》GB 16889－2008 规定的直接排放标准也比国外标准要严格。

1.4.2　渗沥液处理工艺

1.4.2.1　美国

根据美国环保局颁布的《landfill Manuals Landfill Site Design》，美国渗沥液处理工艺被分为"物理/化学预处理"、"生物处理"、"物化预处理＋生物处理"和"深度处理"。

（1）物理/化学预处理

包括甲烷吹脱、氨吹脱、沉淀/凝聚等。

（2）生物处理

包括活性污泥法、SBR 工艺、人工曝气氧化塘、生物转盘（RBC）等。

其中部分生物处理的技术标准规定的设计参数列举如下：

① 活性污泥法设计参数

MLSS（mg/L）：3000～6000；MLVSS（mg/L）：2500～4000；F/M（kg BOD/kg

MLVSS/d）：0.1～1.0；SRT（days）：0.5-3；RT（hours）：0.1～20。

② SBR 工艺设计参数

MLSS（mg/L）：3000～10000；F/M（kg BOD/kg MLVSS/d）：0.05～0.54；Max. volumetric COD load（kg COD/m³/d）：0.48～2.16；SRT（days）：10～30；RT（hours）：4～50。

③ 人工曝气氧化塘设计参数

BOD 负荷为 0.5kg BOD/m³/d，BOD 去除率可达到 90%；当 BOD 负荷为 0.025～0.05kg BOD/m³/d，BOD 去除率接近 100%。

④ 生物转盘（RBC）设计参数

MLSS（mg/L）：3000～4000；MLVSS（mg/L）：1500～3000；F/M（kg BOD/kg MLVSS/d）：0.05～0.3；标准 BOD 负荷比（g BOD/m²/d）：3～10；标准 NH_3 负荷比（g NH_3/m²/d）：1～4；最大 BOD 负荷比（g BOD/m³/d）：0.24～0.96；SRT（days）：1.5～10。

（3）物理预处理＋生物处理

包括 MBR（膜生物反应器）工艺、过滤等。

（4）深度处理

包括活性炭吸附、反渗透、化学氧化、蒸发、芦苇床等。

其中部分深度处理的技术标准规定的设计参数列举如下：

① 活性炭吸附设计参数

压降（kPa/canister）：0.69～6.9；EBCT（minutes）：15～60；水力负荷比：84～336 L/min/m²。

② 反渗透设计参数

进水量：总溶解固体量＜50g/L；SS：用 5～10μm 的过滤器去除胶体；压力：2000～4000kPa；出水率：42～420L/m²/day。

③ 芦苇床设计参数

典型负荷比（g BOD/m²/bed）：11；填充介质最小电导率（m/s）：$1×10^{-3}$；芦苇床土壤或砾石的最小厚度（m）：0.6。

1.4.2.2 欧盟

因欧盟国家对入场废弃物的有机物含量控制得十分严格，有机物含量高于 5% 的垃圾即被禁止直接进入垃圾卫生填埋场，故欧盟国家垃圾渗沥液的浓度逐年下降，其填埋场的渗沥液一般只需经过简单预处理后即可排入城市污水管道或场内深度处理。

表 1-9 介绍德国、英国等欧盟国家的渗沥液场内处理工艺。

德国、英国欧盟国家的渗沥液场内处理工艺　　　　　　　　　　表 1-9

国　家	处　理　工　艺
德　国	部分回灌、剩余部分经曝气池、沉淀池处理后回灌或送至污水处理厂
英　国	人工湿地系统处理
卢森堡	调蓄池＋好氧 SBR 处理
荷　兰	连续的活性污泥系统处理

续表

国　家	处　理　工　艺
葡萄牙	絮凝＋中和处理
西班牙	经过过滤、调节 pH、三段反渗透、出水脱臭后泵入循环水储蓄塘
法　国	集水池曝气后负压蒸发、反渗透处理

1.4.2.3　中国

《生活垃圾填埋场渗滤液处理工程技术规范》HJ 564-2010 推荐采用"预处理＋生物处理＋深度处理"的组合工艺，也可简化为"预处理＋深度处理"或"生物处理＋深度处理"的组合工艺。

"预处理＋生物处理＋深度处理"的组合工艺流程见图 1-6。

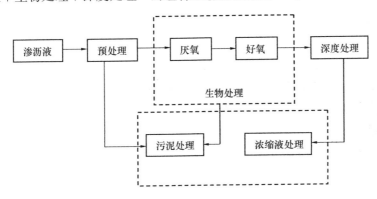

图 1-6　渗沥液处理工艺流程图

(1) 预处理的处理对象主要是氨氮和无机杂质，或改善渗沥液的可生化性。预处理可采用水解酸化、氨吹脱法、混凝沉淀等。

(2) 生物处理的处理对象主要是渗沥液中的有机污染物、氮、磷等。可采用厌氧生物处理法和好氧生物处理法。其中厌氧生物处理法可采用 UASB（向上流厌氧污泥床）及其变形、改良工艺；好氧生物处理法可采用膜生物反应器法（MBR）、氧化沟活性污泥法、纯氧曝气法、接触氧化法和生物转盘法等。生物处理宜以膜生物反应器法（MBR）为主，并根据处理要求合理选择。

(3) 深度处理的处理对象主要是难以生物降解的有机物、溶解物等。可采用膜法、吸附法、高级化学氧化等。其中膜法主要采用纳滤、反渗透等；吸附法主要采用活性炭吸附等；高级化学氧化主要采用 Fenton 试剂氧化法或 Fenton 试剂氧化＋生物滤池等；深度处理宜以膜处理为主，并根据处理要求合理选择。

(4) 渗沥液处理过程产生的浓缩液处理可采用蒸发、化学处理或其他适宜的方式。渗沥液处理过程产生的剩余污泥处理宜脱水后与城市污水处理厂污泥或填埋场垃圾共处置。

1.4.2.4　比较结果

我国的渗沥液处理技术大部分是从国外引进，故具体工艺与国外无太大差距，然而与国外相比，我国入场垃圾的有机物含量较高，导致渗沥液中氨氮、BOD、COD 浓度较大且我国的渗沥液排放标准严于国外，故我国对于处理工艺的参数选择较为严格。

1.4.3　防渗系统

1.4.3.1　美国

美国《城市固体废物填埋场标准》规定防渗结构采用复合衬层系统，渗沥液收集导排系统必须能保证衬层上的渗沥液水头不超过 30cm。复合衬层系统包括上层的合成人工膜衬层和下层的压实黏土衬层，上层的人工膜厚度不得小于 0.75mm，如果人工膜为 HDPE膜，则厚度至少为 1.5mm。下层黏土衬层的厚度不得小于 60cm，渗透系数应小于 1.0×10^{-7} cm/s。

美国各个州的规定不尽相同，但均不低于《城市固体废物填埋场标准》。密歇根州填埋法规采用的防渗结构由以下部分组成：不小于 3m 的天然黏土、0.9m 第二层压实黏土衬层、第二层人工膜衬层、次渗沥液收集层、0.9m 第一层压实黏土衬层、第一层人工膜衬层、主渗沥液收集层、0.6m 保护层。人工膜衬层厚度大于 1.5mm，压实黏土衬层渗透系数应小于 1.0×10^{-7} cm/s。

1.4.3.2　欧盟及其他国家

德国《垃圾法第三管理条例》中的《城市固体废弃物技术条例》将填埋场分为两级，Ⅱ级填埋场为生活垃圾填埋场，其防渗要求为：要求采用由人工膜衬层和黏土衬层组成的复合防渗结构。人工膜衬层如果使用的是 HDPE 膜，要求最小厚度为 2.5mm；黏土防渗层厚度不得小于 0.75m，渗透系数 $k \leqslant 1.0 \times 10^{-8}$ cm/s。

欧盟及其他部分国家的防渗层结构如表 1-10 所示：

部分国家垃圾填埋场防渗构造方式　　　　　　　　表 1-10

国家	黏土厚度（cm）	渗透系数（cm/s）	防渗层构造
欧盟	100	1.0×10^{-7}	土工膜+黏土
澳大利亚	60	1.0×10^{-7}	土工膜+黏土
比利时	100	1.0×10^{-7}	土工膜+黏土
法国	50	1.0×10^{-5}	土工膜+黏土
匈牙利	50	1.0×10^{-7}	土工膜+黏土
意大利	100	1.0×10^{-7}	土工膜+复合土
英国	100	1.0×10^{-7}	土工膜+复合土
葡萄牙	50	1.0×10^{-7}	土工膜+复合土
瑞典	80	1.0×10^{-7}	土工膜+复合土

1.4.3.3　日本

日本填埋场设计得非常保守，《一般废弃物最终处置场与产业废弃物最终处置场技术标准》中对一般废弃物填埋场防渗结构防渗要求为：

（1）厚度 50cm 以上，而且渗透系数小于 1.0×10^{-6} cm/s 的黏土或其他材料土层表面敷设防渗衬层；

（2）厚度 50cm 以上，而且渗透系数小于 1.0×10^{-7} cm/s 的沥青、混凝土层表面敷设防渗衬层；

（3）在无纺布或其他同类材料的表面敷设双重防水衬层。

1.4.3.4 中国

我国《生活垃圾卫生填埋处理技术规范》GB 50869 中对防渗结构防渗要求如下：

(1) 天然黏土基础层进行人工改性压实后达到天然黏土衬里结构的等效防渗性能要求，可采用改性压实黏土类衬里作为防渗结构。

(2) 人工合成衬里的防渗系统应采用复合衬里防渗结构，位于地下水贫乏地区的防渗系统也可采用单层衬里防渗结构。在特殊地质及环境要求较高的地区，应采用双层衬里防渗结构。

(3) 库区底部复合衬里（HDPE 土工膜＋黏土）结构

① 基础层：土压实度不应小于 93%；

② 反滤层（可选择层）：宜采用土工滤网，规格不宜小于 200g/m²；

③ 地下水导流层（可选择层）：宜采用卵（砾）石等石料，厚度不应小于 30cm，石料上应铺设非织造土工布，规格不宜小于 200g/m²；

④ 防渗及膜下保护层：黏土渗透系数不应大于 1.0×10^{-7} cm/s，厚度不宜小于 75cm；

⑤ 膜防渗层：应采用 HDPE 土工膜，厚度不应小于 1.5mm；

⑥ 膜上保护层：宜采用非织造土工布，规格不宜小于 600g/m²；

⑦ 渗沥液导流层：宜采用卵石等石料，厚度不应小于 30cm，石料下可增设土工复合排水网；

⑧ 反滤层：宜采用土工滤网，规格不宜小于 200g/m²。

(4) 库区底部复合衬里（HDPE 土工膜＋GCL）结构

① 基础层：土压实度不应小于 93%；

② 反滤层（可选择层）：宜采用土工滤网，规格不宜小于 200g/m²；

③ 地下水导流层（可选择层）：宜采用卵（砾）石等石料，厚度不应小于 30cm，石料上应铺设非织造土工布，规格不宜小于 200g/m²；

④ 膜下保护层：黏土渗透系数不宜大于 1.0×10^{-5} cm/s，厚度不宜小于 30cm；

⑤ GCL 防渗层：渗透系数不应大于 5.0×10^{-9} cm/s，规格不应小于 4800g/m²；

⑥ 膜防渗层：应采用 HDPE 土工膜，厚度不应小于 1.5mm；

⑦ 膜上保护层：宜采用非织造土工布，规格不宜小于 600g/m²；

⑧ 渗沥液导流层：宜采用卵石等石料，厚度不应小于 30cm，石料下可增设土工复合排水网；

⑨ 反滤层：宜采用土工滤网，规格不宜小于 200g/m²。

(5) 单层衬里结构

① 基础层：土压实度不应小于 93%；

② 反滤层（可选择层）：宜采用土工滤网，规格不宜小于 200g/m²；

③ 地下水导流层（可选择层）：宜采用卵（砾）石等石料，厚度不应小于 30cm，石料上应铺设非织造土工布，规格不宜小于 200g/m²；

④ 膜下保护层：黏土渗透系数不应大于 1.0×10^{-5} cm/s，厚度不宜小于 50cm；

⑤ 膜防渗层：应采用 HDPE 土工膜，厚度不应小于 1.5mm；

⑥ 膜上保护层：宜采用非织造土工布，规格不宜小于 600g/m²；

⑦ 渗沥液导流层：宜采用卵石等石料，厚度不应小于 30cm，石料下可增设土工复合排水网；

(6) 双层衬里结构

① 基础层：土压实度不应小于 93%；

② 反滤层（可选择层）：宜采用土工滤网，规格不宜小于 $200g/m^2$；

③ 地下水导流层（可选择层）：宜采用卵（砾）石等石料，厚度不应小于 30cm，石料上应铺设非织造土工布，规格不宜小于 $200g/m^2$；

④ 膜下保护层：黏土渗透系数不应大于 $1.0 \times 10^{-5} cm/s$；厚度不宜小于 30cm；

⑤ 膜防渗层：应采用 HDPE 土工膜，厚度不应小于 1.5mm；

⑥ 膜上保护层：宜采用非织造土工布，规格不宜小于 $400g/m^2$；

⑦ 渗沥液检测层：可采用土工复合排水网，厚度不应小于 5mm；也可采用卵（砾）石等石料，厚度不应小于 30cm；

⑧ 膜下保护层：宜采用非织造土工布，规格不宜小于 $400g/m^2$；

⑨ 膜防渗层：应采用 HDPE 土工膜，厚度不应小于 1.5mm；

⑩ 膜上保护层：宜采用非织造土工布，规格不宜小于 $600g/m^2$；

⑪ 渗沥液导流层：宜采用卵石等石料，厚度不应小于 30cm，石料下可增设土工复合排水网；

⑫ 反滤层：宜采用土工滤网，规格不宜小于 $200g/m^2$。

1.4.3.5　比较结果

与其他国家相比，我国目前填埋场防渗的建设水平已达到发达国家中较高要求的水准，如生活垃圾卫生填埋场库底防渗的基本要求接近德国标准，高于欧盟和美国的标准。

1.4.4　封场

1.4.4.1　美国

美国《城市固体废物填埋场标准》规定的封场覆盖结构由以下部分组成：阻隔层采用不小于 0.5m 厚的黏土层或不小于 1.5mm 厚的 HDPE 膜，上覆和下覆黏土层厚度不小于 0.3m；排水层厚度不小于 0.3m，渗透系数 $k \geqslant 1.0 \times 10^{-4} m/s$；营养层厚度不小于 0.6m；植被层采用生态恢复。

封场后，对填埋场土地利用途径主要有：①娱乐场所，如高尔夫球场等；②各种自然生态基地；③公园、植物园、苗圃、农场等。

填埋场封场并不代表运营维护的终结。美国《资源保护和回收法》规定，填埋场封场维护和监测时间至少为 30 年，并且需要维护、运行渗沥液收集和处理系统。以渗沥液为例，填埋场封场后很长一段时间内产生的渗沥液需要定期监测及妥善处理，并需要评估相关的环境风险。

1.4.4.2　欧盟及其他国家

欧盟及其他国家已封场的生活垃圾填埋场较多，也很注重封场覆盖技术与填埋场封场后的土地利用，如德国、丹麦、比利时、意大利、加拿大、荷兰等国都对封场覆盖技术提出了要求，见表 1-11～表 1-14。

德国的封场覆盖要求   表 1-11

覆盖层	名　称	德　国	
		一类填埋场	二类填埋场
1	植被层	生态恢复	生态恢复
2	营养层	厚 1.0m，坡度小于 10%	厚 1.0m，坡度小于 10%
3	排水层	厚 0.30m，$k\geqslant1.0\times10^{-3}$ m/s	厚 0.30 m，$k\geqslant1.0\times10^{-3}$m/s
4	阻隔层	2.5mHDPE 膜，下覆 0.5m 黏土层，$k\leqslant5.0\times10^{-10}$m/s	0.5m 黏土层，$k\leqslant5.0\times10^{-10}$m/s
5	基础层	厚 0.5m	厚 0.5m

丹麦的封场覆盖要求   表 1-12

覆盖层	名　称	一类填埋场	二类填埋场	填埋场推荐标准
1	植被层	生态恢复	生态恢复	生态恢复
2	营养层	厚 0.2m，坡度小于 10%	厚 0.2m，坡度小于 10%	厚 0.8m
3	排水层			厚 0.3m
4	阻隔层	厚 0.8m	厚 0.8m	1.5mmHDPE 膜，下覆黏土层，$k\leqslant6.0\times10^{-10}$m/s，厚 0.2m
5	基础层	厚 0.15m	厚 0.15m	

比利时、意大利、加拿大封场覆盖要求   表 1-13

覆盖层	名　称	比 利 时		意 大 利	加 拿 大
		一类填埋场	二类填埋场		
1	植被层	生态恢复	生态恢复	生态恢复	生态恢复
2	营养层	厚 0.7m	厚 0.7m	厚 1.0m，坡度小于 10%	厚 0.30m
3	排水层	厚 0.3m	厚 0.3m		厚 0.60 m，$k\geqslant3.0\times10^{-5}$m/s
4	阻隔层	1.5mmHDPE 膜，下覆 0.5m 黏土层 $k\leqslant6.0\times10^{-9}$m/s		厚 0.1m，$k\leqslant6.0\times10^{-9}$ m/s	1.5mmHDPE 膜，下覆 0.6m 黏土层
5	基础层	厚 0.15m	厚 0.15m		厚 0.15m

荷兰封场覆盖要求   表 1-14

覆盖层	名　称	终 场 覆 盖 要 求
1	植被层	生态恢复
2	营养层	对草类织物厚 0.8m；对深根系植物厚 1.0m，$k\geqslant5\times10^{-6}$ m/s，坡度小于 1:3
3	排水层	厚 0.3m，空隙率小于 40%，干相对密度大于 1.6，$k\geqslant3\times10^{-3}$ m/s
4	阻隔层	2mmHDPE 膜，下覆土壤衬层；一种由土和膨润土组成，厚 0.25m，土的非均匀系数约 10，相对密度大于 1.7，膨润土含量大于 5%；另一种由黏土组成，厚 0.4m，$k\leqslant6.0\times10^{-10}$ m/s
5	基础层	厚 0.5m，沙砾粒径小于 0.15mm，坡度为 1:30～1:2.5

欧盟部分国家规定封场后垃圾填埋场的维护监测时间至少为 30 年，填埋场封场后渗沥液、地表水的产生量及成分每半年至少检测 1 次。在英国的标准中还推荐了封场后的土地利用方式：建筑物用地；自然生态基地和植物园、公园及娱乐休闲用地；其他综合开发利用方式。

以色列也是重视封场后土地利用的国家，其封场后土地利用方式和封场时间是相对应的，具体对应关系见表 1-15。

以色列封场后土地利用方式与封场时间的关系

表 1-15

封场时间	填埋堆体特征	利 用 方 式
0～5 年	垃圾加速降解、表面沉降还存在边坡未稳定	乒乓球场、人行休闲便道、露天剧场、草场、赛马场、农场、草原等
6～10 年	垃圾降解已经结束、场地趋向稳定	公园、公园道路、高尔夫球场、田径运动场、野营、野炊场、园林种植、植物园、特殊林区、娱乐区等
10～20 年	场地基本上稳固	园区行车道路、网球场、足球场、自行车训练场等
20 年以上	场地基础已稳固	作各种体育运动场、各种球类的比赛场地、溜冰场、滑雪场、各种有舞台表演的场地等

1.4.4.3 中国

我国《生活垃圾卫生填埋技术规范》CJJ 17 - 2004 规定，垃圾填埋场的封场场覆盖结构分为以下两种：

1) 黏土覆盖结构

① 排气层采用粗粒或多孔材料，厚度应大于或等于 30cm；

② 防渗黏土层的厚度应为 20～30cm，压实黏土渗透系数不大于 1.0×10^{-7} cm/s；

③ 排水层宜用粗粒或多孔材料，厚度应为 20～30cm，应与填埋库区四周的排水沟相连；

④ 植被层厚度应根据种植植物的根系深浅确定，厚度不应小于 15cm。

2) 人工材料覆盖结构

① 排气层采用粗粒或多孔材料，厚度应大于或等于 30cm；

② 膜下保护层的黏土厚度宜为 20～30cm；

③ HDPE 土工膜，厚度不应小于 1mm；

④ 膜上保护层、排水层宜用粗粒或多孔材料，厚度宜为 20～30cm；

⑤ 植被层厚度应根据种植植物的根系深浅确定。

3) 排气层粒径、气压、渗透系数要求提高；

① 填埋场封场覆盖系统应设置排气层，施加于防渗层的气体压强不应大于 0.75kPa。

② 排气层应采用粒径为 25～50mm、导排性能好、抗腐蚀的粗粒多孔材料，渗透系数应大于 1.0×10^{-2} cm/s，厚度不应小于 30cm。气体导排层宜用与导排性能等效的土工复合排水网。

4) 防渗层所用材料及要求更加具体；

① 防渗层可由土工膜和压实黏性土或土工聚合黏土衬垫（GCL）组成复合防渗层，也可单独使用压实黏性土层。

② 复合防渗层的压实黏性土层厚度应为 20cm～30cm，渗透系数应小于 1.0×10^{-5} cm/s。

③ 单独使用压实黏性土作为防渗层，厚度应大于 30cm，渗透系数应小于 1.0×10^{-7} cm/s。

④ 土工膜选择厚度不应小于 1mm 的高密度聚乙烯（HDPE）或线性低密度聚乙烯土工膜（LLDPE），渗透系数应小于 1.0×10^{-7} cm/s。土工膜上下表面应设置土工布。

⑤ 土工聚合黏土衬垫（GCL）厚度应大于 5mm，渗透系数小于 1.0×10^{-7} cm/s。

5）排水层在顶坡与边坡的不同处理方式得以明确，且提出了水头要求；

排水层顶坡应采用粗粒或土工排水材料，边坡应采用土工复合排水网，粗粒材料厚度不应小于 30cm，渗透系数应大于 1.0×10^{-2} m/s。材料应有足够的导水性能，保证施加于下层衬垫的水头小于排水层厚度。排水层应与填埋库区四周的排水沟相连。

6）植被层的厚度、渗透系数等要求更加细化。

植被层应由营养植被层和覆盖支持土层组成。营养植被层的土质材料应利于植被生长，厚度应大于 15cm。营养植被层应压实。覆盖支持土层由压实土层构成，渗透系数应大于 1.0×10^{-4} cm/s，厚度应大于 450cm。

《生活垃圾封场工程项目建设标准》建标 140 - 2010 还对封场覆盖的技术经济指标提出了建议性规定：填埋库区封场覆盖系统投资估算指标可按照 70～160 元/m² 控制。建设规模大的可取下限，建设规模小的可取上限。

2010 年 9 月颁布的《生活垃圾填埋场稳定化场地利用技术要求》GB/T 25179 - 2010 对我国填埋场封场后的土地利用提出了要求。该标准按照利用方式的不同将我国生活垃圾填埋场封场后土地利用划分为低度利用、中度利用和高度利用，三种利用方式按表 1-16 的规定进行判定。

填埋场场地稳定化利用的判定要求 　　　　　　　表 1-16

利用方式	低度利用	中度利用	高度利用
利用范围	草地、农地、森林	公园	一般仓储或工业厂房
封场年限/a	较短，≥3	稍长，≥5	长，≥10
填埋物有机质含量	稍高，<20%	较低，<16%	低，<9%
地表水水质	满足 GB 3838 相关要求		
堆体中填埋气	不影响植物生长，甲烷浓度≤5%	甲烷浓度 5%～1%	甲烷浓度<1%，二氧化碳浓度<1.5%
场地区域大气质量	—	达到 GB 3095 三级标准	
恶臭指标	—	达到 GB 14554 三级标准	
堆体沉降	大，>35cm/a	不均匀，(10～30)cm/a	小，(1～5)cm/a
植被恢复	恢复初期	恢复中期	恢复后期

注：封场年限从填埋场完全封场后开始计算。

我国出台的多个规范都对封场后的污染物监测做出了要求，如《生活垃圾卫生填埋场运行维护技术规程》CJJ 93 - 2003、《生活垃圾卫生填埋场封场技术规程》CJJ 112 - 2007、《生活垃圾封场工程项目建设标准》建标 140 - 2010 等规范要求封场后对填埋场进行定期检测，并维护渗沥液收集和处理设施 15 年以上。

1.4.4.4 比较结果

在封场覆盖结构方面，我国封场结构阻隔层黏土厚度较低，人工膜厚度也比较低，垃圾填埋终场覆盖要求总体偏低。

在封场后土地利用方面，我国标准中规定的更为详细，但是《生活垃圾填埋场稳定化场地利用技术要求》GB/T 25179－2010 于 2010 年 9 月 26 日发布，到 2011 年 8 月 1 日才正式实施，标准的可行性与科学性还需时间的检验。而在工程经验上，我国与以色列、英国等国家相比更是欠缺。因此，我国在利用方面与国外相比还有一定差距，仍需进一步积累工程经验。

在封场后的污染物监测方面，我国标准的要求期限低很多，且没有系统、具体可操作的规范，需要进一步补充、完善。

1.4.5 填埋气体收集利用

美国、英国等国家早在 20 世纪 70 年代就开始对填埋气体进行研究，从 80 年代开始制定填埋气体利用相关技术标准和规范，并开始利用填埋气体。我国对于填埋气体的研究与利用是从 20 世纪 90 年代中期才开始。我国目前的填埋气体收集、利用技术基本上都是从国外引进的

1.4.5.1 美国

《城市固体废弃物填埋标准》中规定至少每三个月检查一次甲烷气体的浓度，如果发现超过法定标准，需立即采取措施，保护公众健康及环境不受污染。同时必须在 60 天内找到并应用 1 项补救计划进行必要的修复。州、县也可根据实际情况调整这个时限。

美国的填埋手册如美国环保局颁发的《Landfill Manuals Landfill Site Design》中对填埋气体的收集及利用做了严格的规定，其中的一些具体规定详见表 1-17～表 1-19。

1.4.5.2 欧盟

欧盟 1999 年颁布指导性文件——1999/31/E，其中强制要求成员国的填埋气体不得直接排放，必须收集利用或无害化燃烧处理。

1.4.5.3 中国

我国《生活垃圾卫生填埋技术规范》CJJ 17－2004 中对填埋气体的导排收集规定如下：

(1) 填埋气体导排设施宜采用竖井（管），也可采用横管（沟）或横竖相连的导排设施。

(2) 竖井可采用穿孔管居中的石笼，穿孔管外宜用级配石料等粒状物填充。竖井宜按填埋作业层的升高分段设置和连接；竖井设置的水平间距不应大于 50m；管口应高出场地 1m 以上。应考虑垃圾分解和沉降过程中堆体的变化对气体导排设施的影响，严禁设施阻塞、断裂而失去导排功能。

(3) 填埋深度大于 20m 采用主动导气时，宜设置横管。

2009 年颁布的《生活垃圾填埋场填埋气体收集处理及利用工程技术规范》CJJ 133－2009 对填埋气体的收集利用做出了更为详细的规定，其中的一些具体规定详见表 1-17～表 1-19。

中国、美国填埋标准对填埋气体收集设施的规定　　表 1-17

国家 对比项	中 国	美 国
导气井填埋深度	不小于填埋深度的 2/3，井底距场底间距不宜小于 5m	一般为填埋深度 75% 左右
导气井管径	不小于 600mm	不小于 500mm，推荐值为 600～800mm
导气管直径	内径不小于 100mm	内径不小于 100mm
穿孔形状及宽度	长条形，未规定宽度	长条形，宽度为 3～5mm
导气井中心多孔管开孔率	不小于 2%	不小于 17%
多孔管材料	HDPE 等高强度耐腐蚀材料	HDPE、MDPE、PP 等
管子周围填充物类型及厚度	级配碎石，未规定厚度	级配非颗粒状填料，厚度 12～30mm
主动导排井井口密封厚度	3～5m	不小于 3m
导气井间距	垃圾堆体中部的主动导排气井间距不应大于 50m；沿堆体边缘布置的导气井间距不宜大于 25m；被动导排导气井间距不应大于 30m	20～60m

中美标准中对填埋气体输送管网的规定　　表 1-18

国家 对比项	中 国	美 国
多孔管材料	HDPE 等高强度耐腐蚀材料	HDPE、MDPE、PP 等
输气管坡度	不小于 1%	不小于 1：30
对调节阀门的要求	有	有
管顶覆土厚度	埋设在车行道下不小于 0.8m；埋设在非车行道下不小于 0.6m	不小于 0.6m

中美标准中填埋气体的利用方式规定　　表 1-19

中 国	美 国
无具体规定，根据实际情况选择具体的利用方式	直接利用（包括烧锅炉、烧砖、制造水泥、烘干石料、地区供暖、温室供暖、扩大国家的燃气供应、交通工具的燃料等。甲烷的最低浓度根据具体利用方式确定，标准中未具体说明）
	发电（标准中规定当甲烷含量为 28%～65% 的时候可以发电）
	直接燃烧（当甲烷含量过低时，标准中建议直接燃烧，并且规定燃烧温度必须在 1000～1200℃ 之间，燃烧系统的排放限度不应超过：CO：50mg/m^3；NO_x：150mg/m^3；未燃烧的碳氢化合物：10mg/m^3）

1.4.5.4 比较结果

在填埋气体导排收集方面，有关填埋气体收集设施，如导气井细部构造的规定比美国的相应标准更加详细、具体；填埋气体利用方面还只是比较定性的规定，实质性内容比较缺乏。

1.4.6　其他方面

1.4.6.1　选址

美国《城市固体废物填埋标准》(CFR258) 中规定：

(1) 对于距离涡轮喷气式飞机机场跑道尽头 3.0km 内、活塞式飞机机场跑道尽头 1.5km 内的填埋场，业主必须保证处理设施的建设不会导致鸟类对飞机的损害；

(2) 如果业主计划在机场方圆 8.0km 内新建或扩建处理设施，必须提前向该机场及联邦航空管理局提出申请。

德国《垃圾法第三管理条例》则规定填埋库区与污水处理区边界应在居民居住区或人畜供水点 1km 以外。

我国《生活垃圾卫生填埋处理技术规范》GB 50869 规定，填埋场不应设在：

(1) 填埋库区与污水处理区边界距居民居住区或人畜供水点 500m 以内的地区；

(2) 填埋库区与污水处理区边界距民用机场 3km 以内的地区。

相比而言，国外对于垃圾填埋场场址距居民居住点距离的要求更严格，对填埋场据飞机场距离的要求更加具体。

1.4.6.2　填埋场分类标准

德国的《生活垃圾技术条例》提出了对生活垃圾填埋场进行分级管理的概念，不同级别的生活垃圾填埋场在建设结构上有所不同。

日本则根据填埋垃圾种类，将垃圾填埋场分为安全型（填埋垃圾为建筑废料、废塑料和橡胶、金属、玻璃及陶瓷等碎屑）、管理型（填埋垃圾为纸屑、木屑、纤维碎屑、煤灰、污泥及矿渣等）、与封闭型（填埋特定有害的产业垃圾）三种类型，各种类型的垃圾填埋场则有着不同的技术标准和要求。

我国目前主要是根据日均填埋量进行分类，在运行和管理上实行统一的要求，不利于对填埋场的运行进行合理有效的管理。

1.4.6.3　废弃物入场要求

欧盟早在 1995 年的颁布的废弃物法令中就提到要逐步减少生物可降解垃圾的填埋量，而 2000 年 4 月开始实施的《欧盟有机垃圾填埋法令》制定了严格的填埋技术和设备标准，要求垃圾在最终填埋处置前首先进行预处理，以降低填埋场内有害物质的含量及有害气体的释放量。

德国的《生活垃圾技术条例》规定自 2005 年 6 月 1 日起，德国禁止填埋未经焚烧或机械、生物预处理的生活垃圾（有机物含量高于 5% 的垃圾即被禁止直接进入垃圾卫生填埋场）。

我国对填埋物的入场要求作了下列规定：

(1) 填埋物应是下列生活垃圾：①居民生活垃圾；②商业垃圾；③集市贸易市场垃圾；④街道清扫垃圾；⑤公共场所垃圾；⑥机关、学校、厂矿等单位的生活垃圾；

(2) 填埋物中严禁混入危险废物和放射性废物；

(3) 填埋物应按重量吨位进行计量、统计与校核；

(4) 填埋物含水量、有机成分、外形尺寸应符合具体填埋工艺设计的要求。

《生活垃圾卫生填埋处理技术规范》GB 50869 并未对入场废弃物的有机物含量做严格

定量的要求，在废弃物入场要求上，欧盟，尤其是德国的标准要比我国的严格很多。

1.4.6.4 渗沥液产量的计算方法

渗沥液产量计算通用算法有水量平衡法、《生活垃圾卫生填埋场岩土工程技术规范》CJJ 176-2012 推荐的方法、经验公式法、HELP 模型等。

欧洲国家大多采用的是水量平衡法，美国一般采用 HELP 模型，日本则采用的是经验公式法。

《生活垃圾卫生填埋场岩土工程技术规范》CJJ 176-2012 中推荐的算法考虑了填埋场的降雨入渗量和垃圾自身降解或压缩产生渗沥液量两部分。对于垃圾初始含水率较高的填埋场，该方法使用实际逐月降雨量资料，可获得与实际数据比较接近的结果

经验公式法虽然较为粗略，受人为影响因素大，但因其相关参数易于确定，计算结果也较接近实际，在工程中应用较广。

水量平衡法综合考虑产生渗沥液的各种影响因素，以水量平衡和损益原理而建立，该法较准确但需要较多的基础数据，特别是计算结果准确与否取决于蒸发减量系数 ϕ、径流系数 r 的取值，而这两个系数均为经验系数，无法准确取值。我国现阶段相关资料不完整的情况限制了该法的应用。但考虑到渗沥液产量的准确计算，直接关系到填埋场工程的建设投资以及建成后的安全运行，在整个填埋场的设计、建设和运行过程都占据着举足轻重的地位，所以在基础数据较充足的地区可采用水量平衡法计算或校核渗沥液产生量。

HELP 模型虽较为准确，计算结果准确程度较高，受人为影响因素较小，但计算参数复杂，直接应用于中国还有一些参数需要调整论证。

1.4.6.5 填埋气体产量的计算方法

我国现行行业标准模型是《生活垃圾填埋场填埋气体收集处理及利用工程技术规范》CJJ133-2009 中提出的公式，但由于此模型较为简单，没有考虑到我国不同地区气候特点和垃圾成分特征，故尚未在国际碳交易中使用。

目前国际上通用的算法有 IPCC 缺省模型、IPCC 一阶衰减模型、EPA 推荐模型等，具体计算方法详见本指南第十章。

1.4.7 国内外填埋标准严格程度比较结论

通过以上比较，可以得出以下结论：

（1）渗沥液处理

虽然我国标准中对渗沥液的监测项相比于国外先进国家略有缺乏，但针对渗沥液中 BOD_5、COD、总氮等重点监测项的排放限制明显严于日本、美国等国家，已经接近德国的要求。

（2）防渗系统

虽然我国标准中对人工膜厚度的规定比国外标准低，但对于黏土厚度及渗透系数的要求不低于国外先进国家，总体而言，我国的防渗系统在世界上处于较为先进的地位，尤其是场底防渗的要求，比日本、美国还要严格，已经接近德国的要求。

（3）封场要求

总体而言，国外对于封场覆盖层的要求要严于我国；对于封场后土地利用方式，我国现行标准颁布时间较晚，仍借鉴学习国外先进经验；而且我国对于封场后的污染物监测时

限也没有国外严格。

（4）填埋气体处理

我国的填埋气体标准于 2009 年 12 月才颁布施行，其中有关填埋气体产量计算的公式模型还不够成熟，缺少计算参数的选取；填埋气体导排收集方面的规定比美国的相应标准更加详细、具体；填埋气体利用方面还只是比较定性的规定，实质性内容比较缺乏。

（5）其他方面

我国对于填埋场选址距环境敏感点的要求没有德国严格；我国的填埋场分类标准有待商榷；对入场废弃物中有机物含量没有做出严格的规定；渗沥液产量计算需结合我国生活垃圾成分特点、地域性气候差异及工程经验等特点，得出更合理适宜的公式。

参考文献

[1]　GB 16889－2008. 生活垃圾填埋场污染控制标准[S]. 北京：中国环境科学出版社

[2]　CJJ 17－2004. 生活垃圾卫生填埋技术规范[S]. 北京：中国建筑工业出版社，2004

[3]　CJJ 133－2009. 生活垃圾填埋场填埋气体收集处理及利用工程技术规范[S]. 北京：中国建筑工业出版社，2009

[4]　U S EPA. 40CFR258. Municipal Solid Waste Landfill Criteria[S]. U S. 1991

[5]　Yi-Xin DONG. The status of engineering technical standards of waste sanitary landfill treatment in China. Proc. of Int. Symp[J]. Geoenvironmental Eng. , 2009.

[6]　U S EPA. Landfill Manuals Landfill Site Design[M]. Ireland，1993

[7]　IPCC. Good Practice Guidance and Uncertainty Management in National Greenhouse Gas Inventories [M]. 2006

[8]　U S EPA. National Pollutant Discharge Elimination Systems[M]. US, 1972

[9]　Japan EPD. Final Disposal Site Design for Municipal Solid Wastes [M]. Japan，1979

[10]　薛强，陈朱蕾，等. 生活垃圾的处理技术与管理[M]. 北京：科技出版社，2007

[11]　杨良斌，赵秀兰，等. 关于中国生活垃圾渗沥液排放标准的探讨[J]. 环境科学与管理，2007，32（5）：19-21

[12]　刘景岳，刘晶昊，徐文龙. 我国垃圾卫生填埋技术的发展历程与展望[J]. 环境卫生工程，2007，15(4)：58-61

[13]　杨良斌，李丽，等. 各国生活垃圾填埋场防渗结构标准研究[J]. 环境工程，2007，25(4)：62-64

[14]　张进锋，聂永丰. 垃圾处理领域的技术发展和启示[J]. 环境科学研究，2006，19(1)：57-59

[15]　翟力新，王敬民. 垃圾填埋场渗沥液处理技术发展趋势[J]. 有色冶金设计与研究，2007，28（2-3）：155-158

[16]　杜林军，李林蔚，解莹，等. 城市生活垃圾低碳管理及碳减排潜力估算[J]. 环境卫生工程，2010，5

[17]　Ting Liu, Zhulei Chen, Qian Fu etal. Acute Toxicity Test of Landfill Leachates Using Protozoan Communities, The International conference on Environmental Pollution and Public Health[J]. EPPH，2010

[18]　陈朱蕾，陈思，曹泳民. 国内外生活垃圾填埋技术标准比较研究[J]. 中国城市环境卫生协会 2010 年会议论文集，中国城市出版社，2011，262-265

[19]　中华人民共和国工程建设标准体系[Z]. 北京：中国建筑工业出版社，2002

[20]　史波芬. 《生活垃圾卫生填埋技术导则》编制研究及工程应用[D]，华中科技大学，2011

[21]　谢文刚. 《生活垃圾卫生填埋技术规范》国标编制研究[D]，华中科技大学，2009

2 基本概念和术语

2.0.1 卫生填埋 sanitary landfill

采取防渗、雨污分流、压实、覆盖等工程措施，并对渗沥液、填埋气体及臭味等进行控制的生活垃圾处理方法。

2.0.2 填埋库区 compartment

填埋场中用于填埋生活垃圾的区域。

2.0.3 填埋库容 landfill capacity

填埋库区填入的生活垃圾和功能性辅助材料所占用的体积，即封场堆体表层曲面与平整场底层曲面之间的体积。

2.0.4 有效库容 effective capacity

填埋库区填入的生活垃圾所占用的体积。

2.0.5 地基处理 subgrade treatment

指为提高地基土的承载力改善其变形性质或渗透性质而采取的人工方法。

2.0.6 滑坡 landslide

斜坡上的岩体或土体在自然或人为因素的影响下沿带或面滑动的现象。

2.0.7 岩溶 karst

可溶性岩层被水长期溶蚀而形成的各种地质现象和形态。

2.0.8 挡土墙 retaining wall

承受土体侧压力的墙式构造物。

2.0.9 抗滑桩 slide-resistant pile

抵抗土压力或滑坡下滑力的横向受力桩。

2.0.10 垃圾坝 retaining dam

建在填埋库区汇水上下游或周边或库区内，由土石等建筑材料筑成的堤坝。不同位置的垃圾坝有不同的作用（上游的坝截留洪水，下游的坝阻挡垃圾形成初始库容，库区内的坝用于分区等）。

2.0.11 坝高 dam height

大坝建基面的最低点（不包括局部深槽、井或洞）至坝顶的高度。

2.0.12 均质坝 homogeneous earth dam

坝体断面不分防渗体和坝壳绝大部分由一种土料组成的坝

2.0.13 土质防渗体分区坝 soil impervious zoned earth dam

坝体断面由土质防渗体及若干透水性不同的土石料分区构成可分为心墙坝斜心墙坝斜墙坝以及其他不同形式的土质防渗体分区坝。

2.0.14 砾石土 gravelly soil

含有碎石、砾、砂、粉粒、黏粒等组成的宽级配土。有冰碛的、风化的和开挖的风化岩石或软岩经碾压后形成的及人工掺合的各种砾石土。

2.0.15 压实度 degree of compaction

填土压实的干密度相应于试验室标准击实试验所得最大干密度的百分率。

2.0.16 防渗系统 lining system

在填埋库区和调节池底部及四周边坡上为构筑渗沥液防渗屏障所选用的各种材料组成的体系。

2.0.17 防渗结构 liner structure

防渗系统各种材料组成的空间层次。

2.0.18 人工合成衬里 artificial liners

利用人工合成材料铺设的防渗层衬里，目前使用的人工合成衬里为高密度聚乙烯（HDPE）土工膜。采用一层人工合成衬里铺设的防渗系统为单层衬里；采用二层人工合成衬里铺设的防渗系统为双层衬里。

2.0.19 复合衬里 composite liners

采用两种或两种以上防渗材料复合铺设的防渗系统（HDPE 土工膜＋黏土复合衬里或 HDPE 土工膜＋钠基膨润土垫（GCL）复合衬里）。

2.0.20 基础层 liner foundation

防渗材料的基础，分为场底基础层和四周边坡基础层。

2.0.21 防渗层 infiltration proof layer

在防渗系统中，为构筑渗沥液防渗屏障所选用的各种材料的组合。

2.0.22 渗漏检测层 leakage detection liner
用于检测垃圾填埋场防渗系统可靠性的材料层。

2.0.23 高密度聚乙烯（HDPE）土工膜 high density polyethylene geomembrane
是以中（高）密度聚乙烯树脂为原料生产的，密度为 $0.94g/cm^3$ 或以上的土工膜。

2.0.24 光面土工膜 smooth geomembrane
膜的两面均具有光洁、平整外观的土工膜。

2.0.25 糙面土工膜 textured geomembrane
经特定的工艺手段生产的单面或双面具有均匀的毛糙外观的土工膜。

2.0.26 拉伸强度 tensile strength
在拉伸试验中，试样直至断裂为止，单位宽度所承受的最大拉伸应力（kN/m）。

2.0.27 断裂伸长率 elongation at break
在拉力作用下，试样断裂时标线间距离的增加量与初始标距之比，以百分数表示。

2.0.28 渗漏破损 leak detection
防渗系统中因各种原因造成的孔洞、缺口、线性切口、撕裂、穿刺、开裂、焊接缺陷。

2.0.29 土工滤网 geofiltration fabric
又称有纺土工布，由单一聚合物制成的，或聚合物材料通过机械固结、化学和其他粘合方法复合制成的可渗透的土工合成材料。

2.0.30 非织造土工布(无纺土工布) nonwoven geotextile
由定向的或随机取向的纤维通过摩擦和（或）抱合和（或）粘合形成的薄片状、纤网状或絮垫状土工合成材料。

2.0.31 土工复合排水网 geofiltration compound drainage net
由立体结构的塑料网双面粘接渗水有纺土工布组成的排水网，可替代传统的砂石层。

2.0.32 地下水控制 groundwater controlling
为保证支护结构施工、基坑挖土、地下室施工及基坑周边环境安全而采取的排水、降水、截水或回灌措施。

2.0.33 地下水收集导排系统 groundwater collection and removal system
在填埋库区和调节池防渗系统基础层下部，用于将地下水汇集和导出的设施体系。

2.0.34 垂直防渗帷幕 vertical barriers

利用防渗材料在填埋库区或调节池周边设置的竖向阻挡地下水或渗沥液的防渗结构。

2.0.35 雨污分流系统 rain-leachate separate system

根据填埋场地形特点，采用不同的工程措施对填埋场雨水和渗沥液进行有效收集与分离的体系。

2.0.36 径流系数 runoff coefficient

一定汇水面积内地面径流水量与降雨量的比值。

2.0.37 暴雨强度 rainfall intensity

在某一历时内的平均降雨量，即单位时间内的降雨深度，工程上常用单位时间单位面积内的降雨体积表示。

2.0.38 渗沥液 leachate

垃圾由于压实、发酵等物理、生物、化学作用，同时在降水和其他外部来水的渗流作用下产生的含有机或无机成分的液体。

2.0.39 初期渗沥液 initial leachate

填埋（0～5）年的垃圾产生的渗沥液。

2.0.40 中后期渗沥液 middle-later leachate

填埋5年以上的垃圾产生的渗沥液。

2.0.41 封场后渗沥液 leachate after closure

垃圾填埋场封场后产生的渗沥液。

2.0.42 总氮 total nitrogen

有机氮、氨氮、亚硝酸盐氮和硝酸盐氮的总和。有机氮指与碳结合的含氮物质。

2.0.43 氨氮 ammonia nitrogen

氨氮是指水中以游离氨（NH_3）和铵离子（NH_4^+）形式存在的氮。

2.0.44 总磷 total phosphorus

正磷酸盐、焦磷酸盐、偏磷酸盐、聚合磷酸盐和有机磷酸盐的磷含量之和。

2.0.45 渗沥液收集导排系统 leachate collection and removal system

在填埋库区防渗系统上部，用于将渗沥液汇集和导出的设施体系。

2.0.46 盲沟 leachate trench

位于填埋库区防渗系统上部或填埋体中，采用高过滤性能材料导排渗沥液的暗渠（管）。

2.0.47 开孔管 perforated collection pipe

按一定规律在管材上开孔的管。

2.0.48 开孔率 ratio of hole area

管道表面开孔总面积与管道外表面总面积之比。

2.0.49 集液井（池） leachate collection well

在填埋场修筑的用于汇集渗沥液，并可自流或用提升泵将渗沥液排出的构筑物。

2.0.50 调节池 equalization basin

在渗沥液处理系统前设置的具有均化、调蓄功能或兼有渗沥液预处理功能的构筑物。

2.0.51 渗沥液处理系统 the system of treatment of leachate

渗沥液处理从调节池到处理水排放的各个工艺处理单元的总称，包括预处理、生物处理、深度处理和污泥浓缩液处理。

2.0.52 渗沥液预处理 leachate pre-treatment

采用生物法、物理法和化学法去除渗沥液中的氨氮或无机杂质，或改善渗沥液可生化性的工艺技术。渗沥液预处理可采用水解酸化、混凝沉淀、砂滤等工艺。

2.0.53 渗沥液生物处理 leachate biological treatment

采用厌氧生物处理法和好氧处理法处理渗沥液中的有机物和氮、磷等的工艺技术. 渗沥液生物处理宜以膜生物反应器法（MBR）为主。

2.0.54 膜生物反应器 biomass membrane bioreactor（MBR）

以膜为载体，把生物反应（作用）和分离相结合，能改变反应进程和提高反应效率的设备或系统。

2.0.55 外置式膜生物反应器 side-stream membrane bioreactor（SSMBR）

生物反应器与膜组件相对独立，通过混合液循环泵施加外压使处理水通过膜组件后外排的一种 MBR 类型。

2.0.56 内置式膜生物反应器 submerged membrane bioreactor（SMBR）

膜组件浸没在生物反应器内，处理水通过负压抽吸经过膜单元后排出的一种 MBR 类型。

2.0.57 膜组件 membrane module

由膜元件、壳体、内连接件、端板和密封圈等组成的实用器件。

2.0.58 渗沥液深度处理 leachate further treatment

采用纳滤、反渗透、吸附过滤等方法进一步处理渗沥液中污染物，达到排放标准的工艺技术。渗沥液深度处理可采用膜处理、吸附法、高级化学氧化等工艺，其中膜处理宜以反渗透为主。

2.0.59 渗沥液污泥处理 leachate sludge treatment

渗沥液处理过程中产生的污泥经脱水后进入垃圾填埋场填埋或与城市污水处理厂污泥一并处理或单独处理。

2.0.60 渗沥液浓缩液处理 leachate concentration treatment

采用蒸发、焚烧或其他事宜的处理方法对渗沥液纳滤和反渗透处理过程中产生的浓缩液进行处理的工艺技术。

2.0.61 膜过滤 membrane filtration

在污水深度处理中，通过渗透膜过滤去除污染物的技术。

2.0.62 微滤 microfiltration filter (MF)

以压力为驱动力，分离 $0.01\mu m$ 至数 μm 的微粒的过程。

2.0.63 超滤 ultrafiltration filter (UF)

以压力为驱动力，分离分子量范围为几百至几百万的溶质和微粒的过程。

2.0.64 纳滤 nanofiltration (NF)

以压力为驱动力，用于脱除多价离子、部分一价离子和分子量 $200\sim1000$ 的有机物的膜分离过程。

2.0.65 反渗透 reverse osmosis (RO)

在高于渗透压差的压力作用下，溶剂（如水）通过半透膜进入膜的低压侧，而溶液中的其他组分（如盐）被阻挡在膜的高压侧并随浓溶液排出，从而达到有效分离的过程。

2.0.66 填埋气体 landfill gas

填埋体中有机垃圾分解产生的气体，主要成分为甲烷和二氧化碳。

2.0.67 产气量 gas generation volume

填埋库区中一定体积的垃圾在一定时间中厌氧状态下产生的气体体积。

2.0.68　产气速率 gas generation rate
填埋库区中一定体积的垃圾在单位时间内的产气量。

2.0.69　被动导排　passive ventilation
采用较周围垃圾堆体过滤性能更好的材料构筑的，利用填埋气体自身压力导排气体的方式。

2.0.70　主动导排　initiative guide and extraction
采用抽气设备对填埋气体进行导排的方式。

2.0.71　导气井　extraction well
周围为过滤材料构筑的，中间为多孔管的竖向导气设施。

2.0.72　导气盲沟　extraction trench
周围为过滤材料构筑的，中间为多孔管的水平导气设施。

2.0.73　填埋气体收集率　ratio of landfill gas collection
填埋气体抽气流量与填埋气体预测产生速率之比。

2.0.74　填埋气体利用率　ratio of landfill gas utilization
填埋气体利用设备消耗的气体量与填埋气体收集量之比。

2.0.75　填埋气体抽气设备　landfill gas pumping facility
为克服填埋气体输气管路阻力损失和用气设备进气压力需要而设置的气体输送增压装置。

2.0.76　填埋气体预处理设备　landfill gas pretreatment facility
为满足填埋气体利用方案、用气设备的要求和烟气排放标准而设置的气体前处理装置。

2.0.77　填埋气体燃烧设备　landfill gas combustion facility
为消除填埋气体对环境的污染，采用火炬等燃烧方式的装置。

2.0.78　填埋气体利用设备　landfill gas recovery facility
将预处理后的填埋气体进行发电或制造燃料等利用的装置。

2.0.79　填埋单元　landfill cell
按单位时间或单位作业区域划分的由生活垃圾和覆盖材料组成的填埋堆体。

2.0.80 覆盖 cover

采用不同的材料铺设于垃圾层上的实施过程，根据覆盖要求和作用的不同可分为日覆盖、中间覆盖和最终覆盖。

2.0.81 填埋场封场 closure of landfill

又称填埋场终场，指填埋作业至设计终场标高或填埋场停止使用后，堆体整形、不同功能材料覆盖及生态恢复的过程。

2.0.82 土工网垫 geomat

以聚丙烯等聚合物为基本原料一次成型生产的三维网状材料。

2.0.83 田间持水量 field capacity

当饱和生活垃圾重力水完全排除后，其毛细管和材料内部所保持水的重量与总重量的比值。

2.0.84 水力渗透系数 hydraulic conductivity

单位水力梯度下垃圾中的渗流速度。

2.0.85 淤堵 clogging

生物膜、化学沉积物、小颗粒材料（如粉粒或黏粒）沉积于渗滤液导排系统管道、粗颗粒材料或土工织物的过程，该过程降低渗滤液导排系统的导排能力。

2.0.86 主压缩 primary compression

生活垃圾在附加应力作用下段时间内产生的压缩变形。

2.0.87 次压缩 secondary compression

主压缩完成后，垃圾由于降解和蠕变所产生的缓慢而持久的压缩变形。

2.0.88 警戒水位 warning leachate level

填埋场渗滤液水位上涨到该水位时，填埋场可能发生滑坡险情。

2.0.89 垃圾堆体主水位 main leachate level

在填埋场深部低渗透性垃圾层以上渗沥液长期累积、雍高所形成的侵润面。

2.0.90 填埋场稳定化 landfill stabilization

垃圾封场后，垃圾中可生物降解成分基本降解，各项监测指标趋于稳定，垃圾层沉降符合场地稳定利用判定要求的过程。

2.0.91 场地利用 Landfill site utilization

填埋场封场后，土地的重新开发利用的活动。

3 选址及工程地质勘察与规模计算

本章提出了填埋场场址选择与工程地质勘察技术要求；给出了垃圾产量预测、垃圾填埋规模的设计计算方法；列举了填埋场场址选择、工程地质勘察、垃圾产量预测及填埋规模计算的案例。

3.1 引用标准

生活垃圾卫生填埋处理技术规范	GB 50869
建筑地基基础设计规范	GB 50007
岩土工程勘察规范	GB 50021
土工实验方法标准	GB/T 50123
生活垃圾填埋场污染控制标准	GB 16889
总图制图标准	GB/T 50103
市政工程勘察规范	CJJ 56
城市生活垃圾产量计算及预测方法	CJ/T 106
生活垃圾卫生填埋处理工程项目建设标准	建标 124

3.2 技术要求

3.2.1 填埋场场址选择

3.2.1.1 填埋场场址选址总体应满足现行国家标准《生活垃圾卫生填埋处理技术规范》GB 50869 第 4 章和《生活垃圾填埋场污染控制标准》GB 16889 中第 4 章 4.1～4.5 节（详见附录Ⅳ）的要求及其他相关规定。

3.2.1.2 填埋场场址选址宜先进行下列基础资料的收集：

（1）城市总体规划和城市环境卫生专业规划。填埋场作为城市环卫基础设施的一个重要组成部分，填埋场的建设规模要求与城市建设规模和经济发展水平相一致，其场址的选择要求服从当地城市总体规划要求；

（2）土地利用价值及征地费用；

（3）附近居住情况与公众反应；

（4）附近填埋气体利用的可行性；

（5）地形、地貌及相关地形图。地形图应符合现行国家标准《总图制图标准》GB/T 50103 的要求，其比例尺尺寸建议宜为 1：1000。考虑到有地形图上信息反应不全或者地图的地物特征信息过旧的情况时，建议有条件的地方在地形图资料中增加航测地形图；

（6）工程地质与水文地质条件：

①工程地质应从填埋场选址的岩土、理化及力学性质及其对建筑工程稳定性影响的角度搜集资料。填埋场场址要求选在工程地质性质有利的最密实的松散或坚硬的岩层之上，其工程地质力学性质要求保证场地基础的稳定性和使沉降量最小，并满足填埋场边坡稳定性的要求。场地要选在位于不利的自然地质现象、滑坡、倒石堆等的影响范围之外。

② 水文地质应从防止填埋场渗沥液对地下水的污染及地下水运动情况对库区工程的影响的角度搜集资料。填埋场场址宜是独立的水文地质单元。场址的选择要求确保填埋场的运行对地下水的安全。

（7）设计频率洪水位、降水量、蒸发量、夏季主导风向及风速、基本风压值。"降水量"资料宜包括最大暴雨雨力（1h 暴雨量）、3h 暴雨强度、6h 暴雨强度、24h 暴雨强度、多年平均逐月降雨量、历史最大日降雨量和 20 年一遇连续七日最大降雨量等资料。"基本风压值"是指以当地比较空旷平坦的地面上离地 10m 高统计所得的 50 年一遇 10min 平均最大风速为标准，按基本风压＝最大风速的平方/1600 确定的风压值，其要求是基于填埋场建（构）筑物的安全设计的角度提出；

（8）道路、交通运输、给排水、供电及土石料条件。"土石料条件"是指由于填埋场的覆土一般为填埋库区容积的 10％～15％，坝体、防渗以及渗沥液收集工程也需要大量的土石料，如此大的需求量占用耕地或从远距离运输都不经济，填埋场选址要求考虑场址周边，土石料材料的供应情况以及具有相当数量的覆土土源；

（9）服务范围的生活垃圾量、性质及收集运输情况。

3.2.1.3 填埋场的选址应远离水源地、居民活动区、河流、湖泊、机场、保护区等重要的、与人类生存密切相关的区域，将不利影响的风险降至最低。填埋场不应设在下列地区：

（1）地下水集中供水水源地及补给区，水源保护区：

① 距离水源有一定卫生防护距离，不能在水源地上游和可能的降落漏斗范围内；

② 选择在地下水位较深的地区，选择有一定厚度包气带的地区，包气带对垃圾渗沥液净化能力越大越好，以尽可能地减少污染因子的扩散；

③ 场地基础要求位于地下水（潜水或承压水）最高丰水位标高至少 1m 以上；

④ 场地要位于地下水的强径流带之外；

⑤ 场地要位于含水层的地下水水力坡度的平缓地段。

（2）洪泛区（江河两岸、湖周边易受洪水淹没的区域）和泄洪道（水库建筑的防洪设备，建在水坝的一侧，当水库里的水位超过安全限度时，水就从泄洪道流出，防止水坝被毁坏。）。填埋场选址要求考虑场址的标高在 50 年一遇的洪水水位之上，并且在长远规划中的水库等人工蓄水设施的淹没区和保护区之外。

（3）填埋库区与敞开式渗沥液处理区边界距居民居住区或人畜供水点的卫生防护距离在 500m 以内的地区。

（4）填埋库区与渗沥液处理区边界距河流和湖泊 50m 以内的地区。

（5）填埋库区与渗沥液处理区边界距民用机场 3km 以内的地区。

（6）尚未开采的地下蕴矿区。

（7）珍贵动植物保护区和国家、地方自然保护区。

（8）公园，风景、游览区，文物古迹区，考古学、历史学及生物学研究考察区。

（9）军事要地、军工基地和国家保密地区。

3.2.1.4 填埋场选址可参考下列要求：

（1）与当地城市总体规划和城市环境卫生专业规划协调一致；

（2）与当地的大气防护、水土资源保护、自然保护及生态平衡要求相一致；

（3）交通方便（近交通主干道，便于运输。填埋场与公路的距离不宜太近，以便于实施卫生防护。公路离填埋场的距离也不宜太大，以便于布置与填埋场的连通道路），运距合理；

（4）人口密度、土地利用价值及征地费用均应合理；

（5）应位于地下水贫乏地区、环境保护目标区域的地下水流向下游地区及夏季主导风向下风向；

（6）选址应有建设项目所在地的建设、规划、环保、环卫、国土资源、水利、卫生监督等有关部门和专业设计单位的有关专业技术人员参加；

（7）应符合环境影响评价的要求。

3.2.1.5 填埋场选址比选应符合下列规定：

（1）场址预选：应在全面调查与分析的基础上，初定3个或3个以上候选场址，通过对候选场址进行踏勘，对场地的地形、地貌、植被、地质、水文、气象、供电、给排水、覆盖土源、交通运输及场址周围人群居住情况等进行对比分析，宜推荐2个或2个以上预选场址；

（2）场址确定：应对预选场址方案进行技术、经济、社会（包括民意。民意调查是填埋场选址的重要过程。了解群众的看法和意见，征得大众的理解和支持对于填埋场今后的建设和运行十分重要。）及环境比较，推荐一个拟定场址。并应对拟定场址进行地形测量、初步勘察和初步工艺方案设计，完成选址报告或可行性研究报告，通过审查确定场址。

3.2.2 填埋场工程地质勘察基本要求与勘察分级

3.2.2.1 生活垃圾卫生填埋场在建设的设计和施工前，应根据工程建设程序和工作要求，分阶段开展工程地质勘查工作。

3.2.2.2 填埋场工程地质勘察总体应满足现行国家标准《岩土工程勘察规范》GB 50021、国家现行标准《市政工程勘察规范》CJJ 56 的要求及其他相关规定。

3.2.2.3 填埋场工程勘察的范围应包括填埋库区、垃圾坝、调节池、道路等构筑物和建筑物，并应勘察相关管线、邻近相关地段及地方建筑材料情况。

3.2.2.4 场地较小且无特殊要求的工程可合并勘察阶段。

当填埋场勘察重要性等级为丙级（表3-4），且建设场地总平面位置已基本确定时，可以将勘察阶段简化为初勘（选址勘察、可行性研究勘察及初步设计勘察合并）及详勘（施工图设计勘察）两个阶段施行。最终勘察成果必须满足施工图设计的要求。

3.2.2.5 填埋场工程重要性等级可按表3-1确定。

填埋场工程重要性等级 表 3-1

重要性等级	日处理规模（t/d）
Ⅰ 级	≥1200
Ⅱ 级	200～1200
Ⅲ 级	<200

3.2.2.6 建（构）筑物重要性等级可根据场地和地基失稳造成建（构）筑物破坏后果的严重性，按表 3-2 确定。

填埋场各类建（构）筑物重要性等级 表 3-2

重要性等级	破坏后果	建（构）筑物名称
Ⅰ 级	很严重	跨度大于 24m 钢结构和混凝土结构建筑；高度大于 30m 坝和大于 8m 的挡土墙
Ⅱ 级	严重	除一、三级以外的其他建（构）筑物
Ⅲ 级	不严重	独立的三层以下办公楼、食堂、机修间、材料库、机车库、汽车库、材料库棚、门房、围墙及轻型配套设施

3.2.2.7 建设场地可按工程地质条件和水文地质条件，按表 3-3 确定场地复杂程度。判别应从复杂开始，具备其中任一条即视为满足该级别复杂程度场地，以最先满足的为准。

建设场地复杂程度 表 3-3

复杂程度	判 别 条 件
复杂场地	● 建筑抗震危险地段； ● 地形地貌复杂，地形起伏大或地貌单元在 3 个以上； ● 地质构造复杂，存在不良地质发育现象； ● 地下水埋深小于 2m 或有影响工程的多层地下水、岩溶裂隙水、喀斯特场地、场地附近水源地分布、地下水与地表水水力联系或其他水文地质条件复杂且需专项研究的场地； ● 岩土体性质变化大（包括地基变形计算深度内基岩面起伏大），或涉及湿陷、膨胀、厚层软土等特殊类土且需要专门处理的场地； ● 拟建场地地基土防渗性差（$k>1.0\times10^{-5}$ cm/s）；或在坝基勘探深度范围内有厚度较大的强透水层，且可能对工程建设产生不利影响； ● 边坡岩体类型为 Ⅲ～Ⅴ 类（《岩土工程勘察规范》GB 50021-2001）；高度大于 30m 的岩质边坡；高度大于 15m 的土质边坡；边坡风化严重稳定性差
中等复杂场地	● 对建筑抗震不利的地段； ● 地形地貌较为复杂，地形起伏较大或地貌单元为 2～3 个； ● 地质构造较复杂，不良地质现象较发育； ● 地下水埋深为 2～5m，且对地基基础可能存在不良影响的场地； ● 岩土体性质变化较大的场地； ● 拟建场地地基土防渗性较差，坝基勘探深度范围内有一定厚度强透水层； ● 边坡岩体类型为 Ⅰ 或 Ⅱ 类（《岩土工程勘察规范》GB 50021-2001）并高度小于 30m 大于 15m 的岩质边坡；高度小于 15m 大于 10m 的土质边坡；边坡风化程度一般

复杂程度	判 别 条 件
简单场地	● 建筑抗震有利或一般地段； ● 地形地貌单一，地形较平坦； ● 地质构造简单，不良地质现象不发育； ● 地下水对地基基础影响很小或无影响； ● 地层结构简单，无特殊类土； ● 拟建垃圾填埋场库区地基土防渗性好； ● 边坡岩体类型为 Ⅰ 或 Ⅱ 类（《岩土工程勘察规范》GB 50021－2001）；高度小于15m的岩质边坡或高度小于10m的土质边坡，边坡稳定性好

3.2.2.8 填埋场工程地质的勘察等级可按表 3-4 进行分级。

填埋场勘察重要性等级　　　　　　　　　　　　　　表 3-4

重要性等级	工 程 等 级
甲级	Ⅰ级填埋场，或一级建构筑物，或为复杂场地
乙级	除甲级或丙级以外的勘察项目
丙级	填埋场重要性等级为Ⅲ级工程（表 3-1），建（构）筑物为三级及以下工程，且为简单场地

3.2.3 填埋场工程地质勘察资料搜集与初步评价

3.2.3.1 选址勘察阶段宜以搜集资料和现场调查为主。宜搜集、调查的资料如下：

（1）用地规划、区域环境规划、环境卫生专业规划。

（2）工程拟建规模，处理设施的工艺类型，主要建构筑物形式和设备类型，生活垃圾填埋方式、填埋库容、使用年限及建设与管理要求。

（3）气象、水文条件。

（4）地形地貌、区域地质构造。

（5）区域地震、地质资料，抗震设防烈度。

（6）场地岩土性质和分布、渗透性，不良地质作用。

（7）场地地下水的类型、埋藏条件、流向、动态变化情况及与邻近地表水体的关系；邻近水源地的分布及保护要求。

（8）山谷型填埋场的流域面积、区域径流模数、20 年 50 年或 100 年一遇的洪峰流量、洪泛周期最高洪水位和防洪标准等情况。

（9）矿产及开采情况，塌陷边界及影响范围。

（10）文物保护、环境保护要求。

（11）行业及地区现行有关技术标准要求。

（12）当地的工程建设经验。

3.2.3.2 选址勘察宜初步评价场地的适宜性，并对拟选的场址进行比较，提出推荐场址的建议，并可参考下列要求：

（1）拟选场址的不良地质作用和地质灾害发育情况及避开的可能性。

（2）场地及邻近区域是否分布全新活动断裂，场地地震动参数及对建（构）筑物抗震的影响。

(3) 地基土和地下水的特征，拟采用的地基基础类型，地基处理难易程度。

(4) 地形起伏及对场地利用或整平的影响。

(5) 洪水的影响、地表覆土类型、地下资源可利用性进行评估。

(6) 对下游及周边环境污染风险的影响与安全的初步评估。

(7) 填埋场工程地质勘察可按工程建设程序分阶段进行。选址勘察应符合填埋场选址方案的要求；可行性研究勘察应符合填埋场可行性研究的要求；初步勘察应符合填埋场初步设计的要求；详细勘察应符合填埋场施工图设计的要求；场地条件复杂或有特殊要求的工程，宜进行施工勘察。

3.2.4 可行性研究勘察阶段

3.2.4.1 可行性研究勘察阶段宜在搜集分析已有资料的基础上，以工程地质调查和测绘为主，进行必要的勘探工作，对拟选场址的岩土工程条件及其周边环境进行分析，预测工程建设可能引起的地质环境问题，对拟选场地的稳定性和适宜性做出评价。

3.2.4.2 可行性研究勘察阶段需要的资料

(1) 拟选场址的总体规划、总平面布置图、库区规模、拟建建（构）筑物的基础荷载等。

(2) 生活垃圾类型、性质、成分、生活垃圾日处理量。

(3) 场地地震安全性评价和地质灾害危险性评估报告。

(4) 土石料来源及条件，包括筑坝用材料和防渗与覆盖所用黏土材料获取的难易程度和可供给、存储的总量。

(5) 比例尺为 1∶5000～1∶10000 的地形图。

3.2.4.3 可行性研究勘察内容

(1) 调查场地地形地貌、地质构造。

(2) 初步查明场地不良地质作用和地质灾害发育程度。

(3) 调查场地的岩土分布、均匀性、渗透性及主要物理力学性质。

(4) 调查地表水和地下水的分布特征（包括古河道、暗河、暗沟等的分布）、水位动态变化资料及其可能的不良影响。

(5) 初步判断地震条件下发生地裂、地陷和液化的可能性，并提供场址区的地震动参数。

(6) 查明场址有或无压矿情况以及采矿对场地稳定性可能造成的影响。

(7) 调查了解防渗黏土、工程用土、石料等分布状况，并对人工黏土防渗层适宜性进行分析、评价。

(8) 初步评价推荐场址场地、地基和边坡的稳定性；对各类地质灾害的危害程度和发展趋势做出判断，需要时提出初步防治建议。

(9) 当天然地基不能满足要求时，应针对建（构）筑物的使用功能及荷载特点，对地基处理方法和桩基选型进行初步论证，提出推荐方案和建议。

3.2.4.4 可行性研究勘察阶段应进行必要的勘探，勘探工作量布置应根据工程需要，结合场地的复杂程度确定，还可参考下列要求：

（1）勘探点宜按网状布置，并兼顾总平面布置，勘探点应能控制拟建厂区的范围内场地岩土条件的变化。

（2）简单场地勘探点宜按网状布置，孔距宜为 200～300m。

（3）复杂和中等复杂场地的勘探点宜结合地质单元布置，孔距宜适当加密。

（4）在填埋库区、垃圾坝、调节池等重要设施所处地段或典型区域应布置勘探点。

（5）勘探深度宜满足可能采用的不同地基基础方案对稳定、变形及抗渗验算的要求。

（6）本勘察阶段对复杂场地宜进行工程地质测绘，对中等复杂场地可根据需要进行工程地质测绘或调查，对简单场地可进行工程地质调查。工程地质调查与测绘出图的比例尺可选用 1:2000～1:10000；工程遥感图像资料比例尺，航片宜采用 1:5000～1:20000，卫片宜采用 1:25000～1:50000。

（7）水文地质条件简单的场地，可布置 1 个水文地质观测孔；水文地质条件中等及复杂的场地，宜布置 2～3 观测孔。孔深宜揭穿工程影响范围的含水层至下部隔水层。

3.2.5 初步勘察阶段

3.2.5.1 初步勘察宜在搜集、整理、分析利用已有资料的基础上，以工程地质测绘为主结合勘探、原位测试、地球物理勘探、室内试验，针对设计主要方法和关键环节开展工作，初步查明场地工程地质条件，评价建设地段的稳定性，提出岩土工程防治和风险控制的初步建议，为初步设计提供依据。

3.2.5.2 初步勘察阶段需要的资料

（1）比例尺为 1:500～1:5000 具有坐标及地形，并标有初步设计拟定的建（构）筑物平面位置及场地平整标高的图件。

（2）初步拟定的库区结构、坝型、坝高、防渗及土石材料的要求。

（3）建（构）筑物拟定的基础类型、埋深、荷载等。

（4）防渗结构的变形要求。

（5）环境影响评价报告。

（6）工程前期勘察资料。

3.2.5.3 初步勘察内容

（1）初步查明场地地形地貌、地质构造等，岩土分布特征及物理力学性质，提供初步设计所需的岩土参数。

（2）初步查明拟建场区及周边地下水、地表水分布、水位及其变化，地基土的渗透性。初步评价地下水和土质特性对生活垃圾填埋场防渗结构的影响和对建筑材料的腐蚀性。

（3）查明不良地质作用及地质灾害的成因、范围、性质、发生发展规律，评价其对生活垃圾填埋堆体、防渗结构、垃圾坝和截洪沟等建（构）筑物可能造成的影响和危害程度。

（4）抗震烈度为 6 度以上（含 6 度）的建设场地，应初步评价场地地震效应。

（5）查明防渗、筑坝和覆盖材料的类型、距离、质量、供应量及开采条件等情况。

（6）建（构）筑物的工程地质勘察，应根据生活垃圾填埋场库区分区、堆体、坝体等建（构）筑物的上部荷载及使用功能，初步评价适宜采用的地基基础方案。

(7) 初步分析工程周边环境可能出现的工程问题，提出预防措施的建议。

3.2.5.4 初步勘查的勘探点的布置应结合垃圾坝、分区坝、截洪沟、盲沟、石笼、边坡及主要建（构）筑物的位置确定。初步勘查控制性勘探点不应少于勘探点总数的 1/3。勘探线及勘探点的布置还应符合以下要求：

(1) 勘探线应垂直地貌分界线、地质构造线及地层走向。

(2) 勘探点应沿勘探线布置，每一地貌单元、水文地质单元均应有控制孔和水文地质勘察孔。

(3) 生活垃圾填埋场场址区应根据岩土层性质，布置少量的现场试坑进行渗水、抽（注）水及压水等试验。试验点数量应根据场地水文地质条件复杂程度确定。一般场地宜为 2 个测试点；复杂场地每个水文地质单元宜有 1 个测试点。

常见的水文地质参数现场测定方法宜根据含水层分布、土层渗透性、工程特点及设计要求，可根据表 3-5 进行选择。

常见水温地质参数现场测定方法的选取 表 3-5

适用条件 试验方法	包气带松散 岩层渗透性	松散岩层渗透性		基岩渗透性和透水性	
		透水性强、 水量丰富、地 下水位埋深小	透水性弱或无 水、地下水位 埋深大	透水性强、 水量丰富、地 下水位埋深小	透水性弱 或无水、地下 水位埋深大
抽水试验	×	●	○	●	○
压水试验	○	○	○	○	●
注水试验	○	○	●	○	○
渗水试验	●	×	×	×	×
示踪试验	×	○	×	●	●

注：●为适用，○为较适用，×为不适用。

3.2.5.5 场区初步设计阶段勘探线、勘探点的间距可按表 3-6 确定。

场区初步设计阶段勘探线、点的间距（m） 表 3-6

场地复杂程度	勘探线间距	勘探点间距
复杂	50～70	30～50
中等复杂	70～150	50～100
简单	150～300	100～200

注：对场区内不同工程地质分区，宜根据各分区地质条件的复杂程度，确定勘探线与点间距。

3.2.5.6 场区初步设计阶段勘探深度可按表 3-7 确定。

场区初步设计阶段勘探深度（m） 表 3-7

工程重要性等级	一般性勘探点	控制性勘探点
一级	≥20	≥30
二级	15～20	20～30
三级	10～15	15～20

注：每个场区至少应有 2 个控制性钻孔深度满足最高坝和最不利工况下的地基稳定性分析需要。

3.2.5.7 建（构）筑物初步勘察勘探深度可按表 3-8 确定。

初步设计阶段建（构）筑物勘察勘探深度（m）   表 3-8

建（构）筑物重要性等级	一般性勘探孔	控制性勘探孔
Ⅰ级	>30	>50
Ⅱ级	>20	>30
Ⅲ级	>10	>15

3.2.5.8 当遇下列情形之一时，可适当增加或减小勘探深度：

（1）勘探点的地面标高与预计整平地面标高相差较大时，应按其差值调整勘探深度。

（2）预定深度内有软弱土层时，勘探深度应适当增大，部分控制性勘探孔应穿透软弱土层或达到预计控制深度。

（3）预定深度内遇基岩时，除控制性勘探孔仍应钻入基岩适当深度外，其他勘探孔达到确认的基岩后即可终止钻进。

（4）预定深度内有厚度较大，分布均匀，且渗透性低的坚实土层时，除控制性勘探孔应达到规定深度外，一般性勘探孔的深度可适当减小。

（5）预定深度内遇高渗透性土层时，宜予穿透。

（6）采用地下连续墙或垂直帷幕防渗工程技术的，应根据截流地下水体、岩土结构和拟采用的技术手段等确定孔深。

3.2.5.9 初勘阶段建筑材料的勘察应符合下列要求：

（1）详细查明料场地质条件、岩土结构、岩性及空间分布，地下水位，游泳层储量开采运输条件及对环境的影响。

（2）压实黏土防渗层的土料应采用试坑和钻孔确定黏土料场的垂直和水平分布范围，宜选择厚度不小于 1.5m 的黏土料场。

（3）拟采用的黏土料场中宜每 100m² 设置 1 个取样点，取样点总数不应少于 5 个。

（4）每个取样点的土样应进行颗粒分析和界限含水率试验，试验方法应符合现行国家标准《土工试验方法标准》GB/T 50123 的规定。

3.2.5.10 施工图设计阶段勘察（简称详细勘察）应在已有资料的基础上采用钻探、原位测试、物探和室内试验等手段，查明各类工程场地的工程地质、水文地质条件，分析评价场地地基及边坡稳定性，预测可能出现的岩土工程问题，提出地基基础、基坑支护、边坡治理、周边环境保护方案建议，提供设计、施工所需的岩土参数。

3.2.6 详细勘察阶段

3.2.6.1 详细勘察阶段需要的资料

（1）拟建（构）筑物结构类型、基础形式以及初步确定的荷载、尺寸、埋置深度、变形及差异变形控制要求、各建（构）筑物室内外地坪高程。

（2）工程项目的初步设计及其相关技术文件。

（3）前阶段勘察报告。

3.2.6.2 详细勘察内容

（1）详细查明填埋场库区及建（构）筑物范围内的岩土分布及其物理力学性质、强度和变形特征，并评价地基土的均匀性，提供地基承载力。

（2）详细查明地下水、地表水分布、水位及其变化，地下水的埋藏补给、排泄条件，查明地基土的渗透系数等水文地质参数，提出地下水控制措施的建议；评价水和土对建筑材料的腐蚀性。

（3）查明不良地质作用和地质灾害的成因、范围、性质、发生发展规律，评价其危害程度及场地稳定性。

（4）抗震设防烈度 7 度以上（含 7 度）的场地，应进行液化判别，提出处理措施的建议。

（5）对各种坝体、各期堆体、导气石笼、截洪沟等在建设和运营期局部加载后不利工况条件下的地基整体稳定性、坝基岩体浅层滑动破坏等进行分析评价。

（6）判定地基土及地下水在施工（开挖、回填、打桩等）和运行过程中可能产生的变化和影响，并提出防治建议。

（7）季节性冻土地区应提供标准冻结深度。

（8）对地下水位高的生活垃圾填埋场，应对施工期、空载候填期和下潜设施（如集水井、调节池）等不利条件进行抗浮、突涌分析评价，并提出相关建议；需要进行工程降水时，应提出相应建议并评价降水对周围环境的影响。

（9）工程需要时，应根据生活垃圾渗沥液的化学成分，分析污染物的迁移规律，开展预测填埋场运营过程中出现渗沥液垂直和侧向渗漏，引起污染可能性的专项工作。

（10）根据工程及地基特点和环境保护要求，提出工程监测和生活垃圾填埋作业长期监测的建议。

（11）分析边坡的稳定性，提供边坡稳定性计算参数，提出边坡治理的工程措施建议。

（12）对各种坝体、各期堆体、导气石笼、截洪沟等在建设和运营期局部加载后不利工况条件下的地基整体稳定性、坝基岩体浅层滑动破坏等进行分析评价。

3.2.6.3 详细勘察阶段勘探工作布置应在充分利用前期勘察成果的基础上，结合场地地质条件的复杂程度，填埋场和建（构）筑物的总平面布置和功能特点布置，满足地基评价、稳定性分析和地基变形计算的要求。岩质地基可结合地方标准和地区经验调整。

3.2.6.4 详细勘察阶段生活垃圾填埋场勘探点布置应符合下列要求：

（1）勘探线应垂直地貌单元边界线、地质构造线以及地层界线，在填埋库区的中心部位布置 1～2 条主轴线，两侧各分布若干条辅助勘探线，必要时布置水文地质勘探线。

（2）在每个地貌单元和地貌交接部位应布置勘探点，并在地貌和地层变化较大的地段予以加密。

（3）地形平坦且地层条件简单的垃圾填埋场，可按方格网布置勘探点。

（4）坝基、地下连续墙或垂直帷幕应布置勘探线，截洪沟、盲沟、石笼应有勘探点。

（5）建（构）筑物的勘探点的布置应根据各类别及建筑场地的复杂程度确定。一级建（构）筑物及需要作变形计算的部分二级建（构）筑物应按主要柱列线、轴线及基础的周围布置，其他建（构）筑物，可按建（构）筑物的轮廓布置；复杂场地的勘探点布置可适当加密。

（6）重大设备基础应单独布置勘探点；重大的动力机器基础和高耸构筑物，勘探点不宜少于 3 个。

（7）控制性勘探孔应不少于勘探点总数的 1/4。

3.2.6.5 详细勘察阶段勘察勘探点间距可按表3-9确定。

施工图设计阶段勘探点间距（m） 表3-9

建筑物重要性等级 场地复杂程度	一级	二级	三级
复杂场地	10～15	15～25	25～35
中等复杂场地	15～30	25～40	35～50
简单场地	30～50	40～60	50～70

3.2.6.6 详细勘察的勘探深度可参考下列要求：

（1）对按承载力控制的场地，应以控制地基主要受力层为原则，工程需要进行稳定性分析评价时，勘探深度应满足如下要求：当基础底面宽度不大于5m时，条形基础的勘探深度不小于基础宽度的3倍，单独基础勘探深度不小于基础宽度的1.5倍，且不应小于5m。

（2）对需进行变形验算的地基，一般性勘探深度应满足本条第1款规定，控制性勘探深度应满足地基沉降计算的需要。

（3）导气石笼与防渗层连接且石笼高度超过10m时，应根据石笼的高度适当增加勘探深度。

（4）当采用桩基础、垂直防渗帷幕或深基础时，勘探深度可参考相关标准的要求。

（5）对需进行变形验算的地基，控制性勘探深度应满足地基变形计算的要求，地基变形计算深度可根据《建筑地基基础设计规范》GB 50007确定。

（6）当场地建构筑物不能满足抗浮设计要求时，勘探孔深度应满足康复设计的要求。

（7）有软弱下卧层时，应适当增加勘探深度。

3.2.6.7 详细勘察采取土试样和进行原位测试方法和数量应根据工程建设安全性等级、地基复杂程度、岩土工程评价要求确定，并符合下列要求：

（1）采取土试样和进行原位测试的勘探孔的数量，且不应少于勘探孔总数的1/2，钻探取土孔的数量不应少于勘探孔总数的1/3。

（2）每个场地的每一主要土层的原状土试样或原位测试数据不应少于6件（组），当采用连续记录的静力触探或动力触探为主要勘察手段时，每个场地不应少于3个点。

（3）工程规模大或地质条件复杂的场地，应适当增加取土试验或原位测试数据的数量。

3.2.6.8 详勘阶段垃圾填埋场水文地质勘察工作应符合下列规定：

（1）水文地质条件简单的场地，水文地质测试孔不宜少于3个。水文地质中等或复杂的场地，每一个水文地质单元中应布设1～2个测试孔，且测试孔总数不宜少于5个。

（2）水文地质勘探孔的深度，应以查明工程影响范围的垂向含水系统结构为原则。单一含水系统的控制性孔应穿透含水层至下部隔水底板；多层含水系统应至少进入第二含水层厚度的1/3，并满足防渗设计的要求。

（3）可根据岩土层性质，布置现场试坑渗水、或现场抽（注）水试验、或压水试验等（岩土层渗透性参数现场测定实验的选取详见本指南第三章表3-5），以测试岩土层的渗透性参数。每个水文地质单元试验点数量不宜少于2组。

(4) 邻近地表水体的建设场地，应同步观测地下水与地表水的水位变化，判断地下水与地表水的水力联系。

(5) 水文地质观测孔宜沿地下水流向布置，需要进行地下水污染监测的长期观察时，应在填埋库区外的地下水流上游 30m 处及下游 30m、50m 分别布置 1 孔。

3.2.6.9 地下水水位观测井的深度应符合下列要求：

(1) 地下水水位观测井勘探深度应根据观测目的、所处含水层类型及其厚度来确定。

(2) 潜水含水层的观测井深度，宜钻穿含水层，但不应穿透下部的隔水层。

(3) 承压水含水层的观测井深度，可根据承压水的水头高度及降水的最大深度确定，观测井深度应比最大降水深度深 2～5 m，以保证能监测到整个降水过程中的地下水水位，但不应穿透下部的隔水层。

3.2.7 施工勘察阶段

3.2.7.1 施工阶段遇下列情况之一时，应进行补充勘察，并做出相关分析、评价和建议：

(1) 因设计变更需补充勘察资料时。

(2) 当岩土体条件复杂，设计需进一步查明岩土层分布及参数时。

(3) 在施工中发现情况异常时。

(4) 需进一步查明地下管线、障碍物及不良地质作用时。

3.2.7.2 补充勘察前应详细了解目标区域的拟建设施的设计要求，有针对性的解决存在的技术问题。

3.2.8 填埋场处理规模

3.2.8.1 填埋场处理规模（日填埋量）的确定应在服务范围内生活垃圾产量预测的基础上，根据有效库容计算垃圾填埋总量，再由使用年限经计算后确定日平均处理规模。

3.2.8.2 填埋场处理规模可根据《生活垃圾卫生填埋处理工程项目建设标准》建标 124-2009 分为四类（表 3-10）。

填埋场处理规模分类　　　　　　　　　　　　　　　表 3-10

类　型	日填埋量（t/d）	类　型	日填埋量（t/d）
Ⅰ类	1200 以上	Ⅲ类	200～500
Ⅱ类	500～1200	Ⅳ类	200 以下

注：以上规模分类含下限值不含上限值。

3.2.8.3 生活垃圾产量预测方法

(1) 生活垃圾产量预测宜采用人均指标和年增长率法、回归分析法、皮尔曲线法或多元线性回归法等。

(2) 可优先选用"人均指标和年增长率法"。

(3) 回归分析法为国家现行行业标准《城市生活垃圾产量计算及预测方法》CJ/T 106 规定的方法，可选用或作为校核。

(4) "皮尔曲线法"和"多元线性回归法"计算过程复杂，所需历史数据较多，可供参考用于校核。

3.3 设计计算

为确定填埋场处理规模，可采用下列生活垃圾产量预测方法。

3.3.1 人均指标法

3.3.1.1 采用人均指标法预测生活垃圾年产量，见公式（3-1）：

预测年生活垃圾年产量＝该年服务范围内的人口数×该年人均生活垃圾日产量×365

（3-1）

3.3.1.2 人口预测

（1）服务范围内的人口预测数据，可主要参考服务区域社会经济发展规划、总体规划以及各专项规划中的数据。

（2）当现有预测数据存在明显问题（如所依据的规划文件人口预测数值小于现状值、翻番增长）或没有规划数据时，可采用近4年人口平均年增长率法进行预测，计算见公式（3-2）：

$$规划人口 = 现状人口(1＋i)^t$$ （3-2）

式中：i——近4年人口年平均增长率，%；

t——预测年数，宜为使用年限。

现状人口的计算方法为：服务范围内人口数＝常住人口数＋临时居住人口数＋流动人口数×K，其中$K＝0.4～0.6$。

3.3.1.3 预测年人均生活垃圾日产量

预测年人均生活垃圾日产量值可参考近十年该市人均生活垃圾日产量数据来确定，1999～2010年全国各地区（省市）人均日产垃圾量统计表（除港澳台地区之外）见本指南附录Ⅰ。

在日产日清的情况下，人均日产量等于该服务范围内一天产出垃圾量与该区域人口数的比值，见公式（3-3）：

$$R=\frac{P \cdot W}{S}\times 10^3$$ （3-3）

式中：R——人均日产量，kg/人；

P——产出地区垃圾的容重，kg/L；

W——日产出垃圾容积，L；

S——居住人数，人。

3.3.2 垃圾年增长率法

3.3.2.1 按垃圾年增长率法预测生活垃圾年产量，计算见公式（3-4）：

$$W_t = W_0(1＋i)^t$$ （3-4）

式中：W_t——预测年生活垃圾年产量；

W_0——现状年生活垃圾年产量，$W_0＝$现状年生活垃圾日产量×365；

i——垃圾年增长率；

t——预测年数，t 等于预测年份减现状年份。

3.3.2.2 现状年生活垃圾日产量

（1）采样法计算垃圾日产量

垃圾日产量计算见公式（3-5）：

$$Y = (R_1 \cdot S_1 + R_2 \cdot S_2 + R_3 \cdot S_3 + R_4 \cdot S_4)/Q_1 \tag{3-5}$$

式中：　　　　Y——按人均日产量计算出的垃圾日产量，kg；

R_1，R_2，R_3，R_4——垃圾的人均日产量（见表 3-11），kg/人；

S_1，S_2，S_3，S_4——不同特征区的人数（见表 3-11），人；

　　　　Q_1——垃圾日产量的分布比例参数（见表 3-12）。

计算参数表　　　　　　　　　表 3-11

特征 \\ 参数	无燃煤区	半燃煤区	燃煤区	混合区
日清运量（m³）	w_1	w_2	w_3	w_4
容重（t/m³）	p_1	p_2	p_3	p_4
人均日产量（t/人）	r_1	r_2	r_3	r_4
居住人数（人）	s_1	s_2	s_3	s_4

注：混合区指两种或两种以上生活特征的区域

比例参数表　　　　　　　　　表 3-12

区别	居民区	事业区	商业区	清扫区	特殊区	混合区
特征	燃煤 半燃煤 无燃煤	办公 文教	商店饭店 娱乐场所 交通站	街道 园林 广场	医院 使领馆	垃圾堆放 处理场
分布比例	Q_1	Q_2				

注：1　Q_1 推荐使用 65%±5%；

2　分布比例根据各地区实际情况决定。

（2）按容重法计算垃圾日产量

$$Y = w_1 \cdot p_1 + w_2 \cdot p_2 + w_3 \cdot p_3 + w_4 \cdot p_4$$
$$= W \cdot P \tag{3-6}$$

式中：　　　　Y——按容重法计算出的垃圾日产量，t；

w_1, w_2, w_3, w_4——不同产出地区、不同季节日产出垃圾容积均值，m³；

　　　　W——产出地区四季产出垃圾容积均值，m³；

p_1, p_2, p_3, p_4——不同产出地区、不同季节装载容重均值，t/m³；

　　　　P——产出地区四季垃圾装载容重均值，t/m³。

垃圾年增长率法要求根据历史数据和城市发展的可能性，合理确定垃圾的年增长率。它综合了人口增长、建成区的扩展、经济发展状况和煤气化进程等有关因素，但忽略了突变因素。根据发达国家的历史经验，生活垃圾产量增长到一定阶段后，增加幅度逐渐放慢，甚至趋于稳定。所以用该方法进行长期预测时，可能由于增长率选择不当而造成较大误差。

3.3.3 回归分析法

3.3.3.1 基数的选取

在以近几年垃圾年产量为基础预测未来年度的垃圾年产量时，应以预测年相邻年度开始连续上溯 6~8 年的垃圾产量为基数。

3.3.3.2 预测回归分析

根据垃圾年产量（基数）计算对应于给定变量 X（预测年度）的 Y 值（预测垃圾产量），采用逼近垃圾年产量的最小二乘法计算 Y 在 X 上的回归曲线。该回归曲线的方程式见公式（3-7）、公式（3-8）：

$$线性回归方程 \quad Y = a + bX \tag{3-7}$$

$$指数回归方程 \quad Y = dc^X \tag{3-8}$$

式中：Y——预测年的垃圾产量，t；

X——预测的年度。

注：指数回归方程：$Y = dc^X$，两边取对数，$\ln Y = \ln d + X \ln c$。令 $y* = \ln Y$，$av = \ln d$，$b = \ln c$ 进行方程变换：$y* = a + bX$，这样便把非线性回归转变为线性回归。

3.3.3.3 线性回归方程中 a、b 系数计算见公式（3-9）、式（3-10）：

$$a = \frac{\sum\limits_{i=1}^{n} y_i - b \sum\limits_{i=1}^{n} x_i}{n} \tag{3-9}$$

$$b = \frac{n \sum\limits_{i=1}^{n} x_i y_i - \sum\limits_{i=1}^{n} x_i \sum\limits_{i=1}^{n} y_i}{n \sum\limits_{i=1}^{n} x_i^2 - \left(\sum x_i\right)^2} \tag{3-10}$$

式中：x_i——计算垃圾产量的年度；

y_i—— 各年度的垃圾产量基数。

3.3.3.4 按相关系数方程求出相关系数（r），确定垃圾变化是线性回归还是曲线回归，然后取相关系数高者进行计算。相关系数（r）的计算见公式（3-11）：

$$r = \frac{n \sum\limits_{i=1}^{n} x_i y_i - \sum\limits_{i=1}^{n} x_i \sum\limits_{i=1}^{n} y_i}{\left\{\left[n \sum\limits_{i=1}^{n} x_i^2 - \left(\sum x_i\right)^2\right]\left[n \sum\limits_{i=1}^{n} y_i^2 - \left(\sum y_i\right)^2\right]\right\}^{0.5}} \tag{3-11}$$

3.3.3.5 将预测年代入所最终确定的回归方程进行计算，即得垃圾产生量的预测结果。

3.3.4 皮尔曲线法

3.3.4.1 皮尔曲线法的计算见公式（3-12）：

$$P_i = \frac{k}{1 + e^{a - r \cdot t_i}} \quad (r > 0, k > 0) \tag{3-12}$$

式中：k，a，r——参数；

t_i——相对基准年的第 i 年。

3.3.4.2 曲线拟合

皮尔曲线的拟合，可采用拐点法确定 k 值，具体计算过程如下：

（1）令：历年人均垃圾产量数据为 a_i，基准年垃圾产量为 a_0。

（2）$P_i = a_i - a_0$，认为 P_i 大致符合 logistic 曲线，取 $\dfrac{dP}{dt}$ 最大的两个值 $\max(P_i, P_j)$，$k = 2\sqrt{P_i \cdot P_j}$。

（3）对皮尔曲线进行倒数变换，计算见公式（3-13）、式（3-14）：

$$\frac{1}{P_i} = \frac{1 + e^{a - r \cdot t_i}}{k} \tag{3-13}$$

$$\ln\left[(k - P_i)/P_i\right] = a - r \cdot t_i \tag{3-14}$$

经变换后，$\ln\left[(k - P_i)/P_i\right] = a - r \cdot t_i$ 符合一元线性回归模型，将 P_i，k，t 值带入采用最小二乘法拟合一元线性回归模型，得到 a 和 r 值，即可得出 logistic 曲线模型方程（见公式 3-15）：

$$a_i = \frac{k}{1 + e^{a - r \cdot t_i}} + a_0 \tag{3-15}$$

3.3.4.3 计算结果

将预测年代入 logistic 曲线模型方程，即可获得该市的人均日产垃圾量，采用人均指标法即可预测生活垃圾年产量，具体步骤可参考本章 3.3.1。人口增长缓慢时，也可直接对生活垃圾年产量进行预测。

3.3.5 多元线性回归法

3.3.5.1 因子选择

可根据《中国城市建设统计年鉴》的城区人口数据反映人口情况；选取国内生产总值、社会消费零售总额、道路清扫保洁面积、城区面积、市容环卫专用车辆设备总数等反映社会经济发展水平；选取城市气化率、城市人均消费性支出反映居民生活消费水平。多元线性回归备选影响因子及方程代码可参见表 3-13。

多元线性回归影响因子一览表 表 3-13

序　号	变量名	方程代码
1	城区人口	X_1
2	国内生产总值	X_2
3	社会消费零售总额	X_3
4	道路清扫保洁面积	X_4
5	城区面积	X_5
6	市容环卫专用车辆设备总数	X_6
7	城市气化率	X_7
8	城市人均消费性支出	X_8

以生活垃圾年清运量为母系列，上述各影响因子为子序列，进行计量经济学的相关性分析，采取与生活垃圾年清运量有极大关联性（关联度大于 0.9）的影响因子作为生活垃圾产量预测的指标。

3.3.5.2　因子值确定

预测年间各因子值应按该市现有的《城市总体规划》、《社会经济发展规划》等文件或其他正式文件中的数据取值。如数据过于陈旧或明显不符合发展的趋势时，可采用近 4 年平均增长率法进行估算。

3.3.5.3　多元线性回归模型的建立

在多元回归分析中，多元线性回归分析模型见公式（3-16）：

$$Y = b_0 + b_1 X_1 + b_2 X_2 + \cdots + b_m X_m \tag{3-16}$$

式中：Y——预测值向量；

$\quad\quad X$——自变量 X 的矩阵；

$\quad\quad b$—— 回归系数向量。

多元线性回归分析模型相应的矩阵模型为：$Y = Xb$。其中各变量的矩阵分别见公式（3-17）、（3-18）、（3-19）：

$$Y = (Y_1, Y_2, Y_3, \cdots, Y_n)' \tag{3-17}$$

$$X = \begin{Bmatrix} 1, & X_{11}, & X_{21} & \cdots & X_{m1} \\ 1, & X_{12}, & X_{22} & \cdots & X_{m2} \\ \cdots \\ 1, & X_{1n}, & X_{2n} & \cdots & X_{mn} \end{Bmatrix}; \tag{3-18}$$

$$b = (b_0, b_1, \cdots, b_m)' \tag{3-19}$$

由最小二乘法，得公式（3-20）：

$$b = (X'X)^{-1} X'Y \tag{3-20}$$

可采用残差检验、r 检验以及 F 检验对预测模型的显著性进行检验；采用方差分析对预测模型的精度进行检验。若检验精度达到要求，则可利用所建模型进行预测；否则，需重新选择影响因素进行建模。

该模型的建立也可结合 MATLAB、SAS、excel 等软件来实现。

3.3.5.4　预测计算

将上述所得到的各影响因素数据代入回归方程进行计算，即可获得该地区的生活垃圾产生量的预测结果。

3.4　案例

3.4.1　场址比选

——设计背景：

W 市拟建设一座大型生活垃圾填埋场，现有三处备选场址：场址 A、场址 B、场址 C。

1）场址 A：

场址 A 位于江夏区郑店街办事处以西约 5 公里的长山口，东距 107 国道 4 公里、距正在施工建设的青郑高速近 1 公里，南距 101 省道约 1 公里。

场地由两座近似东北-西南向的山体交汇形成的山谷形空间，整个区域由几条山沟及山沟下游低洼地组成。区域内主要为采石场作业区和采空坑地、简易道路，部分农田，除采石场的临时设施外，无其他固定建构筑物，没有河流等地表径流，采石影响区域的植被均被严重破坏。区域面积较大，周边东北、西南有部分居民点。

2）场址 B：

场址 B 位于江夏区南部灵山洞，北距 005 县道约 3 公里，距在建的武广高速铁路近 1 公里，距建设中的双湖大道约 1.4 公里。区域内主要为存在大量的单面采空坑地，有少量农田，无其他设施，没有河流等地表径流，采石影响区域的植被均被破坏。区域面积较大，区域周边附近地段无居民点。

图 3-1　场址 A 全景

图 3-2　场址 B 采石矿坑

3）场址 C：

场址 C 位于江夏区郑店街雷竹村，东距 107 国道约 0.7 公里，南距郑店街办事处约 1.2 公里，北距白沙洲大桥约 18 公里。整个区域为采石场（现仍在使用），山谷深度较大，地势较低。区域面积较小，区域内植被均被破坏，无经济林带，无农田，无其他设施。

图 3-3　场址 C 采石矿坑

区域南侧为雷竹村村委会，东侧有较多居民点，偏北侧有部分企业厂房，场地基本无扩容余地。

根据以上基础资料对场址进行比选。

——**设计内容：**

现根据**本指南 3.2.1.2 对填埋场场址基础资料收集**的要求，搜集这三处场址基础资料。根据**本指南 3.2.1 对填埋场场址选择**的要求及这三处备选场址的基础资料，对这三处备选场址进行预选及比选确定，具体内容如下：

1）场址预选

场址预选比较表

表 3-14

序号	比较内容	场址 A	场址 B	场址 C
1	用地规模	828.15 亩	700 亩	500 亩
2	地形地貌	采石矿坑、山地	采石矿坑、山地	采石矿坑

续表

序号	比较内容	场址 A	场址 B	场址 C
3	运距及道路情况	距离白沙洲大桥约 25 公里	距离街道口约 35 公里	距离白沙洲大桥约 18 公里
4	汇水面积	一般	较大	较小
5	与城市规划的关系	符合环境卫生专项规划	未列入城市规划范围，不冲突	未列入城市规划范围，不冲突
6	与自然灾害的关系	经地质灾害评估，山体边坡稳定性可通过相应工程措施实现	山体边坡稳定性有待地质灾害评估确定	山体边坡稳定性有待地质灾害评估确定
7	与周边的关系	场区边缘有部分居民点	距武广高速铁路较近，区域内无居民点	场区周边有大量居民点和企业厂房
8	土质情况	岩石、黏性土	岩石	岩石
9	覆盖土源	较充足	较充足	较匮乏
10	场址地势	地势较高，大部分面积在路面以上	地势较高，大部分面积在路面以上	地势较高，大部分面积在路面以上
11	扩容余地	较大	较大	无
12	位于城市夏季主导风向	侧风向	侧风向	侧风向

通过对以上场址情况汇总，结论如下：

（1）场址 C：用地规模小，库容量小，无扩容余地，使用年限较短，周边环境影响较大，不适合建设垃圾处理场。

（2）场址 B：用地规模较大，有一定的扩容余地，使用年限较长，地势不平整，远离居民点，周边环境影响较小，地质条件适中，宜选为备选场址作进一步比选。

（3）场址 A：用地规模大，有较大的扩容余地，使用年限长，山谷地势较为平整，有效库容大，覆盖土源充足，对周边环境影响较小，宜选为备选场址作进一步比选。

2）场址比选确定

在场址预选的基础上，现对 2 个预选场址场址 A 和场址 B 在技术、经济、社会及环境等方面做进一步比较。

预选场址比较表 表 3-15

序号	比较内容	场址 A	场址 B
1	可填埋平均高度	47m	20m
2	库容量	1833 万 m^3	1000 万 m^3
3	有效库容量	1650 万 m^3	900 万 m^3
4	使用年限	16 年	8.7 年
5	污水出路	处理达一级标准后，通过 12 公里专管排至长江	处理达三级标准后，可通过 12 公里专管排至纸坊市政管网，可能性极小

序号	比较内容	场址 A	场址 B
6	对外交通	从 107 国道接入，横穿在建的青郑高速，需新建 4.4 公里的进场道路	需新建 1.5 公里的进场道路
7	工程量及施工难度	采石场地势较平整，施工难度较大、工程量较大	采石场地势起伏大，施工难度大、工程量大
8	群众反响	反响较小	反响较小
9	环境影响	影响较小，工程措施可解决	有一定影响

通过对以上 2 个预选场址情况汇总，结论如下：

(1) 场址 B：有效库容量相对较小，使用年限较短，经济性较低，工程施工难度较大，对周围环境有一定影响，不予推荐。

(2) 场址 A：有效库容量大，使用年限较长，经济性较好，工程量较大，对周边环境影响较小，符合建设部《生活垃圾卫生填埋处理技术规范》GB 50869 和《城市生活垃圾卫生填埋处理工程项目建设标准》对垃圾场址选择要求，适宜建设垃圾填埋场。

推荐场址 A 作为本填埋场建设项目的拟定场址。

3.4.2　场地工程勘察

——设计背景：

场址位于江夏区郑店街办以西约 5 公里的长山口，东距 107 国道 4 公里、距正在施工建设的青郑高速近 1 公里，南距 101 省道约 1 公里。区域面积较大，周边东北、西南有部分居民点。场址现状地形地貌为林地、采石场、水塘，地面绝对高程在 47.38～125.53m 之间。

对该场区进行可行性研究勘察并形成报告。

——设计内容：

根据**本指南 3.2.4.2 对资料搜集**的技术要求，搜集了长山口的相关资料后，再根据**本指南 3.2.4.3 对可行性研究勘察内容**的要求和**3.2.4.4 对可行性研究勘察勘探工作**的要求对长山口进行勘察，并形成报告。

1) 地形地貌

工程区位于长江南岸剥蚀堆积、岗状平原区，属长江Ⅲ级阶地，并零星分布剥蚀残丘。京珠高速在研究区中部自西向东分布，青郑高速在距工程区东侧 1km 处穿过。区内最高点为神山，高程为 150.70m，最低点为三门湖（鲁湖），陆地高程 18.30m。

研究区以京珠高速为界，总体呈北高南低，剥蚀残丘与岗（洼）地相间分布。山丘以近东西向展布，京珠高速以北自西向东依次分布有神山、长山口、长山及团山、尖山、姚家大山，山丘间呈马鞍状；京珠高速以南分布有关山、南面山及黄土山、汪如南山等。自北向南呈"四洼地夹三山"的特征。

区内冲沟发育，冲沟以近南北向展布，以神山～团山～姚家大山一线为界，冲沟向北、南方向展布。

2) 地质构造

　　工程区自南向北依次为马龙山向斜、林家湾背斜、大军山向斜。三褶皱轴相互平等，褶皱轴展布方向为 NWW～SEE。马龙山向斜，位于研究区南部，西端在马龙山杨起，核部由三叠系下统（T_{1d}）灰岩组成，两翼由泥盆系上统～二叠系灰岩组成，北翼地层倾向南西，倾角 40°～80°，南翼倾向北北东，局部倾向北北西，倾角 27°～34°。大军山向斜位于研究区北部，核部地层为三叠系下统（T_{1d}），两翼分别由 D_{3w}～P_2 组成，北翼倾向南西，南翼倾向北东。两向斜之间为林家湾背斜，核部地层为志留系中统坟头组（S_{2f}）泥岩及砂质泥岩组成。

　　研究区断层发育，主要发育北北东、北北西向两组正断裂，两组断裂呈"X"形交错，断层多分布于残丘垭口部位，地表多为第四系覆盖，断层错动后出现残丘延伸方向的偏移及地层的相对位移。

　　在断裂带附近裂隙发育，"X"节理密集带发育，岩石被切割成碎块状。

　　拟建场区岩层产状为倾向 165°，倾角 65°～70°，主要发育两组裂隙，其特征分别为：第 1 组走向 340°倾 NE，倾角 70°～80°，裂隙发育长度一般为 10～15m，长者达 20m 以上，裂隙发育宽度一般为 2～10mm，张开，无充填或泥质充填；第 2 组走向 80°倾 SW，倾角 70°～80°，裂隙发育长度一般为 10～15m，长者达 20m 以上，裂隙发育宽度一般为 5～20mm，张开，无充填或泥质充填。上述两组裂隙主要发育于砂岩层中，多具切层特征，平面分布呈"X"形。此外，在页岩层中发育有两组裂隙，产状分别为：350°∠25°与 40°∠30°，裂隙发育长度一般小于 10m，多呈张开状。

　　3）地层岩性

　　据勘察及区域资料，工程区域，除剥蚀残丘出露基岩外，均由第四系覆盖。下伏基岩为志留系、泥盆系及石炭——三叠系地层。第四系按其成因为中更新统冲、洪积层与全新统人工填土；基岩为泥盆系上统五通组与志留系中统坟头组。各层岩性分述如下。

　　（1）第四系全新统人工填土（Q_4^{ml}），主要为近期开采石材废弃物，由碎石、块石组成，结构较松散，均一性差，自开采至今一直在堆弃，时间跨度较大。厚度不一，分布厚度 1～5m。主要分布在开采区坡脚。

　　（2）第四系全新统冲、湖积黏性土（Q_4^{1+al}），为褐色粉质黏土及粉土层，分布在三门湖一带，分布厚度一般为 2～5m。

　　（3）第四系中更新统冲洪积层（Q_2^{al+pl}），褐红、褐黄色黏土、粉质黏土，局部夹少量碎石。区内大面积分布，主要分布于岗状平原。堆积厚度 2～16m。

　　（4）第四系残、坡积层（Q^{el+dl}），为褐黄色、褐红色黏土夹碎石，碎石含量一般 20% 左右，碎石成分为砂岩碎屑，粒径一般 1～5cm。京珠高速以南分布在山丘地带，以北分布在山丘坡脚处。分布厚度 2～10m。

　　（5）石炭—三叠系（C—T），灰色灰岩、生物碎屑灰岩。隐伏于第四系土层下，勘察在汪如南一带 ZK6 孔及前进水库一带 ZK8 孔有揭露，揭露厚度 8～10m。

　　（7）泥盆系上统五通组（D_{3w}）为灰白色中厚层石英砂岩，夹灰白～灰黄色薄层钙质页岩。主要分布在现山丘处，可见厚度大于 50m。

　　（8）志留系中统坟头组（S_{2f}），主要为灰黄色、灰绿色砂质泥岩、页岩夹薄层砂岩。多被第四系土层覆盖，地表仅在长山采石场及京珠高速公路关山处出露，钻孔揭露厚度大于 15m。

4）水文地质条件

(1) 地表水

场区北东侧前进水库、南侧的三门湖（鲁湖）与地表众多水塘与沟渠构成区内地表水网。以神山—尖山—姚家大山一线为界，以北地表水向前进水库方向排泄，以南向三门湖（鲁湖）方向排泄。沿湖大气降水汇于低洼地集中后分别排向两湖，湖水补给以大气降水为主，部分为沿湖地下水外渗补给。

区内其他沟、塘水补给主要源自大气降水，此外，地下水外泄亦是沟、塘另一个补给来源。地表水水量及水位受季节影响变化明显。

(2) 地下水类型

场区地下水类型按其赋存条件可分为第四系孔隙潜水与基岩裂隙水、岩溶水。

a) 第四系孔隙潜水，赋存于第四系人工填土与第四系残、坡积层中，主要受大气降水补给。邻近沟、塘地段孔隙水与地表水水力联系密切，呈互补关系。该层地下水季节性变化明显，孔隙水水位随地形变化，其流向总的趋势是顺坡向湖泊方向流动，一般无统一地下水位。

b) 基岩裂隙水，赋存于泥盆系石英砂岩层中，泥盆系石英砂岩多直接出露地表，在地形上为山丘，为地下水良好补给源区。

区内岩溶水为覆盖型岩溶水，石炭～三叠系灰岩埋藏于相对非含水的第四系中更新统冲积黏性土层（老黏土）之下，一般具承压性。泥盆系石英砂岩与石炭～三叠系灰岩直接接触，基岩裂隙水与岩溶水具较强的水力联系，呈互补关系。

场区断层较发育，断层均为老断层，发育规模均不大且均未将志留系泥岩切穿，因此，断层分布对地下水影响不大。

据勘察结果，地下水埋深为 1.10～7.86m，场区地下水无统一地下水位。

拟建垃圾场在三门湖（鲁湖方向）为相对非含水岩组志留系泥岩封闭，场区地下水与三门湖（鲁湖方向）地下水联系弱；拟建垃圾场～前进水库方向总体为相对非含水层封闭，及拟建垃圾场与前进水库方向地下水联系较弱。拟建垃圾场区地下水与外围地下水联系较弱。

5）地震条件

工程区处于扬子准地台和秦祁褶皱系的交界部位，第四纪以来以大面积抬升为主，升降运动速率和幅度均不大，属微升微降。根据区域地质资料，东西走向的石首—九江断裂、北西—南东走向的广济—襄樊活动断裂及北东—南西向的麻城—团风大断裂、信阳—岳阳大断裂属新构造活动断裂，在早、中更新世活动频繁。上更新世至今，其活动趋势已渐减弱，武汉地区则位于由活动断裂围成的断块内，属于相对稳定地段，拟建工程场地距上述活动断裂的直线距离均大于 30km，故可不考虑新构造断裂对场地稳定性的影响。

在场址周围 200km 范围内，自 1330 年以来的 675 年，记载发生 M≥4.7 级地震 43 次，其中 M≥6.0 级地震 3 次，最大一次为 1917 年湖南常德 6.75 级地震，若将范围稍作扩大包含相邻地区共发生 M≥4.7 级地震 45 次，最大一次为 1631 年安徽霍山 6.25 级地震。最近一次地震发生时间为 2005 年 11 月 26 日，震级 5.7 级，震中位于江西九江市，为浅源地震；距工程区约 300km，武汉地区有感。自 1970 年至今仪器记录地震活动表现为弱震和群震活动为主，6.0 级以上地震都发生在场址 140km 以远，主要震源深度在

8～15km，平均约 14km，属上壳浅源地震。以场址为中心周围约 30km 范围内，历史上地震震级上限为 5.5 级，地震影响最大为五度，无中强震记录。

6）场地稳定性、场地类别与适宜性评价

拟建场区基本基岩裸露，新构造活动微弱，场地稳定。

场区地形复杂，库区范围内分布有厚度不一的开采石料弃渣，近水库地带弃渣下分布有第四系残坡积与中更新统冲洪积层，强度不一；拟建场区内侧边坡稳定性较差，需采取工程措施进行治理；垃圾场封闭条件良好，垃圾场渗液对周围水库地下水无明显影响。

3.4.3 垃圾产量预测及处理规模计算

H 市 2009 年垃圾日产量为 300t，该市垃圾填埋场的服务范围为中心城区，初步估计该填埋场使用年限为 15 年，为确定填埋场处理规模，对垃圾产量进行预测。

解：

根据本指南 3.3 垃圾产量预测提供的方法，分别采用人均指标法、年增长率法预测垃圾产量。

1）人均指标法预测垃圾量

（1）人口预测

根据该城市总体规划，2010 年城市人口规模为 35 万人，2015 年城市人口规模为 44 万人，2020 年城市人口规模为 55.6 万人，远期 2025 年中心城区人口规模为 70 万人。

（2）人均生活垃圾日产量

根据全国各地区（省市）人均垃圾日产量统计，查附录Ⅰ，取该市人均垃圾产量为 0.88kg/（人·d），鉴于该市发展趋于稳定，2024 年人均垃圾量取为 0.86kg/（人·d）。城市规划人口及人均生活垃圾产率预测见表 3-16。

城市规划人口及人均生活垃圾产率预测表 表 3-16

规划年限	城市规划人口（万人）	人均生活垃圾产率（kg/(人·d)）
2005—2010	35	0.88
2010—2015	44	0.88
2015—2020	55.6	0.88
2020—2025	70	0.86

（3）逐年预测

根据本指南 3.3.1.1 人均指标法提供的公式进行计算，该市生活垃圾产量预测结果见表 3-17。

2010～2025 年 H 市生活垃圾产量预测表 表 3-17

序号	年份	城市人口（万人）	人均生活垃圾产率（kg/(人·d)）	生活垃圾日产量（t/d）
1	2010	35	0.87	305
2	2011	36.7	0.88	323
3	2012	38.4	0.88	338

序号	年份	城市人口 （万人）	人均生活垃圾产率 （kg/(人·d))	生活垃圾日产量 （t/d）
4	2013	40.2	0.88	354
5	2014	42.1	0.88	371
6	2015	44.1	0.88	388
7	2016	46.2	0.88	406
8	2017	48.4	0.88	426
9	2018	50.7	0.88	446
10	2019	53.1	0.88	467
11	2020	55.6	0.88	489
12	2021	58.2	0.88	512
13	2022	60.9	0.87	530
14	2023	63.8	0.87	555
15	2024	66.8	0.86	575
16	2025	70	0.86	602

2）垃圾年增长率法预测垃圾产量

（1）根据建设部统计"近几年生活垃圾年增长率为 4%～5%"，以 2009 年垃圾日产量 300t 作为起始量，4% 作为 2010 年以后垃圾产生量的增长率。2009～2033 年的垃圾量预测见表 3-18。

采用年增长率法预测该市 2009～2033 年的垃圾日产量表　　　　表 3-18

年份	2009	2010	2011	2012	2013	2014	2015
日产量（t）	300	312	324	337	350	365	379
年份	2016	2017	2018	2019	2020	2021	2022
日产量（t）	395	410	426	444	461	480	499
年份	2023	2024	2025	2026	2027	2028	2029
日产量（t）	519	540	561	584	607	632	657
年份	2030	2031	2032	2033			
日产量（t）	683	710	738	768			

图 3-4 可以看出，2010～2013 年，第二种方法预测垃圾日产量较高，到 2013 年时两种方法相差无几，2013 年以后第一种方法预测的垃圾日产量较高，到 2025 年时两者相差 40t/d，考虑到采用第二种方法时采用的垃圾年增长率小，只有 4%，而 2010 到 2025 年人口增长率为 4.73%。结合该市现状及未来发展趋势，建议以填埋场建成的 2011 年的垃圾产量 324t/d 作为垃圾填埋场的起始填埋量，以两种方法预测的垃圾量的加和平均作为 2010～2025 年的垃圾日产量，2025 年以后按 4% 逐年倍增。垃圾日产量预测见表 3-19。

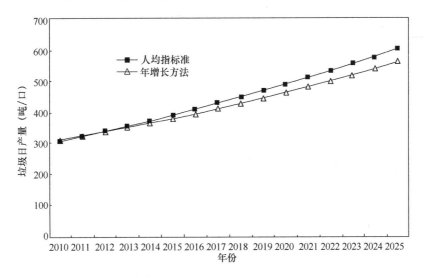

图 3-4 两种垃圾产量预测方法比较图

2010～2027 年 H 市生活垃圾产量预测表　　　　　　表 3-19

序号	年份	日产量（t）
1	2010	308
2	2011	324
3	2012	338
4	2013	352
5	2014	368
6	2015	384
7	2016	401
8	2017	418
9	2018	436
10	2019	455
11	2020	475
12	2021	496
13	2022	515
14	2023	537
15	2024	558
16	2025	582
17	2026	605
18	2027	629
平均日填埋量	455	

（2）由表 3-19 可以看出，平均日处理规模为 455t，起始处理规模为 308t，最终处理规模为 629t。根据《生活垃圾卫生填埋处理工程项目建设标准》建标 124 中第五十五条（详见附录Ⅳ）的规定，此填埋场建设规模确定为Ⅲ类。

参考文献

[1] 薛强，陈朱蕾等. 生活垃圾的处理技术与管理[M]. 北京. 科技出版社，2007

[2] 吴晓峰，王浩，周健. 岩土工程技术在现代卫生填埋场设计中的应用[J]. 建筑技术，2006，37 (11)：865－866

[3] 黄鹤轩. 浅谈城市生活垃圾填埋场工程选址中的地质勘察要点[J]. 城市建设与商业网点，2009，19

[4] 华锡昌. 垃圾卫生填埋场选址与勘察设计技术综述[J]. 资源环境与工程，2009，1

[5] 赵剑，张大磊. 垃圾填埋场的工程地质勘察[J]. 科学与财富，2010，6

[6] Solid Waste Landfill Design Manual[M]. Washington State Department of Ecology. 1993

[7] U S EPA. 40CFR258. Municipal Solid Waste Landfill Criteria[S]. U S. 1991

[8] 王文梅，刘丹. 一种城市生活垃圾产量预测的改进方法[J]. 四川环境，2005，24(1)：106~114.

[9] 刘炜，牛占，陈涛. 断面法水库库容计算模型的几何分析[J]. 人民黄河，2008，28(10)：72~77

[10] 常方强，等. 城市生活垃圾产量的组合预测[J]. 福建工程学院学报，2011，1

[11] 周学良，武海英. 城市生活垃圾的总量预测与最优处理率研究[J]. 工程与建设，2009，4

[12] 生活垃圾处理场工程地质勘察规程(报批稿)[S]

4　总体设计与填埋库容计算

　　本章提出了填埋场总平面布置、竖向设计、附属及配套工程、填埋库容等技术要求；给出了填埋库容及有效库容的设计计算方法；列举了山谷型、坡地型填埋场区布置，附属与配套工程布置，填埋库容及有效库容计算的案例。

4.1　引用标准

生活垃圾卫生填埋处理技术规范	GB 50869
生活饮用水卫生标准	GB 5749
地下水质量标准	GB 14848
中国地震参数区划图	GB 18306
建筑抗震设计规范	GB 50011
室外排水设计规范	GB 50014
建筑给水排水设计规范	GB 50015
建筑设计防火规范	GB 50016
建筑照明设计标准	GB 50034
建筑物防雷设计规范	GB 50057
电力装置的继电保护和自动装置设计规范	GB 50062
汽车库设计防火规范	GB 50067
建筑灭火器配置设计规范	GB 50140
构筑物抗震设计规范	GB 50191
建筑灭火器配置设计规范	GB 50217
厂矿道路设计规范	GBJ 22
工业企业通信设计规范	GBJ 42
生活垃圾填埋场填埋气体收集处理及利用工程规范	CJJ 133
生活垃圾填埋场环境监测技术标准	GB/T 18772
公路路基设计规范	JTG D30
生活垃圾卫生填埋处理工程项目建设标准	建标 124

4.2　技术要求

4.2.1　基本要求

4.2.1.1　填埋场总体设计总体应符合现行国家标准《生活垃圾卫生填埋处理技术规范》GB 50869 的规定。

4.2.1.2 填埋场总占地面积应按远期规模确定。填埋场的各项用地指标应符合国家城市生活垃圾处理工程项目建设用地指标的有关规定及当地土地、规划等行政主管部门的要求。填埋场可根据填埋场处理规模和建设条件作出分期和分区建设的总体设计。

4.2.1.3 填埋场主体工程构成内容应包括：计量设施，地基处理与防渗系统，防洪、雨污分流及地下水导排系统，场区道路，垃圾坝，渗沥液收集和处理系统，填埋气体导排和处理（可含利用）系统，封场工程及监测井等。

4.2.1.4 填埋场辅助工程构成内容应包括：进场道路，备料场，供配电，给排水设施，生活和行政办公管理设施，设备维修，消防和安全卫生设施，车辆冲洗、通讯、监控等附属设施或设备，并宜设置应急设施（包括垃圾临时存放、紧急照明等设施）。Ⅲ类以上填埋场宜设置环境监测室、停车场等设施。

4.2.2　总平面布置

4.2.2.1 填埋场总平面布置应根据场址地形（山谷型、平原型与坡地型），结合气象（风向宜取夏季主导风）、地质、周围自然环境、外部工程条件等，并考虑施工、作业等因素，经过技术经济比较确定。

4.2.2.2 总平面可按功能分区布置，主要功能区包括：填埋库区、渗沥液处理区、管理区、辅助生产区等。根据工艺要求，可设置填埋气体处理区、垃圾分选区等。

4.2.2.3 填埋库区的占地面积宜为总面积的 70%～90%，不得小于 60%。库区的使用寿命应不低于 10 年，特殊情况下不应低于 8 年。每平方米填埋库区垃圾填埋量不宜低于 $10m^3$。

4.2.2.4 平原型填埋场的库区分区宜以水平分区为主，坡地型、山谷型填埋场的分区可采用水平分区与垂直分区相结合的方法；库区分区应易于实施雨污分流；库区分区应有利于填埋场内运输和填埋作业；库区分区应考虑与进场道路的衔接。

4.2.2.5 应全面安排布置库区的雨污分流导排管渠、填埋气体输送管线，做到导排通畅。

4.2.2.6 渗沥液处理区的处理构筑物的间距应紧凑、合理，符合现行国家标准《建筑设计防火规范》GB 50016 的要求，并应满足各构筑物的施工、设备安装和埋设各种管道以及养护、维修和管理的要求。臭气集中处理设施、脱水污泥堆放间应布置在填埋场夏季最小频率风向布置的上风侧。

4.2.2.7 渗沥液处理构筑物间输送渗沥液、污泥、上清液和沼气的管线布置应避免相互干扰，应使管线长度短、水头损失小、流通顺畅、不易堵塞、便于清通。各种管线应使用不同颜色加以区别。

4.2.2.8 管理区、辅助生产区宜布置在夏季最小频率风向布置的下风侧；管理区各项建筑设施面积均应符合《生活垃圾卫生填埋处理工程项目建设标准》建标 124 的规定；建筑物宜集中布置，并应与库区和处理构筑物保持一定距离。

4.2.2.9 环境监测井布置应符合现行国家标准《生活垃圾卫生填埋场环境监测技术要求》GB/T 18772-2008 中第五章 5.1～5.4 节（详见附录Ⅳ）的有关规定。若地下水流向上游与两侧均为山体且钻井深度较大时，可将本底井与污染扩散井在场区外适当外延。

4.2.2.10 填埋场绿化率不宜超过 30%，绿化率不包括封场绿化面积。

4.2.3 竖向设计

4.2.3.1 填埋场竖向设计应结合原有地形，做到有利于雨污水导排和减少土方工程量，并宜使土石方平衡。

4.2.3.2 截洪沟、排水沟等的走线应充分利用原有地形，设计坡度应使雨水导排顺畅并避免过度冲刷。

4.2.3.3 库底渗沥液和地下水导排系统铺设坡度不宜小于2%。若按2%的坡度设计，高差较大、施工困难时，宜保证不小于1%的坡度。

4.2.3.4 调节池位置的设置宜选取场区高程较小处，地下水位较高或岩层较浅的地区宜在保证容量前提下减少下挖深度。

4.2.3.5 渗沥液处理区的高程宜低于调节池高程，受地形条件限制高于调节池高程时，高程差宜尽量小。

4.2.3.6 库区垂直分区的标高可结合边坡锚固沟与临时截洪沟的设计确定。

4.2.3.7 填埋堆体的顶部最终标高应根据封场堆体整形要求，以1:3坡度，由库区边缘向上逐段计算，堆体顶部坡度宜取5%～10%。

4.2.4 管理区

4.2.4.1 管理区可包括办公楼、化验室、员工宿舍、食堂、车库、配电房、食堂、传达室等；根据填埋场总布置的不同，设备维修、车辆冲洗、全场消防水池及供水水塔也可设在管理区。

4.2.4.2 填埋场建（构）筑物宜采用节能、环保型建筑材料；不宜采用黏土实心砖。同时宜利用当地材料、可循环利用的材料。

4.2.4.3 填埋场建（构）筑物防火设计应符合现行国家标准《建筑设计防火规范》GB 50016 的规定，耐火等级宜按不低于二级考虑。建筑物其墙体、柱子、梁、楼板、楼梯等均采用非燃烧体材料（室内装修也宜采用非燃烧体材料），钢结构宜喷防火涂料，配电房宜设防火门。

4.2.4.4 填埋场建（构）筑物抗震等级根据区域地质构造及区域地震特征而定，可根据现行国家标准《中国地震参数区划图》GB 18306 工程区地震动峰加速度确定该地区地震基本烈度。建筑物抗震设计应符合现行国家标准《建筑抗震设计规范》GB 50011 和《构筑物抗震设计规范》GB 50191 的规定。

4.2.5 道路运输

4.2.5.1 填埋场道路分为永久性道路（进场道路、场区道路、盘山道路）和临时性道路（施工便道、库区作业道路）。

4.2.5.2 填埋场道路设计，应根据填埋场选址的地形地质、填埋作业顺序、各填埋阶段标高以及堆土区、渗沥液处理区和管理区位置，并密切配合填埋工艺，合理布设路线。同时，道路设计应满足交通量、车载负荷及使用年限的要求。

4.2.5.3 填埋场区内道路需互相交叉时，宜采用平面交叉。平面交叉，应设置在直线路段，并宜正交。需要斜交时，交叉角不宜小于45°（受地形等条件限制时，交叉角可适当减小）。

4.2.5.4 道路等级的选择要求

（1）汽车的日平均双向交通量（日交通量以 8 小时计）在 240 辆以上的进场道路和场区道路，可采用一级露天矿山道路。

（2）汽车的日平均双向交通量在 240～100 辆的进场道路和场区道路，可采用二级露天矿山道路。当条件较好且交通量接近上限时，可采用一级露天矿山道路；条件困难且交通量接近下限时，可采用三级露天矿山道路。

（3）汽车的日平均双向交通量在 100 辆以下的场区道路、进场道路、临时道路、辅助道路和封场后盘山道路，可采用三级露天矿山道路。日填埋量小的填埋场，条件较好且交通量接近上限时，可采用二级露天矿山道路。

4.2.5.5 永久性道路计算行车速度可参照表 4-1。临时道路计算行车速度以 15km/h 计。

计算行车速度　　　　　　　　　　　　表 4-1

等级	1	2	3
计算行车速度（km/h）	40	30	20

4.2.5.6 道路宽度的设计可参考表 4-2。

车宽和道路宽度　　　　　　　　　　　　表 4-2

计算车宽（m）		2.3	2.5	3
双车道道路路面宽（路基宽）（m）	一级	7.0（8.0）	7.5（8.0）	9.0（10.0）
	二级	6.5（7.5）	7.0（8.0）	8.0（9.0）
	三级	6.0（7.0）	6.5（7.5）	7.0（8.0）
单车道道路路面宽（路基宽）（m）	一、二级	4.0（5.0）	4.5（5.5）	5.0（6.0）
	三级	3.5（4.5）	4.0（5.0）	4.5（5.5）

注：1　在工程艰巨活交通量小的路段，临时道路的路面宽度可减少 0.5m。
　　2　行人和非机动车较多的路段可根据实际情况适当加宽路面，设置慢行道。接近填埋场大门的场外道路路面宽度，应与径相连接的场内道路路面宽度相适应。

4.2.5.7 填埋场道路，宜采用较大的圆曲线半径。受地形或其他条件限制时，可采用表 4-3 所列最小圆曲线半径。

道路等级和最小圆曲线半径　　　　　　　　　　　　表 4-3

道路等级	一	二	三
最小圆曲线半径（m）	45	25	15

注：1　平坡或下坡的长直线段的尽头处，不宜采用小半径的圆曲线。受地形或其他条件限制需要采用小半径的圆曲线时，宜设置限制速度标志，并宜在弯道外侧设置挡车堆或者在转弯前端设置强行减速路障等安全措施。
　　2　道路服务年限较短或地形复杂的路段采用最小圆曲线半径仍有困难时一二级露天矿山道路的最小圆曲线半径可适当减少但分别不得小于二三级露天矿山道路的最小圆曲线半径。减少最小圆曲线半径时应设置限制速度标志。

4.2.5.8 填埋场道路纵坡，不应大于表 4-4 的规定。受地形或其他条件限制时，道路坡度不应大于 11％；作业区临时道路设计宜根据垃圾堆体具体来定，可适当增大坡度。

道路最大坡度　　　　　　　　　　　　表 4-4

道路等级	1	2	3
最大坡度（％）	7	8	9

注：1　受地形或其他条件限制时，上坡的场外道路和进场道路的最大坡度可增加 1％，临时道路的最大坡度可增加 2％。

2　海拔 2000m 以上地区的填埋场道路的最大坡度不得增加。

3　多雾或寒冷冰冻、积雪地区的填埋场道路的最大坡度不宜大于 7％。

4.2.5.9　道路路面和路基设计要求

（1）填埋场道路宜利用现有的道路或路基。

（2）填埋场道路路面和路基设计可参考现行国家标准《厂矿道路设计规范》GBJ22 的规定，具体选用路面类型可参考表 4-5。场外道路和进场道路可采用高级路面或者次高级路面。临时道路可采用中级或低级路面。

路面等级及面层类型　　　　　　　　　　表 4-5

路面等级	面层类型
高级路面	水泥混凝土
	沥青混凝土
	热拌沥青碎石
	整齐块石
次高级路面	冷拌沥青碎（砾）石
	沥青贯入碎（砾）石
	沥青碎（砾）石表面处治
	半整齐块石
中级路面	泥结碎（砾）石、级配砾（碎）石
	工业废渣及其他粒料
	不整齐块石
	沥青灰土表面处治
低级路面	当地材料改善土

（3）永久性道路（场外道路和进场道路）路基根据路面选型决定，可参考国家现行标准《公路路基设计规范》JTG D30。

（4）填埋作业区内临时道路，一般以块石、碎石作基础，也可采用经多次碾压的填埋垃圾或建筑垃圾做基础。作业单元内临时道路也可用钢制路基箱铺设。

（5）在南方地区，由于雨季频繁、垃圾含水率高，通常在临时道路上铺设防滑的钢板或合成防滑膜块。

4.2.5.10　道路附属工程设计要求

（1）排水边沟与涵洞：在挖方一侧设置浆砌块石排水边沟，沟底宽一般为 1m，较宽道路可设置两条，较窄道路可设一条。环场道路的排水沟宜设置在靠近堆体一侧，Ⅰ级填埋场环场道路内外两侧都宜设置排水边沟。在有超高路段的边沟沟底纵坡应与曲线段前后沟底相衔接、不允许曲线内侧边沟积水或外溢，与截洪沟相交处应设置涵洞穿过道路，涵洞形式可采用钢筋混凝土盖板涵。

（2）护坡：为保证道路的路基稳定、填埋场内的交通安全、保持原有植被，在较缓的土质或有严重剥落的软质岩层边坡，宜采用肋式骨架护坡，在护坡底应设置浆砌块石道路排水边沟。

（3）挡土墙：高填土路基位置可采用浆砌块石重力式挡土墙。山坡填挖方段一侧可设置挡土墙，以减小填挖方数量，增强路基稳定性。

（4）防护墩：道路路堤大于 6m 和急弯等危险路段均应设置混凝土柱式护栏。

（5）标志牌：标志牌的内容可包括道路指示（含方向、里程、限速）、可进入填埋场的垃圾类型、道路方向指示、可否允许外来人员拾荒的说明、禁火告示、文明作业公约等。

（6）减速路障：填埋场内运行道路转弯前段和计量装置前宜设置强行减速路障。

（7）回车平台：道路尽头设置回车平台时，回车平台面积应根据汽车最小转弯半径和路面宽度确定。

（8）会车平台：填埋场的运输道路为单行道时，通常需要设置会车平台。平台的设置宜根据车流量、道路的长度和走势决定。会车平台不宜设置在道路坡度较大的路段，设置路段坡度不宜大于 9%；平台的尺寸大小应根据运输车辆的车型设计，宜预留较大的安全空间。

4.2.6 供配电设施

4.2.6.1 填埋场用电应由当地供电企业提供，经过总变电设施，对各集中用电点（管理区、填埋作业区、渗沥液处理区等）进行配电，然后经过局部配电设施对具体设施供配电。

4.2.6.2 用电负荷和外部电源

（1）垃圾填埋场供电宜采用三级负荷，建有独立渗沥液处理区时宜采用二级负荷。

（2）垃圾填埋场宜配置柴油发电机，以备急用。

4.2.6.3 填埋场用电设备一般为 380/220V 低压设备。

4.2.6.4 变电站及配电装置

（1）填埋场一般宜设置箱式变电站，或设置杆上变压器（数量可根据集中用电点确定）。

（2）总变电站位置的选择，应便于输电线路进出，尽量靠近负荷中心或主要用户，还应有运输变压器的道路。

（3）总变电站应位于填埋场场区全年最小频率风向的下风侧和散发水雾场所（渗沥液处理区）冬季盛行风向的上风侧。

（4）总变电站应选择地势较高，避免低洼积水的地段，不得受粉尘、水雾、腐蚀性气体等污染源的影响。

（5）由于用电设备以低压设备为主，则配电装置可采用低压配电设施。

4.2.6.5 电缆配置及敷设

（1）电缆的选择与敷设应符合现行国家标准《电力工程电缆设计规范》GB 50217 的有关规定。

（2）引入到场区的高压线，应经技术经济比较后确定架设方式。采用高架架空形式时，应减少高压线在场区内的长度，并应沿场区边缘布置。

(3) 填埋场内电缆可采用金属铠装电缆，室外敷设时宜以直埋为主，并应采取有效的阻燃、防火封堵措施。

(4) 低压配电室内和低压配电室到渗沥液处理区的线路宜设置电缆沟，电缆在沟内分边分层敷设，低压配电室到其他构筑物则一般可采用钢管暗敷，渗沥液处理及填埋气体处理构筑物内则一般采用电缆桥架。

4.2.6.6　防雷及接地系统

(1) 填埋场周围宜设置独立的避雷器及独立的接地装置。

(2) 路灯、建（构）筑物设置防雷保护，防雷保护的接地装置冲击电阻不应大于10欧。

(3) 电气设施应按照现行国家标准《建筑物防雷设计规范》GB 50057 等有关规定设避雷接地装置。

4.2.6.7　室内外照明

(1) 照明配电宜采用三相五线制，电压等级均为 380/220V，接地形式采用 TN-S 系统。

(2) 管理区用房照明宜采用荧光灯，道路照明可采用 8m 高的金属杆配高压钠灯，渗沥液处理区设备照明宜设置高杆照明灯。

(3) 室内外照明设计宜符合现行国家标准《建筑照明设计标准》GB 50034 中照明节能的相关规定，照度值可采用中值照度值。

4.2.6.8　继电保护设计

(1) 10kV 进线应设置过电流保护。

(2) 10kV 出线应设置电流速断保护、过电流保护及单相接地故障报警。

(3) 出线断路器保护至变压器，应设置速断主保护及过流后备保护。

(4) 管理区变电室值班室外应设置不重复动作的信号系统，应设置信号箱一台。

(5) 10kV 系统应设绝缘监视装置，应动作于中央信号装置。

(6) 变压器应设短路保护。

(7) 低压配电进线总开关应设置过载长延时和短路速断保护。

(8) 低压用电设备及馈线电缆应设短路及过载保护。

(9) 用电设备的继电保护宜参考现行国家标准《电力装置的继电保护和自动装置设计规范》GB 50062 的要求设置。

4.2.7　给排水设施

4.2.7.1　填埋场供水水源从城市供水管网接入为宜。若填埋场所处地域难以与城市供水管网相接或连接费用偏高，则需设计有效的供水系统（如打井取地下水），并配置相应的供水设施。

4.2.7.2　用地下水作为供水水源时，应有确切的水文地质资料，取水量应小于允许开采量。

4.2.7.3　填埋场管理区的生产、生活及消防等用水设计应考虑以下几方面：

(1) 道路喷洒及绿化用水：道路喷洒按每日浇洒 2 次计算，每平方米路面每次用水量可取 0.0015m³；绿化用水按每日浇洒 1 次计算，每平方米绿化带每次用水量可取 0.002m³。

(2) 生活用水量：生活用水由生活饮用水和淋浴用水组成。填埋场主要工种宜实行一班制，生产天数以 365 天计。每人每班生活饮用水量可取 0.035m³，时变化系数可取 2.5；每人每班淋浴用水量可取 0.08m³，时变化系数可取 1.5。

4.2.7.4 水质及水压

(1) 饮用水水质应满足现行国家标准《生活饮用水卫生标准》GB 5749 的要求；采用地下水作为水源时，水质要求同时应符合现行国家标准《地下水质量标准》GB 14848 的要求。

(2) 生产、生活用水的水压应符合现行国家标准《建筑给水排水设计规范》GB 50015 的规定；消防供水的水压应符合现行国家标准《建筑设计防火规范》GB 50016 的规定。

4.2.7.5 排水系统

(1) 排水量包括管理区的生产、生活污水量和管理区的雨水量。

(2) 管理区的污水（冲洗地面水、厕所水、淋浴水、食堂等生产、生活污水）可直接排放到调节池；管理区离渗沥液处理区较远时，则可设置化粪池，使管理区污水经过化粪池消化后再排放到调节池。管理区内污水不得直接排往场外。

(3) 管理区室外污水（道路及汽车冲洗水等污水）可随雨水一起排入场外。

(4) 排水管渠和附属构筑物具体设计应符合现行国家标准《室外排水设计规范》GB 50014 的规定。

4.2.8 消防设施

4.2.8.1 填埋场消防包含管理区建（构）筑物的消防和填埋作业区的消防。

4.2.8.2 消防等级

(1) 根据现行国家标准《生活垃圾卫生填埋处理技术规范》GB 50869 的规定，填埋区生产的火灾危险性分类为中戊类。

(2) 填埋场管理区和渗沥液处理区均宜按照不低于丁类防火区设计。其中，变配电间按Ⅰ级耐火等级设计，其他工房的耐火等级均不应低于Ⅱ级，建筑物主要承重构件也宜不低于Ⅱ级的防火等级。

4.2.8.3 消防措施

(1) 填埋场消防设施主要为消防给水和自动灭火设备，具体包括消火栓、消防水泵、消防水池、自动喷水灭火设备，气体灭火器等。

(2) 填埋场管理区建（构）筑物消防参照现行国家标准《建筑设计防火规范》GB 50016 执行，灭火器按现行国家标准《建筑灭火器配置设计规范》GB 50140 配置。

(3) 填埋场管理区内应设置消火栓，综合楼宜设置消防通道，主变压器宜配备泡沫喷淋或排油充氮灭火装置，其他工房及设施可配置气体灭火器。对于移动消防设备，应选用对大气无污染的气体灭火器。

(4) 作业区的潜在火源包括受热的垃圾、运输车辆和场内机械设备产生的火星和人为的破坏，填埋作业区应严禁烟火。

(5) 作业区内宜配备可燃气体监测仪和自动报警仪，并应定期对填埋场进行可燃气体浓度监测。

（6）填埋作业区附近宜设置消防水池或消防给水系统等灭火设施；受水源或其他条件限制时，可准备洒水车及砂土作消防急用。填埋场作业的移动设施也应配备气体灭火器。

4.2.9 其他附属及配套工程

4.2.9.1 停车场、车库

（1）填埋场可设置停车场或者车库。

（2）停车场、车库的布置，应符合现行国家标准《汽车库设计防火规范》GB 50067的规定，还可参考下列要求：

①宜靠近场区出入口或库区布置，减少空车行程。

②加油装置宜布置在汽车主要出入口附近。

③车辆维修可布置在停车场内。

4.2.9.2 通信设施

（1）通信设施的设计布置，应符合现行国家标准《工业企业通信设计规范》GBJ 42的规定。

（2）填埋场与外界联系应架构不少于一条的电话通信线路。

（3）填埋场宜设置小型交换机，并配备直拨电话，一般设置在厂长办公室、副厂长办公室、总调动室和管理科。其他科室可采用分机形式的通信设施。

（4）填埋场作业区通信可采用无线对讲的方式。

4.2.9.3 备料场地

（1）填埋场可设置备料场地。

（2）覆土备料场地的布置可参考下列要求：

①优先考虑布置在进入填埋库区的主要道路边。

②可布置在通往填埋库区内部的各条分岔直线道路之前。

③尽量靠近填埋库区，缩短在不利气候条件下的黏土运输距离。

4.2.9.4 围墙

（1）填埋场的边界宜设置围墙，阻止动物窜入和闲杂人等随意进出。

（2）围墙可以用柱桩和金属丝（或围栏）制成，也可以用坚固的金属或水泥制作的柱桩具连锁环的围墙。

（3）填埋场作业期内，为了限制进入某些区域内（如正在进行修复的区域），也可能需要临时围墙。

4.2.9.5 自控系统

（1）填埋场的计量系统、渗沥液处理系统、填埋气体处理系统、环境监测（大气、蚊蝇、地下水等监测）及场区监控系统均宜设置自控系统。

（2）自控系统设计原则

①填埋场的自控系统应具有统计汇总、状态监控、指挥调控和办公自动化等功能；可包含填埋场污染物在线监控、作业现场监控、作业指挥调度以及填埋方案优化选择等功能。

②填埋场自控系统应有助于提高生产稳定性和生产效率，减轻劳动强度，改善操作条件，实现填埋场的现代化管理。自控系统的设计应为填埋场未来的改造和发展留有充分的

余地。

(3) 填埋气体收集及利用工程自动化控制系统应设置独立于主控系统的紧急停车系统。填埋气体利用工程应有较高的自动化水平，应能在少量就地操作和巡回检查配合下，由分散控制系统实现对气体预处理、气体利用及辅助系统的集中监视、分散控制及事故处理等。具体可参照国家现行标准《生活垃圾填埋场填埋气体收集处理及利用工程规范》CJJ 133－2009 第 9 章 9.4.1～9.4.8 条（详见附录Ⅳ）的内容。

4.2.9.6　防飞散设施

(1) 填埋作业区宜设防飞散设施。

(2) 防飞散设施主要是设置防飞散网，可最大限度地减少垃圾飞扬对周边环境造成的污染。防飞散网应根据气象资料设置在填埋作业区下风向位置，并在填埋作业的间歇期由人工去除垃圾，宜每周至少去除一次。

(3) 防飞散网宜采用钢丝网或尼龙网，具体尺寸可根据填埋作业情况而定，高可设置为 4～6m，长不小于 100m。

4.2.9.7　绿化及防火带

(1) 绿化布置可考虑以下地段：

①库区周围，库区与管理区之间。

②辅助生产区、管理区及其服务设施周围。

③填埋场永久性道路两侧及主要出入口。

④防火隔离带外。

⑤受西晒的生产车间及建筑物。

⑥受雨水冲刷的地段。

(2) 缺少碎石或卵石且降水充沛地区，可适当绿化，但不应种植人工草坪。绿化应综合考虑养护管理，选择经济合理的本地区植物，不应选用高级乔灌木、草皮或花木。

(3) 户外配电装置场地不宜采用人工绿化草坪，宜采用碎石或卵石地坪，不设操作地坪。采用碎石或卵石地坪时应对下层地面进行处理，避免长出的杂草影响机械维护。

(4) 辅助生产区、管理区和主要出入口的绿化布置，应具有较好的观赏及美化效果。

(5) 填埋库区周围应设安全防护设施及防火隔离带，防火隔离带宽度不应小于 8m。

4.2.10　填埋库容

4.2.10.1　填埋库容确定

(1) 填埋库容计算可采用方格网法、等高线剖切法、三角网法等。

(2) 地形图完备时，填埋库容计算可优先选用结合计算机辅助的方格网法；库底复杂起伏变化较大情况时，填埋库容计算可选择三角网法。

(3) 填埋库容计算可选用等高线剖切法进行校核。

(4) 填埋库容详细计算见本章 4.3.1。

4.2.10.2　有效填埋库容确定

(1) 根据地形计算出的库容为填埋库区的总容量，包含有效库容（实际容纳的垃圾体积）和非有效库容（覆盖和防渗材料占用的体积）。

(2) 有效库容由总库容与有效库容系数估算取得，有效库容系数可由经验确定（12%

～20%），也可通过覆盖和防渗材料占用的体积设计计算确定。

（3）有效库容详细计算见本章4.3.2。

4.3 设计计算

本章设计计算包括填埋场库容计算以及有效库容计算。

4.3.1 填埋场库容计算

4.3.1.1 方格网法

（1）将场地划分成若干个正方形格网，再将场底设计标高和封场标高分别标注在规则网格各个角点上，封场标高与场底设计标高的差值即为各角点的高度。

（2）计算每个方格内四棱柱的体积，再将所有四棱柱的体积汇总即可得到总的填埋库容。方格网法库容计算见公式（4-1）：

$$V = \sum_{i=1}^{n} a^2 (h_{i1} + h_{i2} + h_{i3} + h_{i4})/4 \qquad (4-1)$$

式中：$h_{i1}, h_{i2}, h_{i3}, h_{i4}$ ——第 i 个方格网各个角点高度；

$\qquad V$——填埋库容；

$\qquad a$——方格网的边长；

$\qquad n$——方格网个数。

（3）计算时一般将库区划分为边长10～40m的正方形方格网，方格网越小，精度越高。实际工程计算中应用较多的方法是，将填埋场库区划分为边长20m的正方形方格网，然后结合软件进行计算。

4.3.1.2 等高线剖切法

（1）单元体积计算

根据等高线将填埋库容剖切成若干个柱体单元。如图4-1所示，S_1 为填埋场库底面积，S_2 为从填埋场底部向上剖切的第一条等高线所围成的面积，依次为 $S_3 \cdots S_n$、S_{n-1}、S_n，其中 S_n 为最上层最后一条等高线与库顶所围成的面积，h 为等高距，h_n 为库顶与最后一条等高线的高差，计算相邻两等高线之间的体积常用的公式有截锥公式和梯形公式。

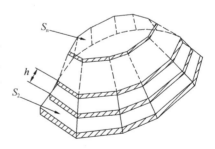

图 4-1 等高线法示意图

①采用截锥公式法时，相邻两等高线之间的体积计算见公式（4-2）：

$$V_i = \frac{1}{3}(S_i + S_{i+1} + \sqrt{S_i S_{i+1}})h \qquad (4-2)$$

②采用梯形公式法时，相邻两等高级之间的体积计算见公式（4-3）：

$$V_i = \frac{1}{2}(S_i + S_{i+1})h \qquad (4-3)$$

$$V_n = \frac{1}{3} S_n h_n \qquad (4-4)$$

$$V = V_1 + V_2 + \cdots V_{n-1} + V_n$$

$$= \frac{1}{3}h(S_1 + 2S_2 + 2S_3 + \cdots$$

$$+ 2S_{n-1} + S_n + \sqrt{S_1 \times S_2} + \sqrt{S_2 \times S_3} + \cdots$$

$$+ \sqrt{S_{n-1} \times S_n}) + \frac{1}{3}S_n h_n \tag{4-5}$$

③采用梯形公式法，填埋场总库容计算公式见（4-6）：

$$V = V_1 + V_2 + \cdots V_{n-1} + V_n$$

$$= \frac{1}{2}h(S_1 + 2S_2 + 2S_3 + \cdots + 2S_{n-1} + S_n)$$

$$+ \frac{1}{3}S_n h_n \tag{4-6}$$

（2）计算精度

使用等高线剖切法计算填埋场库容的精度与等高线的间距相关，即分割等高线的间距越小，计算的工作量就会越大，填埋场库容计算的精度越高；反之，填埋场库容计算的精度越低。大型填埋场或者复杂形态的填埋场，计算过程往往非常复杂和繁琐，在实际操作中应根据工程规模来确定剖切高度。

4.3.1.3　三角网法

（1）在已设计好的库区图纸上（同时包含库底设计标高和封场设计标高），根据库区内有限个点集将填埋场库区划分为相连的三角面网络。

（2）再将场底设计标高和封场标高分别标注在三角网各个角点上，封场标高与场底设计标高的差值即为各角点的高度。分别计算出每个单元的体积，然后汇总即可求得整个填埋场的库容。三角网法库容计算见公式（4-7）：

网各个角点高度，m；

$$V = \sum_{i=1}^{n} P_i (h_{i1} + h_{i2} + h_{i3})/3 \tag{4-7}$$

式中：h_{i1}、h_{i2}、h_{i3}——第 i 个三角网各个角点高度，m；

　　　　V——填埋场总库容，m³；

　　　　P_i——第 i 个三角网格的面积值，m²；

　　　　n——三角网个数。

4.3.1.4　计算机辅助计算

可采用商用土方计算软件（如 HTCAD、天正土方计算软件、鸿业土方计算软件、鸿业城市规划设计等）进行库容计算。软件计算一般步骤如下：

（1）地形处理

地形处理即指填埋场库底设计标高的处理，由于库底设计等高线标高和离散点标高不为计算机识别，需先做一定的转换工作，让软件自动读取或人工定义库底设计标高数据。然后在"计算自然标高"中直接计算出每个方格点上的库底设计标高。

库底设计标高常用处理方法有：逐根定义法、逐点输入法和文本定义法。采用逐根定义法处理的标高需要先对设计等高线进行离散，对于没有定义到的点，程序可采用插值法原理自动提取和赋予标高信息。完成库底设计标高处理后，可以进行标高检查，以确保计算机识别正确可靠。

（2）设计标高处理

当封场设计标高用设计等高线或标高离散点来表示时，程序需经过一定的处理方可自动读取设计标高的数据。然后在"计算设计标高"中可直接计算出每个方格点上的封场设计标高。其处理方法同地形处理。

（3）方格网的布置和采集、调整标高

布置方格网后，程序可根据处理过的库底设计标高和封场设计标高自动采集，或直接在方格点上输入库底设计标高和封场设计标高。具体过程如下：

①划分场区：根据设计需要，布置库容计算的设计范围。

②布置方格网：根据设计需要确定网格大小和角度，程序自动布置方格网。

③计算自然标高：根据处理过的地形，程序自动计算每个方格点的库底设计标高，也可直接输入每个方格点上的库底设计标高。

④计算设计标高：根据处理过的设计标高，程序自动计算每个方格点的封场设计标高，也可直接输入每个方格点上的封场设计标高。

⑤调整标高：可以对方格点的标高值作调整，以减小误差。

（4）库容的计算和汇总

① 计算方格体积：根据已得到的自然标高和设计标高，程序自动计算每个方格网的填方量。

②汇总填埋场库容量：程序根据每个方格的体积，自动计算出总的填埋场库容。具体计算过程可参见本章 4.4 实例 4.4.4。

4.3.2　有效库容计算

4.3.2.1　填埋场有效库容为有效库容系数与总库容的乘积，填埋场有效库容计算公式见（4-8）：

$$V' = \zeta \cdot V \tag{4-8}$$

式中：V——总库容，m^3；

V'——有效库容，m^3。

其中有效库容系数的计算见公式（4-9）：

$$\zeta = 1 - (I_1 + I_2 + I_3) \tag{4-9}$$

式中：I_1——防渗所占库容系数，取值参见 4.3.2.2；

I_2——中间覆盖所占库容系数，取值参见 4.3.2.3；

I_3——封场所占库容系数，取值参见 4.3.2.4。

4.3.2.2　防渗所占库容系数 I_1

防渗所占库容系数 I_1 的计算见公式（4-10）：

$$I_1 = \frac{A_1 \cdot h_1}{V} \tag{4-10}$$

式中：A_1——防渗系统的表面积，m^2；

h_1——防渗系统厚度，m；

V——填埋库容，m^3。

4.3.2.3　中间覆盖所占库容系数 I_2

（1）平原型填埋场中间覆盖层厚度按照 30cm，垃圾层厚度为 10～20m 时，中间覆盖所占用的库容系数 I_2 可近似取 1.5％～3％。

（2）中间覆盖层采用土工膜作为覆盖材料时，可不考虑 I_2 的影响，近似取 0。

4.3.2.4　封场所占填埋库容系数 I_3

封场覆盖所占库容系数 I_3 的计算见公式（4-11）：

$$I_3 = \frac{A_{2T} \cdot h_{2T} + A_{2S} \cdot h_{2S}}{V} \tag{4-11}$$

式中：A_{2T}——封场堆体顶面覆盖系统的表面积，m^2；

$\qquad h_{2T}$——封场堆体顶部覆盖系统厚度，m；

$\qquad A_{2S}$——封场堆体边坡覆盖系统的表面积，m^2；

$\qquad h_{2S}$——封场堆体边坡覆盖系统厚度，m；

$\qquad V$——总库容，m^3。

4.4　案例

4.4.1　山谷型填埋场总图布置

——设计背景：

如图 4-2 所示，该场为山谷型填埋场，场区的地势为西北高，东南低，谷口面向西南；东北与西北风向为夏季主导风向；场区北面有一条通往场外的道路，场区地下水流向为东北至西南。

该填埋场地形地貌单元上属黄土丘陵，地形起伏较大，呈"U"字形沟谷，沟谷呈"V"字形谷，周边标高与谷底相差较大。

——设计内容：

根据场区基础资料，该场总图布置如下：

1）库区

选址为典型的山谷型地形，可利用山谷作为填埋库区。库区处于场区夏季主导风向的下风口，占地 66.51 亩，为总面积的 69.3％，符合**本指南 4.2.2 技术要求**。

2）管理区

根据**本指南 4.2.4 对生活和管理设施**的技术要求，在库区的西北侧有一条通往场外的道路，考虑交通便利和风向的因素，应将管理区布置在受恶臭、飘散物影响较小的位置，故该场生活与管理设施布置在场外道路的附近。该区域离渗沥液处理区较远，并且处于夏季主导风向的侧风向（上风向处不适宜布置），受不利因素影响小。

3）库区分区

根据**本指南 4.2.2 对分区规划**的技术要求，对整个填埋库区在分区时兼顾水平分区和垂直分区，使各区相对独立同时又能结合起来。在水平分区方面，主要使用分区坝将其水平方向上一分为二，分期进行建设，在进行一区建设与填埋作业时，可将二区收集的雨水排出场外，降低了作业过程中的汇水面积，大大减少了渗沥液产生量。

垂直分区主要是通过各级锚固平台来实现的，该填埋场每升高 10m 设置一锚固平台，

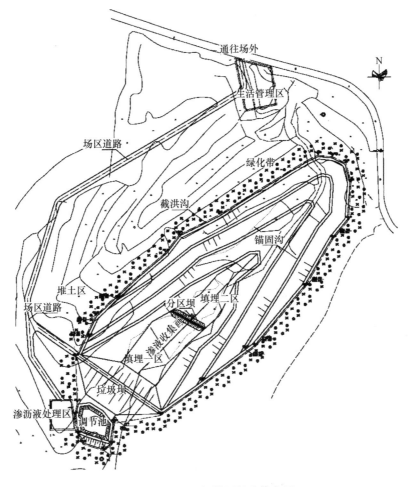

图 4-2 山谷型垃圾填埋场总体布置

针对地形实际情况，共设置四个锚固平台，锚固平台上的锚固沟兼带排水沟作用，锚固平台在设计时，应考虑一定的排水坡度，该坡度不小于千分之八。各锚固平台排水沟将收集的雨水最终排入环库截洪沟中。

分区使用年限：

(1) 一区：2 年

(2) 二区：3 年

(3) 三区：3 年

(4) 四区：4 年

(5) 五区：3 年

注：填埋一区与填埋二区底部为库底防渗层，故可进一步划分为作业分区.

整个填埋库区通过水平分区及垂直分区，从平面和空间上大大减少了填埋作业区的汇水面积，从而有效实现雨污分流。

4）道路

根据**本指南 4.2.5 对道路运输**的技术要求，道路坡度设计不宜过大，线路尽可能便于车辆运输。该填埋场的道路经由管理区顺地势而下连接渗沥液处理区，路线短且直，利于车辆行驶。

5）堆土区

根据**本指南 4.2.9 对备料场地**提出的布置原则，堆土区设置在场内道路与库区之间的空地上。此区域底部原始地形就较平坦，靠近山坡，能容纳较多的土量，且紧靠道路，便于运输。

6）环境监测点

场区地下水流向为东北至西南，根据**本指南 4.2.2 对监测井**要求，流向上游与两侧均为山体，钻井深度较大，故将本底井与污染扩散井在场区外适当外延至钻井深度较小处。

7）竖向设计

该库区地势为东北高，西南低，根据**本指南 4.2.3 对竖向设计**的技术要求，应将垃圾坝设置在山谷西南谷口处，可减少土方量的同时，保证渗沥液自流。在垃圾坝的下游设置调节池收集自流而来的渗沥液。而渗沥液处理区设置在调节池的北面，紧靠调节池且高程落差较小，便于渗沥液处理区与场外之间道路的布置。

4.4.2 坡地型填埋场总图布置

——设计背景：

如图 4-3 所示，该填埋场选址的西侧为山坡，东侧为平地，属坡地型填埋场。库区面积较大且边坡高程差较小；场区的夏季主导风向为东南风，最小频率风向为西北风。

图 4-3　坡地型填埋场总图布置

——设计内容：

根据场区基础资料，该场总图布置如下：

1）库区及分区

由于该场选址的西侧为山坡，东侧为平地，属坡地型填埋场，故在场区东侧修建土坝以形成库区。

根据本指南 4.2.2 对分区规划的技术要求，该场库区面积较大且边坡高程差较小，故此填埋场宜采用水平分区，将库区分为 4 个填埋分区，同时在各填埋分区内部，根据作业顺序进行作业分区。

2）管理区

场区的夏季主导风向为东南风，最小频率风向为西北风。根据**本指南 4.2.4 对生活和管理设施**的技术要求，为避免管理区受不利因素的影响，将管理区布置在库区的东南向且保持了较大的距离。管理区与场外通过独立的道路相通，与场区道路在场外会合。

3）竖向设计

根据本指南 4.2.3 对调节池的布置要求，调节池宜布置在地势较低处。该场调节池布置在库区南侧低洼空地处符合要求，且紧靠库区，利于渗沥液导排。

渗沥液处理区宜与调节池相邻，且高程差不宜过大。该场渗沥液处理区与调节池相邻且地势相当，位于库区南侧、调节池东侧，位于夏季主导风向侧风向，受恶臭等影响较小。

4）辅助生产区

该场主要辅助生产区包括门房、地磅、洗车台、消防水池及泵房、填埋作业机械库等。根据**本指南 4.2.9 对附属及配套工程**的技术要求，辅助生产区布置如下：

（1）门房与地磅

该场门房与地磅设置在进场道路上，距离库区有一段较大的距离，避免恶臭等影响。且进入管理区的车辆不需要经过地磅，保证经过地磅的都是作业运输车辆，利于计量。

（2）洗车台

洗车台宜布置在主要道路边，离场区出口不宜过远。该场洗车台设置在库区与地磅之间的道路一侧，位于出场车辆经过时右侧，便于出场车辆清洁。

（3）消防水池及泵房

消防水池及泵房宜建设在离填埋库区、渗沥液处理区、管理区距离较近处。该场的做法是布置在库区、渗沥液处理区、管理区三者之间，且紧靠场区道路。

（4）填埋作业机械库

该场设置了填埋作业机械库，与消防水池及泵房相邻，且距离库区很近，紧靠场区道路，便于作业机械的运输。

5）远期发展用地

该场预备远期建设垃圾焚烧发电厂，布置在离库区较远靠近进场道路处。

4.4.3 管理区及辅助生产区布置

——设计背景：

该填埋场总用地面积 11.6 万 m^2，日处理垃圾 1200t/d，属于Ⅰ类填埋场。如图 4-4 和图 4-5 所示，填埋场管理区紧靠公路，占地 8000 m^2，总建筑面积 1285.3 m^2。

维修区位于管理区北侧坡地上，占地 2800 m^2，总建筑面积 528 m^2。维修区内设机修仓库和填埋作业机械车库各一座，以便于填埋作业机械的维护管理。

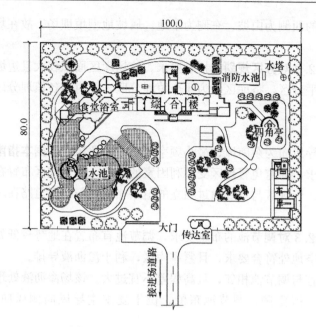

图 4-4 某垃圾填埋场管理区示意图

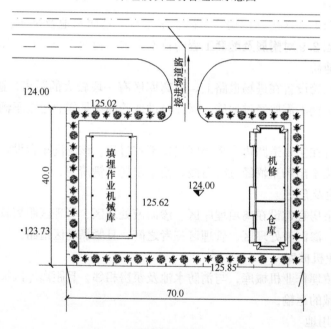

图 4-5 某填埋场维修区示意图

——设计内容：

根据**本指南 4.2.9 对生活和管理设施**的技术要求，填埋场生活和管理设施的布置应以符合安全防护要求并不受填埋气体、气味和蝇、鼠等影响为原则，目的是保证生产管理人员有安全良好的工作条件和环境。该填埋场管理区及维修区内建筑物布置紧凑，绿化合理。主要生产管理性建筑物办公、化验、环境监测、值班宿舍、配电房、车库、食堂、浴室等采取合建式，设综合楼及食堂浴室、传达室各一座，另外全场消防水池及供水水塔也设在管理区。

（1）管理区和维修区各项建筑设施面积均应符合《生活垃圾卫生填埋处理工程项目建设标准》建标 124-2009 及本指南 4.2.4 对管理区的要求，其具体设计建筑面积如下：

①综合楼：$S=800m^2$

②食堂浴室、值班宿舍：$S=178m^2$

③传达室：$S=35.3m^2$

④消防水池：$V=100m^3$

⑤水塔：$V=50m^3$

⑥车库：$S=122m^2$

⑦机修仓库：$S=248m^2$

⑧填埋作业机械车库：$S=280m^2$

（2）场区给水排水工程

根据本指南 4.2.7 对给排水设施的技术要求，场区给水排水设计如下：

①场区用水量见表 4-6。

用　水　量　表 　　　　表 4-6

序号	用水单位	用水定额	用水量（m³/d）	备注
1	洗车	400L/（辆·d）	30	
2	生活饮用水	35L/（人·班）	2	
3	淋浴用水	80L/（人·班）	3	
4	冲洗道路、绿化	2L/（m²·d）	65	
5	渗沥液处理站生产用水		15	
合　计			115	

注：用水量不包括消防用水量。

②场区给水

场内管理区生活饮用水、消防用水及洗车、冲洗道路、绿化用水统一由场内自打水源井供给，最大日用水量约 $115m^3$。

打井位置拟定在管理区南部的适当位置，地下水系统不在库区影响范围处，在管理区设消防水池一座，容积为 $200m^3$，内设专用消防给水泵，用于管理区、维修区、渗沥液处理站及库区消防时供水。另在管理区设供水水塔一座，容积 $V=150m^3$，安装高度约 20～25m，通过管道系统向管理区、维修区、渗沥液处理站及冲洗车辆、道路、绿地等用水点供水。

（3）场区排水

管理区、维修区、渗沥液处理站排水采用分流制，雨水就近排入库区下游的冲沟，生活污水均由专管引至调节池与渗沥液合并处理。填埋库区排水也采用分流制。

4.4.4　填埋场库容计算

P 县填埋场属于山谷型填埋场，占地面积为 128.87 亩，其中库区面积为 7.04 公顷。其防渗方式采用复合防渗，厚度为 1.6m，中间覆盖厚度为 0.3m，封场厚度为 1.05m。场底平整图与封场平面图分别如图 4-6、图 4-7 所示。计算该填埋场总库容和有效库容。

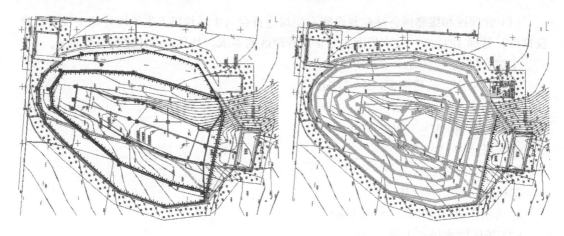

图 4-6　库区场地平整平面图　　　　　　　图 4-7　库区场地封场平面图

解：

（1）总库容计算

根据本指南 4.3.1 填埋场库容计算提供的方法，采用计算机辅助的方格网法计算填埋场总库容。计算过程如下：

①设置绘图比例：点击设置菜单下的"绘图比例"，输入 1：1000，如图 4-8 所示。

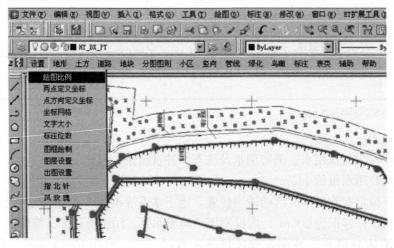

图 4-8　设置绘图比例示意图

②填埋场库底地形处理：点击"地形"下的"自然标高离散点"，进行文本定义，将填埋库区的库底设计标高录入，即转化成计算机识别的设计标高控制点。在文本定义前，需要输入大量的库底设计标高，数据越多，计算精度越高。

③封场设计标高录入：点击"设计等高线"，进行逐根定义，将填埋场封场设计等高线转化成计算机识别的设计标高控制点。也可采用文本定义，逐点输入或各种方法结合起来将填埋场封场设计等高线转化成计算机识别的设计标高控制点。

④库容计算：点击"网格法土方计算"命令，按绘制网格、网格编号、网格处理、标高标注等步骤依次进行，最后所得到的填方体积即为填埋场库容，如图 4-9 所示。

⑤经计算（库容计算说明如图 4-10 所示），填埋场库容为 142.5 万 m^3。

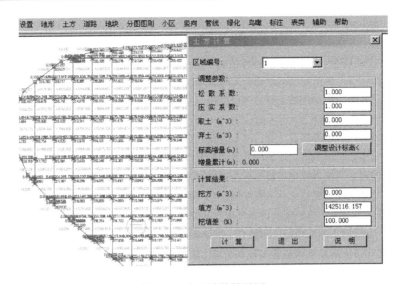

图 4-9 库容计算结果图

（2）有效库容计算

①根据本章 4.3.2 有效库容的计算方法，对库容系数逐一确定。

● 防渗系统表面积为 8.03 公顷，防渗系统厚度取 1.6m；

● 中间覆盖所占库容系数取 2%；

● 封场堆体顶部覆盖表面积为 1.27 公顷，覆盖厚度取 1.05m；堆体边坡覆盖表面积 7.02 公顷，覆盖厚度取 0.75m。

②根据本章 4.3.2 与公式（4-10）、公式（4-11）可得：

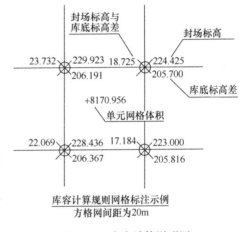

图 4-10 库容计算说明图

$$I_1 = 9\%$$

$$I_2 = 2\%$$

$$I_3 = 4.63\%$$

③填埋场有效库容系数：

$$\zeta = 1 - (I_1 + I_2 + I_3) = 84.37\%。$$

④填埋场有效库容计算：

$$V' = \zeta \cdot V$$
$$= 142.5 \times 84.37\%$$
$$= 120.23 \text{ 万 m}^3$$

⑤该填埋场有效库容为 120.23 万 m³。

参考文献

[1]   GB 50187-93. 工业企业总平面布置设计规范[S]

[2]   U S EPA. 40CFR258. Municipal Solid Waste Landfill Criteria[M]. U S. 1991

[3]   薛强,陈朱蕾,等. 生活垃圾的处理技术与管理[M]. 北京:科技出版社,2007

[4]   吴健萍. 生活垃圾卫生填埋场工程总体设计探讨[J]. 环境卫生工程,2012,3

[5]   王艳明. 填埋场设计新理念及其工程应用[J]. 环境卫生工程,2006,14(4):31~33

[6]   杜佳靖. 山谷型垃圾填埋场设计探讨[J]. 环境卫生工程,2005,13(3):53~54

[7]   梁晓文. 城市生活垃圾卫生填埋场的总平面布置[J]. 环境保护,2000,7:28~29

[8]   韦雪华. 阜阳市生活垃圾填埋场最低标高设计[J]. 环境卫生工程,2008,16(2):33~37

[9]   张益,等. 垃圾处理处置技术及工程实例[M]. 北京:化学工业出版社,2002

[10]   余加勇,等. 土方量计算机辅助计算模块及其应用[J]. 施工技术,2007,5

[11]   雷松,等. 方格网法与三角网法相结合 准确计算土方量[J]. 城市勘测,2011,6

[12]   韦雪华. 亳州市生活垃圾填埋场库容方案的比较[J]. 中国资源综合利用,2009,6

5 基础处理与土方计算

本章提出了地基处理、边坡处理及场地平整等技术要求，给出了填埋场地基极限承载力、最大填埋堆高、地基沉降、地基不均匀沉降、边坡稳定性等计算方法及常用的几种土方平衡计算方法，列举了填埋地基承载力及堆高验算、填埋地基沉降计算、边坡稳定性分析、软弱地基处理实例及土方计算的案例。

5.1 引用标准

生活垃圾卫生填埋处理技术规范	GB 50869
建筑地基基础设计规范	GB 50007
建筑边坡工程技术规范	GB 50330
建筑地基处理技术规范	JGJ 79
水利水电工程边坡设计规范	SL 386

5.2 技术要求

5.2.1 地基处理

5.2.1.1 基本要求

（1）填埋库区地基应是具有承载填埋体负荷的自然土层或经过地基处理的稳定土层，不得因填埋堆体的沉降而使基层失稳。对不能满足承载力、沉降限制及稳定性等工程建设要求的地基，应进行相应的处理。

（2）填埋库区地基及其他建（构）筑物地基的设计应按现行国家标准《生活垃圾卫生填埋处理技术规范》GB 50869 和《建筑地基基础设计规范》GB 50007 以及国家现行标准《建筑地基处理技术规范》JGJ79 相关规定执行。

（3）在选择地基处理方案时，应经过实地的考察和工程地质勘察，结合考虑填埋堆体结构、基础和地基的共同作用，经过技术经济比较确定。

（4）地基基础设计，应本着因地制宜、就地取材、保护环境和节约资源的原则。

5.2.1.2 在选择地基处理方案前，应完成下列调研工作：

（1）搜集工程地质勘察资料、上部结构及基础设计资料等。

（2）根据工程的要求和自然地基存在的主要问题，确定地基处理的目的、处理范围和处理后要求达到的各项技术经济指标等。

（3）结合工程情况，了解当地地基处理经验和施工条件。

（4）调查邻近建筑、地下工程和有关管线等情况。

5.2.1.3 在选择地基处理方案时，应经过实地的考察，并应考虑上部结构、基础和地基

的共同作用，经过技术经济比较确定。

5.2.1.4 合适地基处理方案的选用可参考以下几点原则：

（1）根据结构类型，荷载大小及使用要求，结合地形地貌、地层结构、土质条件、地下水特征和对邻近建筑的影响等因素进行综合分析，初步选出几种可供考虑的地基处理方案，包括选择两种或多种地基处理措施组成的综合处理方案。

（2）初步选出的地基处理方案，宜分别从加固原理、适用范围、预期处理效果、耗用材料、施工机械、工期要求和对环境的影响等方面进行技术经济分析和对比，选择最佳的地基处理方法。常用地基处理方法见附录Ⅱ（表Ⅱ-1），特殊土地基可选用的地基处理方法见附录Ⅱ（表Ⅱ-2）。

（3）对已选定的地基处理方法，宜按建筑物地基基础重要性等级（表3-2）和场地复杂程度（表3-3），在有代表性的场地上进行相应的现场试验或试验性施工，并进行必要的测试，以检验设计参数和地基处理效果。如达不到设计要求时，应查明原因，修改设计参数或调整地基处理方法。

5.2.1.5 填埋库区、垃圾坝、调节池、渗沥液处理主要构筑物及生活管理区主要建构筑物地基应进行承载力计算、最大堆高验算、稳定性计算。详细计算见本章5.3。

5.2.1.6 地基沉降造成地基坡度改变可能对衬垫材料和渗沥液收集管的拉伸破坏，应根据填埋堆高对填埋场地基进行总沉降及不均匀沉降计算。地基沉降计算宜先确定沉降线和沉降点，详细计算见本指南第5章5.3。

5.2.1.7 沉降线的布置可参考以下几点原则：

（1）沉降线通常布置在沿线上覆压力变化剧烈的位置，覆盖压力的大幅度变化可以引起地基产生严重的不均匀沉降；

（2）一些沉降线应沿渗沥液收集管布置，可以检查渗沥液收集管由于沉降而产生的坡度变化和拉伸应变；

（3）一些沉降线应垂直于渗沥液收集管铺设方向布置，例如在渗沥液导排层中沿渗沥液流动方向，可以检查渗沥液导排层的坡度改变。

5.2.1.8 沉降点的布置可参考以下几点原则：

（1）取点分布应根据实际需要均匀布置，沉降较大的区域应多布置计算点；

（2）沉降点间距不宜大于20m，总数不宜少于5个；

（3）复杂地形处应酌情增加沉降点。

5.2.2 边坡处理

5.2.2.1 基本要求

（1）库区边坡设计应按国家现行国家标准《建筑边坡工程技术规范》GB 50330及国家现行标准《水利水电工程边坡设计规范》SL 386的规定执行。

（2）经稳定性初步判别有可能失稳的边坡以及初步判别难以确定稳定性状的边坡应进行稳定计算。

（3）对可能发生滑动破坏的边坡，应进行抗滑稳定计算。对可能发生其他破坏形式的边坡，应专门研究并提出相应处理方案。

5.2.2.2 填埋库区边坡工程设计时应取得下列资料：

(1) 相关建构筑物平、立、剖面和基础图等。

(2) 场地和边坡的工程地质和水文地质勘察资料。

(3) 边坡环境资料。

(4) 施工技术、设备性能、施工经验和施工条件等资料。

(5) 条件类同边坡工程的经验。

5.2.2.3 填埋场边坡工程安全等级应根据现行国家标准《建筑边坡工程技术规范》GB 50330-2002中第3章3.2.1条（详见附录Ⅳ）划分。

5.2.2.4 进行稳定计算时，应根据边坡的地形地貌、工程地质条件以及工程布置方案等，分区段选择有代表性的剖面。

5.2.2.5 边坡稳定性计算方法选用原则

(1) 土质边坡和较大规模的碎裂结构岩质边坡宜采用圆弧滑动法计算。

(2) 对可能产生平面滑动的边坡宜采用平面滑动法进行计算。

(3) 对可能产生折线滑动的边坡宜采用折线滑动法进行计算。

(4) 对结构复杂的岩质边坡，可配合采用赤平极射投影法和实体比例投影法分析。

(5) 当边坡破坏机制复杂时，宜结合数值分析法进行分析。

5.2.2.6 边坡支护结构形式可根据场地地质和环境条件、边坡高度以及边坡工程安全等级等因素，参照附录Ⅱ（表Ⅱ-4）选定。

5.2.3 场地平整

5.2.3.1 基本要求

(1) 场地平整总体要求应符合国家现行标准《生活垃圾卫生填埋处理技术规范》GB 50869中第6章6.3节（详见附录Ⅳ）的有关规定。

(2) 场地平整包括填埋库区、调节池、道路及坝体等区域。

(3) 场地平整应尽量做到土方平衡。

5.2.3.2 场地平整设计要求

(1) 应尽量减少库底的平整设计标高，以减少库底的开挖深度，减少土方量，减少渗沥液、地下水收集系统及调节池的开挖深度。

(2) 场地平整设计时除应满足填埋库容要求外，尚应兼顾边坡稳定及防渗系统铺设等方面的要求。

(3) 库区边坡坡度可取1:2，局部陡坡不大于1:1；削坡修整后的边坡应光滑整齐，无凹凸不平，以便于铺膜。基坑转弯处及边角均应圆角过渡，圆角半径不小于1m；对于少部分陡峭的边坡应削缓平顺，不应成台阶状，反坡或突然变坡，边坡处坡角应小于20°。

(4) 场地平整压实度要求

① 地基处理压实系数不小于0.93。

② 库区底部的表层黏土压实度不得小于0.93。

③ 路基范围回填土压实系数不小于0.95。

④ 库区边坡的平整压实系数不小于0.90。

（5）场地平整设计应考虑设置堆土区，用于临时堆放开挖的土方，同时应做相应的防护措施，避免雨水冲刷，造成水土流失。

（6）场地平整前的临时作业道路设计，应结合地形地势，根据场地平整及填埋场运行时填埋作业的需要，以方便机械进场作业，土方调运。

5.2.3.3　场地平整施工设计要求

（1）场地平整时应确保所有裂缝和坑洞被堵塞，防止渗沥液渗入地下水，同时有效防止填埋气体的横向迁移，保证周边建构筑物的安全。

（2）场地平整宜与膜的铺设同步，平整开挖顺序为先上后下，以防止水土流失和避免二次清基、平整。

5.2.3.4　土方平衡计算要求

（1）土方计算宜结合填埋场建设地点的地形地貌、面积大小及地形图精度等因素选择合理的计算方法，并宜采用另一种方法校核。各种方法的适用性比较详见表5-1，具体计算见本章5.3.6。

土方计算适用性比较表　　　　　　　　　表5-1

计算方法	适用对象	优　点	缺　点
断面法	断面法计算土方适用于地形沿纵向变化比较连续，地狭长、挖填深度较大且不规则的地段	计算方法简单，精度可根据间距 L 的长度选定，L 越小，精度就越高。适于粗略快速计算	计算量大，尤其是在范围较大、精度要求高的情况下更为明显； 　计算精度和计算速度矛盾，若是为了减少计算量而加大断面间隔，就会降低计算结果的精度； 　限性较大，只适用于条带线路方面的土方计算局
方格网法	对于大面积的土石方估算以及一些地形起伏较小、坡度变化不大的场地适宜用格网法，方格网法是目前使用最为广泛的土方计算方法	方格网法是土方量计算的最基本的方法之一。简便易于操作，在实际工作中应用非常广泛	地形起伏较大时，误差较大，且不能完全反映地形、地貌特征
三角网法	三角网法计算土方适用于小范围大比例尺高精度，地形复杂起伏变化较大的地形情况	适用范围广，精度高，局限性小	高程点录入及计算复杂

（2）填挖土方宜基本相等或相差不大。如挖方大于填方，应升高设计高程；填方大于挖方则降低设计高程。

（3）填埋场地开挖的土方量不能满足填方要求时，应本着就近的原则在周边取土。

5.3　设计计算

设计计算包括场底地基极限承载力、最大堆高、地基总沉降、不均匀沉降、边坡稳定性、土方计算及土方平衡计算等。

5.3.1 地基极限承载力计算

首先将填埋单元的不规则几何形式简化成规则（矩形）底面，然后采用太沙基极限理论分析地基极限承载力。

极限承载力计算见公式（5-1）、（5-2）。

$$P'_u = P_u / K \tag{5-1}$$

$$P_u = \frac{1}{2} b \gamma N_r + c N_c + q N_q \tag{5-2}$$

式中： P'_u ——修正地基极限承载力，kPa；

$\quad\quad P_u$ ——地基极限荷载，kPa；

$\quad\quad \gamma$ ——填埋场库底地基土的天然重度，kN/m³；

$\quad\quad c$ ——地基土的黏聚力 kPa，按固结、排水后取值；

$\quad\quad q$ ——原自然地面至填埋场库底范围内土的自重压力，kPa；

$N_r、N_c、N_q$ ——地基承载力系数，均为 tan（45°＋φ/2）的函数，其中，N_r、N_q 与垃圾填埋体的形状和埋深有关，其取值根据地勘资料确定。

$\quad\quad \varphi$ ——地基土内摩擦角，°，按固结、排水后取值；

$\quad\quad b$ ——垃圾体基础底宽，m；

$\quad\quad K$ ——安全系数，可根据填埋规模确定，相见表 5-2。

各级填埋场安全系数 K 值表 表 5-2

重要性等级	处理规模（t/d）	K
Ⅰ级	≥1200	2.5～3.0
Ⅱ级	200～1200	2.0～2.5
Ⅲ级	≤200	1.5～2.0

5.3.2 最大堆高计算

根据 5.3.1 节计算出修正极限承载力 P'_u 后，可得极限堆填高度 H_{max}：

$$H_{max} = (P'_u - \gamma_2 d) \frac{1}{\gamma_1} \tag{5-3}$$

式中： P'_u ——修正后的地基极限承载力，kPa，由式（5-1）求得；

$\quad\quad \gamma_1$，γ_2 ——分别为垃圾堆体和被挖出土体的重力密度，kN/m³；

$\quad\quad d$ ——垃圾堆体埋深，m。

5.3.3 地基沉降计算

5.3.3.1 传统土力学分析法根据现行国家标准《建筑地基基础设计规范》GB 50007－2002 计算填埋场地基沉降，即采用传统土力学分析法计算出填埋场地基下各土层的沉降量，加和后乘以一定的经验系数，具体见公式（5-4）。

$$S = j_S S' = j_S \sum_{i=1}^{n} \frac{p_0}{E_{si}}(z_i \overline{a_i} - z_{i-1} - \overline{a_{i-1}}) \tag{5-4}$$

式中：S——地基最终变形量，mm；

　　　S'——按分层总和法计算出的地基变形量，mm；

　　　j_s——沉降计算经验系数，根据地区沉降观测资料及经验确定，无地区经验时可采用表 5-3 的数值；

沉降计算经验系数 j_s　　　　　　　　　　表 5-3

$\overline{E_s}$（MPa） 基底附加压力	2.5	4.0	7.0	15.0	20.0
$p_0 \leqslant f_{ak}$	1.4	1.3	1.0	0.4	0.2
$p_0 \leqslant 0.75 f_{ak}$	1.1	1.0	0.7	0.4	0.2

注：f_{ak}——地基承载力特征值。

　　　n——填埋场地地基土层数（以地勘资料为准）；

　　　p_0——基础底面处平均附加压力，kPa；

　　　E_{si}——基础底面下第 i 层土的压缩模量，MPa，应取土的自重压力至土的自重压力与附加压力之和的压力段计算；

z_i、z_{i-1}——基础底面至第 i 层土、第 $i-1$ 层土底面的距离，m；

$\overline{a_i}$、$\overline{a_{i-1}}$——基础底面计算点至第 i 层土、第 $i-1$ 层土底面范围内平均附加应力系数。

　　　$\overline{E_s}$——变形计算深度范围内压缩模量的当量值，应按式（5-5）计算；

$$\overline{E_s} = \frac{\sum A_i}{\sum \dfrac{A_i}{E_{si}}} \tag{5-5}$$

式中：A_i——第 i 层土附加应力系数沿土层厚度的积分值。

5.3.3.2　瞬时沉降、主固结沉降和次固结沉降计算

对于黏土地基的沉降计算可分为三部分：瞬时沉降、主固结沉降和次固结沉降；砂土地基的沉降仅包括瞬时沉降，各种沉降具体计算如下。

（1）瞬时沉降

$$Z_e = (\Delta\sigma/D)H_0 \tag{5-6}$$

式中：Z_e——地基土层瞬时沉降，m；

　　　H_0——土层初始厚度，m；

　　　$\Delta\sigma$——垂直有效应力增量，kPa；

　　　D——土的单向侧限模量，kPa。

$$D = E(1-\mu)/[(1+\mu)(1-2\mu)] \tag{5-7}$$

式中：D——土的单向侧限模量，kPa；

　　　E——土的弹模，kPa；

　　　μ——土的泊松比。

（2）主固结沉降

$$Z_c = C_r g \frac{H_0}{1+e_0} g \log \frac{p_c}{\sigma_0} + C_c g \frac{H_0}{1+e_0} g \log \frac{\sigma_0 + \Delta\sigma}{p_c} \tag{5-8}$$

式中：Z_c——黏土层主固结沉降，m；

$\quad\quad H_0$——黏土层初始厚度，m；

$\quad\quad e_0$——黏土层初始孔隙比；

$\quad\quad C_r$——再压缩指数；

$\quad\quad C_c$——主压缩指数；

$\quad\quad \sigma_0$——初始竖向有效应力，kPa；

$\quad\quad p_c$——前期固结应力，kPa；

$\quad\quad \Delta\sigma$——竖向有效应力增量，kPa。

（3）次固结沉降

$$Z_\alpha = C_\alpha \frac{H_0}{1+e_0} \log \frac{t_2}{t_1} \tag{5-9}$$

式中：Z_α——长期次固结沉降，m；

$\quad\quad e_0$——次固结沉降前，黏土层的初始孔隙比；

$\quad\quad C_\alpha$——次固结压缩指数；

$\quad\quad H_0$——次固结沉降前，黏土层的初始厚度，m；

$\quad\quad t_1$——考虑土层长期沉降的开始时间，d；

$\quad\quad t_2$——考虑土层长期沉降的结束时间，d。

5.3.4　地基不均匀沉降计算

5.3.4.1　通过布置于填埋场库区地基的每一条沉降线上不同沉降点的总沉降计算值可以确定不均匀沉降、衬垫材料和渗沥液收集管的拉伸应变及沉降后相邻沉降点之间的最终坡度，如图 5-1 所示。

5.3.4.2　相邻沉降点之间的不均匀沉降可用公式（5-10）计算。

$$\Delta Z_{i,i+1} = Z_{i+1} - Z_i \tag{5-10}$$

式中：$\Delta Z_{i,i+1}$——点 i 和 $i+1$ 之间的不均匀沉降，m；

$\quad\quad Z_{i+1}$——点 $i+1$ 的总沉降，m；

$\quad\quad Z_i$——点 i 的总沉降，m。

5.3.4.3　沉降后相邻沉降点间的最终倾角值可用公式（5-11）计算。

$$\tan\beta_{Fnl} = \frac{X_{i,i+1} \tan\beta_{int} \cdot \Delta Z_{i,i+1}}{X_{i,i+1}} \tag{5-11}$$

式中：$X_{i,i+1}$——点 i 和 $i+1$ 之间的水平距离，m；

$\quad\quad \Delta Z_{i,i+1}$——点 i 和 $i+1$ 之间的不均匀沉降，m；

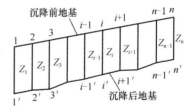

图 5-1　沿沉降线地基的不均匀沉降变化图

注：图 5-1 是某一沉降线不均匀沉降的坡度变化。不均匀沉降将引起点 3 附近坡度的变化，渗沥液可能将在这一区域积聚。

β_{int}——点 i 和 $i+1$ 之间的初始倾角，°；

β_{Fnl}——沉降后点 i 和 $i+1$ 之间的最终倾角。

5.3.4.4 沉降引起衬垫系统和渗沥液收集系统的拉伸应变可用公式（5-12）计算。

$$\varepsilon_{i,i+1} = \frac{(L_{i,i+1})_{Fnl} - (L_{i,i+1})_{int}}{(L_{i,i+1})_{int}} \times 100\% \qquad (5-12)$$

式中：$\varepsilon_{i,i+1}$——衬垫系统点 i 和 $i+1$ 之间的拉伸应变，m；

$(L_{i,i+1})_{int}$——点 i 和 $i+1$ 初始位置之间的距离，m；

$(L_{i,i+1})_{Fnl}$——沉降后点 i 和 $i+1$ 位置之间的距离，m。

点 i 和 $i+1$ 初始位置之间的距离可用公式（6-13）计算。

$$(L_{i,i+1})_{int} = \left[(X_{i,i+1})^2 + (X_{i,i+1}\tan\beta_{int})^2\right]^{\frac{1}{2}} \qquad (5-13)$$

5.3.4.5 沉降后点 i 和 $i+1$ 位置之间的距离可用公式（5-14）计算。

$$(L_{i,i+1})_{Fnl} = \left[(X_{i,i+1})^2 + (X_{i,i+1}\tan\beta_{int} - \Delta Z_{i,i+1})^2\right]^{\frac{1}{2}} \qquad (5-14)$$

5.3.5 边坡稳定性计算

5.3.5.1 圆弧滑动条分法

$$K_s = \frac{\sum R_i}{\sum T_i} \qquad (5-15)$$

$$N_i = (G_i + G_{bi})\cos\theta_i + P_{wi}(\alpha_i - \theta_i) \qquad (5-16)$$

$$T_i = (G_i + G_{bi})\sin\theta_i + P_{wi}(\alpha_i - \theta_i) \qquad (5-17)$$

$$R_i = N_i\tan\varphi_i + C_i l_i \qquad (5-18)$$

式中：K_s——边坡稳定性系数；

C_i——第 i 计算条块滑动面上岩土体的粘结强度标准值，kPa；

φ_i——第 i 计算条块滑动面上岩土体的内摩擦角标准值，°；

l_i——第 i 条计算条块滑动面长度，m；

$\theta_i,\ \alpha_i$——第 i 条计算条块底面倾角和地下水位面倾角，°；

G_i——第 i 条计算条块单位宽度岩石体自重，kN/m；

G_{bi}——第 i 条计算条块滑体地表建筑物的单位宽度自重，kN/m；

P_{wi}——第 i 条计算条块单位宽度的动水压力，kN/m；

N_i——第 i 条计算条块滑体在滑动面法线上的反力，kN/m；

T_i——第 i 条计算条块滑体在滑动面切线上的反力，kN/m；

R_i——第 i 条计算条块滑动面上的抗滑力，kN/m。

5.3.5.2 平面滑动法

$$K_s = \frac{\gamma V\cos\theta\tan\varphi + Ac}{\gamma V\sin\theta} \qquad (5-19)$$

式中：γ——岩土体的重度，kN/m³；

c——结构面的黏聚力，kPa；

φ——结构面的内摩擦角，°；

A——结构面的面积，m^2；

V——岩体的体积，m^3；

θ——结构面的倾角，$°$。

5.3.5.3 折线滑动法

(1) 边坡稳定性系数按公式（5-20）、（5-21）计算：

$$K_s = \frac{\sum R_i\psi_i\psi_{i+1}\cdots\psi_{n-1} + R_n}{\sum T_i\psi_i\psi_{i+1}\cdots\psi_{n-1} + T_n}, (i = 1,2,3,\cdots n-1) \tag{5-20}$$

$$\psi_i = \cos(\theta_i - \theta_{i+1}) - \sin(\theta_i - \theta_{i+1})\tan\varphi_i \tag{5-21}$$

式中：ψ_i——第 i 条计算条块剩余下滑推力向第 $i+1$ 计算条块的传递系数。

(2) 对存在多个滑动面的边坡，应分别对各种可能的滑动面进行稳定性计算分析，并取最小稳定性系数作为边坡稳定性系数；对多级滑动面的边坡，应分别对各级滑动面进行稳定性计算分析。

5.3.5.4 边坡稳定性验算时，其稳定性系数应不小于表 5-4 规定的稳定安全系数的要求，否则应对边坡进行处理。

<table>
<tr><td colspan="4" align="center">边坡稳定安全系数   表 5-4</td></tr>
<tr><td>安全系数　　安全等级
计算方法</td><td>一级边坡</td><td>二级边坡</td><td>三级边坡</td></tr>
<tr><td>平面滑动法
折线滑动法</td><td>1.35</td><td>1.30</td><td>1.25</td></tr>
<tr><td>圆弧滑动法</td><td>1.30</td><td>1.25</td><td>1.20</td></tr>
</table>

注：对地质条件很复杂或破坏后果极严重的边坡工程，其稳定安全系数宜适当提高。

5.3.6　土方挖填方量计算

5.3.6.1 断面法

(1) 单元体积计算

根据地形将场地分成若干个条状单元如图 5-2，根据各单元纵长 L_j，按一定的长度 L_i 设横断面 A_1、A_2、A_3……A_i，见公式（5-22）：

$$V_j = \sum_{i=2}^n V_i$$

$$= \sum_{i=2}^n (A_{i-1} + A_i) \times L_i/2 \tag{5-22}$$

图 5-2　断面法示意图

式中：A_{i-1}，A_i——分别为第 i 单元渠段起终断面的填（或挖）方面积，m^2；

L_i——渠段长，m；

V_i——填（或挖）方体积，m^3；

V_j——单元体积，挖方取负值，填方正值，m^3。

土石方量精度与间距 L 的长度有关，L 越小，精度就越高。

(2) 体积汇总

$$V_{挖} = \Big| \sum_{j=2}^{n} V_j \Big| \qquad V_j < 0 \tag{5-23}$$

$$V_{填} = \sum_{j=2}^{n} V_j \qquad V_j > 0 \tag{5-24}$$

式中：$V_{挖}$——挖方量，m^3；

　　　$V_{填}$——填方量，m^3；

　　　V_j——单元挖（填）方量，m^3。

5.3.6.2　方格网法计算

（1）网格划分

① 将场地划分成若干个正方形格网，然后计算每个四棱柱的体积，从而将所有四棱柱的体积汇总得到总的土方量。

② 计算时将场地划分为边长 10～40m 的正方形方格网，方格网越小，精度越高，以 20m 为宜。

③ 网格划分后将场地设计标高和自然地面标高分别标注在方格角上，场地设计标高与自然地面标高的差值即为各角点的施工高度（挖或填），习惯以"＋"号表示填方，"－"表示挖方。

（2）计算零点位置

① 零线即挖方区与填方区的分界线，在该线上的施工高度为零。零线的确定方法是：在相邻角点施工高度为一挖一填的方格边线上，用插入法求出零点的位置，将各相邻的零点连接起来即为零线。

② 计算确定方格网中两端点施工高度符号不同的方格边上零点位置，标于方格网上，连接零点，即得填方与挖方区的分界线。零点的位置（图 5-3、图 5-4）可按公式（5-25）、（5-26）计算：

图 5-3　方格网平面示意图

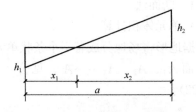

图 5-4　方格网断面示意图

$$x_1 = \big[h_1 / (h_1 + h_2) \big] \times a \tag{5-25}$$

$$x_2 = \big[h_1 / (h_1 + h_2) \big] \times a \tag{5-26}$$

式中：x_1、x_2——角点至零点的距离，m；

　　　h_1、h_2——相邻两点的高程，均用绝对值，m；

　　　　a——方格网的边长，m。

（3）单元体积计算

① 方格四个角点全部为填或全部为挖，其挖方或填方体积为：

$$V_i = a^2 (h_1 + h_2 + h_3 + h_4) / 4 \tag{5-27}$$

② 一点挖方（填方）时，如图 5-5 所示：

$$V_i = \frac{1}{6}bch_3 \tag{5-28}$$

③ 两点挖方（填方）时，如图 5-6 所示：

$$V_i = \frac{1}{6}a\left(bh_1 + ch_3 + \sqrt{bh_1ch_3}\right) \tag{5-29}$$

④ 三点挖方（填方）时，如图 5-7 所示：

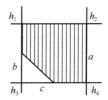

图 5-5 一点挖方
（填方）示意图

图 5-6 两点挖方
（填方）示意图

图 5-7 三点挖方
（填方）示意图

$$V_i = \left(a^2 - \frac{bc}{2}\right)\frac{h_1 + h_2 + h_3}{5} \tag{5-30}$$

式中：h_1、h_2、h_3、h_4——方格四角点挖或填的施工高度，m；

a——方格边长，m；

b、c——角点距零线的距离；均取绝对值，m；

V_i——为方格土方量，m^3，挖方为负值，填方为正值。

（4）体积汇总

$$V_挖 = \left|\sum_{i=1}^{n}V_i\right| \qquad V_i < 0 \tag{5-31}$$

$$V_填 = \sum_{i=1}^{n}V_i \qquad V_i > 0 \tag{5-32}$$

式中：$V_挖$——挖方量，m^3；

$V_填$——填方量，m^3；

V_i——单元挖（填）方量，m^3。

5.3.6.3 三角网法

（1）单元体积计算

① 零线的计算原理同方格网法，详见公式（5-25）、（5-26）。

② 计算时先把方格网顺地形等高线将各个方格划分成三角形，每个三角形的三个角点的填挖施工高度，用 h_1、h_2、h_3 表示，如图 5-8。当三角形三个角点全部为挖或全部为填时其挖填方体积为：

$$V_i = \frac{a^2}{6} \times (h_1 + h_2 + h_3) \tag{5-33}$$

③ 三角形三个角点有填有挖时，零线将三角形分成两部分，一个是底

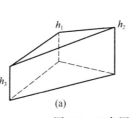
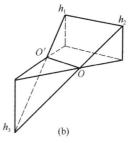

图 5-8 三角网法土方计算示意图

面为三角形的锥体，一个是底面为四边形的楔体，其锥体部分的体积（挖方取负值，填方取正值）为：

$$V_{j\text{锥}} = \frac{a^2}{6} \times \frac{h_3^2}{(h_1+h_3)(h_2+h_3)} \tag{5-34}$$

④ 楔形部分的体积（挖方取负值，填方取正值）为：

$$V_{j\text{锥}} = \frac{a^2}{6} \times \left[\frac{h_3^2}{(h_1+h_3)(h_2+h_3)} - h_3 + h_2 + h_1 \right] \tag{5-35}$$

（2）体积汇总

$$V_{\text{挖}} = \left| \sum_{i=1}^{n} V_i + \sum_{j=1}^{n} (V_{j\text{锥}} + V_{j\text{楔}}) \right| \quad V_j < 0, V_{j\text{锥}} < 0, V_{j\text{楔}} < 0 \tag{5-36}$$

$$V_{\text{填}} = \sum_{i=1}^{n} V_i + \sum_{j=1}^{n} (V_{j\text{锥}} + V_{j\text{楔}}) \quad V_j > 0, V_{j\text{锥}} > 0, V_{j\text{楔}} > 0 \tag{5-37}$$

式中：　$V_{\text{挖}}$——挖方量，m^3；

$V_{\text{填}}$——填方量，m^3；

V_i，$V_{j\text{锥}}$，$V_{j\text{楔}}$——单元挖（填）方量，m^3。

5.3.6.4　计算机辅助计算

计算原理同第 4 章填埋库容的计算机辅助计算。详细计算过程见本章案例 5.4.5。

5.3.7　土方平衡计算

5.3.7.1　松散系数

最初松散系数计算见公式（5-38）：

$$K_1 = V_{\text{挖}} / V_0 \text{（对于普通土，取值 1.2～1.3）} \tag{5-38}$$

最后松散系数计算见公式（5-39）：

$$K_2 = V_{\text{填}} / V_0 \text{（对于普通土，取值 1.03～1.04）} \tag{5-39}$$

式中：V_0——土在天然密实状态下的体积，m^3；

$V_{\text{挖}}$——土经开挖后的松散体积（虚方），m^3；

$V_{\text{填}}$——土经回填压实后的体积，m^3；

注：一般 K_1 和 K_2 都大于 1，且 $K_1 > K_2$。

5.3.7.2　密实系数

密实系数即土方压实后体积与压实前体积之比。根据压实概念，密实系数 K_y 可以由最初松散系数与最终松散系数求出：

$$K_y = V_{\text{填}} / V_{\text{挖}} = K_2 / K_1 \text{（一般 K_y 都小于 1）} \tag{5-40}$$

式中：$V_{\text{挖}}$——土经开挖后的松散体积（虚方），m^3；

$V_{\text{填}}$——土经回填压实后的体积，m^3。

5.3.7.3　土方平衡

$$V_t = (V_{\text{挖}} \cdot K_1 - W + N) \cdot K_y = V_{\text{挖}} \cdot K_1 \cdot K_y + (N - W) \cdot K_y \tag{5-41}$$

式中：$V_{\text{挖}}$——土经开挖后的松散体积（虚方），m^3；

V_t——场地内需要的填方体积，m^3；

W——场地外运抛弃土体积，m^3；

N——场地已有或内运的埋土体积，m^3；

K_1——最初松散系数；

K_y——密实系数。

5.4　案例

5.4.1　填埋地基承载力及最大堆高验算

A 市生活垃圾填埋场，日处理量 200t，岩土层大致均一，首层可利用的地层是冲积砾卵石层，卵碎石含量平均 50%，有粉土填充良好，承载力标准值 220kPa。其次是坡积粉土，分布于山坡地带，含 10%～50% 的砾石或碎石，承载力标准 250kPa。还有残积粉土，广泛分布场区，含少量砾石，其承载力标准值为 280kPa。

地基土快剪指标为：

φ 内摩擦角：25°；

内黏聚力 c：50kPa；

地基土排水固结剪指标——内摩擦角 φ：34°；

内黏聚力 c：50kPa；

垃圾体埋深：2m；

填埋体重度为 γ_1：14kN/m³；

地基土重力密度为 γ_2：18kN/m³；

设计最大堆填高度 50m。

解：

（1）填埋场 C 单元一部分按 50m×100m 基底面积考虑，根据**本指南 5.3.1 填埋地基极限承载力计算及 5.3.2 最大堆高计算提供的方法**，按公式（5-1）、（5-2）、（5-3）：

$$P'_u = P_u / K$$

$$P_u = \frac{1}{2} b \gamma N_r + c N_c + q N_q$$

$$H_{max} = (P'_u - \gamma_2 d) \frac{1}{\gamma_1}$$

取 $N_r = 7.96$，$N_c = 10.87$，$N_q = 6.07$；填埋重要性等级属 Ⅱ 级，安全系数 K 取 2.5；计算结果如下：

$P'_u = 1270$kPa；

$H_{max} = 88$m > 50m（设计最大堆填高度）。

（2）计算结果表明承载能力满足设计高度要求，因未考虑垃圾填埋是缓慢加载，地基土因固结、排水，抗剪强度提高，设计堆填高度仍有很大潜力。

5.4.2　填埋地基沉降计算

某生活垃圾填埋场土层分布见表 5-6，设计填埋高度 42m，垃圾的平均重度 10kN/m³，则垃圾体的荷载 P_0 为 420kPa。根据**本指南 5.3.4**，选定沉降线 4 条，沉降计

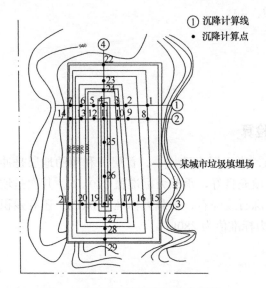

① 沉降计算线
• 沉降计算点

某城市垃圾填埋场

图 5-9 填埋场地基沉降计算位置图

算点 29 处，详见图 5-9。

解：

（1）总沉降量计算

以沉降计算点 1 为例，根据**本指南 5.3.3 填埋地基沉降计算提供**的方法（公式 5-4），采用规范法进行计算：

$$s = j_s s' = j_s \sum_{i=1}^{n} \frac{p_0}{E_{si}} (z_i \overline{a_i} - z_{i-1} - \overline{a_{i-1}})$$

因为 $p_0 > 100 \text{kPa}$，取 $j_s = 1.3$，填埋场地基分层沉降计算结果见表 5-6。

则：

$$s' = \sum \Delta S = 1.750 \text{m}$$

$$s = j_s s' = 1.75 \times 1.3 = 2.275 \text{m}$$

即地基沉降量为 2.275m。

沉降计算点 1 规范法计算结果 表 5-5

土层	厚度 (m)	重度 (kN/m³)	孔隙比 e	压缩系数 $a_{0.1-0.2}$ (MPa⁻¹)	压缩模量 E_s, 0.1~0.2 (MPa)	ΔS (m)
冲填土	1.7	16.6	0.83	0.56	3.87	0.18
砂质粉土夹粉质黏土	2.46	18.2	0.95	0.35	7.84	0.13
淤泥质黏土	3.29	16.6	1.46	1.20	2.07	0.67
黏土	4.30	17.7	1.12	0.66	3.36	0.59
砂质粉土夹粉质黏土	4.48	18.5	0.88	0.19	10.46	0.18
$\sum \Delta S = 1.75$m						

（2）不均匀沉降计算

以沉降计算线①为例，沉降计算点 1~7 之间水平间距均为 10m，库区底部坡度为 2%，边坡坡度 1:2.5，详见图 5-9、5-10，根据**本指南 5.3.4 填埋地基不均匀沉降计算**（公式 5-10、5-11、5-12、5-13、5-14）进行计算，各点的沉降计算结果见表 5-7。

$$\Delta Z_{i,i+1} = Z_{i+1} - Z_i$$

$$\tan\beta_{\text{Fnl}} = \frac{X_{i,i+1} \tan\beta_{\text{int}} - \Delta Z_{i,i+1}}{X_{i,i+1}}$$

$$\varepsilon_{i,i+1} = \frac{(L_{i,i+1})_{\text{Fnl}} - (L_{i,i+1})_{\text{int}}}{(L_{i,i+1})_{\text{int}}} \times 100\%$$

$$(L_{i,i+1})_{\text{int}} = [(X_{i,i+1})^2 + (X_{i,i+1} \tan\beta_{\text{int}})^2]^{\frac{1}{2}}$$

$$(L_{i,i+1})_{fnl} = \left[(X_{i,i+1})^2 + (X_{i,i+1}\tan\beta_{int} - \Delta Z_{i,i+1})^2 \right]^{\frac{1}{2}}$$

沉降计算线①不均匀沉降计算结果　　　　　　　表 5-6

沉降计算点编号	沉降量 Z_i （m）	相邻沉降点 i 和 $i+1$ 之间的不均匀沉降 $\Delta Z_{i,i+1}$ （m）	相邻沉降点 i 和 $i+1$ 之间的初始倾角值 $\tan\beta_{int}$	沉降后相邻沉降点 i 和 $i+1$ 之间的最终倾角值 $\tan\beta_{fnl}$	相邻沉降点 i 和 $i+1$ 之间的初始距离 $(L_{i,i+1})_{int}$ （m）	沉降后相邻沉降点 i 和 $i+1$ 之间的最终距离 $(L_{i,i+1})_{fnl}$ （m）	相邻衬垫系统点 i 和 $i+1$ 之间的拉伸应变 （%）
1	2.275	−0.081	−0.400	−0.392	10.770	10.741	−0.274
2	2.194	0.011	−0.400	−0.401	10.770	10.774	0.041
3	2.205	0.012	−0.020	−0.021	10.002	10.002	0.002
4	2.217	−0.053	0.020	0.025	10.002	10.003	0.012
5	2.164	0.044	0.400	0.396	10.770	10.754	−0.148
6	2.208	0.104	0.400	0.390	10.770	10.732	−0.352
7	2.312						

（3）结果分析

从计算结果可见，该填埋场地基沿沉降计算线①部分不均匀沉降不明显，不均匀沉降见图 5-10。一般用防渗系统可承受由于其不均匀沉降造成的拉伸应变，地基稳定性较高。

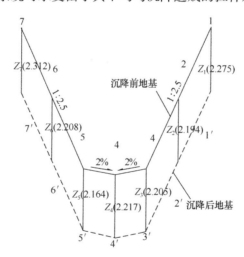

图 5-10　沿沉降线计算①地基的不均匀沉降变化图

5.4.3　垃圾坝软弱土地基处理

——设计背景：

某山谷型生活垃圾填埋场下游垃圾坝占地面积长约 100m，高 5m，占地约 1500m²，坝基西北角约 500m² 属软弱地基。勘探资料表明，该软弱层地基土构成较为复杂，土质变化差异大。具体如下：

第 1 层为素填土，夹杂垃圾和青灰色淤泥，厚度 1.10～2.40m；

第 2 层为粉质黏土，是新近沉积土，土质软弱，厚度 1.30～2.10m；

第 3 层为淤泥质黏土，该层工程性能差，强度低，厚度为 2.10～2.70m；

第 4 层为粉质黏土，为中高压缩性土，该层物理力学性能差，厚度 1.80～2.20m；

第 5 层为黏土，土质结构紧密，物理力学性能好，为中压缩性土，厚度 1.70m 左右。

由于第 2 层、第 3 层、第 4 层土层分布厚度不均匀，其土质软弱，工程性能差，不宜直接作为地基持力层，要求提出相应处理方案。

——设计内容：

根据**本指南 5.2.1 地基处理有关技术要求**，方案设计如下：

（1）地基处理备选方案

针对该工程地基的具体情况，拟采用的处理方案有以下几种：

① 换土垫层法以沙石、素土、灰土和矿渣等强度较高的材料，置换地基表层软弱土，提高持力层的承载力，扩散附加应力，减少沉降量。

② 毛石混凝土置换法以毛石混凝土置换软弱土层，并在其上做素垫层，从而提高地基承载力，减少沉降量。

③ 压密注浆法通过钻孔向土层中压入水泥浆液，随着土体的压密和浆液的挤入固结，软弱土的密实度会大大提高，强度也会随着水泥浆的硬化而提高，从而提高地基的承载力和减少地基沉降。

（2）地基处理备选方案选择

① 换土垫层法需挖出所有的软弱土，换入的土层需一层层夯实，工作量较大，施工时间也较长。

② 毛石混凝土置换法虽然施工质量容易保证，效果较好，但挖土量大，毛石混凝土成本也较高。

③ 压密注浆法施工工艺简单，施工时间短，费用较低，经分析比较，其费用大约只有毛石混凝土置换法的 1/3 左右，该方法若技术措施合理，能取得较好的施工效果。因此确定采用压密注浆法处理该工程的软弱地基。

（3）设计方案

① 根据勘探资料，软弱土层最深处达地表以下 5.8m 左右，因此设计注浆点平均深度为 6.0m。

② 根据设计要求，加固后的地基承载力应达到 200kPa。符合该地层土质情况，经计算，共设计了 619 个注浆点，整个软弱土层区满布注浆点，注浆点之间的间距为 800mm，注浆点之间呈正方形布置成网状。

③ 注浆施工时采用注浆量和注浆压力双控制的方法，每个注浆点每米注浆量不应少于 60kg，注浆压力需达到 0.3～0.5MPa。注浆材料用 32.5 级普通硅酸盐水泥，添加 30% 粉煤灰及 2% 水玻璃，水灰比为 0.5。

（4）处理效果试验

① 经 15d 连续压密注浆（施工流程见图 5-11），完成了该软弱土层的地基加固处理，实际注浆点位 619 根，累计进尺 2924.5m，消耗水泥 96t，粉煤灰 29t，水玻璃 1.92t。

② 采用静载荷试验方法随机抽取了 5 个点做静载荷试验，测出处理后地基限承载力平均值为 240kPa，达到了设计要求。

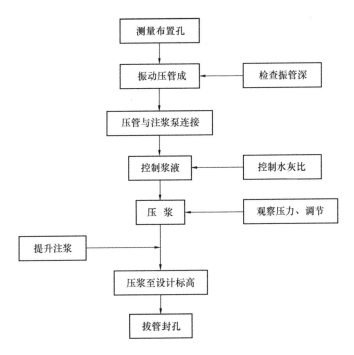

图 5-11 压密注浆施工工艺流程图

5.4.4 某填埋库区边坡稳定性分析计算

——设计背景：

R市生活垃圾填埋场，经勘测，坡体上覆土层（含碎石层）厚度约2～8m，下伏基岩风化层较厚，约4～6m，岩体破碎，节理裂隙发育。路基开挖后，临空面边坡应力失稳，将产生倾向路基的不对称应力沿软弱结构面扩张蠕变。在水作用下，易使边坡产生滑塌或崩塌等地质灾害。据查《中国地震动参数区划图》（2001年版），工程区场地地震基本烈度为Ⅵ，地震加速度为0.05g。

通过对其工程地质勘察报告进行的详细分析，坡高大约30m以上的岩石以黑色泥质类岩石为主，挖方后形成的边坡为土质边坡。中间层的强风化板岩结构大部分已破坏，但裂隙很发育，同时，此边坡地下水主要为第四系地下水，贮存于上部第四系耕植土层中，受大气降水补给，其透水性、富水性弱，但该边坡顶部的上覆地层已被开挖，大气降水必定会渗透到强风化层中，从而影响边坡的稳定。下部存在基岩风化裂隙水，但是水量相对较贫，富水性、透水性都较差，所以，该边坡滑动方式应该为通过强风化层的圆弧滑动。强风化板岩的内摩擦角为23°，凝聚力为60kPa。强风化板岩倾角为30°，倾向310°。该斜坡坡角为40°，根据斜坡变形地质力学模式，当层状体斜坡的相对软弱面的倾角小于等于该坡坡角时，此边坡的主要变形模式为滑移-弯曲形，可能的破坏模式为顺层转动形滑坡。

——设计内容：

（1）根据现场地形地貌，选取最典型断面进行稳定性计算。计算中，分别针对不同的荷载组合进行分析。

（2）根据**本指南5.3.5边坡稳定性分析计算**提供的方法（公式5-15、5-16、5-17、5-

18)，按费伦纽斯方法确定出假定的危险滑动面，再将滑动面条分，通过圆弧滑动条分法计算其安全系数 K_s 值（表5-7，图5-12）。

圆弧滑动条分法计算表　　　　　　　　　　　　　　　　　表 5-7

分带号 i	H_i	$\sin\alpha_i=0.1_i$	$\cos\alpha_i=1-0.1_i$	$H_i\times\sin\alpha_i$	$H_i\times\cos\alpha_i$
−4.0	4.5	0.4	0.8	1.8	3.5
−3.0	10.5	0.3	0.8	3.2	8.8
−2.0	16.1	0.2	0.9	3.2	14.4
−1.0	21.6	0.2	0.9	4.3	19.3
0.0	26.4	0.0	1.0	0.0	26.4
1.0	31.3	0.1	0.9	3.1	29.7
2.0	35.2	0.2	0.9	7.0	31.5
3.0	38.5	0.3	0.8	11.6	32.2
4.0	39.8	0.4	0.8	15.9	30.8
5.0	37.0	0.5	0.7	18.5	26.2
6.0	34.2	0.6	0.6	20.5	21.6
7.0	29.9	0.7	0.5	20.9	16.4
8.0	24.0	0.8	0.4	19.2	10.7
9.0	18.1	0.9	0.3	16.3	5.7
10.0	7.8	1.0	0.0	7.8	0.0
			Σ	153.3	277.2

（3）由图5-12知：圆弧 AC 圆心角＝99°，圆弧半径 $R=60.54$m，$T=20$kN/m³，$c=60$kPa，$\varphi=23°$，$b=0.1$。

计算弧长 AC：

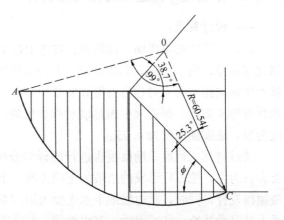

$$AC=\frac{\pi\times99\times60.54}{180}=104.6\text{m}$$

$$K_s=\frac{\tan\phi\sum G\cos\alpha_i+c\sum l_i}{\sum G_i\sin\alpha_i}=1.11\text{m}$$

式中：K_s——边坡安全系数；

　　　ϕ——结构面内摩擦角，°；

　　　T——岩土体天然重度，kN/m³；

　　　c——结构面黏聚力，kPa；

　　　h_i——第 i 条土的高度，m；

　　　b——土条的宽度，m；

　　　G_i——第 i 条土的重量，kN；

　　　α_i——第 i 段圆弧的切线与水平线的夹角，°。

图 5-12　圆弧滑动条分法计算示意图

由上式得到安全系数式 $K_s=1.11$。

（4）同时采用边坡稳定分析计算软件对该边坡多个典型断面进行稳定性分析，发现计算该边坡稳定性系数在 1.05～1.16 之间。

（5）根据《建筑边坡工程技术规范》GB 50330，详细见表5-8，圆弧滑动法计算的一级边坡安全系数应为 $F = 1.30$。该边坡通过手算与软件计算，其安全性系数 F 均小于1.30。

（6）计算结论：该边坡处于不稳定地带。

5.4.5 计算机辅助计算

——设计背景：

填埋场选址属于典型的山谷地形，东高西低，地形图有完整的等高线及高程点，见图5-13，图5-14。

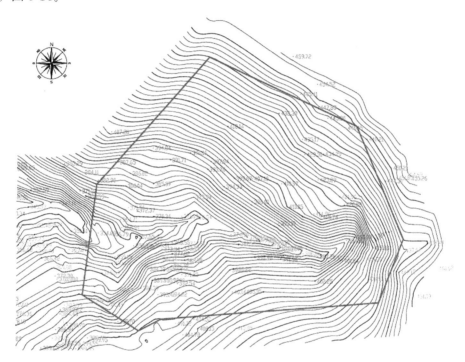

图 5-13 地形图

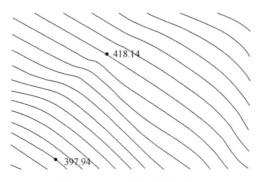

图 5-14 地形图局部放大图

说明：～～～为自然等高线；352.42 为高程点；；╱╱╲为填埋库区。

——设计内容：

（1）地形处理

① 通过等高线转化命令将等高线转化成计算机可识别的等高线。

② 将等高线进行离散，离散间距选择 10m，等高线离散后的高程点是计算机进行地基处理的高程基准点，处理后的地形图 5-15。

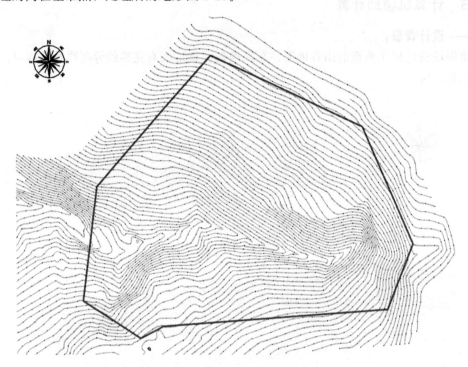

图 5-15　高程录入后的地形图

图例：⧸⧸⧸——转化后的等高线　≈≈≈——等高线离散点

（2）设计标高录入

通过文本定义命令将填埋库区的设计标高录入，即转化成计算机识别的设计标高控制点，如图 5-16。为计算更加精确应尽可能多设设计标高点。

（3）土方计算

包括以下过程：

① 选择计算区域，即要处理的地形范围；

② 绘制网格；

③ 标高标注（包括地面标高及设计标高）；

④ 土方优化；

⑤ 土方计算；

⑥ 土方统计。

（4）计算说明及结果

① 垃圾坝、分区坝及调节池的计算方法同库区计算，网格间距选择为 2m。

② 不同的软件，其计算过程不同，应参照所使用软件的教程或使用说明书进行计算。

③ 人工手算时，根据等高线和设计标高点，将自然标高和设计标高标注在方格角点

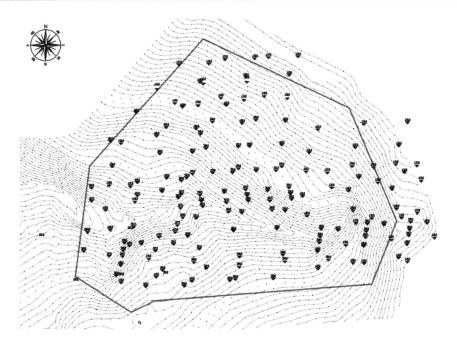

图 5-16　设计标高导入后的地形图

上，计算设计标高与自然标高差、零线位置及各方格土方量，进而汇总得到总的土方量。

④ 最终生成的计算结果见图 5-17，图 5-18。

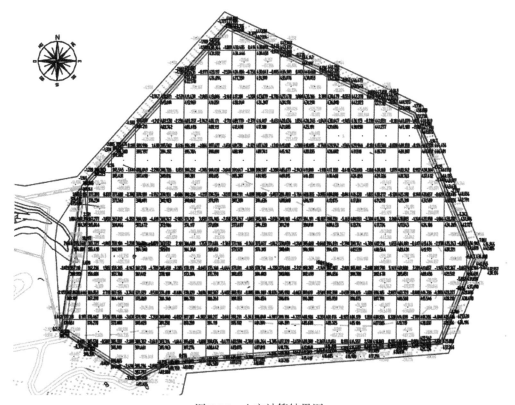

图 5-17　土方计算结果图

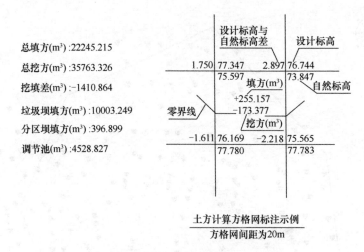

总填方(m³):22245.215

总挖方(m³):35763.326

挖填差(m³):-1410.864

垃圾坝填方(m³):10003.249

分区坝填方(m³):396.899

调节池(m³):4528.827

土方计算方格网标注示例

方格网间距为20m

图 5-18　土方计算说明图

参考文献

[1]　钱学德，等．现代卫生填埋场的设计与施工(第二版)[M]．北京．中国建筑工业出版社，2011

[2]　薛强，陈朱蕾，等．生活垃圾的处理技术与管理[M]．北京．科技出版社，2007

[3]　高海．垃圾卫生填埋场设计理论与应用研究[D]．湖南大学．2004

[4]　李束．软土地基垃圾填埋场沉降的数值模拟[D]．同济大学，2006

[5]　叶观宝等．软土地基上垃圾填埋场的沉降估算[J]．岩土工程界，2004(zl)：194-196

[6]　谢雁．软弱地基处理的设计与施工[J]．安徽建筑，2007.03：118-119

[7]　王爱国．基坑施工中的地下水处理及工程实例[J]．建筑与工程，2009.15：274

[8]　赵峰．浅谈基坑施工中的地下水处理[J]．山西建筑，2006.08，32(16)：83[8]

[9]　王晶，江巍，王洪娟．红黏土地基处理方法分析[J]．四川建筑科学研究，2009，35(5)：93-96

[10]　周健，姚浩，贾敏才．大面积软弱地基浅层处理技术研究[J]．岩土力学，2005，26(10)：1685-1688

[11]　解维军，迟月婷．浅谈湿陷性黄土地基的处理方法[J]．中国高新技术企业，2009，16：143-144

[12]　吴晓峰，王浩，周健．岩土工程技术在现代卫生填埋场设计中的应用[J]．建筑技术，2006，37(11)：865-866

[13]　卢应发，陈朱蕾，等．垃圾卫生填埋中的一些岩土工程技术[J]．岩土力学，2009(1)：91-98

[14]　屈桂玲，垃圾填埋场工程土方工程量计算方法探讨[J]．环境卫生工程，S1.

6 垃圾坝设计与坝体稳定性计算

本章提出了垃圾分类、坝址选择、坝型与坝高选择、坝基处理、坝体结构设计、坝体与构筑物的连接及坝体稳定性分析等技术要求，给出了坝体稳定性的计算方法，列举了填埋场坝体工程设计及坝体稳定性计算分析的案例。

6.1 引用标准

生活垃圾卫生填埋处理技术规范	GB 50869
建筑地基基础设计规范	GB 50007
建筑地基处理技术规范	JGJ 79
水工建筑物抗震设计规范	SL 203
水工建筑物抗冰冻设计规范	SL 211
土工试验规程	SL 237
水利水电工程天然建筑材料勘察规程	SL 251
碾压式土石坝设计规范	SL 274
混凝土重力坝设计规范	SL 319
碾压式土石坝施工规范	DL/T 5129

6.2 技术要求

6.2.1 垃圾坝分类

6.2.1.1 垃圾坝的分类应符合《生活垃圾卫生填埋处理技术规范》GB 50869中第7.1节（附录Ⅳ）的规定。

6.2.1.2 按坝型（材料）分为黏土坝、碾压式土石坝、浆砌石坝及混凝土坝四类。采用一种筑坝材料的为均质坝，采用二种或以上筑坝材料的为非均质坝。

6.2.1.3 按坝体高度分为低坝、中坝及高坝三类。高度在5m以下为低坝，高度在5～15m为中坝，高度在15m以上为高坝。

6.2.1.4 按垃圾坝体位置分为A、B、C、D四类（表6-1）。

表 6-1

坝体位置类型分类表

坝体类型	习惯名称	坝体位置	坝体主要作用
A	围堤	平原型库区周围	形成初始库容、防洪
B	截洪坝	山谷型库区上游	拦截库区外地表径流并形成库容
C	下游坝	山谷型或库区与调节池之间	形成库容的同时形成调节池
D	分区坝	填埋库区内	分隔填埋库区

6.2.1.5 按坝体建筑级别分为级、级、况、失事后果、坝体位置、坝型（材料）及坝体高度不同见表 6-2。

垃圾坝体建筑级别分级表

表 6-2

级别	坝下游存在的建（构）筑物	失事后果	坝体类型	坝型（材料）	坝高
Ⅰ	生产设备、生活管理区	对生产设备造成严重破坏，对生活管理区带来严重不便及损失	C	混凝土坝、浆砌石坝	≥20m
				土石坝、黏土坝	≥15m
Ⅱ	生产设备	仅对生产设备造成一定的破坏或影响	A、B、C	混凝土坝、浆砌石坝	≥10m
				土石坝、黏土坝	≥5m
Ⅲ	农田、水利或水环境	影响不大，破坏较小，易修复	A、D	混凝土坝、浆砌石坝	<10m
				石坝、黏土坝	<5m

注：当坝体根据上表指标分属于不同级别时，其级别应按其中最高级别确定。

6.2.2 坝址选择

6.2.2.1 坝址选择应综合考虑下列因素，经技术经济比较确定：

（1）场地工程地质。

（2）水文地质及地形等资料。

（3）坝体类型。

（4）筑坝材料来源。坝址附近有无足够宜于筑坝的土石料以及利用的可能性。

（5）气候条件和地震设防烈度。其中气候条件包括：严寒期长短，气温变幅，雨量和降雨的天数等。

（6）施工条件。有无通向工地的交通线，可否利用当地的施工基地；铺设各种道路的可能性，其中道路包括施工期间直达坝址、运行期间经过坝顶的通路。

6.2.2.2 工程地质勘察要求

（1）勘察范围应根据开挖深度及场地的工程地质条件确定，并宜在开挖边界外按开挖深度的 1~2 倍范围内布置勘探点；当开挖边界外无法布置勘探点时，应通过调查取得相应资料；对于软土，勘察范围尚可扩大。

（2）基坑周边勘探点的深度应根据基坑支护结构设计要求确定，不宜小于 1 倍开挖深度，软土地区应穿越软土层。

（3）断裂带产状、带宽、导水性。

（4）查明与基本坝及堆坝（垃圾）安全有关的地质剖面图及各地层物理力学特性。

（5）坝址的地震设防等级。

（6）勘探点间距应视地层条件而定，一般工程处于可研阶段勘探点间距不宜大于 30m；初步设计间距不宜大于 20m；施工阶段对于地质变化多样的地区勘探点间距不宜大于 15m；地层变化较大时，应增加勘探点，查明分布规律。

6.2.2.3 水文地质勘察要求

（1）查明开挖范围及邻近场地地下水含水层和隔水层的层位、埋深和分布情况，查明各含水层（包括上层滞水、潜水、承压水）的补给条件和水力联系。

（2）测量场地各含水层的渗透系数和渗透影响半径。

（3）分析施工过程中水位变化对坝基结构和基坑周边环境影响，并提出应采取的措施。

（4）采用地下水水源时，需要提供地下水水源情况，包括：方位、具体位置、水量、水质、埋深等。

（5）分析当地水文资料，包括：附近地表水的最高洪水位、标高系统、防洪标准等。

6.2.2.4 不同场地坝址选址要求

（1）山谷型场地：坝址可选择在谷地（填埋库区）的谷口和标高相对较低的垭口或鞍部。

（2）平原型场地：坝址可选择在库区周围地质较好的地段。

（3）坡地形场地：坝址可选择在地势较低的地段，使坝与地形连接形成库容。

6.2.3 坝型（材料）选择

6.2.3.1 筑坝材料的调查和土工试验应分别按照国家现行标准《水利水电工程天然建筑材料勘察规程》SL 251 和《土工试验规程》SL 237 的规定执行。

6.2.3.2 坝型（材料）设计方案应综合考虑下列因素，经技术经济比较确定：

（1）地形地质条件，包括坝址基岩、地表覆盖层特征及地震设防烈度等。

（2）筑坝材料的种类、性质、数量、位置和运输条件。

（3）施工条件，包括施工导流、施工进度与分期、填筑强度、气象条件、施工场地、运输条件和初期度汛等。

（4）对于不同坝高下的坝型（材料）的选择，地基条件较好的情况下，高坝宜采用混凝土坝；低坝、中坝的坝型（材料）可根据实际情况选择。

（5）坝基处理以及坝体与泄水、引水建筑物等的连接，如坝基处宜浸水中，则宜考虑选择混凝土坝；如因条件限制选择黏土坝，则应考虑对坝基进行防渗处理。

（6）垃圾坝总工程量、总工期和总造价。

6.2.3.3 不同坝型（材料）的地基要求高低、占地面积大小、承受不均匀沉降能力强弱、安全运行的稳定性、运行维护方便性、施工工艺复杂程度、与防渗膜连接及单位工程造价等的比较可参考表 6-3。

垃圾坝坝型（材料）比选表 表 6-3

项　目 ＼ 坝型（材料）	黏土坝	土石坝	浆砌石坝	混凝土坝
地基要求	低、中	低、中	高	高
占地	大	中	小	小
承受不均匀沉降能力	强	强	较强	弱
安全运行的稳定性	较好	好	好	好
运行维护难度	一般	易	易	易
施工工艺	一般	简单	复杂	复杂
与防渗膜连接技术要求	简单	简单	较高	较高
单位工程造价	低	中	高	高

6.2.3.4 筑坝土、石料的选择要求

(1) 具有或经加工处理后具有与其使用目的相适应的工程性质，并能够长期保持稳定。

(2) 宜就地、就近取材，减少弃料；少占或不占农田；应优先考虑库区建（构）筑物开挖料的利用。

(3) 便于开采、运输和压实。

(4) 植被破坏较少且环境影响较小，应便于采取保护措施、恢复水土资源。

6.2.3.5 筑坝土料宜使用自然形成的黏性土；筑坝土料应具有较好的塑性和渗透稳定性，保证在浸水与失水时体积变化小。

6.2.3.6 筑坝不得采用的土料有以下几种：

(1) 含草皮、树根、及耕植土或淤泥土，遇水崩解、膨胀的一类土。

(2) 沼泽土膨润土和地表土。

(3) 硫酸盐含量在 2% 以上的一类土。

(4) 未全部分解的有机质（植物残根）含量在 5% 以上的一类土。

(5) 已全部分解的处于无定形状态的有机质含量在 8% 以上者。

6.2.3.7 筑坝不宜采用的黏性土有以下几种：

(1) 塑性指数大于 20 和液限大于 40% 的冲积黏土。

(2) 膨胀土。

(3) 开挖、压实困难的干硬黏土。

(4) 冻土。

(5) 分散性黏土。

(6) 湿陷性黄土。

(7) 当采用以上材料时，应根据其特性采取相应的措施。

6.2.3.8 坝体填筑采用含砾或不含砾的黏性土时，应以压实度作为设计控制指标。黏性土的压实度应达到以下要求：

(1) 坝体的压实度不得低于 96%，分区坝的压实度不得低于 95%；

(2) 地震设防烈度为 8 度、9 度的地区，应该取规定的上限值；

(3) 有特殊用途或性质较特殊的土料的压实度宜另行确定。

6.2.3.9 土石坝的筑坝石料选择要求

(1) 粒径大于 5mm 的砾石土颗粒含量不应大于 50%，最大粒径不宜大于 150mm 或铺土厚度的 2/3，0.075mm 以下的颗粒含量不应小于 15%；填筑时不得发生粗料集中架空现象。

(2) 人工掺合砾石土中各种材料的掺合比例应经试验论证。

(3) 当采用含有可压碎的风化岩石或软岩的砾石土作筑坝料时，其级配和物理力学指标应按碾压后的级配设计。

(4) 料场开采的石料和风化料、砾石土均可作为坝壳料，根据材料性质，可将它们用于坝壳的不同部位。

(5) 采用风化石料或软岩填筑坝壳时，应按压实后的级配确定材料的物理力学指标，并考虑浸水后抗剪强度的降低、压缩性增加等不利情况；软化系数低、不能压碎成砾石土的风化石料和软岩宜填筑在干燥区。

6.2.4 坝高选择

6.2.4.1 坝高设计方案应考虑的因素有填埋堆体坡脚稳定、填埋库容及投资合理性等，最后经技术经济比较确定。

6.2.4.2 当坝高较低时，由于其筑坝成本与安全性小于增大库容带来的经济性，可以根据实际库容需要进行加高。

6.2.4.3 当坝体高度大于 10m 以上时，由于其筑坝成本与安全性可能大于增大的库容所带来的经济性，此时增加的坝高需进行合理分析。

6.2.5 坝基处理

6.2.5.1 垃圾坝地基处理的基本要求应符合下列标准的相关规定。
(1) 国家现行标准《建筑地基处理技术规范》JGJ 79。
(2) 现行国家标准《建筑地基基础设计规范》GB 50007
(3) 国家现行标准《碾压式土石坝设计规范》SL 274 第 8 章（详见附录Ⅳ）。
(4) 国家现行标准《混凝土重力坝设计规范》SL 319 第 7 章（详见附录Ⅳ）。
(5) 国家现行标准《碾压式土石坝施工规范》DL/T 5129 第 6 章（详见附录Ⅳ）。

6.2.5.2 坝基处理应满足渗流控制（包括渗透稳定和控制渗流量）、静力和动力稳定、允许沉降量和不均匀沉降量等方面要求，应保证坝的安全运行。坝基处理的标准与要求应根据具体情况在设计中确定。

6.2.5.3 坝顶沉降量要求
(1) 竣工后的浆砌石坝坝顶沉降量不宜大于坝高的 1%。
(2) 黏土坝或土石坝坝顶沉降量不宜大于坝高的 2%。
(3) 对于特殊土的坝基，允许的总沉降量应视具体情况确定。

6.2.5.4 当坝基为岩基时，应从其表面清除破碎岩屑和堆积在坑洼中的冲积物，然后修平表面，以保证坝体下层有可靠的密实度。

6.2.5.5 对地质勘探平洞和施工的坑道，宜采用混凝土或水泥浆回填。岩基中如有大的构造裂隙，应进行冲洗和回填，并采取措施，保证裂隙中未清除出来的充填物有足够的抗渗强度。

6.2.5.6 遇到泥板岩、粉砂岩、黏土质页岩等低强度，易风化的岩石地基时，应考虑防风化措施。防风化保护层可采用抹水洗浆、喷混凝土、涂沥青等。

6.2.5.7 灌浆技术选择可参考以下要求：
(1) 基岩裂隙宽度大于 0.15mm 时，可采用水泥灌浆。
(2) 裂隙宽度小于 0.15mm 时，可采用化学灌浆或超细水泥灌浆。化学灌浆宜作为水泥灌浆的加密措施，化学灌浆应采用低毒或无毒材料，并应对产生的环境污染进行分析。
(3) 若受灌地区的地下水流速不大于 600m/d，可采用水泥灌浆；
(4) 若受灌地区的地下水流速大于 600m/d，可在水泥浆液中加速凝剂或采用化学灌浆，但灌浆的可行性及其效果应根据试验确定。

（5）当地下水有侵蚀性时，应选择抗侵蚀性水泥或采用化学灌浆。

6.2.5.8 在喀斯特地区筑坝，选择坝基处理方案时应考虑岩溶发育情况、充填物性质、水文地质条件、水头大小、覆盖层厚度和防渗要求等；对于不同的情况，可分别选择以下方法处理：

（1）大面积溶蚀未形成溶洞的可做铺盖防渗。

（2）浅层的溶洞宜挖除或只挖除洞内的破碎岩石和充填物，用浆砌石或混凝土堵塞。

（3）深层的溶洞，可采用灌浆方法处理，或做混凝土防渗墙。

（4）库岸边处可做防渗措施隔离。

（5）符合以上数项条件的，采用以上数项措施综合处理。

6.2.5.9 遇到下列情况时，坝基应做特别处理。详细处理方法见本指南第 3 章的地基处理部分。

（1）深厚砂砾石层。

（2）软黏土。

（3）湿陷性黄土。

（4）疏松砂土及少黏性土。

（5）喀斯特（岩溶）。

（6）有断层破碎带透水性强或有软弱夹层的岩石。

（7）含有大量可溶盐类的岩石和土。

（8）透水坝基下游坝脚处有连续的透水性较差的覆盖层。

（9）矿区井、洞。

6.2.6 坝体结构设计要求

6.2.6.1 坝坡设计要求

（1）坝坡设计方案应根据坝型（材料）、坝高、坝体建筑等级、坝基材料的性质、坝所承受的荷载以及施工和运行条件等因素，经技术经济比较确定。

（2）在初步设计阶段，土石坝边坡坡度可参照类似坝体的施工、运行经验确定。可选择几座参数与所涉及垃圾坝最接近且边坡坡度曾经过充分计算论证的坝体作为类比对象进行设计。

（3）对初步选定的坝体边坡坡度，应根据各种作用力、坝体和坝基材料的物理力学性质、坝体结构特征及施工和运行条件，采用静力稳定计算进行验证，必要时还应进行更精确的核算。

（4）浆砌石坝或混凝土坝的坝坡宜小于 1：0.5；土石坝或黏土坝的坝坡宜小于 1：2，对于特殊情况限制下坝坡应小于 1：1.5。

（5）地震设防烈度为 9 度的地区，坝顶附近的上、下游坝坡加固时可采用的材料有加筋堆石、表面钢筋网或大块石堆筑等。

（6）当坝基抗剪强度较低，坝体不满足深层抗滑稳定要求时，可采用在坝坡脚压戗的方法提高其稳定性。

（7）若坝基土或筑坝土石料沿坝轴线方向不相同时，应分坝段进行稳定计算，确定相应的坝坡。当各坝段采用不同坡度的断面时，每一坝段的坝坡应根据该坝段中坡度最大断面来选择。相邻坝段坝坡不同时，中间应设渐变段。

（8）建在地震区的混凝土重力坝的抗震设计应符合国家现行标准《水工建筑物抗震设计规范》SL 203 第 5 章和第 6 章的规定（详见附录Ⅳ）。

（9）建在寒冷地区的混凝土重力坝的抗冻设计应符合国家现行标准《水工建筑物抗冰冻设计规范》SL 211 中第六章 6.1、6.2、6.3 和 6.6 节的规定（详见附录Ⅳ）。

6.2.6.2 坝顶设计要求

（1）坝顶宽度应根据坝体结构、施工方式（保证能采用机械化作业，通过运输车辆及其他机械）、运行和抗震等因素确定。

（2）坝顶宽度不宜小于 3m，若有交通需求，应满足行车要求。

（3）行车的坝顶道路宜按 3 级厂矿道路设计。坝顶沿车道两侧应设有路肩或人行道，路肩上应设置排水沟。

（4）坝顶两侧应有防护设施，如沿路肩设置备种围栏设施（栏杆、墙等）。

（5）坝顶盖面材料应根据当地材料情况及坝顶用途确定，宜采用密实的砂砾石、碎石、单层砌石或沥青混凝土等柔性材料。

（6）坝顶面可向上或下游侧放坡。坡度应考虑降雨强度，在 2%～3% 之间选择。

（7）坝顶设照明设施时应按有关规定执行。

6.2.6.3 护坡设计要求

（1）对于裸露在外的垃圾坝体，应进行护坡设计以防止水土流失。

（2）坝表面为土、砂、砂砾石等材料时应设护坡，土石坝可采用堆石材料中的粗颗粒料或超径石做护坡。

（3）下游护坡可选择的材料包括：干砌石、堆石卵石、碎石、草皮或其他材料（如土工合成材料）。

（4）对于坝体一侧与调节池连接的黏土坝或土石坝应进行护坡，且护坡材料应具有防渗功能。

（5）坝体的护坡设计中，应做好排水系统的设计。

（6）混凝土坝可根据实际情况选择护坡。

（7）分区坝可选用草皮或用临时遮盖物进行简单护坡。

（8）对于北方地区坝面为黏土的坝体，应铺非黏土保护层以防止其冻结或干裂，且保证保护层厚度（包括坝顶护面）不小于该地区土层的冻结深度。

6.2.7 坝体与坝基、边坡及其他构筑物的连接要求

6.2.7.1 坝体与坝基、边坡及其他构物的连接应保证：

（1）不应发生水力劈裂。

（2）不得形成影响坝体稳定的软弱层面。

（3）不得由于边坡形状或坡度设计不当引起不均匀沉降而导致坝体裂缝。

6.2.7.2 坝体与土质坝基及边坡的连接可参考以下要求：

（1）坝体断面范围内应清除坝基与边坡上的草皮、树根、含有植物的表土、蛮石、垃圾及其他废料等；完成清理后应将坝基表面土层压实。

（2）坝体断面范围内的低强度、高压缩性软土及地震时易液化的土层，应处理或

清除。

6.2.7.3 坝体与岩石坝基及边坡的连接可参考以下要求：

（1）坝体断面范围内的岩石坝基与边坡，应清除表面松动石块、凹处积土和突出的岩石等。

（2）若风化层较深时，高坝宜开挖到弱风化层上部，中、低坝可开挖到强风化层下部。

（3）对失水很快且易风化的软岩（如页岩、泥岩等）开挖时宜预留保护层。

6.2.7.4 坝体与其他构筑物的连接可参考以下要求：

（1）坝体与导排管道、库区边坡等构筑物连接时，应防止接触面发生不均匀沉降而产生裂缝等。

（2）坝体下游面与坝下的导排管道接触处，应采用反滤层包裹。

（3）坝体和库区边坡的连接处，宜设计为斜面而避免出现急剧的转折。在与坝体连接处，边坡表面相邻段的倾角变化不得大于 $10°$；山谷型填埋场中的边坡应逐渐向基础方向放缓。

6.2.8 坝体防渗处理

6.2.8.1 压实土坝的防渗处理，可采用与库区边坡防渗处理相同的方式。

6.2.8.2 坡度较陡的黏土高坝，可依据计算在坝顶选择多级锚固的方式。

6.2.8.3 混凝土坝的防渗，宜采用特殊锚固法进行锚固，特殊锚固法详见本指南第 7 章 7.2。

6.2.8.4 穿过垃圾坝的导排管道与坝体同时进行防渗处理时，应采用管靴对导排管道进行特别处理，处理方式详见本指南第 7 章 7.2.4。

6.2.9 坝体稳定性分析

6.2.9.1 建筑级别为 Ⅰ、Ⅱ 级的坝体，应进行稳定性分析。

6.2.9.2 坝体在施工、建成、作业及封场的各个时期受到的荷载不同，应分别计算其稳定性。坝体稳定性应计算的工况有：

（1）施工期的上、下游坝坡。

（2）填埋作业期的上、下游坝坡。

（3）封场后的下游坝坡。

（4）正常运行时遇地震遇洪水的上、下游坝坡。

6.2.9.3 坝体稳定性分析中的抗剪强度计算，可参照国家现行标准《碾压式土石坝设计规范》SL 274 中关于抗剪强度计算的规定，计算过程见本章 6.3.3。

6.2.9.4 坝体各种工况的稳定计算可参照国家现行标准《碾压式土石坝设计规范》SL 274 有关规定，计算过程见本章 6.3.2。

6.2.9.5 坝体稳定计算方法

（1）坝坡抗滑稳定计算宜采用刚体极限平衡法；

（2）对于均质坝，宜采用计及条块间作用力的简化毕肖普法；

（3）对于任何坝型中有软弱夹层的坝坡稳定分析，可采用满足力和力矩平衡的摩根斯顿—普赖斯法等方法。

6.2.9.6 计算非均质坝体和坝基稳定安全系数时应考虑安全系数的多极值特性，滑动破坏面应在不同的土层进行分析比较，直到求得最小稳定安全系数。

6.2.9.7 采用计及条块间作用力的计算方法时，坝坡抗滑稳定的最小安全系数如表 6-4 中所示：

坝体抗滑稳定最小安全系数   表 6-4

运用条件	工程等级		
	Ⅰ	Ⅱ	Ⅲ
施工期	1.30	1.25	1.20
填埋作业期	1.20	1.15	1.10
封场稳定后	1.25	1.20	1.15
正常运行遇地震遇洪水	1.15	1.10	1.05

6.2.9.8 可采用基于坝体稳定性计算原理的计算软件进行坝体稳定性计算。

6.2.10 渗流计算

6.2.10.1 当坝体周围有水入侵时应考虑水位变化对坝体稳定性的影响，应进行渗流计算，计算过程见本章 6.3.1。

6.2.10.2 渗流计算要求

（1）应确定不同降雨强度下，坝体内部的孔隙水压力及饱和度。

（2）应计算坝体和坝基周围有水位时的渗流量，确定浸润线的位置，绘制坝体及坝基的等势线分布情况。

6.2.10.3 坝体和坝基在渗流计算时应考虑坝体和坝基在渗透系数（或固有渗透率）上的差别，计算应满足以下要求：

（1）渗流计算应按照不同降雨强度和不同降雨时间，分别模拟坝体内部的含水率分布。

（2）计算参数宜根据现场试验、室内试验和工程类比等方法确定，若坝体构成的地质条件比较复杂，则应采用反演分析方法进行拟合和修正。

（3）当边坡设置排水时，渗流计算应分别考虑边坡排水措施有效和失效时坝体受到的影响。

6.2.11 变形计算

6.2.11.1 黏土坝坝体和坝基的变形计算应考虑固结作用对坝体应力和变形的影响。固结试验应按国家现行标准《土工试验规程》SL 237 规定的方法进行。计算结果中竣工后坝体顶部沉降量与坝高的比值大于 2% 时，应在分析计算的基础上，重新对建筑材料填筑标准的合理性进行论证。

6.2.11.2 黏土坝和黏性土坝基的竣工沉降量和最终沉降量可用分层总和法计算，计算过程详见本章 6.3.4。分层厚度宜按以下要求进行选取：

（1）坝体分层的最大厚度为坝高的 1/5～1/10。

(2) 均质坝基，分层厚度不大于坝底宽度的 1/4。

(3) 非均质坝基，可按坝基土的性质和类别分层，但每层厚度不大于坝底宽度的 1/4。

6.2.11.3   土石坝、浆砌石坝和混凝土坝及非黏性土坝基的最终沉降量见本章 6.3.4。

6.2.11.4   变形计算的可靠性分析

(1) 在坝体建造施工过程中，应对坝体的沉降量、孔隙水压力、总应力和位移进行原位观测，校核计算参数，以工程类比为参考，判断计算结果的可靠性。

(2) 应根据计算结果论证工程施工措施或修正设计方案。

(3) 坝顶竣工后的预留沉降超高应根据沉降计算有限元应力、应变分析，施工期观测和工程类比等综合分析确定。计算过程详见本章 6.3.4。

6.3   设计计算

6.3.1   渗流计算

6.3.1.1   坝体内部含水量及水头分布可按公式（6-1）计算：

$$\frac{\partial}{\partial x}\left(k_x \frac{\partial H}{\partial x}\right)+\frac{\partial}{\partial y}\left(k_y \frac{\partial H}{\partial y}\right)+Q=\frac{\partial \theta}{\partial t} \tag{6-1}$$

式中：H——总水头；

　　　k_x——水平方向上的渗透系数；

　　　k_y——竖直方向上的渗透系数；

　　　Q——源汇项；

　　　θ——体积含水率；

　　　t——时间。

6.3.1.2   当考虑孔隙内应力变化时，垃圾坝体内孔隙水压力可通过方程（6-2）确定（以二维问题为例）：

$$\frac{\partial}{\partial x}\left(K_x \frac{\partial h}{\partial x}\right)+\frac{\partial}{\partial x}\left(K_y \frac{\partial h}{\partial y}\right)=-\frac{1}{1+e}\frac{\partial e}{\partial t} \tag{6-2}$$

式中：t——时间；

　　　K_x——x 方向的渗透系数；

　　　K_y——y 方向的渗透系数；

　　　e——孔隙比；

　　　h——水头，可表示为公式（6-3）：

$$h=\frac{u}{\gamma_w}+y \tag{6-3}$$

式中：γ_w——水容重；

　　　u——孔隙水压力。

在有条件的情况下，可通过扩展后的方程（6-4）进行计算，有：

$$-G\nabla^2 u_x + \frac{G}{1-2\mu} \cdot \frac{\partial \varepsilon_v}{\partial x} + \frac{\partial u}{\partial x} = 0$$
$$-G\nabla^2 u_z + \frac{G}{1-2\mu} \cdot \frac{\partial \varepsilon_v}{\partial z} + \frac{\partial u}{\partial z} = -\gamma \qquad (6-4)$$
$$\frac{k}{\gamma_w}\nabla^2 u - \frac{\partial \varepsilon_v}{\partial t} = 0$$

式中：∇^2——拉普拉斯算子；

$\qquad G$——土的剪切模量；

u_x，u_z——x，z 方向上的位移；

$\qquad u$——孔隙压力，为 x，z 二向坐标与时间 t 的函数；

$\qquad \varepsilon_v$——体积应变；

$\qquad k$——渗透系数，假设二向同性；

$\qquad \mu$——土的泊松比；

$\qquad \gamma$——土的容重。

6.3.1.3　垃圾坝体施工完成后将承担上覆压力的作用，因此，孔隙比的计算需引入应力应变关系来确定。这一变化是由于有效应力的增量导致的，首先需要得到方程左边孔隙水压力的变化。在岩土工程中，这类将土的应力应变和渗流分析"耦合"问题称为比奥(Biot) 理论，通常采用有限元法进行求解，矩阵形式可表示为 (6-5)：

$$\{\nabla\}^T\{V\} + \{a\}^T\frac{\partial}{\partial t}\{\varepsilon\} - \frac{1}{Q}\frac{\partial u}{\partial t} = 0 \qquad (6-5)$$
$$\{\varepsilon\} = [\partial]^T\{u\}$$
$$\{V\} = -[K]\{\nabla\}h$$

6.3.1.4　孔隙水压力和位移的计算也可采用中国科学院武汉岩土力学研究所固废处置研究中心开发的《垃圾填埋场边坡及坝体稳定性分析系统 (LS&D)》。

6.3.2　抗滑稳定性计算

6.3.2.1　圆弧滑动（图 6-1）稳定可按公式（6-6）、式（6-7）计算：

(1) 简化毕肖普法

$$K = \frac{\sum\{[(W\pm V)\sec\alpha - ub\sec\alpha]\tan\varphi' + c'b\sec\alpha\}[1/(1+\tan\alpha\tan\varphi'/K)]}{\sum[(W\pm V)\sin\alpha + M_C/R]} \qquad (6-6)$$

(2) 瑞典圆弧法（亦称 Fellenious 法）

$$K = \frac{\sum\{[(W\pm V)\cos\alpha - ub\sec\alpha - Q\sin\alpha]\tan\varphi' + c'b\sec\alpha\}}{\sum[(W\pm V)\sin\alpha + M_C/R]} \qquad (6-7)$$

式中：W——土条重量；

$\quad Q$，V——分别为水平和垂直地震惯性力（向上为负，向下为正）；

$\qquad u$——作用于土条底面的孔隙压力；

$\qquad \alpha$——条块重力线与通过此条块底面中点的半径之间的夹角；

$\qquad b$——土条宽度；

c'、φ'——土条底面的有效应力抗剪强度指标；

$\qquad M_C$——水平地震惯性力对圆心的力矩；

　　R——圆弧半径。

6.3.2.2 非圆弧滑动稳定可按公式（6-8）和公式（6-9）计算：

（1）摩根斯顿-普赖斯法（图 6-2）

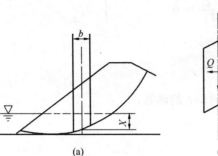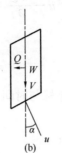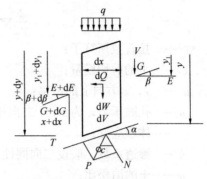

图 6-1　圆弧滑动条法分法示意图　　　　图 6-2　摩根斯顿—普赖斯法计算简图

$$\int_a^b p(x)s(x)\mathrm{d}x = 0 \tag{6-8}$$

$$\int_a^b p(x)s(x)t(x)\mathrm{d}x - M_e = 0 \tag{6-9}$$

$$p(x) = \left(\frac{\mathrm{d}W}{\mathrm{d}x} \pm \frac{\mathrm{d}V}{\mathrm{d}x} + q\right)\sin(\varphi'_e - \alpha)$$
$$- u\sec\alpha\sin\varphi'_e + c'_e\sec\alpha\cos\varphi'_e - \frac{\mathrm{d}Q}{\mathrm{d}x}\cos(\varphi'_e - \alpha) \tag{6-10}$$

$$s(x) = \sec(\varphi'_e - \alpha + \beta)\exp\left[-\int_a^x \tan(\varphi'_e - \alpha + \beta)\frac{\mathrm{d}\beta}{\mathrm{d}\zeta}\mathrm{d}\zeta\right] \tag{6-11}$$

$$t(x) = \int_a^x (\sin\beta - \cos\beta\tan\alpha)\exp\left[\int_a^\zeta \tan(\varphi'_e - \alpha + \beta)\frac{\mathrm{d}\beta}{\mathrm{d}\zeta}\mathrm{d}\zeta\right] \tag{6-12}$$

$$M_e = \int_a^b \frac{\mathrm{d}Q}{\mathrm{d}x}h_e\mathrm{d}x \tag{6-13}$$

$$c_e = \frac{c'}{K} \tag{6-14}$$

$$\tan\varphi'_e = \frac{\tan\varphi'}{K} \tag{6-15}$$

式中：$\mathrm{d}x$——土条宽度；

　　　$\mathrm{d}W$——土条重量；

　　　q——坡顶外部的垂直荷载；

　　　M_e——水平地震惯性力对土条底部中点的力矩；

　$\mathrm{d}Q$、$\mathrm{d}V$——分别为土条的水平和垂直地震惯性力（向上为负，向下为正）；

　　　α——条块底面与水平面的夹角；

　　　β——土条侧面的合力与水平方向的夹角；

　　　h_e——水平地震惯性力到土条底面中点的垂直距离。

　　　φ'_e——土条下滑后的有效内摩擦角。

（2）滑楔法（图6-3）

$$p_i = \sec(\varphi'_e - \alpha_i + \beta_i)\big[p_{i-1}\cos(\varphi'_e - \alpha_i + \beta_i) - (W_i \pm V_i)\sin(\varphi'_e - \alpha_i)$$
$$+ u_i \sec\alpha_i \sin\varphi'_e \Delta x - c'_{ei}\sec\alpha_i \cos\varphi'_e \Delta x + Q_i \cos(\varphi'_e - \alpha_i)\big] \tag{6-16}$$

$$c'_{el} = \frac{c'_i}{K} \tag{6-17}$$

$$\tan\varphi'_e = \frac{\tan\varphi'_i}{k} \tag{6-18}$$

式中：p_i——土条一侧的抗滑力；

p_{i-1}——土条另一侧的下滑力；

W_i——土条的重量；

u_i——作用于土条底部的孔隙
压力；

Q_i、V_i——分别为水平和垂直地震惯
性力（向上为负，向下为
正）；

α_i——土条底面与水平面的夹角；

β_i——土条一侧的 P_i 与水平面的
夹角；

β_{i-1}——土条另一侧的 P_{i-1} 与水平面的夹角。

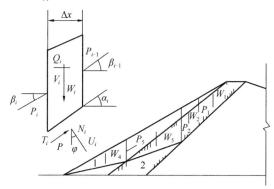

图6-3 滑楔法计算示意图
1—砂壳；2—黏土

6.3.3 抗剪强度计算

6.3.3.1 坝体各种计算工况土体的抗剪强度，均应采用有效应力法按公式（6-19）～（6-22）计算：

（1）各种工况有效应力计算采用公式（6-19）

$$\tau = c' + (\sigma - u)\tan\varphi' = c' + \sigma'\tan\varphi' \tag{6-19}$$

（2）黏性土施工期同时应采用总应力法，公式（6-20）：

$$\tau = c_u + \sigma\tan\varphi_u \tag{6-20}$$

式中：τ——土体的抗剪强度；

c'、φ'——有效应力抗剪强度指标，分别为黏聚力和内摩擦角；

σ——法向总应力；

σ'——法向有效应力；

u——空隙压力；

c_u、φ_u——不排水剪总强度指标。

（3）如垃圾坝内有积水，则应采用的总应力按式（6-21）计算得到：

$$\tau = c_u + \sigma'_u\tan\phi_u \tag{6-21}$$

σ'_u——水位下降前的法向有效应力。

（4）粗粒料非线性抗剪强度指标可采用公式（6-22）计算：

$$\varphi = \varphi_0 - \Delta\varphi\lg\left(\frac{\sigma_3}{P_a}\right) \tag{6-22}$$

式中：φ——土体滑动面的摩擦角；

　　　φ_0——一个大气压力下的摩擦角；

　　　$\Delta\varphi$——σ_3 增加一个对数周期下 φ 的减小值；

　　　σ_3——土体滑动面的小主应力；

　　　P_a——大气压力。

6.3.3.2　土的抗剪强度指标应采用三轴仪测定。对 1 级以下的中坝，可用直接慢剪试验测定土的有效强度指标；对渗透系数小于 1.0×10^{-7} cm/s，或压缩系数小于 $0.2 \mathrm{MPa}^{-1}$ 的土，也可用直接快剪试验或固结快剪测定其总强度指标。抗剪强度试验的仪器方法和设计取值应按国家现行标准《碾压式土石坝设计规范》SL 274 的相关规定选用。

6.3.3.3　黏性填土或坝基土中某点在施工期的起始孔隙压力可按公式（6-23）计算：

$$u_0 = \gamma h \overline{B} \qquad (6\text{-}23)$$

式中：γ——某点以上土的平均容重；

　　　h——某点以上的填土高度；

　　　$\overline{B}$——孔隙压力系数，按国家现行标准《碾压式土石坝设计规范》SL 274 的相关规定确定。

6.3.4　变形计算

6.3.4.1　黏土坝和黏性土坝基的竣工沉降量和最终沉降量可用分层总和法（6-24）计算。

$$S_t = \sum_{i=1}^{n} \frac{e_{i0} - e_{it}}{1 + e_{i0}} h_i \qquad (6\text{-}24)$$

式中：S_t——竣工时或最终的坝体和坝基总沉降量；

　　　e_{i0}——第 i 层的起始孔隙比；

　　　e_{it}——第 i 层的相应于竣工时或最终的竖向有效应力作用下的孔隙比；

　　　h_i——第 i 层土层厚度；

　　　n——土层分层数。

6.3.4.2　土石坝、浆砌石坝和混凝土坝及非黏性土坝基的最终沉降量计算见公式（6-25）。

$$S_t' = \sum_{i=1}^{n} \frac{p_i}{E_i} h_i \qquad (6\text{-}25)$$

式中：S_t'——坝体或坝基的最终沉降量；

　　　p_i——第 i 层土层承担的竖向应力；

　　　E_i——第 i 层土层的变形模量。

6.3.4.3　孔隙压力的计算

　　黏性填土中孔隙压力消散计算宜采用太沙基公式（6-26）计算：

$$\frac{\partial u}{\partial t} = C_v \left(\frac{\partial^2 u}{\partial x^2} + \frac{\partial^2 u}{\partial y^2} \right) + \overline{B} \frac{\partial \sigma_1}{\partial t} \qquad (6\text{-}26)$$

式中：u——土体中某点 (x, y) 的孔隙压力；

　　　t——时间；

$\overline{B} \dfrac{\partial \sigma_1}{\partial t}$——时间微量 dt 中，填土荷载增量 $d\sigma_1$ 所引起的孔隙压力的增量；

C_v——土体的固结系数，通过消散试验确定。如属非饱和土体，通常改用 C'_v 表示。

6.4 案例

6.4.1 C市生活垃圾卫生填埋场坝体工程设计

——设计背景：

C市生活垃圾卫生填埋场总库容 141 万 m³，平均日处理规模 257t/d，填埋库区占地 150 亩，垃圾平均填埋高度 20m。坝体工程包括库区主坝（填埋谷口即填埋库区西侧）、副坝（连接东北侧山坡缺口）及分区坝共计三座垃圾坝。该工程地质勘探部门提供的勘探资料，该拟建场址的工程地质和水文地质条件较好，其物理力学指标可以满足土石坝对坝基要求。该场址的土料为黏土，且含量较丰富。

——设计内容：

(1) 坝高比选与确定

根据**本指南 6.2.4 坝高选择**技术要求，坝高选择应考虑三个因素，一是保证垃圾堆坡脚稳定和免遭雨水冲刷；二是要形成较大的填埋堆体库容，并可调节渗沥液的流出量，三是提高坝高以增加库容的同时需要加大的建设投资的合理性分析。

根据以上因素分析，结合环库道路标高，初步确定各坝平均高均为 8m 和 6m 二个方案。根据二个方案的坝高形成的堆体边坡和相应的最终填埋高度，采用**本指南 4.3.1 和 4.3.2** 的方法计算库容，同时计算相应的投资。

根据**本指南 6.2.4 坝高选择**的经济性比较方法：

方案一：平均坝高 8m，当垃圾填埋至 76m 标高时，库容约 141 万 m³，可消纳原生垃圾 113 万 t。对照垃圾产量预测表，可看出本方案服务年为 12 年。垃圾坝投资约 98 万元。

方案二：平均坝高 6m，垃圾填埋至 74m 标高时，库容约 117 万 m³，可消纳原生垃圾 93.5 万 t。对照垃圾产量预测表，可看出本方案服务年为 10 年，垃圾坝投资约 80 万元。

方案二与方案一比较，从最终堆积容积来看，方案二比方案一少 24 万 m³，大约少服务 2 年，但投资仅节省 18 万元，且衔接环库道路的坡度也相应增大。综合考虑，本设计推荐方案一，即本填埋场工程垃圾坝高平均 8m。

(2) 坝型（材料）的比选与确定

根据**本指南 6.2.1 的坝型分类**，垃圾填埋场内坝的类型主要有四种，分别为黏土坝、土石坝、浆砌石坝和混凝土坝，首先对四种坝型作出比较（表 6-5）：

坝型（材料）方案比较表　　　　　　　　　　　　　　　　　　表 6-5

坝型方案	技 术 比 较
黏土坝	对自然条件有较广泛的适应性，对地基要求低，适应不均匀沉降的能力强；结构简单，寿命较长，施工机械化程度高，施工管理维修加高和扩建等都较简便；但对土质要求高，抗震能力较差，占地面积大

坝型方案	技 术 比 较
土石坝	对自然条件有比较广泛的适应性，可就地取材，在山区节省耕地；抗震能力比黏土坝强；施工机械化程度高，建设速度快
浆砌石坝	坝体剖面小，工程量小，造价不一定比黏土坝高；对地基要求高；在山区节省耕地；抗震性能比土坝强；但机械化程度低，施工量大，施工周期长
混凝土坝	坝体剖面较小、工程量小，造价高，对地基要求较高，运行维护方便，施工工艺较复杂，与防渗膜的连接较差

根据**本指南 6.2.3 坝型（材料）选择**的技术要求，坝型需要考虑的主要因素为拟建场址的工程地质和水文地质条件，筑坝材料及坝的运行条件。

根据勘探部门所提供的勘探资料，该拟建场址的工程地质和水文地质条件表明当地地质情况适宜进行本工程的建设。

从运行的角度来考虑，垃圾坝在一般情况下，主要承载物是固体垃圾，只有在特殊情况下，对洪水起一定的调蓄作用，另外，由于坝在填埋场施工的过程和运行之前，要进行防渗处理，所以该垃圾坝实际上为一不透水坝，所以设计认为以上四种坝型在运行上均能满足填埋场的实际使用要求，而且根据本工程的地勘报告，也是适合的。

从有利于防渗土工膜的铺设和保护土工膜的角度来讲，目前国内都已经有很成熟的技术来保证防渗材料的安全性，从筑坝材料来讲，拟建场址有充足黏土源。所以根据以上比较，本填埋场垃圾坝和分区坝的坝型均确定为黏土坝。

（3）垃圾坝工程设计方案

① 垃圾坝

西侧垃圾主坝坝高 8m，全长 332m，以夯实黏土堆砌而成，放坡坡度为 1：2.5。行车坝段的路面为砼路面，宽度为 6.0m；其余坝段为泥结碎石路面，宽度为 4.0m。

东北角垃圾副坝坝高 8m，全长 155m，以夯实黏土堆砌而成，放坡坡度为 1：2.5。宽度为 4.0m。

② 中间分区坝

中间分区坝坝高由 8m 过渡为 1m，全长 399.2m，中间设置下场平台，供车辆卸载垃圾使用。坝体以夯实黏土堆砌而成，放坡坡度为 1：2。下场平台以前一段为临时行车路面，拟用泥结碎石修筑，宽度为 6.0m，起到分区与行车作用；其余分区坝段宽度为 4.0m，只起分区作用。临时道路随垃圾填埋进站进度由建筑垃圾或钢板（循环使用）铺设，使用期不长，随着单元填埋高程（作业区）的封场而废弃。

（4）垃圾坝稳定性分析

根据**本指南 6.3.2 抗滑稳定性计算**提供的方法，采用瑞典法。该法假定滑裂面为圆弧形，在计算安全系数时，简单地将条块重量向滑面法向方向分解来求得法向力。其安全系数通用计算见公式（6-7）：

其中，各参数如表 6-6 所示：

计算参数表　　　　　　　　　表 6-6

设计参数	重度	凝聚力	内摩擦角
	γ （kN/m³）	c （kPa）	φ （度）
① 黏土	24	12.5	15
② 黏土岩	27.4	140	17.9
③ 垃圾	10	—	—

计算结果：土坝稳定性均大于安全系数 1.3 的要求，该土坝设计稳定。

6.4.2　坝体稳定性分析

某土石坝坝高 38m，上游坝坡为 1：3.0，下游坝坡为 1：2.5。坝址区两岸为低山，河床靠近右岸，河两侧依次为漫滩、阶地及台地。漫滩表层为厚度 0.4～0.8m 的有机质土，其下为粉质土砾、粉土质砂，厚 1.3～3.1m，漫滩区灰绿色粉土质砂在河床部分含水率较大，靠近两边坡角处，黏粉粒含量较多，呈可塑状；两岸阶地台地区，含砾低液限黏土、碎石混合土，层厚 0～12.2m；低山及河谷底部基岩为片麻岩和混合花岗岩。其物理力学指标可以满足土石坝对坝基要求。试对该坝体进行稳定性计算分析。

解：

（1）根据**本指南 6.3.2. 抗滑稳定性计算**中提供的方法，坝坡稳定计算采用计及条块间作用力的简化毕肖普法公式（6-6）计算。稳定计算系数见表 6-7。

物理力学指标表　　　　　　　　　表 6-7

序号	位置	土料名称	湿容重 （g/cm³）	饱和容重 （g/cm³）	C （kPa）	φ （度）
1	坝壳	堆石	2.05	2.1	0	34
2	心墙	黏土	1.9	1.95	23.6	13.7
3	坝基	含砾低液限黏土	1.95	2.0	18	17
4	坝基	含砾低液限粉土	1.95	2.0	12	22
5	坝基	岩基1	2.45	2.5	0	30
6	坝基	岩基2	2.65	2.7	0	40

（2）施工期坝体稳定计算

① 施工期上游边坡稳定计算

第一次试算假定 $K=1$，求得 $K=\dfrac{6371.3}{5085.7}=1.25$。

第二次试算假定 $K=1.25$，求得 $K=\dfrac{6375.7}{5085.7}=1.25$，故取 $K=1.25$。

计算结果见表 6-8。

施工期上游边坡稳定计算成果表　　　　　　　　表 6-8

土条编号	h_i (m)	(rbh_i) w_i	$\sin\beta_i$	$\cos\beta_i$	$w_i\sin\beta_i$	$(1-B)$ $w_i\tan\varphi$	cb	$m\beta_i$ $(k=1)$	$\dfrac{(6)+(7)}{(8)}$	$m\beta_i$ $(k=1.25)$	$\dfrac{(6)+(7)}{(10)}$
No	(1)	(2)	(3)	(4)	(5)	(6)	(7)	(8)	(9)	(10)	(11)
−3	1	148.8	−0.3	0.951	−44.6	25.4	188.8	0.876	244.5	0.891	240
−2	6	892.8	−0.2	0.978	−178.6	152.3	188.8	0.927	388	0.938	383.6
−1	10	1488	−0.1	0.994	−148.8	253.9	188.8	0.969	496.9	0.974	484.6
0	13	1934.4	0	1	0	330.1	188.8	1	548.9	1	548.9
1	16	2380.8	0.1	0.994	238.1	406.3	188.8	1.019	584	1.014	586.9
2	17	2529.6	0.2	0.978	505.9	413.6	188.8	1.028	596	1.018	591.8
3	18	2678.4	0.3	0.951	803.5	457	188.8	1.026	689.4	1.011	688.8
4	18	2529.6	0.4	0.913	1071.1	457	188.8	1.012	658.2	0.992	651
5	16	2678.4	0.5	0.866	1190.2	406.2	188.8	0.988	662.2	0.963	667.9
6	14	2380.4	0.6	0.809	1249.9	355.5	188.8	0.952	671.7	0.924	679
7	10	1488	0.7	0.743	1041.6	254	188.8	0.906	488.8	0.873	508.2
8	3	446.4	0.8	0.699	357.1	76.2	188.8	0.850	341.8	0.813	336
Σ					5085.7				6371.3		6375.7

② 施工期下游边坡稳定计算

第一次试算假定 $K=1$，求得 $K=\dfrac{6360.5}{5171.1}=1.23$。

第二次试算假定 $K=1.23$，求得 $K=\dfrac{6386.2}{5171.1}=1.23$ 故取 $K=1.23$。

计算结果见表 6-9。

施工期下游边坡稳定计算成果表　　　　　　　　表 6-9

土条编号	h_i (m)	(rbh_i) w_i	$\sin\beta_i$	$\cos\beta_i$	$w_i\cos\beta_i$	$(1-B)$ $w_i\tan\varphi$	cb	$m\beta_1$ $(k=1)$	$\dfrac{(6)+(7)}{(8)}$	$m\beta_1$ $(k=1.23)$	$\dfrac{(6)+(7)}{(10)}$
No	(1)	(2)	(3)	(4)	(5)	(6)	(7)	(8)	(9)	(10)	(11)
−2	2	384	−0.2	0.978	−76.8	65.5	188.8	0.952	287.1	0.932	282.8
−1	4	768	−0.1	0.994	−76.8	131	188.8	0.942	389.4	0.922	386.8
0	7	1344	0	1	0	229.3	188.8	1	478.1	1	488.6
1	10	1920	0.1	0.994	192	327.6	188.8	1.019	676.6	0.966	684.6
2	12	2304	0.2	0.978	460.8	393	188.8	1.029	680.2	1.024	663.2
3	13	2496	0.3	0.951	748.8	426	188.8	1.026	689.2	1.019	690.3
4	13	2496	0.4	0.913	998.4	426	188.8	1.012	762.5	1.003	755
5	13	2496	0.5	0.866	1284	426	188.8	0.988	762.3	0.977	759.3
6	10	1920	0.6	0.809	1152	327.6	188.8	0.952	662.4	0.939	689.9
7	7	1344	0.7	0.743	940.8	229.3	188.8	0.906	581.3	0.891	589.2
8	0.5	96	0.8	0.669	76.8	16.4	188.8	0.850	381.4	0.834	386.8
Σ					5171.1				6360.5		6386.2

③ 稳定渗流期下游边坡稳定计算

第一次试算假定 $K=1$，求得 $K=\dfrac{6460}{4931.2}=1.31$。

第二次试算假定 $K=1.31$，求得 $K=\dfrac{6480.7}{4931.2}=1.31$ 故取 $K=1.31$。

计算结果见表 6-10。

封场稳定期下游边坡稳定计算成果表 表 6-10

土条编号	h_i (m)	(rbh_i) w_i	$\sin\beta_i$	$\cos\beta_i$	$w_i\cos\beta_i$	$(1-B)$ $w_i\tan\varphi$	cb	$m\beta_1$ $(k=1)$	$\dfrac{(6)+(7)}{(8)}$	$m\beta_1$ $(k=1.23)$	$\dfrac{(6)+(7)}{(10)}$
No	(1)	(2)	(3)	(4)	(5)	(6)	(7)	(8)	(9)	(10)	(11)
−2	1	192	−0.2	0.978	−38.4	32.8	188.8	0.927	259.1	0.930	298.3
−1	4	776	−0.1	0.994	−77.6	132.4	188.8	0.968	481.8	0.970	451.1
0	8	1560	0	1	0	266.2	188.8	1	585	1	565
1	10	1948	0.1	0.994	194.8	332.4	188.8	1.019	611.5	1.018	632
2	12	2336	0.2	0.978	467.2	398.6	188.8	1.029	670.8	1.026	692.5
3	13	2532	0.3	0.951	759.6	432.1	188.8	1.026	755.2	1.023	736.7
4	13	2528	0.4	0.913	1011.2	431.4	188.8	1.012	752.8	1.007	735.9
5	13	2524	0.5	0.866	1262	430.7	188.8	0.988	737	0.982	730.8
6	10	1936	0.6	0.809	1161.6	330.4	188.8	0.952	645.4	0.845	669.4
7	7	1344	0.7	0.743	940.8	229.3	188.8	0.906	581.3	0.891	589.2
8	0.5	96	0.8	0.669	76.8	16.4	188.8	0.850	381.4	0.834	386.8
Σ					4931.2				6460		6480.7

④ 计算结果分析

根据上述计算结果，采用上游 1∶3.0，下游 1∶2.5，见表 6-11。

坝坡稳定计算结果表 表 6-11

计算工况	上游边坡	稳定系数 (K)	下游边坡	安全系数 (K)	允许安全系数 $[K]$
封场稳定期			1∶2.5	1.31	1.30
施工期	1∶3.0	1.25	1∶2.5	1.23	1.21

⑤ 根据计算结果，该坝设计满足边坡稳定要求。

6.4.3 S市生活垃圾填埋场坝体工程

——设计背景：

该填埋场总库容为 1780 万 m³，堆体的外坡为 1∶3.0，每升高 5m 设一个缓坡平台，平台宽 8.0m，堆体最大高度为 75m。根据垃圾分层填埋工艺要求与填埋库区的地形条件，本工程的填埋库区需设置的碾压式土石坝垃圾坝应有 2 座。

填埋Ⅰ库区垃圾坝：设置在沟岔狭窄处，坝顶标高165.0m。

填埋Ⅱ库区垃圾坝：位于排洪隧洞出口西侧垭口处，坝顶标高150.0m。

完成该填埋场坝体结构设计和计算其稳定性，并对影响坝安全的堆体的渗沥液水位提出监测措施。

——设计内容：

(1) 坝体结构设计

根据**本指南6.2.6坝体结构设计**，各垃圾坝基本参数见表6-12。

<table>
<tr><td colspan="3" align="center">各垃圾坝基本参数表</td><td align="right">表6-12</td></tr>
<tr><td>垃圾坝</td><td align="center">Ⅰ号坝</td><td colspan="2" align="center">Ⅱ号坝</td></tr>
<tr><td>坝顶高程（m）</td><td align="center">165</td><td colspan="2" align="center">150</td></tr>
<tr><td>初估建基面高程（m）</td><td align="center">158</td><td colspan="2" align="center">147</td></tr>
<tr><td>坝高（m）</td><td align="center">8</td><td colspan="2" align="center">7</td></tr>
<tr><td>坝轴线长（m）</td><td align="center">44.5</td><td colspan="2" align="center">69.8</td></tr>
<tr><td>坝顶宽度（m）</td><td align="center">6</td><td colspan="2" align="center">6</td></tr>
<tr><td>上游边坡</td><td align="center">1：2.0</td><td colspan="2" align="center">1：2.0</td></tr>
<tr><td>下游边坡</td><td align="center">1：2.0</td><td colspan="2" align="center">1：2.0</td></tr>
</table>

(2) 垃圾堆体稳定性分析

设计参考国内深圳、杭州等城市已有垃圾填埋场的垃圾堆体的容重、c、φ值等参数，设计分正常情况、洪水情况和非常情况（洪水＋地震荷载）三种工况，采用有关软件自动搜索最危险滑裂面的安全系数，根据各库区计算结果显示（见表6-13，图6-4），堆体抗滑稳定性安全。

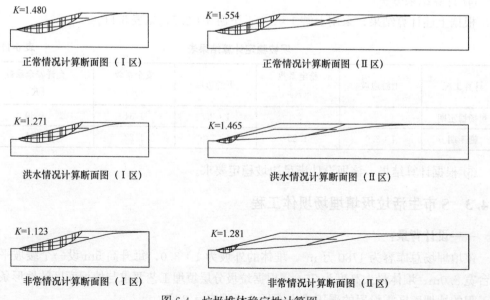

$K=1.480$　　正常情况计算断面图（Ⅰ区）

$K=1.554$　　正常情况计算断面图（Ⅱ区）

$K=1.271$　　洪水情况计算断面图（Ⅰ区）

$K=1.465$　　洪水情况计算断面图（Ⅱ区）

$K=1.123$　　非常情况计算断面图（Ⅰ区）

$K=1.281$　　非常情况计算断面图（Ⅱ区）

图6-4　垃圾堆体稳定性计算图

各分区垃圾堆体的稳定计算结果　　　　　　　　　　表 6-13

填埋分区	运行工况	浸润线水位	计算结果安全系数 K	规范标准安全系数 K_0
填埋Ⅰ区	正常情况	浸润线水位（标高 205.0m）	1.480	1.20
	洪水情况	浸润线水位（标高 210.0m）	1.271	1.10
	非常情况	浸润线水位（标高 210.0m）	1.123	1.05
填埋Ⅱ区	正常情况	浸润线水位（标高 213.0m）	1.554	1.20
	洪水情况	浸润线水位标高（218.0m）	1.465	1.10
	非常情况	浸润线水位标高（218.0m）	1.281	1.05

（3）渗沥液水位监测措施

垃圾堆体内的渗沥液水位是影响垃圾堆体安全稳定的关键因素，因此对垃圾体内的渗沥液水位进行监测是十分有必要的。

在填埋Ⅰ区和填埋Ⅱ区垃圾堆体上设置渗沥液水位观测设施，对垃圾堆体内的渗沥液水位进行及时监控，如渗沥液水位超过警戒高度应立即采取措施降低渗沥液水位以保证填埋场安全运行。

6.4.4　水位持续升高对坝体稳定性的影响分析

D 市卫生垃圾填埋场垃圾坝体填埋高度 21m，坡比为 1∶3，坝体由黏土和垃圾土组成，覆盖层黏土厚度为 1.5m。初始水位为 1m。由于渗沥液抽排系统堵塞造成坝体内部水位持续升高，试分析水位升高过程中坝体内部孔隙水压力分布及最小安全系数。

解：

（1）根据本指南 6.2.10 孔隙水压力扩展后的方程（6-4）进行计算，有：

$$\left.\begin{array}{c} -G\nabla^2 u_x + \dfrac{G}{1-2\mu}\cdot\dfrac{\partial \varepsilon_v}{\partial x} + \dfrac{\partial u}{\partial x} = 0 \\[2mm] -G\nabla^2 u_z + \dfrac{G}{1-2\mu}\cdot\dfrac{\partial \varepsilon_v}{\partial z} + \dfrac{\partial u}{\partial z} = -\gamma \\[2mm] \dfrac{k}{\gamma_w}\nabla^2 u - \dfrac{\partial \varepsilon_v}{\partial t} = 0 \end{array}\right\}$$

（2）安全系数通用计算采用公式（6-7）。

（3）相关计算参数见表 6-14。

计算参数表　　　　　　　　　　表 6-14

设计参数	重度	凝聚力	内摩擦角
	γ (kN/m³)	c (kPa)	φ (度)
黏土	24	12.5	15
垃圾	10	10	25

（4）最小安全系数计算见表 6-15。

坝体稳定性分析计算结果   表 6-15

填埋分区	渗沥液水位	计算结果安全系数 K	规范标准安全系数 K_0
填埋Ⅱ区	1m	1.32	1.25
	4m	1.20（不安全）	1.25
	6m	1.15（不安全）	1.25

（5）孔隙水压力分布、最小安全系数及滑动面见图 6-5。

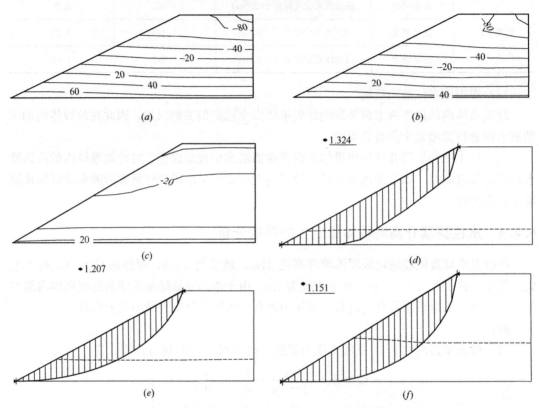

图 6-5 孔隙水压力分布、最小安全系数及滑动面示意图

（a）水位线达到 6m 时的孔隙水压力分布；（b）水位线达到 4m 时的孔隙水压力分布；（c）水位线达到 1m 时的孔隙水压力分布；（d）水位线达到 1m 时的最小安全系数及滑动面；（e）水位线达到 4m 时的最小安全系数及滑动面；（f）水位线达到 6m 时的最小安全系数及滑动面

参考文献

[1] USEPA. 40CFR258. Municipal Solid Waste Landfill Criteria[S]. US，1991

[2] Yi-Xin DONG. The status of engineering technical standards of waste sanitary landfill treatment in China. Proc. of Int. Symp[J]. Geoenvironmental Eng.，2009.

[3] U S EPA. Landfill Manuals Landfill Site Design[M]. Ireland，1993

[4] ［苏］H. H. 罗扎诺夫. 土石坝. 水利电力部黄河水利委员会科技情报站译

[5] 薛强，陈朱蕾，等. 生活垃圾的处理技术与管理[M]. 北京：科技出版社，2007

[6] 段韬. 关于垃圾坝结构设计的一些探讨[J]. 福建建设科技，2007

[7] 卢应发，陈朱蕾等. 垃圾卫生填埋中的一些岩土工程技术[J]. 岩土力学，2009(1)

［8］ 黄成岗.垃圾处理工程中垃圾坝设计技术探讨［J］.特种结构，2004

［9］ 张宁，等.山谷型填埋场垃圾坝的稳定性［J］.环境卫生工程，2006

［10］ 苗雨，等.生活垃圾填埋场区坝体稳定性分析［J］.中国环境科学学会学术年会，2009

［11］ 汪益敏，等.土的抗剪强度指标对边坡稳定分析的影响［J］.华南理工大学学报，2001

［12］ 史波芬，《生活垃圾卫生填埋技术导则》编制研究及工程应用［D］，华中科技大学，2011.

［13］ 软件著作权.垃圾填埋场边坡及坝体稳定性分析系统(LS&D).(2010SR011587)

7 防渗及地下水导排系统技术要求与设计计算

本章提出了防渗结构设计、防渗材料选择及锚固、特殊情况下的防渗、地下水导排设计及垂直防渗设计等技术要求，给出了防渗材料、防渗结构、锚固沟设计、地下水导排、垂直防渗等计算方法，列举了压实黏土衬里渗透、复合衬里渗透、锚固沟尺寸与锚固能力、地下水水量计算与导排及垂直防渗设计计算等案例。

7.1 引用标准

生活垃圾卫生填埋处理技术规范	GB 50869
生活垃圾填埋场污染控制标准	GB 16889
长丝纺粘针刺非织造土工布	GB/T 17639
土工试验方法标准	GB/T 50123
生活垃圾卫生填埋场防渗系统工程技术规范	CJJ 113
生活垃圾卫生填埋场岩土工程技术规范	CJJ 176
垃圾填埋场用高密度聚乙烯土工膜	CJ/T 234
钠基膨润土防水毯	JG/T 193

7.2 技术要求

7.2.1 基本要求

7.2.1.1 填埋场防渗处理应达到防止填埋库区和调节池渗沥液对地下水和地表水污染，同时还应防止地下水进入填埋库区的要求。

7.2.1.2 填埋场防渗总体技术要求应符合国家现行标准《生活垃圾卫生填埋处理技术规范》GB 50869 和《生活垃圾卫生填埋场防渗系统工程技术规范》CJJ 113 的要求。

7.2.1.3 填埋场地下水水位的控制应符合现行国家标准《生活垃圾填埋场污染控制标准》GB 16889 的有关规定。

7.2.2 防渗结构类型及要求

7.2.2.1 防渗结构按照材料及组成结构可分为以下五种类型：

（1）天然黏土类衬里结构：天然黏土通过压实使其渗透系数小于 1.0×10^{-7} cm/s，作为一个防渗层。该防渗层和渗沥液收集系统、保护层、过滤层等一起构成一个完整的天然黏土防渗结构。

（2）改性黏土类衬里结构：通过在亚黏土、亚砂土等天然材料中加入添加剂对其进行人工改性，使其达到天然黏土衬里结构的等效防渗性能要求。

(3) 人工合成单层衬里结构：采用一层人工合成衬里（如 HDPE）铺设的防渗系统。

(4) 复合衬里结构：采用两种或两种以上防渗材料复合铺设的防渗系统。目前常用的复合衬里有"HDPE 膜＋黏土"和"HDPE 膜＋钠基膨润土"两种。

(5) 人工合成双层衬里结构：采用二层人工合成衬里铺设的防渗系统。双层衬里含两层防渗层，之间设有排水层。

7.2.2.2 天然黏土衬里结构和改性黏土类衬里结构的设计应符合国家现行标准《生活垃圾卫生填埋处理技术规范》GB 50869 中第 8.2.2（详见附录Ⅳ）条的相关规定。

7.2.2.3 人工合成衬里的防渗系统应采用复合衬里防渗结构，位于地下水贫乏地区的防渗系统也可采用单层衬里防渗结构。在特殊地质或环境要求非常高的地区，应采用双层衬里防渗结构。

7.2.2.4 库区底部复合衬里（HDPE 土工膜＋黏土）结构如图 7-1 所示，各层要求如下：

(1) 基础层：土压实度不应小于 93％。

(2) 反滤层（可选择层）：宜采用土工滤网，规格不宜小于 200g/m²。

(3) 地下水导流层（可选择层）：宜采用卵（砾）石等石料，厚度不应小于 30cm，石料上应铺设非织造土工布，规格不宜小于 200g/m²。

(4) 防渗及膜下保护层：黏土渗透系数不应大于 1.0×10^{-7} cm/s，厚度不宜小于 75cm。

(5) 膜防渗层：应采用 HDPE 土工膜，厚度不应小于 1.5mm。

(6) 膜上保护层：宜采用非织造土工布，规格不宜小于 600g/m²。

(7) 渗沥液导流层：宜采用卵石等石料，厚度不应小于 30cm，石料下可增设土工复合排水网。

(8) 反滤层：宜采用土工滤网，规格不宜小于 200g/m²。

7.2.2.5 库区底部复合衬里（HDPE 土工膜＋GCL）结构如图 7-2 所示，各层要求如下：

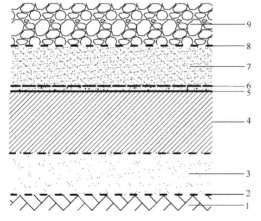

图 7-1 库区底部复合衬里（HDPE 土工膜＋黏土）结构示意图

注：1—基础层；2—反滤层（可选择层）；3—地下水导流层（可选择层）；4—防渗及膜下保护层；5—膜防渗层；6—膜上保护层；7—渗沥液导流层；8—反滤层；9—垃圾层

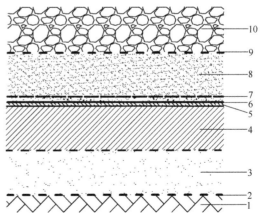

图 7-2 库区底部复合衬里（HDPE 土工膜＋GCL）结构示意图

注：1—基础层；2—反滤层（可选择层）；3—地下水导流层（可选择层）；4—膜下保护层；5—GCL；6—膜防渗层；7—膜上保护层；8—渗沥液导流层；9—反滤层；10—垃圾层

（1）基础层：土压实度不应小于93%。

（2）反滤层（可选择层）：宜采用土工滤网，规格不宜小于200g/m²。

（3）地下水导流层（可选择层）：宜采用卵（砾）石等石料，厚度不应小于30cm，石料上应铺设非织造土工布，规格不宜小于200g/m²。

（4）膜下保护层：黏土渗透系数不宜大于$1.0×10^{-5}$cm/s，厚度不宜小于30cm。

（5）GCL防渗层：渗透系数不应大于$5.0×10^{-9}$cm/s，规格不应小于4800g/m²。

（6）膜防渗层：应采用HDPE土工膜，厚度不应小于1.5mm。

（7）膜上保护层：宜采用非织造土工布，规格不宜小于600g/m²。

（8）渗沥液导流层：宜采用卵石等石料，厚度不应小于30cm，石料下可增设土工复合排水网。

（9）反滤层：宜采用土工滤网，规格不宜小于200g/m²。

7.2.2.6 库区边坡复合衬里（HDPE土工膜+GCL）结构要求如下：

（1）基础层：土压实度不应小于90%。

（2）膜下保护层：当采用黏土时，渗透系数不宜大于$1.0×10^{-5}$cm/s，厚度不宜小于20cm；当采用非织造土工布时，规格不宜小于600g/m²。

（3）GCL防渗层：渗透系数不应大于$5.0×10^{-9}$cm/s，规格不应小于4800g/m²。

（4）防渗层：应采用HDPE土工膜，宜为双糙面，厚度不应小于1.5mm。

（5）膜上保护层：宜采用非织造土工布，规格不宜小于600g/m²。

（6）渗沥液导流与缓冲层：宜采用土工复合排水网，厚度不应小于5mm，也可采用土工布袋（内装石料或沙土）。

7.2.2.7 库区底部单层衬里结构如图7-3所示，各层要求如下：

（1）基础层：土压实度不应小于93%。

（2）反滤层（可选择层）：宜采用土工滤网，规格不宜小于200g/m²。

（3）地下水导流层（可选择层）：宜采用卵（砾）石等石料，厚度不应小于30cm，石料上应铺设非织造土工布，规格不宜小于200g/m²。

（4）膜下保护层：黏土渗透系数不应大于$1.0×10^{-5}$cm/s，厚度不宜小于50cm。

（5）膜防渗层：应采用HDPE土工膜，厚度不应小于1.5mm。

（6）膜上保护层：宜采用非织造土工布，规格不宜小于600g/m²。

（7）渗沥液导流层：宜采用卵石等石料，厚度不应小于30cm，石料下可增设土工复合排水网。

（8）反滤层：宜采用土工滤网，规格不宜小于200g/m²。

7.2.2.8 库区边坡单层衬里结构要求如下：

（1）基础层：土压实度不应小于90%。

（2）膜下保护层：当采用黏土时，渗透系数不应大于$1.0×10^{-5}$cm/s，厚度不宜小于30cm；当采用非织造土工布时，规格不宜小于600g/m²。

（3）防渗层：应采用HDPE土工膜，宜为双糙面，厚度不应小于1.5mm。

（4）膜上保护层：宜采用非织造土工布，规格不宜小于600g/m²。

（5）渗沥液导流与缓冲层：宜采用土工复合排水网，厚度不应小于5mm，也可采用土工布袋（内装石料或沙土）。

7.2.2.9 库区底部双层衬里结构如图7-4所示，各层要求如下：

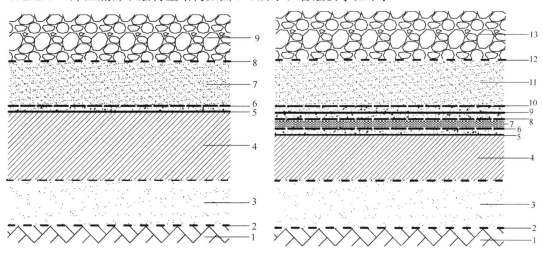

图 7-3　库区底部单层衬里结构示意图

注：1—基础层；2—反滤层（可选择层）；3—地下水导流层（可选择层）；4—膜下保护层；5—膜防渗层；6—膜上保护层；7—渗沥液导流层；8—反滤层；9—垃圾层

图 7-4　库区底部双层衬里结构示意图

注：1—基础层；2—反滤层（可选择层）；3—地下水导流层（可选择层）；4—膜下保护层；5—膜防渗层；6—膜上保护层；7—渗沥液检测层；8—膜下保护层；9—膜防渗层；10—膜上保护层；11—渗沥液导流层；12—反滤层；13—垃圾层

（1）基础层：土压实度不应小于93％。

（2）反滤层（可选择层）：宜采用土工滤网，规格不宜小于200g/m²。

（3）地下水导流层（可选择层）：宜采用卵（砾）石等石料，厚度不应小于30cm，石料上应铺设非织造土工布，规格不宜小于200g/m²。

（4）膜下保护层：黏土渗透系数不应大于$1.0×10^{-5}$cm/s；厚度不宜小于30cm。

（5）膜防渗层：应采用HDPE土工膜，厚度不应小于1.5mm。

（6）膜上保护层：宜采用非织造土工布，规格不宜小于400g/m²。

（7）渗沥液检测层：可采用土工复合排水网，厚度不应小于5mm；也可采用卵（砾）石等石料，厚度不应小于30cm。

（8）膜下保护层：宜采用非织造土工布，规格不宜小于400g/m²。

（9）膜防渗层：应采用HDPE土工膜，厚度不应小于1.5mm。

（10）膜上保护层：宜采用非织造土工布，规格不宜小于600g/m²。

（11）渗沥液导流层：宜采用卵石等石料，厚度不应小于30cm，石料下可增设土工复合排水网。

（12）反滤层：宜采用土工滤网，规格不宜小于200g/m²。

7.2.2.10 填埋场填埋区防渗系统的防渗有效年限应大于40年，即渗沥液透过防渗层需要的时间应大于40年。防渗系统的渗透计算见本章7.3.1。

7.2.3　黏土材料

7.2.3.1　压实黏土防渗层

（1）压实黏土防渗层的土料选择

① 压实黏土防渗层所用的土料应符合下列规定：

- 黏土渗透系数不应大于 1.0×10^{-7} cm/s，厚度不宜小于 75cm；
- 粒径小于 0.075mm 的土粒干重应大于土粒总干重的 25%；
- 粒径大于 5mm 的土粒干重不宜超过土粒总干重的 20%；
- 塑性指数宜为 15～30。

② 宜先在填埋场当地查勘土料场，料场查勘应符合下列规定：

- 宜采用试坑和钻孔确定黏土料场的垂直和水平分布范围，宜选择厚度不小于 1.5m 的黏土料场；
- 拟采用的黏土料场中宜每 100m² 设置一个取样点，取样点总数不应少于 5 个。每个取样点的土样应进行颗粒分析和界限含水率试验，试验方法应符合现行国家标准《土工试验方法标准》GB/T 50123 的规定。

（2）压实黏土防渗层的施工质量控制

① 压实黏土防渗层的含水率与干密度施工控制指标应符合本规范第 8.3.4 条的规定。

② 填筑施工前应通过碾压试验确定达到施工控制指标的压实方法和碾压参数，包括含水率、压实机械类型和型号、压实遍数、速度及松土厚度等。

③ 当压实黏土防渗层铺于土工合成材料之上时，下卧土工合成材料应平展，并应避免碾压时被压实机械破坏。

④ 压实黏土防渗层施工应符合下列要求：

- 应主要采用无振动的羊足碾压分层压实，表层应采用滚筒式碾压机压实；
- 松土厚度宜为 200mm～300mm，压实后的填土层厚度不应超过 150mm；
- 各层应每 500m² 取（3～5）个样进行含水率和干密度测试；
- 在后续层施工前，应将前一压实层表面拉毛，拉毛深度宜为 25mm，可计入下一层松土厚度。

（3）复合衬里结构（HDPE 膜＋黏土层）中的黏土厚度，等效替代天然黏土类衬里结构防渗性能厚度可参考表 7-1。

复合衬里黏土与天然黏土防渗等效替代 表 7-1

渗透时间（年）	压实黏土层厚度（m） （$k_s = 1.0 \times 10^{-7}$cm/s）	HDPE 膜＋压实黏土厚度（m） （$k_s = 1.0 \times 10^{-7}$cm/s）
55	2.00	0.44
60	2.16	0.48
65	2.32	0.52
70	2.48	0.55
75	2.63	0.59
80	2.79	0.63
85	2.95	0.67
90	3.11	0.71
95	3.27	0.75
100	3.43	0.79

7.2.3.2 压实黏土作为保护层时，渗透系数不应大于 1.0×10^{-5} cm/s；厚度不宜小于 30cm。

7.2.4 HDPE 膜

7.2.4.1 基本要求

HDPE 膜的施工应符合国家现行标准《生活垃圾卫生填埋场防渗系统工程技术规范》CJJ 113-2007 中第 5.3 节（详见附录Ⅳ）的规定，其材料要求应符合国家现行标准《垃圾填埋场用高密度聚乙烯土工膜》CJ/T 234 的规定，材料测试方法见附录Ⅵ。

7.2.4.2 设计要求

HDPE 膜的选择应考虑地基的沉降、垃圾的堆高及 HDPE 膜锚固时的预留量。在只考虑垃圾堆高时膜的选择可参照以下要求选用：

（1）库区地下水位较深，周围无环境敏感点，且垃圾堆高小于 20m 时，可不经过计算直接选用 1.5mm 厚 HDPE 膜。

（2）垃圾堆高介于 20m 至 50m 之间的防渗膜可选用 2.0mm 厚的 HDPE 膜，同时应进行拉力核算。

（3）垃圾堆高大于 50m 的防渗膜应经过计算后进行膜厚度选择（表 7-2）。

HDPE 膜计算值－选择值关系表 　　　　　　　表 7-2

计算值 D（mm）	选择值（mm）	计算值 D（mm）	选择值（mm）
$D \leqslant 1.5$	1.5	$2.0 < D \leqslant 2.5$	2.5
$1.5 < D \leqslant 2.0$	2.0	$2.5 < D \leqslant 3.0$	3.0

7.2.4.3 材料要求

（1）产品单卷的长度不应少于 50m，长度偏差应控制在 $\pm 2\%$。

（2）宽度尺寸应大于 3000mm，偏差应控制在 $\pm 1\%$。表 7-3 列举了整数宽度的规格尺寸及偏差值，非整数宽度产品可参考执行。填埋场底部防渗应选用 5000mm 以上，覆盖可选用 3000mm 以上产品。

土工膜宽度及偏差 　　　　　　　表 7-3

项　　目		指　　标						
宽度（mm）		3000	4000	5000	6000	7000	8000	9000
偏差（%）	光面	±30	±40	±50	±60	±70	±80	±90
	糙面	±30	±40	±50	±60	±70	±80	±90

（3）产品的厚度及偏差应符合表 7-4 的要求。底部防渗应选用厚度大于 1.5mm 的土工膜，临时覆盖可选用厚度大于 0.5mm 的土工膜，终场覆盖可选用厚度大于 1.0mm 的土工膜。

土工膜厚度及偏差 　　　　　　　表 7-4

项　　目		指　　标							
光面	厚度（mm）	0.5	0.75	1.00	1.25	1.50	2.00	2.50	3.00
	极限偏差（mm）	±0.05	±0.08	±0.10	±0.13	±0.15	±0.20	±0.25	±0.30
	平均偏差（%）	$\geqslant 0$							

续表

项　目		指　标							
糙面	厚度（mm）	1.00	1.25	1.50	2.00	2.50	3.00	1.00	1.25
	极限偏差（mm）	±0.15	±0.19	±0.23	±0.30	±0.38	±0.45	±0.15	±0.19
	平均偏差（%）	≥−5.0							

（4）土工膜外观质量应符合表 7-5 的要求。

土工膜外观质量　　　　表 7-5

序号	项目	要　求
1	切口	平直，无明显锯齿现象
2	穿孔修复点	不允许
3	机械（加工）划痕	无或不明显
4	僵块	每平方米限于 10 个以内。直径小于或等于 2.0mm，截面上不允许有贯穿膜厚度的僵块
5	气泡和杂质	不允许
6	裂纹、分层、接头和断头	不允许
7	糙面膜外观	均匀，不应有结块、缺损等现象

（5）HDPE 膜（光面膜与糙面膜）的技术性能指标见附录 Ⅴ（表 Ⅴ-1 与表 Ⅴ-2）。

7.2.5　GCL

7.2.5.1　基本要求

GCL 的施工应符合国家现行标准《生活垃圾卫生填埋场防渗系统工程技术规范》CJJ 113-2007 中第 5.5 节（详见附录 Ⅳ）的规定，其材料选择应符合国家现行标准《钠基膨润土防水毯》JG/T 193-2006 的规定，材料测试方法见附录 Ⅵ。

7.2.5.2　设计要求

（1）GCL 应表面平整，厚度均匀，无破洞、破边现象。针刺类产品的针刺应均匀密实，应无残留断针。

（2）单位面积总质量不应小于 4800g/m²，其中单位面积膨润土质量不应小于 4500g/m²。

（3）膨润土体积膨胀度不应小于 24mL/2g。

（4）抗拉强度不应小于 800N/10cm。

（5）抗剥强度不应小于 65N/10cm。

（6）渗透系数应小于 5.0×10^{-11} m/s。

（7）抗静水压力 0.6MPa/1h，无渗漏。

7.2.5.3　材料要求

（1）外观质量应满足下列要求：

- 表面平整；
- 厚度均匀；
- 无破洞、破边；
- 无残留断针；
- 针刺均匀。

（2）长度和宽度尺寸偏差应符合表 7-6 的要求。

尺寸偏差 表 7-6

序号	项目	指标	允许偏差,%
1	长度/m	按设计或合同规定	−1
2	宽度/m	按设计或合同规定	−1

（3）GCL 的技术性能指标详见附录 V （表 V-3）。

7.2.6 防渗辅助材料

7.2.6.1 非织造土工布

（1）基本要求

非织造土工布的施工应符合国家现行标准《生活垃圾卫生填埋场防渗系统工程技术规范》CJJ 113 - 2007 中第 5.4 节（详见附录 Ⅳ）的规定，材料要求应符合国家现行标准《长丝纺粘针刺非织造土工布》GB/T 17639 - 2008 的规定，材料测试方法见附录 Ⅵ。

（2）设计要求

① 非织造土工布用作 HDPE 膜保护材料时，规格不应小于 $600g/m^2$。

② 非织造土工布质量计算见本章 7.3.2。

（3）材料要求

① 单位面积质量、尺寸规格与允许偏差

非织造土工布的常用规格与允许偏差应符合表 7-7 的要求。

产品规格系列与偏差 表 7-7

项目	指　　标						
规格 （g/m²）	200	300	400	500	600	800	1000
单位面积质量偏差（%）	±6						
厚度（mm）	2.0±0.2	2.4±0.2	3.1±0.3	3.8±0.3	4.1±0.4	5.0±0.5	6.5±0.6
幅宽（m）	≥4.0						
标称宽度偏差（%）	±0.5						

② 性能

生活垃圾填埋场用非织造土工布的主要技术参数应符合表 7-8 的要求。

垃圾填埋场防渗保护、导排土工布主要技术参数要求 表 7-8

项目		断裂强度 ≥ (kN/m)	断裂伸长率 (%)	顶破强力 ≥ (kN)	等效孔径 O_{90} (mm)	垂直渗透系数 (cm/s)	撕破强力 ≥ (kN)	人工气候老化断裂强度保留率 (%存留)	人工气候老化断裂伸长率保留率 (%存留)
规格 g/m²	200	11.0		2.1			0.28		
	300	16.5		3.2			0.42		
	400	22.0		4.3		$k×(10^{-1}$	0.56		
	500	27.5	40～80	5.8	0.05～0.20	～10^{-3}）	0.70	≥70	≥70
	600	33.0		7.0		$k=1.0～9.9$	0.82		
	800	44.0		8.7			1.10		
	1000	55.0		9.4			1.25		

注：等效孔径 O_{90} 表示土工布中有 90%的孔径低于该值。

③ 外观质量

非织造土工布的外观质量应符合表7-9的要求。

非织造土工布外观质量标准 表 7-9

序号	项目（瑕疵）	轻缺陷	重缺陷
1	布面不匀、折痕	轻微	严重
2	杂物	软质，粗≤3mm	硬质；软质，粗＞3mm
3	边不良	≤300cm时，每50cm计一处	＞300cm
4	破损	≤0.5cm	＞0.5cm；破洞

注：破损以疵点最大长度计。

在一卷土工布上不允许存在重缺陷，轻缺陷每 200m² 不应超过 5 个。

7.2.6.2 土工滤网

（1）基本要求

土工滤网的施工应符合国家现行标准《生活垃圾卫生填埋场防渗系统工程技术规范》CJJ 113-2007中第5.4节（详见附录Ⅳ）的规定。材料测试方法见附录Ⅵ。

（2）设计要求

① 土工滤网用于盲沟和渗沥液收集导排层的反滤材料时，规格不宜小于 200g/m²。

② 土工滤网长久暴露时，应充分考虑其抗老化性能。

③ 土工滤网应充分考虑其防淤堵性能。

（3）材料要求

①土工滤网幅宽宜大于等于3000mm，幅宽及偏差应符合表7-10的规定。

土工滤网幅宽及偏差 表 7-10

项 目	指 标			
幅宽/mm	3000	4000	5000	6000
偏差/%	≥-0.5			

② 外观疵点分为轻缺陷和重缺陷（见表7-11）。每一种产品上不允许存在重缺陷，轻缺陷每 200m² 不应超过 5 个。

外观疵点的评定 表 7-11

序号	疵点名称	轻缺陷	重缺陷	备注
1	断纱、缺纱	分散的，≤2根	并列的，＞2根	
2	杂物	软质，粗≤5mm	硬质；软质，粗＞5mm	
3	边不良	≤300cm时，每50cm计一处	＞300cm	
4	破损	≤0.5cm	＞0.5cm；破损	以疵点最大长度计
5	稀路	10cm内少2根	10cm内少3根	
6	其他	参照相似疵点评定		

③ 产品技术指标应符合附录Ⅴ（表Ⅴ-4）的规定。

7.2.6.3 土工复合排水网

（1）基本要求

土工复合排水网的施工符合国家现行标准《生活垃圾卫生填埋场防渗系统工程技术规范》CJJ 113－2007 中第 5.6 节（详见附录Ⅳ），材料测试方法见附录Ⅵ。

（2）设计要求

① 土工复合排水网的土工网应为 HDPE 材质，纵向抗拉强度应大于 8kN/m，横向抗拉强度应大于 3kN/m。

② 土工复合排水网的导水率选取应考虑蠕变、土工布嵌入、生物淤堵、化学淤堵和化学沉淀等折减因素。

（3）材料要求

①规格

● 宽度尺寸应大于等于 2000mm，偏差应大于等于－0.5％，宽度及偏差要求可参考表 7-12。

产品宽度及偏差　　　　　　　　　　表 7-12

项　　目	指　　标			
宽度/mm	2000	3000	4000	5000
偏差/％	≥－0.5			

● 材料厚度及偏差应符合表 7-13 的规定。非整数厚度产品可参考执行。

产品厚度及偏差　　　　　　　　　　表 7-13

项　　目	指　　标			
厚度/mm	5.0	6.0	7.0	8.0
极限偏差/％	≥0			

② 外观质量可参考表 7-14 的规定。

产品外观质量　　　　　　　　　　表 7-14

序号	项　　目	要　　求
1	土工排水网切口	黑色、无杂色
2	土工排水网气泡和杂质	不允许
3	土工布破损	不允许

③ 土工复合排水网产品技术指标可参考表 7-15 的内容。

产品技术指标　　　　　　　　　　表 7-15

项目	指标	测试值
土工排水网	密度（g/cm³）	≥0.932
	碳黑含量（％）	2～3
	纵向拉伸强度（kN/m）	≥10
土工复合排水网	纵向导水率（m²/s）	
	剥离强度（kN/m）	≥0.17
	土工布单位面积质量（g/m²）	≥200

7.2.7 防渗材料锚固

7.2.7.1 防渗系统的 HDPE 膜应与下垫层构成一个整体，其外缘应拉出进行锚固。

7.2.7.2 防渗材料可采用的常见锚固方法有：矩形覆土锚固沟，水平覆土锚固、"V"型槽覆土锚固和混凝土锚固（图 7-5），其对应施工方法如表 7-16 所示。

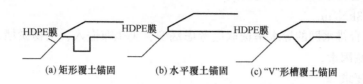

图 7-5 常见的锚固方法示意图

常见的锚固方式   表 7-16

锚固方式	施 工 方 法
矩形锚固 （图 7-6）	在锚固平台一侧开挖一矩形的槽，然后将膜拉过护道并铺入槽中，填土覆盖。比较而言，矩形槽锚固方法安全更好，应用较多
水平锚固	将膜拉到护道上，然后用土覆盖。这种方法通常不够牢固
"V"形槽锚固	锚固平台一侧开挖"V"字形槽，然后将膜拉过护道并铺入槽中，填土覆盖。这种方法对开挖空间要求略大
混凝土锚固	施工比较麻烦，目前使用较少

7.2.7.3 锚固沟设计要求

（1）锚固沟（图 7-7）距离边坡边缘不宜小于 800mm。

（2）防渗材料转折处不得存在直角的刚性结构，均宜做成弧形结构。

（3）锚固沟断面应根据锚固形式结合实际情况加以计算，且不宜小于 800mm×800mm。

（4）锚固沟中压实度不得小于 93％。

（5）锚固沟设计的相关参数的计算见 7.3 设计计算中的 7.3.3。

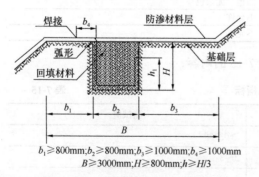

$b_1 \geqslant 800mm; b_2 \geqslant 800mm; b_3 \geqslant 1000mm; b_4 \geqslant 1000mm$
$B \geqslant 3000mm; H \geqslant 800mm; h \geqslant H/3$

图 7-6 边坡矩形锚固平台典型结构图

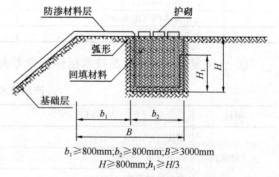

$b_1 \geqslant 800mm; b_2 \geqslant 800mm; B \geqslant 3000mm$
$H \geqslant 800mm; h_1 \geqslant H/3$

图 7-7 终场矩形锚固沟典型结构图

7.2.7.4 锚固沟位置应根据实际地形状况设置，库区四周边坡的坡高与坡长不宜超过表 7-17 的限制要求。

库区边坡坡高与坡长限制值					表 7-17
边坡坡度	>1:2	1:2~1:3	1:3~1:4	1:4~1:5	<1:5
限制坡高（m）	10	15	15	15	12
限制坡长（m）	22.5	40	50	55	60

7.2.7.5 岩石边坡、陡坡及调节池等混凝土上的锚固，可采用 HDPE 嵌钉膜、HDPE E 型锁条、机械锚固等锚固方式进行锚固。

7.2.7.6 防渗系统的竖管、横管或斜管穿过 HDPE 膜时，穿管与 HDPE 膜的接口应进行防渗漏处理。

7.2.8 特殊情况下的防渗要求

7.2.8.1 场地岩石层的防渗要求

（1）对棱角较大的岩石区域或不稳定岩石区域土工膜铺设前，为确保水泥砂浆喷浆或抹面的稳定，可采用锚杆固定钢丝网（5cm×5cm）于岩石表面，在其上进行喷浆或抹面处理。

（2）喷浆宜采用 M7.5 水泥砂浆，喷浆厚度为 5~10cm，局部仍有棱角出露，再通过 M7.5 水泥砂浆抹面处理。

（3）面积较小的不稳定岩面，可直接喷浆。

7.2.8.2 场地泉眼的防渗要求

（1）在平整过程中在库底或边坡遇到泉眼，应根据泉眼的类型、泉流量等来进行处理，处理办法为堵或者疏导。

（2）边坡有泉水溢出的场地，在铺设防渗膜前宜在边坡上铺设土工布或排水片材导流层将泉水导流至库底地下水导流层，防止防渗膜被顶起或破坏。

（3）地下水盲沟处的地下水出溢点及泉眼，宜采用管道或盲沟将其引出至地下水收集系统。

7.2.8.3 穿管和竖井的防渗要求

（1）接触垃圾的穿管管外宜采用 HDPE 膜包裹。

（2）穿管与防渗膜边界刚性连接时，宜采用混凝土锚固块作为连接基座，混凝土锚固块建在连接管上，管及膜固定在混凝土内。

（3）穿管与防渗膜边界弹性连接时，穿管不得直接焊接在 HDPE 防渗膜上。

（4）置于 HDPE 防渗膜上的竖井（如渗沥液提升竖井、检修竖井等），井底和 HDPE 膜之间应设置衬里层。

7.2.9 防渗结构渗漏破损检测要求

7.2.9.1 渗漏破损探测技术能准确探测与定位在生活垃圾填埋场内的填埋库区、调节池、集液井、封场覆盖等区域所铺设防渗土工膜的渗漏破损。

7.2.9.2 垃圾填埋库区底部土工膜上铺设粒状渗沥液导排层或者砂/土保护层的区域，以及采用土工膜防渗的渗沥液调节池、集液井等，宜进行渗漏破损探测。

7.2.9.3 垃圾填埋库区边坡未铺设粒状渗滤液导排层的区域，可选择进行渗漏破损探测。

7.2.9.4 采用土工膜封场的填埋场，宜选择性进行渗漏破损探测。

7.2.9.5 渗漏破损探测工作程序见图 7-8。

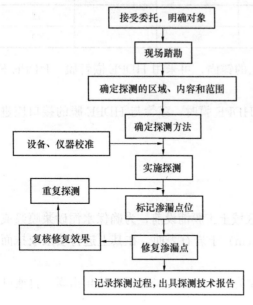

图 7-8 渗漏破损探测工作程序图

7.2.9.6 现场踏勘宜完成以下工作：

（1）收集工程的施工设计图，设计变更，施工记录，防渗膜的规格和产地，防渗结构及材料种类、性能参数，铺设作业方式等情况；

（2）了解场地的地形地貌、工程地质和水文地质等情况；

（3）了解探测区域的环境条件，电力供应等情况；

（4）进一步明确探测的目的、区域、内容、范围和委托方的具体要求。

7.2.9.7 根据踏勘掌握的情况结合探测的目的、区域、内容和范围，合理选择探测的方法及其相关的仪器设备。

7.2.9.8 避免使用放射性同位素示踪法等对环境存在潜在威胁的方法。

7.2.9.9 填埋场在垃圾填埋后发现有渗漏，宜及时停止填埋作业，并对未填埋区域进行渗漏破损探测，确认没有破损缺陷后，将已填埋垃圾翻堆到已探测完成并确认没有破损的区域，再对已填垃圾区域进行探测，并进行修补。

7.2.9.10 可根据防渗土工膜渗漏破损探测结果，对防渗土工膜及其施工质量进行评价。以平均每 $10000m^2$ 探测到的破损孔洞总面积作为评价指标，防渗结构渗漏破损检测评价可参考表 7-18。

防渗结构渗漏破损检测评价表 表 7-18

等级	评价标准（以 $10000m^2$ 作为一个分区面积）
优秀	探测到的破损孔洞总面积不大于 $0.25cm^2$
良好	探测到的破损孔洞总面积不大于 $2.5cm^2$
一般	探测到的破损孔洞总面积不大于 $7.5cm^2$
差	探测到的破损孔洞总面积大于 $7.5cm^2$

7.2.9.11 探测过程中，应按照国家现行标准《电业安全作业规程》DL 408、《施工现场临时用电安全技术规范》JGJ 46 和《特低电压（ELV）限值》GB/T 3805 等的要求，安全用电，设置警示标记，保障作业人员人身安全。

7.2.9.12 探测方法包括水枪法、电火花法、双电极法和高密度电阻率法等四种，探测方法一览表见附录Ⅶ（一）。

7.2.9.13 施工期间膜的渗漏破损探测可采用水枪法或电火花法；防渗系统施工完成后（填埋垃圾之前）膜的渗漏破损探测可采用双电极法；运行期和封场后膜的渗漏破损探测可采用高密度电阻率法。四种探测方法的步骤及要求见附录Ⅶ（二）。

7.2.9.14 探测到的防渗土工膜破损部分应进行修补，修补完成后应恢复防渗系统；破损修补和结构层恢复应符合国家现行标准《生活垃圾卫生填埋场防渗系统工程技术规范》CJJ 113（详见附录Ⅳ）的要求。

7.2.9.15 渗漏破损孔洞修补完成后宜对 5m 半径范围内的防渗土工膜进行复测，直至确认没有渗漏破损点为止。

7.2.10　地下水导排设计要求

7.2.10.1 进行地下水导排设计前应进行填埋场场地水文地质勘查。水文地质勘察要求参见本指南第 3 章相关内容。

7.2.10.2 地下水水量的计算或校核应区分以下四种情况：

（1）库区远离含水层边界；

（2）库区边缘降水；

（3）库区位于两地表水体之间；

（4）库区靠近隔水边界。

7.2.10.3 库区和调节池基础层底部应保证与地下水年最高水位保持 1m 以上的距离；当不足 1m 时，应设置地下水导排系统。

7.2.10.4 对于山谷型填埋场和开挖较深的库区应设置地下水导排系统，以防止径流水通过边坡浸入库底影响防渗系统功能。

7.2.10.5 地下水导排可采用碎石导流层、地下水导排盲沟、土工复合排水网导流层、抽水泵抽水等。

7.2.10.6 地下水导流层、地下水导排盲沟设计要求

（1）地下水导流层顶部距防渗系统基础层底部不宜小于 1m。

（2）地下水导流层与渗沥液导流层计算相同，见第 9 章的渗沥液导排设计部分。

（3）碎石导流层厚度不应小于 300mm，同时碎石层上、下宜铺设反滤层以防止淤堵。

（4）地下水导排盲沟可采用直线型或树枝型的导排方式，应在计算地下水导排管的导排能力基础上选择导排盲沟方式。

（5）地下水导流管径应根据地下水水量确定，干管管径不宜小于 250mm，支管管径不宜小于 200mm。

（6）山谷型填埋场可在库底设置地下水导排盲沟。

（7）地下水位较高的填埋场宜采用满铺地下水导排形式。

（8）地下水位较低，但有泉涌存在的填埋场可只考虑地下水导排盲沟方式。

7.2.10.7 当填埋库区所处地质为不透水层时，地下水导排可采用垂直防渗方式。

7.2.11　垂直防渗设计

7.2.11.1 垂直防渗系统的渗透系数 k_s 不宜大于 1.0×10^{-5} cm/s。

7.2.11.2 垂直防渗系统宜深入到渗透系数不大于 1.0×10^{-7} cm/s 的隔水层中；嵌入深度原则上不宜小于 2m；若相对不透水层较深，可根据渗流分析，并结合类似工程研究确定。

7.2.11.3 当采用多排灌浆帷幕时，灌浆的孔和排距应通过灌浆试验确定，孔径可选用

2～3m，排数可根据帷幕厚度确定。

7.2.11.4 防渗帷幕厚度与深度的计算见本章的 7.3.6。

7.2.11.5 垂直防渗除用于地下水导排外，还可用于老填埋场扩建和封场的防渗整治工程，也可用于离水库、湖泊、江河等大型水域较近的填埋场，防止雨季水域漫出对填埋场产生破坏及填埋场对水域的污染。

7.3 设计计算

7.3.1 不同防渗结构渗透计算

7.3.1.1 压实黏土衬里

用达西定律来计算压实黏土衬里的渗漏率，达西定律（公式 7-1）为流体通过多孔介质的方程：

$$Q = k_s i A \tag{7-1}$$

式中：Q——通过衬里的渗漏量，cm^3/s；

k_s——土体的渗透系数，cm/s；

i——水力梯度；

A——流体穿过的面积，cm^2。

水力梯度见公式（7-2）：

$$i = (h + D)/D \tag{7-2}$$

式中：i——水力梯度；

h——衬里上方水头，m；

D——压实黏土衬里厚度，m。

渗沥液透过压实黏土层需要的时间采用公式（7-3）计算：

$$T = D/k_s i = D^2/k_s(h + D) \tag{7-3}$$

7.3.1.2 单层土工膜衬里—HDPE 土工膜衬里，下方为高透水性土层

（1）假定 HDPE 土工膜衬里中有一个或多个小圆孔，这些孔被彼此分隔开，使得每个孔的渗漏都可以独立于其他孔。HDPE 土工膜下方高透水性土层对 HDPE 土工膜上小孔的渗漏没有阻力，则可以用伯努利方程估算穿过 HDPE 土工膜上孔的渗漏率。

（2）伯努利方程（公式 7-4）：

$$Q = C_b a (2gh)^{0.5} \tag{7-4}$$

式中：Q——HDPE 土工膜的渗透量，cm^3/s；

C_b——渗流系数，对圆孔大约值为 0.6；

a——HDPE 土工膜中一个圆孔的面积，cm^2；

g——重力加速度，$981cm/s^2$；

h——衬里上水头，cm。

（3）渗沥液透过 HDPE 土工膜衬里需要的时间采用公式（7-3）计算。

7.3.1.3 复合衬里

（1）复合衬里系统可采用 HDPE 土工膜＋低透水性压实黏土，也可采用 HDPE 土工膜＋钠基膨润土垫。

（2）HDPE 土工膜与压实黏土衬里或钠基膨润土垫之间的接合质量是控制通过衬里渗漏率的关键因素，接合质量决定了渗沥液渗漏时湿化区的半径，而湿化区的半径直接决定了渗漏量的大小。

（3）接合较好的情况可采用公式（7-5）计算穿过复合衬里中 HDPE 土工膜上一个圆孔的渗漏量：

$$Q = 0.21a^{0.1}h^{0.9}k_s^{0.74} \tag{7-5}$$

（4）接合较差的情况可采用公式（7-6）计算穿过复合衬里中 HDPE 土工膜上一个圆孔的渗漏量：

$$Q = 1.15a^{0.1}h^{0.9}k_s^{0.74} \tag{7-6}$$

式中：Q——HDPE 土工膜上有一小圆孔的渗漏率，m^3/s；

　　　a——HDPE 土工膜上小圆孔的面积，m^2；

　　　h——HDPE 土工膜上水头，m；

　　　k_s——复合衬里中低透水土层的渗透系数，m/s。

（5）渗沥液透过复合衬里需要的时间采用公式（7-3）计算。

7.3.2 非织造土工布质量计算

非织造土工布质量计算推荐采用"安全系数函数计算"方法，对土工布保护层的规格进行计算。计算见公式（7-7）：

$$F_s = \frac{P_{allow}}{P_{act}} \tag{7-7}$$

式中：F_s——防 HDPE 膜穿刺的安全系数；

　　　P_{allow}——不同规格土工布的允许压力；

　　　P_{act}——堆体产生的实际压力。

非织造土工布的允许压力（P_{allow}）由方程式（7-8）确定：

$$P_{allow} = \left[50 + 0.00045 \frac{M}{H^2} \right] \times \left[\frac{1}{MF_S \times MF_{PD} \times MF_A} \right]$$
$$\times \left[\frac{1}{RF_{CR} \times RF_{CBD}} \right] \tag{7-8}$$

式中：P_{allow}——允许压力；

　　　M——土工布克重（单位面积土工布质量）；

　　　H——碎石凸起高度；

　　　MF_S——凸起形态调整系数；

　　　MF_{PD}——压实密度调整系数；

　　　RF_{CR}——土工布长期蠕变折减系数；

　　　RF_{CBD}——土工布长期生化降解折减系数；

　　　MF_A——固体拱调整系数。

各种系数的取值方法如下：

MF_S——0.5~1.0（有尖角取 1.0，略圆的取 0.5）；

MF_{PD}——0.83~1.0；

MF_A——0.75~1.0；

RF_{CBD}——1.1~1.5；

RF_{CR}——1.0~1.5。

由公式（7-7）、（7-8）可以求出非织造土工布克重 M。根据《生活垃圾卫生填埋场防渗系统工程技术规范》CJJ 113 - 2007 中 4.3. 的规定，非织造土工布克重不应小于 $600g/m^2$。在工程设计中，应结合垃圾容重、填埋深度等工程实际情况选取合适的参数，并根据标准选择合适的土工布规格。

7.3.3 HDPE 土工膜厚度计算

（1）HDPE 土工膜在水平和坡面铺设时，其单宽土工膜所受拉力计算采用薄膜理论公式（7-9）：

$$T = 0.11pa/\sqrt{\varepsilon} \tag{7-9}$$

式中：T——单宽土工膜所受拉力，kN/m；

p——膜承受的垂直压力，即垃圾压力荷载，kPa；

a——圆的直径，m；对于紧密的颗粒均匀的卵石层，其空隙直径约为均匀粒径的 1/2.5。

ε——膜的拉应变，%，由预先设定的膜厚度确定，可取 12%。

（2）HDPE 土工膜的强度设计需要满足公式（7-10）：

$$F_s = T_f/T \tag{7-10}$$

式中：T_f——土工膜的极限抗拉强度，kN/m，由预先设定的膜厚度确定，可参考表 7-19；

T——土工膜实际所受拉力，kN/m；

F_s——安全系数，F_s 应不小于 10。

HDPE 土工膜极限抗拉强度表

表 7-19

厚度	1.50mm	2.00mm	2.50mm	3.00mm
极限抗拉强度 （N/mm）	22	29	37	44

（3）不同厚度的 HDPE 土工膜所受的拉力不同，通过计算值，可选择合适的土工膜，最终设计取值不应小于 1.5mm。

（4）测得的极限抗拉强度 T 用于设计时应按公式（7-11）予以折减，具体可按表 7-20 的规定取值

$$T_a = \frac{1}{F_{iD}F_{cR}F_{cD}F_{bD}}T_f \tag{7-11}$$

式中：T_a——材料的许可抗拉强度；

T_f——极限抗拉强度；

F_{iD}——考虑铺设时机械破坏影响系数；

F_{cR}——考虑材料蠕变影响系数；

F_{cD}——考虑化学剂破坏影响系数；

F_{bD}——考虑生物破坏影响系数。

土工织物强度的最低影响系数　　　　　　　　表 7-20

适用范围	影 响 系 数			
	F_{iD}	F_{cR}	F_{cD}	F_{bD}
垃圾坝	1.1～2.0	2.0～3.0	1.0～1.5	1.0～1.3
承载力	1.1～2.0	2.0～4.0	1.0～1.5	1.0～1.3
斜坡稳定	1.1～1.5	1.5～2.0	1.0～1.5	1.0～1.3

注：1　临时性工程取小值。

　　2　系数乘积（$F_{iD}F_{cR}F_{cD}F_{bD}$）最小不应小于 2.5。

7.3.4　锚固沟设计计算

　　锚固沟的设计计算以矩形锚固沟为例，分为库区终场锚固沟和边坡中间锚固沟两种情况进行计算。

7.3.4.1　库区终场锚固沟的计算

　　（1）库区边界伸出 HDPE 土工膜部分进行锚固的构造示意见图 7-9。为了建立静力平衡方程，假设锚固沟端有一个无摩擦的滑轮，将 HDPE 土工膜考虑成连续形式。

　　（2）由图 7-9，按力的平衡方程，可推导得相应的设计方程：

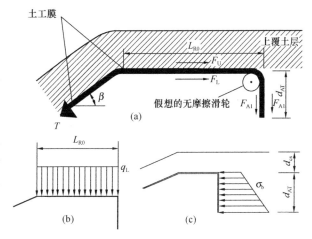

图 7-9　有锚固的 HDPE 土工膜伸出部分横断面图与相对应的应力及受力图

$$T_{允许} = \frac{\gamma d_{cs} L_{R0} \tan\delta_L + 2 \times (1 - \sin\varphi)\gamma(d_{cs} + 0.5d_{AT})d_{AT}\tan\delta_{AT}}{\cos\beta - \sin\beta\tan\delta_L} \tag{7-12}$$

或

$$T_{允许} = \frac{q_L L_{R0} \tan\delta_L + 2K_0(\sigma_v)_{ave}d_{AT}\tan\delta_{AT}}{\cos\beta - \sin\beta\tan\delta_L} \tag{7-13}$$

式中：$T_{允许}$——等于 $\sigma_{允许}t$，$\sigma_{允许}$ 为 HDPE 土工膜允许应力，可取 $\sigma_{允许} = \sigma_{极限}/F_s$；

　　　$\sigma_{极限}$——HDPE 土工膜极限应力如屈服应力或破坏应力，kPa；

　　　F_s——HDPE 土工膜强度安全系数；

　　　F_U——HDPE 土工膜上方摩擦力（因为上覆土层可能随着土工膜变形而移动，因而假设它是可以忽略的），kN/m；

　　　F_L——HDPE 土工膜下方的摩擦力，kN/m，$F_L = q_L L_{R0}\tan\delta$，$q_L$ 为表面压力可取为 γd_{cs}；

　　　d_{cs}——上覆土层厚度，m；

　　　γ——覆土重力密度，kN/m³；

　　　δ_L——HDPE 土工膜和土之间的摩擦角，°；

147

L_{R0}——伸出长度，m；

$(\sigma_v)_{ave}$——锚固沟平均垂直应力，kPa；$(\sigma_v)_{ave} = \gamma H_{ave}$；

K_0——静止土压力系数，$K_0 = 1 - \sin\varphi$；

φ——回填土内摩擦角，°；

d_{AT}——锚固沟深，m。

7.3.4.2　边坡中部锚固沟的计算

（1）对穿过锚固沟后对 HDPE 土工膜加以锚固的构造示意见图 7-10。为了建立静力平衡方程，在图 7-10 中锚固沟顶底两端假定了两个无摩擦的滑轮，以保证 HDPE 土工膜的连续性。

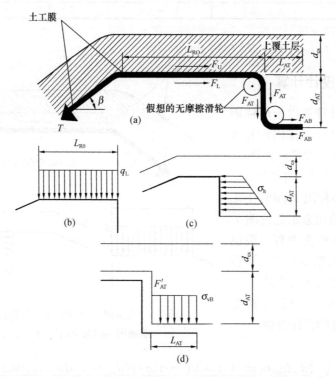

图 7-10　带锚固沟的 HDPE 土工膜伸出部分
横断面图以及相应的应力、受力图

（2）由图 7-10，按力的平衡方程，可以推导出相应的设计式：

$$T_{允许} = \frac{\gamma d_{cs} L_{R0} \tan\delta_L + 2(1-\sin\varphi)\gamma(d_{cs}+0.5d_{AT})d_{AT}\tan\delta_{AT} + 2\gamma(d_{cs}+d_{AT})L_{AT}\tan\delta_{AT}}{\cos\beta - \sin\beta\tan\delta_L} \tag{7-14}$$

或

$$T_{允许} = \frac{q_L L_{R0} \tan\delta_L + 2[K_0(\sigma_v)_{ave}d_{AT} + \sigma_{vB}L_{AT}]\tan\delta_{AT}}{\cos\beta - \sin\beta\tan\delta_L} \tag{7-15}$$

式中：F_U——HDPE 土工膜上方摩擦力，因为上覆土层可以随膜变形而移动，该项可以忽略，kN/m；

F_L——HDPE 土工膜下方的摩擦力，kN/m；

F_{AT}——HDPE 土工膜与锚固沟壁间的摩擦力，作用在 HDPE 土工膜上，kN/m；

F_{AB}——HDPE 土工膜与锚固沟底的摩擦力，kN/m；

q_L——表面压力，kPa，取 γd_{cs}；

d_{cs}——上覆土层的厚度，m；

γ——土的重度，kN/m³；

δ_L——HDPE 土工膜伸出部分与土之间的摩擦角，°；

L_{R0}——HDPE 土工膜伸出部分的长度，m；

$(\sigma_v)_{ave}$——锚固沟半深度处竖向应力，kPa，取 γH_{ave}；

K_0——静止土压力系数，取 $1-\sin\varphi$；

φ——回填土内摩擦角，°；

δ_{AT}——锚固沟内土工膜与回填土间摩擦角，°；

d_{AT}——锚固沟深度，m；

L_{AT}——锚固沟宽度，m；

σ_{vB}——由回填土引起的锚固沟底竖向应力，kPa，取 $\gamma(d_{cs}+d_{AT})$。

7.3.5 地下水导排设计计算

7.3.5.1 均质含水层潜水完整井库区涌水量计算

均质含水层潜水完整井库区涌水量可按图 7-11 计算。

(1) 当库区远离边界时，涌水量可按公式 (7-16) 计算：

$$Q = 1.336k \frac{(2H-S)S}{\lg\left[1+\dfrac{R}{r_0}\right]} \quad (7\text{-}16)$$

式中：Q——库区涌水量；

k——渗透系数；

H——潜水含水层厚度；

S——库区水位降深；

R——降水影响半径；

r_0——库区等效半径。

(2) 边界降水时，涌水量可按公式 (7-17) 计算：

$$Q = 1.336k \frac{(2H-S)S}{\lg\dfrac{2b}{r_0}} \quad b<2R \qquad (7\text{-}17)$$

(3) 当库区位于两个地表水体之间或位于补给区与排泄区之间时，涌水量可按公式 (7-18) 计算：

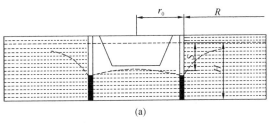

(a)

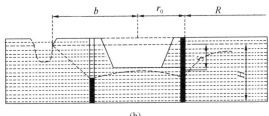

(b)

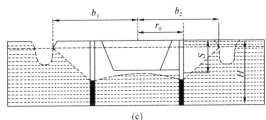

(c)

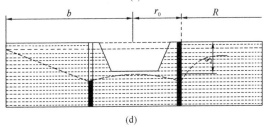

(d)

图 7-11 均质含水层潜水完整井库区涌水量计算简图

(a) 库区远离边界；(b) 岸边降水；(c) 库区位于两地表水体间；(d) 库区靠近隔水边界

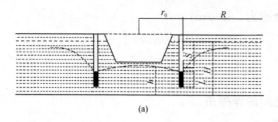

(a)

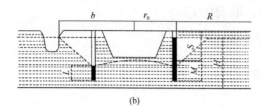

(b)

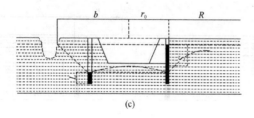

(c)

图 7-12　均质含水层潜水非完整井
库区涌水量计算简图
（a）库区远离边界；（b）近河库区含水层厚度不大；
（c）近河库区含水层厚度很大

$$Q = 1.336k \frac{(2H-S)S}{\lg\left[\dfrac{2(b_1+b_2)}{\pi r_0}\cos\dfrac{\pi(b_1-b_2)}{2(b_1+b_2)}\right]}$$

(7-18)

（4）当库区靠近隔水边界时，涌水量可按公式（5-19）计算：

$$Q = 1.336k \frac{(2H-S)S}{2\lg(R+r_0)-\lg r_0(2b+r_0)}$$

(7-19)

7.3.5.2　均质含水层潜水非完整井库区涌水量计算

均质含水层潜水非完整井库区涌水量可按图 7-12 计算。

（1）库区远离边界时，涌水量可按公式（7-20）计算：

$$Q = 1.336k \frac{H^2-h_m^2}{\lg\left[1+\dfrac{R}{r_0}\right]+\dfrac{h_m-l}{l}\lg\left[1+0.2\dfrac{h_m}{r_0}\right]}$$

(7-20)

$$h_m = \frac{H+h}{2}$$

（2）近河库区降水，含水层厚度不大时，涌水量可按公式（7-21）计算：

$$Q = 1.366kS\left[\frac{l+S}{\lg\dfrac{2b}{r_0}}+\frac{l}{\lg\dfrac{0.66l}{r_0}+0.25\dfrac{l}{M}\times\lg\dfrac{b^2}{M^2-0.14l^2}}\right]$$
$$b > \frac{M}{2}$$

(7-21)

式中：M——由含水层底板到过滤器有效工作部分中点的长度。

（3）近河库区降水，含水层厚度很大时，涌水量可按公式（7-22）计算：

$$Q = 1.366kS\left[\frac{l+S}{\lg\dfrac{2b}{r_0}}+\frac{l}{\lg\dfrac{0.66l}{r_0}-0.22\mathrm{arsh}\dfrac{0.44l}{b}}\right] \quad b > l$$

(7-22)

$$Q = 1.366kS\left[\frac{l+S}{\lg\dfrac{2b}{r_0}}+\frac{1}{\lg\dfrac{0.66l}{r_0}-0.11\dfrac{l}{b}}\right] \quad b < l$$

(7-23)

7.3.5.3　均质含水层承压水完整井库区涌水量计算

均质含水层承压水完整井库区涌水量可按图 7-13 计算。

（1）当库区远离边界时，涌水量可按公式（7-24）计算：

$$Q = 2.73k \frac{MS}{\lg\left[1+\dfrac{R}{r_0}\right]}$$

(7-24)

式中：M——承压含水层厚度。

（2）当库区位于河岸边时，涌水量可按公式（7-25）计算：

$$Q = 2.73k \frac{MS}{\lg \left[\frac{2b}{r_0} \right]} \quad b < 0.5R \tag{7-25}$$

（3）当库区位于两个地表水体之间或位于补给区与排泄区之间时，涌水量可按公式（7-26）计算：

$$Q = 2.73k \frac{MS}{\lg \left[\frac{2(b_1 + b_2)}{\pi r_0} \cos \frac{\pi(b_1 - b_2)}{2(b_1 + b_2)} \right]} \tag{7-26}$$

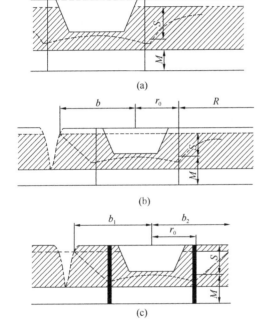

图 7-13 均质含水层承压水完
整井库区涌水量计算图

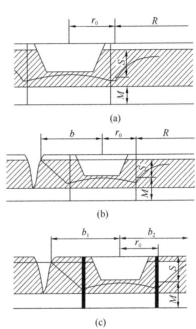

图 7-14 库区位于两个地表水体之间或位
于补给区与排泄区之间涌水量计算图
（a）库区远离边界；（b）库区位于
岸边；（c）库区与两地表水体间

7.3.5.4 均质含水层承压水非完整井库区涌水量计算

均质含水层承压水非完整井库区涌水量可按公式（7-27）计算：

$$Q = 2.73k \frac{MS}{\lg \left(1 + \frac{R}{r_0} \right) + \frac{M - l}{l} \lg \left(1 + 0.2 \frac{M}{r_0} \right)} \tag{7-27}$$

采用承压非完整计算动储量。

7.3.5.5 均质含水层承压—潜水非完整井库区涌水量计算

均质含水层承压—潜水非完整井库区涌水量可按公式（7-28）计算（图7-15）：

$$Q = 1.366k \frac{(2H-M)M-h^2}{\lg\left(1+\dfrac{R}{r_0}\right)} \tag{7-28}$$

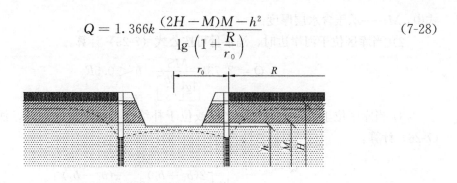

图 7-15 均质含水层承压—潜水非完整井库区涌水量计算图

7.3.5.6 等效半径计算

当库区为圆形时，库区等效半径应取为圆半径，当库区为非圆形时，等效半径可按下列规定计算：

(1) 矩形库区等效半径可按公式（7-29）计算：

$$r_0 = 0.29 \times (a+b) \tag{7-29}$$

式中：a、b——分别为库区的长、短边。

(2) 不规则块状库区等效半径可按公式（7-30）计算：

$$r_0 = \sqrt{A/\pi} \tag{7-30}$$

式中：A——库区面积。

7.3.5.7 降水井影响半径计算

降水井影响半径宜通过试验或根据当地经验确定，当库区侧壁安全等级为二、三级时，可按下列经验公式计算：

(1) 潜水含水层

$$R = 2S \times \sqrt{kH} \tag{7-31}$$

式中：R——降水影响半径，m；

$\quad\ S$——库区水位降深，m；

$\quad\ k$——渗透系数，m/d；

$\quad\ H$——含水层厚度，m。

(2) 承压含水层

$$R = 10S \times \sqrt{k} \tag{7-32}$$

7.3.6 垂直防渗设计计算

7.3.6.1 防渗帷幕厚度的确定

(1) 按抗渗及耐久性要求计算厚度。

防渗帷幕在渗透压力作用下，其耐久性取决于机械力侵蚀和化学溶蚀作用，由于这两种侵蚀破坏作用都与水力坡降密切相关，因此，首先应根据其破坏时的水力梯度来计算防渗帷幕的厚度 T：

$$T = \frac{H}{J_P} \tag{7-33}$$

其中 $$J_P = \frac{J_{\max}}{K}$$

式中：J_P——防渗帷幕的允许水力梯度，对一般水泥黏土浆可采用 3~4；

H——防渗帷幕承受的最大水头，m；

$J_{\max}$——防渗帷幕破坏时的极限水力梯度；

K——安全系数，国内一般采用 $K=5$。

按抗渗性和耐久性计算的帷幕厚度是防渗最小要求的厚度，也是初选帷幕厚度。

（2）通过浙江大学软弱土与环境土工教育部重点实验室的方法计算帷幕厚度。

当帷幕渗透系数不大于 $1.0 \times 10^{-7} \mathrm{cm/s}$ 时，厚度可按公式（7-34）计算：

$$T = F_r \times A \times H^B \tag{7-34}$$

式中：F_r——安全系数，考虑渗透稳定、机械侵蚀、化学溶蚀、施工因素等，宜取 1.5；

H——垂直防渗帷幕上下游水头差（m），上游取与帷幕上游面接触的渗沥液水位，下游水头取与帷幕下游面接触的多年平均地下水位；

A——与帷幕材料阻滞因子有关的系数，可按图 7-16 取值；

B——与帷幕材料扩散系数有关的系数，可按图 7-17 取值。

注：阻滞因子 R_d，重金属污染物可取 3~40；如无经验数据，宜通过试验测定。

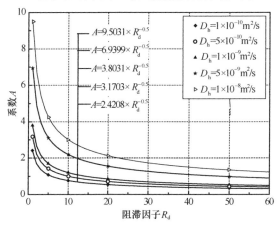

图 7-16 系数 A 取值

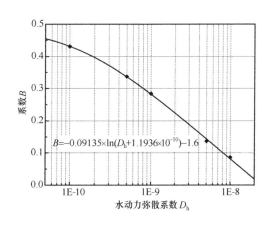

图 7-17 系数 B 的取值

注：水动力弥散系数 D_h，常用取值范围是 $1.0 \times 10^{-8} \mathrm{m^2/s} \sim 1.0 \times 10^{-10} \mathrm{m^2/s}$，如防渗帷幕两侧水头差较大时取大值；如无经验数据，宜通过试验测定。

（3）通过防渗帷幕结构计算的应力应变结果验算帷幕厚度。

根据初选的防渗帷幕厚度进行结构计算，然后对输出的应力应变结果进行检查，检查防渗帷幕的压应力、拉应力、剪应力和应变是否超过防渗帷幕的允许值。如果未超过，说明初选的厚度满足强度要求，否则说明强度不满足，则逐步加大帷幕厚度重新计算，直到满足为止。

（4）综合考虑其他因素确定帷幕厚度。

① 按照上述方法求出的帷幕厚度是最小厚度，还应综合考虑工程地质条件、施工设备的

适应性、环境水质情况以及类似已建工程的经验等因素后，最终确定防渗帷幕的设计厚度。

② 覆盖层和基岩强风化厚度是决定防渗帷幕深度的主要因素，也是影响防渗帷幕厚度的因素。当覆盖层中大漂石或孤石含量较多时，薄的防渗帷幕施工很困难，帷幕厚度应适当考虑厚一些；但在软土地基中帷幕厚度可以薄一些，太厚则容易出现槽孔坍塌。

③ 各种钻机在造孔过程中都会出现偏斜，并且随着孔深增大而加大，会使帷幕的有效厚度变薄。因此，对深度较大的防渗帷幕厚度应适当厚一些。

④ 采用冲击钻造孔的施工方法，最小厚度一般不应小于 0.6m。一般帷幕厚度应以 10cm 为级差，特殊的可以 5cm 为级差。液压抓斗可建造 0.5～2.0m 帷幕厚度的防渗帷幕；再厚的帷幕则需用轮式铣槽机才能施工。

⑤ 当环境水质对混凝土有侵蚀性且没有其他特殊措施时，防渗帷幕的厚度一般不宜小于 0.5m。另外，参考类似工程的资料进行对比分析，验证防渗帷幕的厚度是否合适。通过以上计算分析和综合考虑多种因素可确定出安全合理经济的防渗帷幕厚度。

7.3.6.2 防渗帷幕深度确定

防渗帷幕示意见图 7-18。

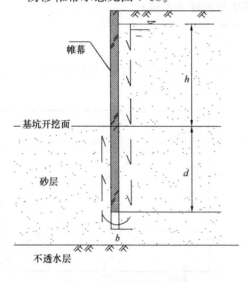

图 7-18 防渗帷幕示意图

（1）当库区外的水绕过帷幕向库区内渗透时，只有当渗透坡降 $i \leqslant [i]$ 时（$[i]$ 为库区底部土的允许渗透坡降），库区底部才不会发生渗透破坏。

（2）选择紧贴板桩的最短渗径计算。此处的渗透坡降将最大：

即
$$i = \frac{h}{h + 2H + d} \tag{7-35}$$

式中：i——水力坡降；

H——帷幕的插入深度；

d——帷幕的高度；

h——坑外水位至坑底的距离。

（3）如库区降水可用坑外稳定降水水位。

（4）库区底部不发生渗透破坏时，防渗帷幕深度为：

$$H \geqslant \frac{h - (h + d)[i]}{2[i]} \tag{7-36}$$

7.4 案例

7.4.1 复合衬里——HDPE 土工膜＋黏土衬里渗透计算

计算当水头为 0.3m 时，复合衬里防渗——HDPE 土工膜衬里，下方为低透水性土层的渗漏率及渗沥液透过压实黏土层需要的时间。

解：

（1）根据**本指南 7.3.1 防渗结构设计**中提供的计算方法，对于复合衬里中接合较好的情况：

$$Q = 0.21a^{0.1}h^{0.9}k_s^{0.74}$$

（2）复合衬里中接合较差的情况：

$$Q = 1.15a^{0.1}h^{0.9}k_s^{0.74}$$

（3）计算得到表 7-21，表 7-21 仅为结合较差时不同情况下的渗漏率。如接合较好，则渗漏率约为计算值的 1/5。

水头为 0.3m 的复合衬里渗漏率计算   表 7-21

下层土的渗透系数 （cm/s）	土工膜上孔的大小 （cm²）	每 4000m² 的孔数	渗漏率 1×10^{-6} m³/（m²·d）
	0.1	1	0.674
	0.1	30	21.34
1.0×10^{-7}	1	1	0.90
	1	30	26.96
	10	1	1.12
	0.1	1	0.112
	0.1	30	3.37
1.0×10^{-8}	1	1	1.12
	1	30	4.49
	10	1	0.225

（4）选择下层土的渗透系数 1.0×10^{-7} cm/s，每 4000（10000）m² 有 30 个 1cm² 的小孔的最不利情况，计算渗沥液透过 0.5m 厚的下层土的时间（采用公式 7-8）：

$$T = D/k_s i = 0.5 \times 106/26.96 = 18546 \text{ 天} = 51 \text{ 年}$$

（5）渗沥液透过的时间为 51 年，大于 40 年，**符合本章 7.2.2.10 的技术要求**。由于有防渗膜在其上对渗沥液的截留，安全性比较高。

7.4.2 E 市生活垃圾填埋场非织造土工布质量计算

——设计背景：

E 市生活垃圾卫生填埋场库区占地约 700 亩，日进场垃圾量为 1200t，最终填埋高度为 75m。垃圾容重按 10kN/m³ 计，渗沥液导流材料粒径按 25mm 计。

——设计内容：

本工程通过对防渗系统在填埋场底的受力条件，防渗材料的物理、化学、生物性质，场底工程及水文地质条件等进行综合分析，采用**本指南 7.3.2 非织造土工布规格计算**提供的方法，按公式（7-7）、（7-8）对膜上、下土工布保护层的规格进行计算。其中 $H = 0.025$m；$MF_s = 0.500$；$MF_{PD} = 0.830$；$RF_{CR} = 1.100$；$RF_{CBD} = 1.115$；$MF_A = 0.750$；$F_s = 4.000$。

$$P_{allow} = F_s \cdot P_{act} = 1500.000 \text{ kN/m}^2;$$

$$M = [(P_{allow} \cdot MF_s \cdot MF_{PD} \cdot MF_A \cdot RF_{CBD} \cdot RF_{CR} - 50) \cdot H^2]/0.00045 = 725\text{g/m}^2 > 600.00 \text{ g/m}^2$$

根据综合计算，本工程膜上土工布保护层的规格应为 725 g/m²，设计取值为 800 g/m²。

7.4.3 E 市生活垃圾填埋场防渗膜厚度计算

——设计背景：

E 设计背景同 7.4.2。

——设计内容：

结合国内外已有填埋场工程经验，本工程拟采用 HDPE 膜作为防渗材料。

(1) 厚度

根据**本指南 7.3.3 HDPE 土工膜参数计算**提供的方法，按公式（7-9）：

$$T = 0.11 pa \sqrt{\varepsilon}$$

ε 按 12% 计，计算可得

$$T = 2.38 \text{kN/m}$$

按（7-2），可计算出 T_f 的最小值为

$$T_f = F_s \cdot T = 23.8 \text{kN/m}$$

查表 7-19 知，应至少选用 2.0mm 厚 HDPE 膜。设计中防渗层选择 2.0mm 厚的 HDPE 膜。

(2) 幅宽

渗漏现象的发生，大多是由于土工膜焊接处的渗漏，而土工膜焊接量的多少与材料的幅宽密切相关。因此，宜选用宽幅的 HDPE 膜。本工程拟选择宽度大于 7.0m 的 HDPE 膜。

(3) 摩擦性能

由于场底坡整后坡度较缓，场底 HDPE 膜发生滑动的可能性较小，可选择光面的宽幅 HDPE 膜。而坡面场地高差、坡度较大，场底 HDPE 膜发生滑动的可能性较大，则需要考虑到不同材料之间的相对滑动对防渗系统造成的破坏，根据有关经验数据，光面膜与土工布的摩擦角只有 11°，与细沙的摩擦角也只有 18°，而粗糙的摩擦角可达到 30°，从安全性的角度出发，为减少场地沉降产生对坡面 HDPE 膜的拉力而发生滑移现象，从安全性的角度出发，本工程对于库区坡面选择双糙面的宽幅 HDPE 膜。

7.4.4 锚固沟尺寸设计计算

0.75mm 厚的 HDPE 土工膜，允许应力 2023.5kPa，1∶3 的边坡，HDPE 土工膜上覆盖层厚 0.3048m，重力密度 13.17kN/m² （回填土重度也为 13.17kN/m²），衬里与土之间的摩擦角为 20°，土体的内摩擦角为 30°，确定带 0.3048m 深锚固沟的伸出长度及锚固沟深度为零的伸出长度。

解：

根据本指南 7.3.4.1 库区边界锚固沟的计算中提供的计算方法，可知：

$$T_{允许}(\cos\beta) = F_U + F_L + 2F_{AT}$$

$$\sigma_{允许} t(\cos\beta - \sin\beta\tan\delta) = 0 + q_L(\tan\delta)(L_{R0}) + 2K_0(\sigma_v)_{aug}\tan\delta(d_{AT})$$

因为 $\sigma_{允许} t \approx (2023.5)(0.75 \times 10^{-3}) = 1.518 \text{kN/m}$

故有

$$1.518(\cos18.4° - \sin18.4°\tan20°) = (1.014)\tan20°(L_{R0}) + 2(0.5)(0.457)(13.17)\tan20°(d_{AT})$$

即 $$1.518(0.834) = 1.4610L_{R0} + 2.1916d_{AT}$$

$$1.266 = 1.4610L_{R0} + 2.1916d_{AT}$$

故：当 $d_{AT} = 0.3084$m 时，$L_{R0} = 0.2743$m；而 $d_{AT} = 0$m 时，$L_{R0} = 0.8839$m。

7.4.5 锚固沟锚固能力计算

计算当 HDPE 土工膜伸出长度为 0.9144m，上覆土层厚 0.3048m。锚固沟宽为 0.6096m，深也为 0.6096m，边坡角 18.4°（1:3），土体重力密度 14.49kN/m²，土体摩擦角为 30°，土与 HDPE 土工膜之间摩擦角 20°时该锚固沟的锚固能力。

解：

根据**本指南 7.3.4.2 边坡中部锚固沟的计算**中提供的计算方法，因为：

$$q_L = \gamma d_{cs} = 14.49 \times 0.3048 = 4.416\text{kPa}$$

$$K_0 = 1 - \sin j = 1 - 0.5 = 0.5$$

$$(s_v)_{ave} = \gamma(d_{cs} + 0.d_{AT}) = 14.49 \times (0.3048 + 0.5 \times 0.6096) = 8.813\text{kPa}$$

$$s_{vB} = \gamma(d_{cs} + d_{AT}) = 14.49(0.3048 + 0.6096) = 13.250\text{kPa}$$

锚固沟的锚固力可由**式（7-15）**计算

$$T = \frac{q_L L_{R0} \tan\delta_L + 2[K_0 (\sigma_v)_{ave} d_{AT} + \sigma_{vB} L_{AT}] \tan\delta_{AT}}{\cos\beta - \sin\beta \tan\delta_L}$$

$$= \frac{4.416(0.6096)\tan20° + 2[(0.5)(8.813)(0.6096) + (13.25)(0.6096)]\tan20°}{\cos18.4° - (\sin18.4°)(\tan20°)}$$

$$= \frac{9.653}{0.834} = 11.57\text{kN/m}^2$$

7.4.6 F市生活垃圾填埋场填埋库区的地下水水量计算及导排设计

——设计背景：

某平原型填埋库区长 390m，宽 320m，开挖平均深度 2.5m，为保证渗沥液自流，局部深至 4.5m。填埋库区远离天然水体。根据建设单位提供的工程地质勘察报告可知，地下水位埋深较浅。

工程地质条件：该工程场地主要土层自上而下第一层为杂填土层 0~1.2m；第二层粉质黏土，可塑状态，层厚 2.8~3.8m，底层最大埋深 3.8m；第三层黏性土互层，以黏土为主，软塑状态，局部夹粉砂层，层厚 1.0~2.8m，底层埋深 4.5~5.6m，属软弱下卧层；第四层细砂，颗粒均匀分选好，层厚 3.2~4.5m，底面埋深 8.9~9.0m，中密状态第五层中砂，控制层厚，控制底层埋 20m 深，密实状态。

水文地质条件：该场地砂层为含水层，含水较丰富，地下水位埋深约为 1.0m，中砂层以下为隔水层。根据单井抽水实验，土层渗透系数为 1.99m/d。

对该填埋库区的地下水水量计算与降水影响半径。

——设计内容：

（1）降水影响半径

潜水含水层厚度：$H = 20 - 1 = 19$m

库区水位降深：$S = 2.5 - 1 = 1.5$m

潜水含水层，根据本指南公式（7-31）：

$$R = 2S \times \sqrt{kH} = 18.45\text{m}$$

（2）涌水量计算

因库区远离天然水体，涌水量可按本指南公式（7-16）计算：

$$Q = 1.336k \frac{(2H - S)S}{\lg\left[1 + \dfrac{R}{r_0}\right]}$$

库区等效半径：$r_0 = \sqrt{\dfrac{320 \times 390}{\pi}} = 199\text{m}$

则涌水量 Q：

$$Q = 1.336\text{k} \frac{(2 \times 19 - 1.5) \times 1.5}{\lg\left[1 + \dfrac{18.45}{190}\right]} = 1.336 \times 1.99 \times \frac{54.75}{0.04} = 3639.0\text{m}^3/\text{d}$$

（3）计算结论：该填埋场地下水的降水影响半径为 18.45m，涌水量为 3639.0m³/d。

参考文献

[1] 钱学德，等. 现代卫生填埋场的设计与施工(第二版)[M]. 中国建筑工业出版社，2011

[2] 垃圾填埋场用非织造土工布(报批稿)[S]

[3] 垃圾填埋场用土工滤网(报批稿)[S]

[4] 垃圾填埋场用土工排水网(报批稿)[S]

[5] 垃圾填埋场人工防渗系统渗漏破损探测技术规程(征求意见稿)[S]

[6] 史波芬.《生活垃圾卫生填埋技术导则》编制研究及工程应用 [D]. 华中科技大学，2011

[7] 何俊，等. 地下水位对垃圾填埋场衬里性能的影响[J]. 水利水电科技进展，2008.2

[8] 朱越秦. 基坑地下水涌水量计算与降水设计[J]. 福建建材工程应用，2009

[9] 姚有朝. 垂直防渗帷幕在平原型卫生填埋场中的运用[J]. 环境工程，2008.6

[10] 丁浪平. 帷幕灌浆技术在城市垃圾填埋场的设计与施工[J]. 工程设计与研究，2006.6

[11] 宋玉田，等. 深基坑防渗帷幕插入深度的分析[J]. 山东水利，2003，8

[12] 姚文秀. 混凝土防渗墙厚度的确定方法[J]. 水利建设与管理，2009.4

[13] 薛强，陈朱蕾，等. 生活垃圾的处理技术与管理[M]. 科技出版社，2007

[14] 董军，等. 坝基防渗措施及导墙[J]. 黑龙江水利科技，2010，6

[15] 邢毓航，等. 固体垃圾填埋场防渗衬垫水力特性研究进展综述[J]. 宁夏工程技术，2012，2

[16] 陈永贵，等. 城市垃圾卫生填埋场垂直防渗技术[J]. 中国给水排水，2007，6

8 防洪及雨污分流系统技术要求与设计计算

本章提出了填埋场防洪系统、填埋库区雨污分流系统和封场雨污分流系统的技术要求；给出了截洪沟、涵管及穿坝管的设计计算；列举了填埋场洪峰流量计算、填埋场上游防洪系统设计、山谷型填埋场库区内雨污分流系统设计的案例。

8.1 引用标准

生活垃圾卫生填埋处理技术规范   GB 50869

防洪标准   GB 50201

生活垃圾卫生填埋场封场技术规程   CJJ 112

生活垃圾填埋场无害化评价标准   CJJ/T 107

生活垃圾卫生填埋处理工程项目建设标准   建标 124

8.2 技术要求

8.2.1 基本要求

8.2.1.1 填埋场防洪系统设计应符合国家现行标准《生活垃圾卫生填埋处理技术规范》GB 50869 和《防洪标准》GB 50201 以及《生活垃圾卫生填埋处理工程项目建设标准》建标 124 - 2009 第二十一条、第二十二条（详见附录Ⅳ）的规定。

8.2.1.2 填埋场防洪系统应按不小于 50 年一遇洪水设计，按 100 年一遇洪水进行校核。

8.2.1.3 封场雨污分流设计应符合现行国家标准《生活垃圾卫生填埋处理技术规范》GB 50869 第 9 章和国家现行标准《生活垃圾卫生填埋场封场技术规程》CJJ 112 - 2007 第 5 章和第 6 章的要求。

8.2.2 填埋场防洪系统

8.2.2.1 填埋场防洪系统根据地形可设置截洪坝和截洪沟以及集水池、洪水提升泵站、洪水导排穿坝管、涵管等构筑物。

8.2.2.2 截洪坝设计要求

（1）山谷型和坡地型填埋场，应根据地形、地质条件在上游和地表径流汇集处设置截洪坝以阻截上游洪水。

（2）截洪坝处汇集的雨水，可通过涵管或者渠道排走，涵管管径计算详见本章的 8.3.2。

（3）截洪坝设计详见本指南第 4 章的相关内容。

8.2.2.3 截洪沟设置要求

(1) 填埋场应根据地形环绕填埋库区设置一条或数条不同高程的截洪沟以阻止场外雨水进入库区。

(2) Ⅰ类填埋场环场道路内外两侧均应设置截洪沟。

(3) 边坡截洪沟应与环场截洪沟相连；边坡临时截洪沟改建成的渗沥液收集盲沟应与场区截洪沟隔断，隔断处可设置集液井。

8.2.2.4 截洪沟尺寸和材料要求

(1) 截洪沟洪水流量可采用小流域洪水设计计算方法，计算过程详见本章的 8.3.1。

(2) 截洪沟可采用的断面形式有：梯形断面、矩形断面和 U 形断面，断面尺寸应根据各段截流洪水流量大小计算确定。

(3) 截洪沟弯曲段中心线的弯曲半径不宜小于设计水面宽度的 5 倍，其最小容许半径的计算详见本章的 8.3.3.4。

(4) 截洪沟修砌材料可选用浆砌块石或砖砌加混凝土衬面，边坡截洪沟可结合锚固沟合建。

8.2.2.5 截洪沟跌水和陡坡设计要求

(1) 截洪沟纵坡坡度大于 1∶10 时，应采用跌水或陡坡设计，以防止渠道冲刷。

(2) 跌水和陡坡进出口段，可设置导流翼墙与上下游沟渠护岸相连接；平面布置宜采用扭曲面连接，也可采用变坡式或者八字墙式连接。

(3) 跌水渠进口导流翼墙的单侧平面收缩角可由进口段长度控制，不宜大于 15°。跌水渠导流翼墙长度 L 的取值由渠底宽 B 与水深 H 的比值确定：

①当 $B/H<2$ 时，$L=2.5H$；

②当 $2\leqslant B/H<3.5$ 时，$L=3.0H$；

③当 $B/H\geqslant 3.5$ 时，$L=3.5H$。

(4) 跌水渠出口导流翼墙的单侧平面扩散角，可取 10°～15°。

(5) 陡坡段平面布置应尽量顺直。

8.2.2.6 截洪沟出水口设计要求

(1) 出水口应根据场区外地形、受纳水体或沟渠位置等确定。

(2) 出水口宜采用八字出水口，并采取防冲刷、消能、加固等措施。

(3) 冻胀影响地区的截洪沟出水口应采用耐冻胀材料砌筑，且其基础应设在冰冻线以下。

(4) 场区外无自然水体或排水沟渠时，截洪沟出水口宜根据场区外地形走向、地表径流流向、地表水体位置等设置排水管渠。

8.2.3 填埋库区雨污分流系统

8.2.3.1 填埋库区应通过分区设计和分区作业实现雨污分流。

8.2.3.2 填埋库区分区设计的渗沥液收集导排和雨水导排应符合现行国家标准《生活垃圾卫生填埋处理技术规范》GB 50869 中 9.2 节（详见附录Ⅳ）的规定。

8.2.3.3 库区分区设计应结合实际地形和考虑填埋作业顺序的不同。平原型填埋场的分区宜以水平分区为主；坡地型、山谷型填埋场的分区设计可以采用水平分区与垂直分区相结合。

8.2.3.4 库区水平分区可通过设置具有防渗功能的分区坝实现。各分区应根据作业顺序铺设不同雨污分流导排管。

（1）上游分区先使用时，导排盲沟途经下游分区段应采用穿孔管与实壁管分别导流上游分区渗沥液与下游分区雨水。

（2）下游分区先使用时，上游库区雨水宜采用实壁管导至下游截洪沟。

8.2.3.5 垂直分区可通过边坡临时截洪沟实现。垂直分区应随垃圾堆高增加，将边坡临时截洪沟逐步改建成渗沥液收集盲沟。

8.2.3.6 库区分区应考虑与分区进场道路的衔接设计，永久性道路及临时性道路的布置应能满足分区建设和作业的需求。

8.2.3.7 使用年限较长的分区，宜进一步划分作业分区实现雨污分流。作业分区可根据一定时间填埋量（如周填埋量、月填埋量）划分填埋作业区，各作业区之间宜采用沙袋堤或小土坝隔开。

8.2.3.8 填埋库区分区作业的雨污分流要求应符合国家现行标准《生活垃圾填埋场无害化评价标准》CJJ/T 107 的规定。

8.2.3.9 作业分区的雨污分流可通过中间覆盖和日覆盖实现。

（1）每一作业区完成阶段性高度后，暂时不在其上继续进行填埋时，应进行中间覆盖。覆盖层厚度应根据覆盖材料确定。采用 HDPE 膜或覆盖层厚度应根据覆盖材料确定。采用 HDPE 膜或 LLDPE 膜覆盖时，膜的厚度宜为 0.5mm。

（2）覆盖材料宜向四周形成一定的坡度，其坡度应满足雨水导排要求。

8.2.3.10 未作业分区的雨水应通过管道导排或泵抽排的方法排入截洪沟等排水设施。

8.2.4 封场雨污分流系统

8.2.4.1 封场雨污分流设计的内容应包括封场排水层和排水沟。

8.2.4.2 封场排水层应包括顶坡排水层和边坡排水层，其设计应符合国家现行标准《生活垃圾卫生填埋场封场技术规程》CJJ 112 - 2007 第 5.0.3 条（详见附录Ⅳ）的要求。

8.2.4.3 封场顶坡排水层的材料宜采用粗粒或土工复合排水网，排水层应与填埋库区四周的排水沟相连；粗粒作为排水层材料时，排水层的厚度不应小于 300mm，粗粒的渗透系数应大于 1.0×10^{-2} m/s。

8.2.4.4 边坡排水层的材料宜采用土工复合排水网，排水层应与填埋库区四周的排水沟相连。

8.2.4.5 排水沟设计可参考以下要求：

（1）封场排水沟宜与马道平台一起修筑，且应保持一定坡度。

（2）排水沟应通过涵管（渠道）与填埋场截洪沟连通。

（3）排水沟断面形式可选择矩形、梯形或 U 形，断面尺寸根据雨水流量确定。

（4）排水沟可选择砖砌加混凝土衬面、碎石垫底砖砌建造。

8.3 设计计算

本章设计计算包括洪水流量计算、截洪沟设计计算及涵管、穿坝管设计计算。

8.3.1 洪水流量计算

洪水流量计算采用小流域设计洪水计算方法。

(1) 当填埋场汇水面积小于 $10km^2$ 或填埋场建设区域缺少相关气象资料时，可采用公路研究所经验公式（8-1）进行洪水流量计算。

$$Q_p = KF^n \tag{8-1}$$

式中：Q_P——设计频率下的洪峰流量，m^3/s；

K——径流模数，可根据表 8-1 进行取值；

F——流域的汇水面积，km^2；

n——面积参数，当 $F<1km^2$ 时，$n=1$；当 $F>1km^2$ 时，可按照表 8-2 进行取值。

径流模数 K 值　　　　　　　　　　　　　表 8-1

重现期（a）	华北	东北	东南沿海	西南	华中	黄土高原
2	8.1	8.0	11.0	9.0	10.0	5.5
5	13.0	11.5	15.0	12.0	14.0	6.0
10	16.5	13.5	18.0	14.0	17.0	7.5
15	18.0	14.6	19.5	14.5	18.0	7.7
*20	18.8	15.2	20.8	15.3	18.8	8.1
25	19.5	15.8	22.0	16.0	19.6	8.5

注：重现期为 50a 时，可用 25a 的 K 值乘以 1.20；重现期 20a 数据根据内插法得出。

面积参数 n 值　　　　　　　　　　　　　表 8-2

地区	华北	东北	东南沿海	西南	华中	黄土高原
n	0.75	0.85	0.75	0.85	0.75	0.80

(2) 当填埋场所在区域相关气象资料较为完整时，可采用暴雨强度公式（8-3）计算洪水设计流量 Q。

设计暴雨强度可参考式（8-2）计算：

$$q = \frac{167A_1 \left(1 + C\log P\right)}{(t+b)^n} \tag{8-2}$$

式中：　q——设计暴雨强度，$L/(s \cdot hm^2)$；

t——降雨历时，min；

P——设计重现期，年；

A_1，C，b，n——参数，根据统计方法进行确定。具有 10 年以上自动雨量记录的地区，设计暴雨强度计算公式可根据以下条款进行设计。

●本方法适用于具有 10 年以上自动雨量记录的地区。

●计算降雨历时采用 5 min、10min、15min、20 min、30min、45 min、60 min、90min、120 min 共九个历时。计算降雨重现期宜按 0.25 年、0.33 年、0.5 年、1 年、2 年、3 年、5 年、10 年统计。资料条件较好时（资料年数≥20 年、子样点的排列比较规律），也可统计高于 10 年的重现期。

●取样方法宜采用年多个样法，每年每个历时选择 6～8 个最大值，然后不论年次，将每个历时子样按大小次序排列，再从中选择资料年数的 3～4 倍的最大值，作为统计的基础资料。

●选取的各历时降雨资料，可采用频率曲线加以调整。当精度要求不太高时，可采用经验频率曲线，当精度要求较高时，可采用皮尔逊Ⅲ型分布曲线或指数分布曲线等理论频率曲线。根据确定的频率曲线. 得出重现期、降雨强度和降雨历时三者的关系，即 P、i、t 关系值。

●根据 P、i、f 关系值求得 b、m、A、c 各个参数，可用解析法、图解与计算结合法或图解法等方法进行。将求得的各参数代入式（12-1），即得当地的暴雨强度公式。

●计算抽样误差和暴雨公式均方差。宜按绝对均方差计算，也可辅以相对均方差计算。计算重现期在 0.25～10 年时，在一般强度的地方，平均绝对方差不宜大于 0.05mm/min。在较大强度的地方，平均相对方差不宜大于 5%。

洪水设计流量可按公式（8-3）进行计算。

$$Q = q\psi F \qquad (8-3)$$

式中：Q—— 洪水设计流量，L/s；

$\quad\quad q$——设计暴雨强度，L/(s·hm²)；

$\quad\quad \psi$——径流系数，可根据表 8-3 取值；

$\quad\quad F$——汇流面积，hm²。

径流系数 ψ 值　　　　　　　　　　　　　　表 8-3

地面种类	ψ	地面种类	ψ
级配碎石路面	0.40～0.5	非铺砌土地面	0.25～0.35
干砌砖石路面	0.35～0.45	绿地	0.10～0.20

8.3.2　涵管管径计算

（1）管道设计流速可按曼宁公式（8-11）计算。

最大设计充满度　　　　　　　　　　　　　　表 8-4

管径（mm）	最大设计充满度	管径（mm）	最大设计充满度
200～300	0.55	500～900	0.70
300～500	0.65	≥1000	0.75

（2）当设计充满度（根据表 8-4 选择）$h/D < 1/2$ 时，涵管管径计算可按公式（8-4）、（8-5）、（8-6）、（8-7）计算：

$$A = \frac{(\theta - \sin\theta\cos\theta)D^2}{4} \qquad (8-4)$$

$$\rho = \theta D \tag{8-5}$$

$$R = \frac{D}{4} \tag{8-6}$$

$$D = \frac{4\theta}{(\theta - \sin\theta\cos\theta)}R \tag{8-7}$$

式中：A——水流断面，m^2；

ρ——湿周，m；

D——管道直径，m；

θ——圆周角，如图 8-1 所示；

R——水力半径，m。

(3) 当设计充满度（根据表 8-4 选择）$h/D > 1/2$ 时，涵管管径计算可按公式 (8-8)、(8-9)、(8-10) 计算：

$$A = \frac{(\pi - \theta + \sin\theta\cos\theta)D^2}{4} \tag{8-8}$$

$$\rho = (\pi - \theta)D \tag{8-9}$$

$$D = \frac{4(\pi - \theta)}{\pi - \theta + \sin\theta\cos\theta}R \tag{8-10}$$

式中：A——水流断面，m^2；

ρ——湿周，m；

D——管道直径，m；

θ——圆周角，如图 8-2 所示；

R——水力半径，m。

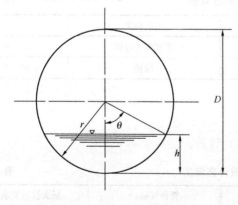
图 8-1 $h/D < 1/2$ 时示意图

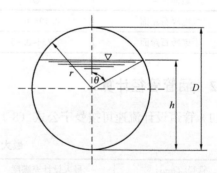
图 8-2 $h/D > 1/2$ 时示意图

8.3.3 截洪沟设计计算

截洪沟设计流速计算包括最大流速和平均流速的计算。

8.3.3.1 截洪沟最大流速计算

(1) 当水流深度为 0.4～1.0m 时，最大流速可按表 8-5 取值。

最大设计流速表 表8-5

明渠类别	最大设计流速（m/s）	明渠类别	最大设计流速（m/s）
石灰岩或中砂岩	4.0	浆砌块石或浆砌砖	3.0
干砌块石	2.0	混凝土	4.0

（2）当水流深度在0.4～1.0m范围以外时，应根据表8-6所对应的系数对表8-5中的最大设计流速进行校正。

校正系数 表8-6

水深 H（m）	系数
$H < 0.4$	0.85
$1.0 < H < 2.0$	1.25
$H \geqslant 2.0$	1.40

8.3.3.2 截洪沟平均流速计算

平均流速可由曼宁公式（8-11）计算：

$$v = \frac{R^{\frac{2}{3}} i^{\frac{1}{2}}}{n} \tag{8-11}$$

式中：v——截洪沟平均流速，m/s；

R——断面水力半径，m；

i——渠底纵坡；

n——糙率系数，可根据表8-7取值。

糙率系数 n 值 表8-7

管渠类别	糙率系数 n	管渠类别	糙率系数 n
浆砌砖渠道	0.015	干砌块石渠道	0.020～0.025
浆砌块石渠道	0.017	土明渠（包括带草皮）	0.025～0.030
混凝土管、钢筋混凝土管水泥砂浆抹面渠道	0.013～0.014	UPVC管、PE管、HDPE管、玻璃钢管	0.009～0.011

8.3.3.3 截洪沟断面尺寸计算

截洪沟断面尺寸计算包括矩形截洪沟和梯形截洪沟尺寸计算。

（1）截洪沟矩形断面设计可参见图8-3，截洪沟尺寸计算公式见（8-12）、（8-13）、（8-14）、（8-15）：

$$Q = Av \tag{8-12}$$

$$A = WH \tag{8-13}$$

$$\rho = W + 2H \tag{8-14}$$

$$R = \frac{A}{\rho} \tag{8-15}$$

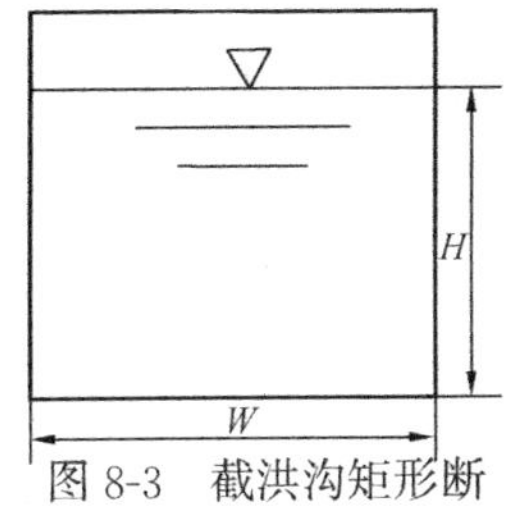

图8-3 截洪沟矩形断面设计示意图

式中：Q——流量，m³/s；

v——流速，m/s，应符合公式（8-11）进行计算；

A——水流断面，m²；

W——渠宽，m；

H——渠高，m；

R——水力半径，m；

ρ——湿周，m。

（2）截洪沟梯形断面设计可参见图 8-4，梯形截洪沟尺寸计算见公式 (8-16)、(8-17)：

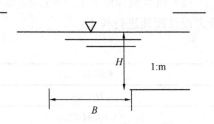

$$A = (mH + B)H \qquad (8\text{-}16)$$

$$\rho = B + 2\sqrt{1 + m^2}\, H \qquad (8\text{-}17)$$

式中：A——水流断面，m²；

ρ——湿周，m；

m——边坡系数，可根据表 8-8 取值。

图 8-4　截洪沟梯形断面设计示意图

<table>
<tr><td colspan="2" align="center">边坡系数表</td><td align="right">表 8-8</td></tr>
</table>

地　质	边　坡
粉砂	1：3～1：3.5
松散的细砂、中砂和粗砂	1：2～1：2.5
密实的细砂、中砂、粗砂或黏质粉土	1：1.5～1：2
粉质黏土或黏土砾石或卵石	1：1.25～1：1.5
半岩性土	1：0.5～1：1
风化岩石	1：0.25～1：0.5
岩石	1：0.1～1：0.25

8.3.3.4　截洪沟弯曲段计算

截洪沟弯曲段最小容许半径可按公式 (8-18) 计算：

$$R_{\min} = 1.1 v^2 \sqrt{A} + 12 \qquad (8\text{-}18)$$

式中：$R_{\min}$——最小容许半径，m；

v——渠道中水流流速，m/s；

A——渠道过水断面面积，m²。

8.4　案例

8.4.1　H 市垃圾填埋场洪峰流量计算

H 市填埋场地貌特征：南高北低，向北开口，洼底纵向高差约 16m，中部横剖面高差约 10m。场区西沟三面环坡，坡顶脊线构成局部分水岭与外部水系相隔，从而构成半封闭的水文单元。填埋场填埋区总汇水面积为 0.1km²。该垃圾填埋场库区见图 8-5。

解：

由于本填埋场汇水面积较小，采用**本指南 8.3.1.1 洪水流量计算公式 (8-1)** 对洪峰流量进行计算：

$$Q_p = KF^n$$

本填埋场每侧汇水面积 $F < 1 \text{km}^2$，所以 $n = 1$；

重现期 50 年，$K = 23.40$；

重现期 100 年，$K = 28.08$；

据此分别计算截洪 50 年一遇和 100 年一遇的洪峰流量值，结果见表 8-9。

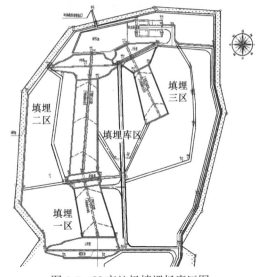

图 8-5 H 市垃圾填埋场库区图

		洪峰流量计算表	表 8-9
名称	汇水面积（万 m^2）	设计 50 年一遇洪峰流量（m^3/s）	核校 100 年一遇洪峰流量（m^3/s）
北侧截洪沟	4.8	1.12	1.35
南侧截洪沟	4.9	1.15	1.38

8.4.2 I 市垃圾填埋场防洪及库区分区设计

——设计背景：

I 市降水量：年平均降水量为 1642.0mm，最大时暴雨雨力 126mm，多年最大降水量 2308.3mm（1997），最小降水量 903.4mm（1963）。

填埋场地貌特征：东侧山顶高程约 120～155m，坡度为 30°～40°，南侧山顶高程 150～155m，坡度为 25°～35°，西侧山顶高程约 85～150m，坡度为 30°～40°，局部可达 50°，北侧为沟谷出口，地形较平缓。场地中部为小山脊，山脊高程约 92～108m，坡度为 15°～30°，其两侧为冲沟，主沟内常年流水。沟底为阶梯形农田，地形略有起伏，高程为 72～83m。该垃圾填埋场库区见图 8-6。

——设计内容：

（1）洪峰流量计算

根据资料，填埋二区为主要汇水区，汇水面积 136000m^2。采用**本指南 8.3.1.1 洪水流量计算公式（8-1）**对洪峰流量进行计算：

$$Q_p = KF^n = 25.32 \times 13.61$$
$$= 3.2\text{m}^3/\text{s} = 11520\text{m}^3/\text{h}；$$

由计算得 1 小时内库区汇水将达 11520m^3。

（2）库区防洪设计方案

图 8-6 I 市垃圾填埋场库区图

根据**本指南 8.2.2.2 条对截洪沟**的设计技术要求，设置环库截洪沟，以阻截上游洪水进入库区。环库截洪沟采用矩形，设计尺寸为 1.5m×1.0m。

（3）库区分区设计方案

① 根据本指南 8.2.3 库区雨污分流系统分区的技术要求，填埋库区根据场区地形分为三区，填埋一区与填埋二区为横向分区，填埋二区与填埋三区为竖向分区，填埋从位于东南边的填埋一区最南端开始填埋。

② 在填埋一区的分区坝设置穿坝管，将填埋一区的雨水导排到填埋二区。

③ 由于填埋二区的汇水面积较大，在填埋二区的分区坝前设置集水池收集雨水，集水池采用溢流堰式矩形池，设计尺寸为 $L×W×H$ 为 50m×50m×1.5m。

④ 沿填埋三区设置排水涵管，将集水池内雨水导排出场区之外。排水涵管根据洪水流量确定尺寸。采用 1000mm 的钢筋混凝土管，铺设于库区底部，坡度为 2%，以保证雨水导排。

⑤ 在填埋三区的垃圾坝设置穿坝管，将各分区汇集的雨水一同排出场区。

8.4.3 J 县垃圾填埋场雨污分流系统设计

——设计背景：

J 县填埋场位于该市西部低山丘陵区，地势北高南低，地形起伏不平。地貌简单，处于一个近南北向分布的狭长沟谷内，沟谷呈 U 形谷。该填埋场库区见图 8-7。

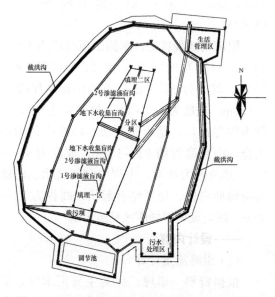

图 8-7　J 县垃圾填埋场库区图

——设计内容：

（1）根据**本指南 8.2.2 对截洪沟的设计技术要求**，在处理库区周围设置永久截洪沟，排入下游冲沟。

（2）根据**本指南 8.2.3 库区雨污分流系统分区**的技术要求，库区根据自然地形进行雨污分流系统分区，该填埋场由南向北分为一区和二区两个竖向分区，填埋从一区最南端开始。

（3）填埋一区开始填埋作业时，通过分区坝将填埋作业区（填埋一区）与未填埋库区（填埋二区）隔开，最大限度的实现雨污分流。

（4）根据**本指南 8.2.3 对未填埋区雨污分流**的设计要求，由于填埋二区没有自然排水口，则在分区坝设置穿坝管，并与填埋一区涵管相连，将雨水排入下游填埋一区，随填埋一区的雨水一同排出库区。

（5）根据**本指南 8.2.3 对作业分区雨污分流**的设计要求，填埋作业区雨污分流设计如下：

① 在垃圾坝雨水汇集处设置穿坝管，将雨水导排出库区。当填埋区扩展到边坡锚固沟时，锚固沟可兼做排洪沟。

② 填埋作业区按时间分区分为若干小分区，采取堆砌沙袋的方式将正在作业的小分区与其他小分区隔开，尽量减少雨水进入垃圾堆体。

③ 填埋日作业完成之后，采用 HDPE 膜（0.5mm）或者黏土（≥300mm）进行日覆盖作业，并按不小于 2% 的坡度铺设，以方便表面雨水导排。

④ 当垃圾填埋高出地面后，进行垃圾填埋层中间覆盖时，使覆盖面从表面形成向四周排水坡度，坡度大于 2%，加铺 0.75mm 厚 HDPE 膜。

⑤ 由于填埋场所在地域降雨量较大，设计多配备一台抽水泵，以备在遭遇特大暴雨时，可临时启用抽水泵，将雨水抽排出场外。

（6）根据**本指南 8.2.4 封场后雨污分流**的设计要求，库区封场后表面排水沟沿着垃圾堆体马道布置，并根据不同堆体位置分别排入永久截洪沟。

参考文献

[1] Solid Waste Landfill Design Manual[M]. Washington State Department of Ecology. 1993

[2] Draft Technical Guidance For RCRA/CERCLA Final Covers[M]. United States Environmental Protection Agency. 2004

[3] SL204-98. 开发建设项目水土保持方案技术规范[S]

[4] 钱学德. 现代卫生填埋场的设计与施工(第二版)[M]. 中国建筑工业出版社. 2011

[5] 薛强,陈朱蕾,等. 生活垃圾的处理技术与管理[M]. 科技出版社,2007

[6] 赵文龙,靳秀梅,孙立升. 渠道跌水设计[J]. 黑龙江水利科技,2007

[7] 张弛,朱小娟,王增长. 垃圾填埋场雨污分流的措施探讨[J]. 环境科学与技术,2009

[8] 谢金康. 城市生活垃圾卫生填埋场"三水"分流施工技术[J]. 西部探矿工程,2003

[9] 王渝昆,刘胜初. 重庆长生桥垃圾卫生填埋场雨污分流系统工程研究[J]. 环境卫生工程,2008

[10] 魏先勋,陈信常,等. 环境工程设计手册[M]. 湖南科学技术出版社. 2002

[11] 罗跃伟,黄加强. 城市垃圾卫生填埋场排水系统探讨[J]. 江西煤炭科技,2007

[12] 喻书凯. 垃圾填埋场截洪沟利用与积水导排实践[J]. 中国给水排水,2010,20

9 渗沥液收集及处理系统技术要求与设计计算

本章提出了生活垃圾填埋场渗沥液水质、水量、渗沥液收集导排系统、调节池及渗沥液处理等技术要求，给出了渗沥液水量、渗沥液收集管管径、调节池容量及渗沥液处理工艺参数的计算方法，列举了渗沥液收集系统、调节池容量计算及渗沥液处理工程等案例。

9.1 引用标准

生活垃圾卫生填埋处理技术规范	GB 50869
生活垃圾填埋场污染控制标准	GB 16889
城镇污水处理厂综合排放标准	GB 18918
生活垃圾填埋场渗滤液处理工程技术规范	HJ 564
生活垃圾渗沥液处理技术规范	CJJ 150
生活垃圾卫生填埋场岩土工程技术规范	CJJ 176
垃圾填埋场用高密度聚乙烯管材	CJ/T 371

9.2 技术要求

9.2.1 渗沥液水质

9.2.1.1 渗沥液水质参数的设计值选取应考虑初期渗沥液、中期渗沥液、后期渗沥液和封场后渗沥液的水质差异。

9.2.1.2 新建填埋场的渗沥液水质参数可根据现行国家标准《生活垃圾卫生填埋处理技术规范》GB 50869（表10.2.2）（详见附录Ⅳ）和国家现行标准《生活垃圾填埋场渗滤液处理工程技术规范》HJ 564－2010中规定的水质范围（表9-1）进行选取，也可根据国内典型垃圾填埋场不同年限渗沥液水质范围（表9-2），参考同类地区同类型的垃圾填埋场实际情况合理选取。

HJ 564－2010规定的渗沥液典型水质　单位：mg/L（pH除外）　　　　表9-1

类别 项目	填埋初期渗沥液（<5年）	填埋中后期渗沥液（>5年）	封场后渗沥液
COD	10000～30000	5000～10000	1000～5000
BOD$_5$	4000～20000	2000～4000	300～2000
NH$_3$-N	200～2000	500～3000	1000～3000
SS	500～2000	200～1500	200～1000
pH	5～8	6～8	6～9

国内典型垃圾填埋场不同年限渗沥液水质范围　单位：mg/L（pH 除外）　表 9-2

项目＼类别	填埋初期渗沥液（＜5 年）	填埋中后期渗沥液（＞5 年）	封场后渗沥液
COD	6000～20000	2000～10000	1000～5000
BOD$_5$	3000～10000	1000～4000	300～2000
NH$_3$-N	600～2500	800～3000	1000～3000
SS	500～1500	500～1500	200～1000
pH	5～8	6～8	6～9

注：表中均为调节池出水水质。

9.2.1.3 改造、扩建的填埋场的渗沥液水质参数应以实际运行的监测资料为基准，并预测未来水质的变化趋势。

9.2.1.4 表 9-3 为国内部分城市典型初期渗沥液水质资料。

国内部分城市垃圾填埋场初期渗沥液水质范围　单位：mg/L（pH 除外）　表 9-3

地区＼成分	COD	BOD$_5$	NH$_3$-N	TN	SS	pH
北京	12000～28000	4000～16000	400～2660	—	230～7740	—
上海	20000～60000	10000～36000	400～1500	700～1200	1000～6000	5.6～7.6
深圳	20000～60000	10000～36000	400～1500	850～1200	1000～6000	5.6～7.0
广州	5000～25000	4000～9000	260～800	850～1200	200～900	6.5～7.8
中山	4800～30000	1520	2070	—	—	9.5
南昌	3785～12000	1900～7030	200～300	—	100～6000	6.0～7.0
青岛	6000～26000	4000～8000	350～900	800～1800	260～850	6～6.5
武汉	24400～34000	12800～15000	1835～2620	—	100～1500	—
襄樊	1000～18000	100～6000	200～2200	260～2800	100～1500	6～8.5
常州	6590～15430	—	1100～2120	1580～2200	—	—
重庆	11400	—	3250	—	655	7.5
贵阳	3000～8000	1500～5000	200～600	—	60～400	6.5～7.5
沈阳	13500～55000	6075～23600	695～2735	—	538～689	6.8～7.2
西安	4030～5280	1570～2060	1740～1920	—	280～320	7.6～8.4

注：部分城市由于渗沥液取水位置未选取在调节池出水口，导致数据偏大。

9.2.2　渗沥液水量

9.2.2.1 渗沥液产生量可采用《生活垃圾卫生填埋处理技术规范》GB 50869 提供经验公式法进行计算，也可采用《生活垃圾卫生填埋场岩土工程技术规范》CJJ 176 提供的渗沥液水量算法。计算过程详见本章的 9.3.1。

9.2.2.2 在特殊情况下，渗沥液产生量可采用水量平衡法或模型法（HELP 模型、WBM 模型等）进行校核。

9.2.2.3 渗沥液产生量计算取值可参考要求

（1）渗沥液产生量包括最大日产生量、日平均产生量及逐月平均产生量的计算。

（2）当设计计算渗沥液处理规模时采用渗沥液日平均产生量。

（3）当设计计算渗沥液导排系统时采用渗沥液最大日产生量。

（4）当设计计算调节池容量时采用渗沥液逐月平均产生量。

9.2.3　渗沥液收集导排系统设计要求

9.2.3.1　渗沥液收集导排系统设计总体要求应符合现行国家标准《生活垃圾卫生填埋处理技术规范》GB 50869 中第 10.3 节（详见附录Ⅳ）的规定。

9.2.3.2　渗沥液收集导排系统应包括导流层、盲沟、收集管、导气石笼、渗沥液提升井等内容。

9.2.3.3　导流层设计要求

（1）导流层宜采用卵（砾）石或碎石铺设，厚度不宜小于 300mm，粒径宜为 20～60mm，由下至上粒径逐渐减小。

（2）导流层与垃圾层之间应铺设反滤层，反滤层可采用土工滤网，质量不宜大于 200g/m²。

（3）导流层内应设置盲沟和渗沥液收集导排管网。

（4）导流层下可增设土工复合排水网强化渗沥液导流。

（5）边坡导流层宜采用土工复合排水网铺设。边坡导流层下部应与库底渗沥液导流层相连接。

9.2.3.4　盲沟设计要求

（1）盲沟宜采用砾石、卵石或碎石（$CaCO_3$ 含量不应大于 10%）铺设，石料的渗透系数不应小于 1.0×10^{-3} cm/s。主盲沟石料厚度不宜小于 40cm，粒径从上到下依次为 20～30mm、30～40mm、40～60mm。

（2）盲沟可采用鱼刺状和网状布置形式，也可根据不同地形采用特殊布置形式（如反锅底形）。

（3）鱼刺状布置形式的主盲沟应位于库底或分区库底最低处，次盲沟宜按照 30～50m 的间距分布，次盲沟与主盲沟的夹角宜采用 15° 的倍数，宜采用 60°。网状盲沟布置形式的网格间距宜为 10m 左右。

（4）盲沟断面形式可采用菱形断面（图 9-1）或梯形断面（图 9-2）；梯形盲沟最小底宽可参考表 9-4 选取。

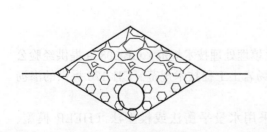

图 9-1　菱形盲沟示意图

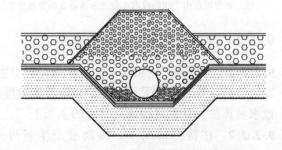

图 9-2　梯形盲沟示意图

梯形盲沟最小底宽度   表 9-4

管径 DN（mm）	盲沟最小底宽 B（mm）
200＜DN≤315	DN＋400
400＜DN≤1000	DN＋600

（5）主盲沟坡度应该保证渗沥液能够快速通过渗沥液 HDPE 干管进入调节池，纵、横向坡度不宜小于 2%。

（6）中间覆盖层次盲沟宜与导气石笼相连接，且其坡度应能保证渗沥液快速进入导气石笼。

（7）盲沟内应设置 HDPE 收集管，HDPE 收集管下的盲沟底部宜铺设厚度不小于 300mm 的小粒径卵（砾）石层。

9.2.3.5 渗沥液 HDPE 收集管设计要求

（1）渗沥液 HDPE 收集管管径可参考以下要求：

① 管径宜根据所收集库区面积的渗沥液最大日流量、设计坡度等条件计算，计算详见本章的 9.3.2。

② HDPE 收集干管公称外径（d_n）不应小于 315mm。

③ 支管外径（d_n）不应小于 200mm。

（2）HDPE 收集管的布置宜呈直线。Ⅲ类以上填埋场 HDPE 收集管宜设置高压水射流疏通、端头井等反冲洗措施。

（3）HDPE 收集管打孔可参考以下要求：

① 开孔率应保证环刚度要求。

② 开孔率宜为 2%～5%，按计算的单位长度上的开孔数进行校核。单位长度所需布孔数可由伯努利（Bernoulli）方程计算求出，计算详见本章的 9.3.2。

③ 环向打孔角度宜为 45°～60°，孔径宜为 12～16mm，长条孔为宜。

④ 纵向打孔间距宜为 15～20cm；相邻孔之间宜按梅花状布置。

⑤ 环向 1/3 部分可不打孔。

9.2.3.6 渗沥液 HDPE 收集管的材料要求可参照《垃圾填埋场用高密度聚乙烯管材》CJ/T 371 中第 5 节（见附录 Ⅴ）的规定。

9.2.3.7 渗沥液 HDPE 收集管的材料测试方法可参照《垃圾填埋场用高密度聚乙烯管材》CJ/T 371 中第 6 节（详见附录 Ⅵ）的规定。

9.2.3.8 垂直收集导排系统设计要求

（1）垂直收集导排系统可采用导气石笼收集堆体产生的渗沥液。导气石笼收集渗沥液时，其底部应深入场底导流层中并与渗沥液收集管网相通。导气石笼的设计详见本指南第 10 章。

（2）可设置专用渗沥液导排竖井，导排竖井的平面间距可通过计算确定，公式详见本章的 9.3.2。导排竖井平面布置时宜以堆体最低点作为坐标控制点。导排竖井的穿管与封场覆盖应密封衔接。封场防渗层为土工膜时，穿管与防渗膜边界宜采用弹性连接。

9.2.3.9 垃圾堆体内渗沥液的水位控制应符合《生活垃圾卫生填埋场岩土工程技术规范》CJJ 176 -中第九章 9.2 节（详见附录 Ⅳ）外，还应符合下列要求：

（1）垃圾堆体内水位过高时宜采取应急降水措施，应急降水措施可采用小口径导排竖井抽排、边坡上设置水平导排井自流导出等。

（2）小口径导排竖井宜选择在堆体较稳定区域开挖，开挖后可采用 HDPE 花管作为导排管。

（3）垃圾堆体内水位长期控制措施可采用中间导排盲沟、集液井、导气石笼等。

9.2.4　调节池

9.2.4.1　调节池的设计应包括调节池容积的计算、调节池结构的设计和调节池覆盖系统的设计。

9.2.4.2　调节池容积

（1）调节池容积宜采用逐月水量平衡法进行计算，即按照渗沥液处理规模与多年逐月渗沥液平均产生量经平衡计算得出最低调节容量。

（2）调节池容积计算值宜按历史最大日降雨量或 20 年一遇连续七日最大降雨量进行校核；当地没有上述历史数据时，也可采用现有全部年数据进行校核。

（3）调节池设计容积应在最低调节容量的基础上乘以安全系数得到，安全系数取值为 1.1～1.3。

（4）调节池容积具体计算详见本章的 9.3.4。

9.2.4.3　调节池结构

（1）调节池宜采用自然开挖加土工膜防渗结构，也可采用钢筋混凝土结构；调节池结构适用条件可参考表 9-5。

调节池结构适用条件 表 9-5

调节池结构	适 用 条 件
土工膜防渗结构	天然洼地势，需求容积较大等情况
钢筋混凝土结构	无天然低地势，地下水位较高等情况

（2）当采用土工膜防渗结构时，调节池的池坡比宜小于 1：2，底部及边坡防渗设计可参考本指南第 7 章的相关内容。

（3）当采用钢筋混凝土结构时，调节池池壁应作防腐蚀处理。

9.2.4.4　调节池覆盖系统

（1）调节池宜设置覆盖系统以避免臭气外逸。覆盖系统包括液面覆盖膜、气体收集排放设施、重力压管以及周边锚固等。

（2）调节池覆盖膜宜采用厚度为 2.0mm 的 HDPE 土工膜。

（3）气体收集管宜采用环状带孔 HDPE 花管，并应固定于池顶周边。

（4）重力压管应内充实物以增加膜表面重量。

（5）覆盖系统周边锚固应与调节池防渗结构层的周边锚固沟相连接。锚固沟可采用素混凝土现浇，锚固沟深度不宜小于 1000mm，宽度不宜小于 800mm。

9.2.5　渗沥液处理系统

9.2.5.1　渗沥液处理系统设计总体要求应满足国家现行标准《生活垃圾填埋场渗滤液处

理工程技术规范》HJ 564 与国家现行标准《生活垃圾渗沥液处理技术规范》CJJ 150 的规定。

9.2.5.2 渗沥液处理工艺应根据渗沥液的水质特性、产生量和达到的排放标准等因素，通过多方案技术经济比较进行选择。

9.2.5.3 渗沥液处理宜采用"预处理＋生物处理＋深度处理"的组合工艺，也可采用"预处理＋物化处理"或"生物处理＋深度处理"的组合工艺。各种工艺组合的适用范围如表 9-6 所示：

渗沥液处理各工艺组合适用范围　　　　　　　　　　　　表 9-6

组 合 工 艺	适 用 范 围
预处理＋生物处理＋深度处理	●处理填埋各时期的渗沥液
预处理＋物化处理	●处理填埋中后期的渗沥液 ●处理氨氮浓度及重金属含量高、无机杂质多，可生化性较差的渗沥液 ●处理规模较小的渗沥液
生物处理＋深度处理	●处理填埋初期的渗沥液 ●处理可生化性较好的渗沥液

9.2.5.4 当采用"预处理＋生物处理＋深度处理"的组合工艺时，可参考图 9-3 的典型工艺：

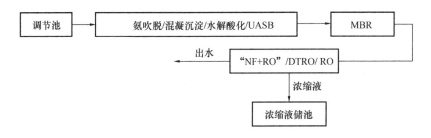

图 9-3　"预处理＋生物处理＋深度处理"典型工艺流程

9.2.5.5 当采用"预处理＋物化处理"的组合工艺时，可参考如图 9-4 的典型工艺：

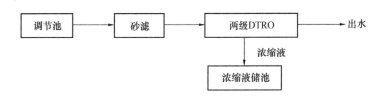

图 9-4　"预处理＋物化处理"典型工艺流程

9.2.5.6 当采用"生物处理＋深度处理"的组合工艺时，可参考如图 9-5 的典型工艺：

9.2.5.7 预处理的对象主要有氨氮、重金属、无机杂质等，可采用的方法包括水解酸化、氨吹脱、混凝沉淀、UASB、砂滤等。

9.2.5.8 生物处理的对象主要有可生物降解有机污染物、氮、磷等。可采用厌（缺）氧、

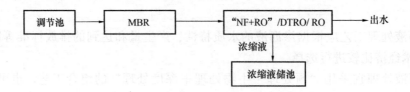

图 9-5　"生物处理＋深度处理"典型工艺流程

好氧生物处理法。厌（缺）氧与好氧相结合的生物处理法等。生物处理宜以膜生物反应器法（MBR）为主。

9.2.5.9　深度处理的处理对象主要有难生物降解的有机污染物、氮、悬浮物及胶体等。可采用的方法包括膜处理、吸附、高级化学氧化等方法。其中膜处理主要包括纳滤、反渗透等方法；吸附主要包括活性炭吸附等方法；高级化学氧化主要包括 Fenton 高级氧化－生物处理等方法。深度处理宜以膜处理为主。

9.2.5.10　物化处理目前较多采用两级碟管式反渗透（DTRO），近几年也出现了蒸发浓缩法（MVC）＋离子交换树脂（DI）组合物化工艺。

9.2.5.11　深度膜处理和物化处理过程产生的浓缩液可采用蒸发或其他适宜的方式处理。其中浓缩液回灌填埋堆体应保证不影响渗沥液处理系统正常运行。

9.2.5.12　渗沥液处理过程中产生的剩余污泥宜与城市污水处理厂污泥或填埋场垃圾共处置。

9.2.5.13　主要工艺单元对渗沥液的处理效果可参考表 9-7。

主要渗沥液单元处理工艺处理效果参考值　　　　　　　　　表 9-7

处理工艺	平均去除率（%）				
	COD	BOD	TN	SS	浊度
水解酸化	<20	<20*	—	—	>40
混凝沉淀	40～60	—	<30	>80	>80
氨吹脱	<30	—	>80	—	30～40
UASB	50～70	>60	—	60～80	—
活性污泥处理	60～90	>80	>80	60～80	—
MBR	>85	>80	>80	>99	40～60
吸附	70～90	>80	—	—	50～70
Fenton 高级氧化	30～90	—	—	—	>80
纳滤	60～80	>80	<10	>99	>99
RO	>90	>90	>85	>99	>99
DTRO	>90	>90	>90	>99	>99

注：水解酸化处理渗沥液后，BOD 值有可能增加。

9.2.5.14　渗沥液处理系统的出水水质应符合《生活垃圾填埋场污染控制标准》GB 16889－2008 中第九章 9.1 和 9.4 节的规定（详见附录Ⅳ）。

9.2.6 渗沥液处理主要工艺单元技术要求

9.2.6.1 水解酸化

(1) 水解酸化反应器的适宜参数为：

①水力停留时间（HRT）宜大于 10.0h；

②pH 值宜为 6.5～7.5。

(2) 水解酸化可采用悬浮式反应器、接触式反应器、复合式反应器等形式。

9.2.6.2 氨吹脱法

(1) 吹脱法宜采用吹脱塔设备。

(2) 吹脱塔的适宜参数为：

①pH 值宜为 10.5～11.5；

②水力负荷值宜为 2.4 $m^3/(m^2 \cdot h)$～7.2$m^3/(m^2 \cdot h)$；

③气液比宜为 2000：1～5500：1；

④吹脱温度宜>20℃。

(3) 吹脱塔宜采用逆流塔的形式，即原水从塔顶喷下，沿填料表面呈薄膜状向下流动，同时空气从塔底鼓入，呈连续相由下而上与水逆流接触。

(4) 吹脱塔内应装置一定高度的填料层，常用填料包括木格板、纸质蜂窝、拉西环、聚丙烯鲍尔环、聚丙烯多面空心球等。

(5) 采用吹脱法去除水中的氨氮，宜采用如下工艺流程：进水至加碱反应池，调节渗沥液的 pH 值，然后经过中间水箱，用泵送至吹脱塔进行脱氨处理。脱去氨氮后的渗沥液经过中间水池、pH 值调节池调节过高的 pH 值后，进入后续处理设施。

9.2.6.3 混凝沉淀

(1) 混凝剂投药可参考以下要求：

①投药方法可采用干投法或湿投法。

②干投法流程宜为：药剂输送→粉碎→提升→计量→加药混合。

③湿投法流程宜为：溶解池→溶液池→定量控制设备→投加设备→混合池。

④投配方法的选择可参考表 9-8。

干式与湿式投配方法的比较　　　　　　　　　　　　　　　表 9-8

方　法	优　　点	缺　　点
干投法	●设备占地面积小 ●投配设备无腐蚀问题 ●药剂较为新鲜	●当用药量大时，需要一套破碎混凝剂设备 ●当用药量小时，不易调节 ●药剂和水不易混合均匀 ●劳动条件差 ●不适用吸湿性混凝剂
湿投法	●容易与水充分混合 ●适用于各种混凝剂 ●投量易于调节 ●运行方便	●设备较复杂 ●设备易受腐蚀 ●当要求投药量突变时，投量调整较慢

(2) 药剂调制可参考以下要求：

①药剂调剂方法可采用水力法、压缩空气法、机械法等。

②药剂可采用硫酸铝、聚合氯化铝、三氯化铁和聚丙烯酰胺（PAM）等。

③各种投药方式的选择可参考表9-9。

各种投药方式的比较　　　　　　　　　　表9-9

方式		作 用 原 理	优 缺 点	适 用 情 况
重力投加		建造高位药液池，利用重力作用把药剂投入加药点	●优点：管理操作简单，投加安全可靠 ●缺点：必须建高位池	●适用于中小型渗沥液处理
压力投加	水射器	利用高压水在水射器喷嘴处的负压将药液射入压力管	●优点：设备简单，使用方便，不受溶液池高程所限 ●缺点：效率较低，如药液浓度不当，可能引起堵塞	●适用于不同规模的渗沥液处理 ●水射器来水压力≥2.5×10^5Pa
	加药泵	泵在溶液池内直接吸取药液，加入压力水管内	●优点：可以定量投加，不受压力管压力所限 ●缺点：价格较贵，泵易引起堵塞，养护较麻烦	●适用于大中型渗沥液处理

（3）混合设备可采用浆板式机械混合槽、分流隔板混合槽、水泵混合等，选取时可参考表9-10；反应池可采用隔板式反应池、涡流式反应池、机械搅拌反应池等，选取时可参考表9-11。

几种混合设备的比较　　　　　　　　　　表9-10

混 合 设 备	优 点	缺 点	适 用 条 件
浆板式机械混合槽	混合效果好，水头损失较小	维护管理较复杂，1m^3设备容量须消耗动力0.175kW	适用于各种规模的渗沥液处理
分流隔板混合槽	混合效果较好	水头损失大，占地面积大	适用于大中型规模的渗沥液处理
水泵混合	设备简单，混合较为充分，效果好，不另外消耗功能	管理较复杂，特别是在吸水管较多时，不宜在距离太长时使用	适用于各种规模的渗沥液处理

常用反应池的比较　　　　　　　　　　表9-11

反 应 池	优 点	缺 点	适 用 条 件
隔板式反应池	反应效果好，构造简单，施工方便	容积较大，水头损失大	适用于大中型规模的渗沥液处理
涡流式反应池	反应时间短，容积小，造价低	池较深，截头圆锥形池底难以施工	适用于小型规模的渗沥液处理
机械搅拌反应池	反应效果好，水头损失小，可适应水质水量的变化	部分设备处于水下，维护较难	适用于各种规模的渗沥液处理

9.2.6.4　UASB

（1）UASB反应器的适宜参数为：

①反应器适宜温度：常温范围为20～30℃，中温范围为30～38℃，高温范围为50～55℃；

②容积负荷适宜值：5～15kgCOD/(m³·d)；

③反应器适宜 pH：6.5～7.8。

(2) 池形可为圆形、方形或矩形；处理渗沥液量过大时可设计多个池体并联运行。

(3) 反应区的高度宜为 1.5～4.0m。

(4) 当渗沥液流量小，浓度较高，需要的沉淀区面积小时，沉淀区的面积可和反应区相同；当渗沥液流量大，浓度较低，需要的沉淀区面积大时，可采用反应器上部面积大于下部面积的池形。

(5) UASB 反应器应设置生物气体利用或安全燃烧装置。

9.2.6.5 膜生物反应器（MBR）

(1) 膜生物反应器可采用外置式膜生物反应器（SSMBR）或内置式膜生物反应器（SMBR）。

(2) 膜生物反应器的适宜参数为：

①进水 COD：外置式不宜大于 20000 mg/L，内置式不宜大于 15000 mg/L；

②进水 BOD_5/COD 的比值不宜小于 0.3；

③进水氨氮 NH_3-N 不宜大于 2500 mg/L；

④水温度宜为 20～35℃；

⑤污泥浓度：外置式宜为 10000～15000mg/L，内置式宜为 8000～10000mg/L；

⑥污泥负荷：外置式宜为 0.05～0.18kg COD/(kgMLVSS·d)，内置式宜为 0.04～0.12kgCOD/(kgMLVSS·d)；

⑦脱氮速率：外置式宜为（0.05～0.20）kgNO₃-N/(kgMLSS·d)，内置式宜为（0.05～0.15）kgNO₃-N/(kgMLSS·d)；

⑧硝化速率：外置式宜为（0.02～0.10）kgNH₄⁺-N/(kgMLSS·d)，内置式宜为（0.02～0.08）kgNH₄⁺-N /(kgMLSS·d)；

⑨剩余污泥产泥系数：0.1～0.3kgMLVSS/kgCOD。

(3) 膜生物反应器的选型可参考表 9-12 进行：

常用 MBR 系统中生化膜的比较说明　　　　表 9-12

序号	对 比 内 容	外置式 MBR	内置式 MBR
1	膜形式	陶瓷膜、管式膜等	中空纤维膜、板式膜等
2	膜通量	60～150L/m²·h	20～40L/m²·h
3	反应器污泥浓度	10～30g/L	8～10g/L
4	易堵塞程度	污泥在膜管中高速紊流，不易堵塞	膜浸没在污泥中，膜表面易形成浓差极化，导致膜容易堵塞
5	膜寿命	3～5a	1～2a
6	出水方式	连续出水	间歇出水或连续出水
7	清洗方式	CIP 在线清洗	需要额外的提升外置清洗
8	清洗周期	每月药剂清洗一次	较为频繁
9	运行能耗	3.0～8.0kWh/m³	1.0～3.0kWh/m³
10	生化反应器	所需生化反应器容积相对较小	生化系统污泥浓度受内置膜限制，所需生化反应器容积相对较大
11	适用范围	高浓度有机渗沥液	中、低浓度有机渗沥液

（4）MBR 在一般情况下宜采用 A/O 工艺，基本工艺流程可参考图 9-6：

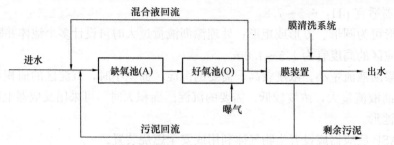

图 9-6　A/O 工艺流程

（5）当需要强化脱氮处理时，膜生物反应器宜采用 A/O/A/O 工艺。

9.2.6.6　膜深度处理

（1）膜深度处理可采用的工艺有纳滤（NF）、卷式反渗透（卷式 RO）、碟管式反渗透（DTRO）等。

（2）当采用"NF＋卷式 RO"时，NF 段的适宜参数为：

①进水淤塞指数 SDI_{15} 不宜大于 5；

②进水游离余氯不宜大于 0.1mg/L；

③进水化学需氧量 COD 不宜大于 1200mg/L；

④进水生化需氧量 BOD_5 不宜大于 600mg/L；

⑤进水悬浮物 SS 不宜大于 100mg/L；

⑥进水氨氮 NH_3-N 不宜大于 200mg/L；

⑦进水总氮 TN 不宜大于 300mg/L；

⑧水温度宜为 15～30℃；

⑨pH 值宜为 5.0～7.0；

⑩纳滤膜通量宜为 15～20L/(m²·h)；

⑪水回收率不宜低于 80%（此处为 25℃时的要求，实际情况应按膜生产商产品技术手册提供的温度修正系数进行修正，下同）；

⑫操作压力：卷式纳滤膜宜为 0.5～1.5MPa；碟管式纳滤膜宜为 0.5～2.5MPa。

（3）当采用"NF＋卷式 RO"或"卷式 RO"时，卷式 RO 段适宜参数：

①进水淤塞指数 SDI_{15} 不宜大于 5；

②进水游离余氯不宜大于 0.1mg/L；

③进水悬浮物 SS 不宜大于 50mg/L；

④进水电导率（20℃）不宜大于 20000μS/cm；

⑤水温度宜为 15～30℃；

⑥pH 值宜为 5.0～7.0；

⑦反渗透膜通量宜为 10～15L/(m²·h)；

⑧水回收率不宜低于 70%（25℃）；

⑨操作压力宜为 1.5～2.5MPa。

（4）当采用"DTRO"时，适宜参数如下：

①进水淤塞指数 SDI_{15} 不宜大于 20；

②进水游离余氯不宜大于 0.1mg/L；

③进水悬浮物 SS 不宜大于 500mg/L；

④进水化学需氧量 COD 不宜大于 1200 mg/L；

⑤进水氨氮 NH_3-N 不宜大于 250 mg/L；

⑥进水总氮 TN 不宜大于 400mg/L；

⑦进水电导率常压级不宜大于 $30000\mu S/cm$，高压级不宜大于 $100000\mu S/cm$；

⑧水温度宜为 15～30℃；

⑨常压级操作压力不宜大于 7.5 MPa；高压反渗透操作压力不宜大于 12.0 MPa 或 20.0 MPa；

⑩系统水回收率不宜低于 75％（25℃）。

9.2.6.7　Fenton 高级氧化-生物处理

（1）本组合处理方法可作为渗沥液的后续深度处理工艺。

（2）Fenton 单元宜采用两级加药方式。

（3）生物处理单元宜采用二级曝气生物滤池（BAF）。

9.2.6.8　物化处理

当采用"两级 DTRO"时，适宜参数如下：

（1）进水淤塞指数 SDI_3 不宜大于 20；

（2）进水游离余氯不宜大于 0.1mg/L；

（3）进水悬浮物 SS 不宜大于 1500mg/L；

（4）进水化学需氧量 COD 不宜大于 35000 mg/L；

（5）进水氨氮 NH_3-N 不宜大于 2500 mg/L；

（6）进水总氮 TN 不宜大于 4000mg/L；

（7）进水电导率常压级不宜大于 $30000\mu S/cm$，高压级不宜大于 $100000\mu S/cm$；

（8）水温度宜为 15～30℃；

（9）常压级操作压力不宜大于 7.5 MPa；高压反渗透操作压力不宜大于 12.0 MPa 或 20.0 MPa；

（10）单级水回收率不宜低于 75％（25℃）。

9.2.7　浓缩液处理技术要求

9.2.7.1　浓缩液回灌可采用垂直回灌、水平回灌或垂直与水平相结合的回灌形式。回灌设计要求如下：

（1）回灌浓缩液所需的垃圾堆体高度不宜小于 10m，在垃圾堆体高度不足 10m 而高于 5m 时，回灌点距离渗沥液收集管出口至少应有 100m 的距离；

（2）回灌点的布置应保证渗沥液能均匀回灌垃圾堆体，并宜间隔一定时期更换一次布点；

（3）单个回灌点服务半径不宜大于 15m；

（4）回灌水力负荷宜为 20～40L/（d·m²）；

（5）配水宜采用连续配水或间歇配水，间歇配水宜根据浓缩液水质、试验数据确定具体的配水次数。

9.2.7.2 浓缩液蒸发处理可采用浸没燃烧蒸发、热泵蒸发、闪蒸蒸发、强制循环蒸发等处理方法，也可采用结合DTNF与DTRO的改进型蒸发工艺。

9.3　设计计算

9.3.1　渗沥液水量计算

渗沥液日平均产生量的计算方法见9.3.1.1至9.3.1.3。

9.3.1.1　经验公式法

（1）渗沥液日平均产生量计算宜采用经验公式（9-1）计算，其中浸出系数应结合填埋场的实际情况选取。

$$Q = I \times (C_1A_1 + C_2A_2 + C_3A_3 + C_4A_4)/1000 \tag{9-1}$$

式中：Q——渗沥液产生量，m^3/d；

　　　　I——降水量，mm/d；

注：当计算渗沥液最大日产生量时，取历史最大日降水量；当计算渗沥液日平均产生量时，取多年平均日降水量；当计算渗沥液逐月平均产生量时，取多年逐月平均降雨量。数据充足时，宜按20年的数据计取；数据不足20年时，可按现有全部年数据计取。

　　　　C_1——正在填埋作业区浸出系数，宜取0.4～1.0，具体取值可参考表9-13；

正在填埋作业单元浸出系数 C_1 取值表 表 9-13

所在地年降雨量(mm) 有机物含量	年降雨量≥800	400≤年降雨量<800	年降雨量<400
大于70%	0.85～1.00	0.75～0.95	0.50～0.75
小于等于70%	0.70～0.80	0.50～0.70	0.40～0.55

注：生活垃圾降解程度高，埋深大时 C_1 取上限；生活垃圾降解程度低，埋深小时 C_1 取下限。

　　　　A_1——正在填埋作业区汇水面积，m^2；

　　　　C_2——已中间覆盖区浸出系数，当采用膜覆盖时，C_2宜取（0.2～0.3）C_1；（生活垃圾降解程度低或埋深小时宜取下限；生活垃圾降解程度高或埋深大时宜取上限。）当采用土覆盖时，C_2宜取（0.4～0.6）C_1；（若覆盖材料渗透系数较小、整体密封性好、生活垃圾降解程度低及埋深小时宜取低值；若覆盖材料渗透系数较大、整体密封性较差、生活垃圾降解程度高及埋深大时宜取高值。）

　　　　A_2——已中间覆盖区汇水面积，m^2；

　　　　C_3——已终场覆盖区浸出系数，宜取0.1～0.2；（若覆盖材料渗透系数较小、整体密封性好、生活垃圾降解程度低及埋深小时宜取下限；若覆盖材料渗透系数较大、整体密封性较差、生活垃圾降解程度高及埋深大时宜取上限。）

　　　　A_3——已终场覆盖区汇水面积，m^2；

　　　　C_4——调节池浸出系数，取0或1.0；（若调节池设置有覆盖系统取0；若调节池未设置覆盖系统取1.0。）

　　　　A_4——调节池汇水面积，m^2。

(2) 式中 A_1、A_2、A_3 随不同的填埋时期取不同值，渗沥液产生量设计值应在最不利情况下计算，即在 A_1、A_2、A_3 的取值使得 Q 最大的时候进行计算。

(3) 如考虑生活管理区污水等其他因素，渗沥液的设计处理规模宜在其产生量的基础上乘以适当系数。

9.3.1.2 《生活垃圾卫生填埋场岩土工程技术规范》CJJ 176-2012 推荐的方法

日平均产量也可采用浙江大学软弱土与环境土工教育部重点实验室研发的公式 (9-2) 计算：

$$Q = \frac{I}{1000} \times (C_{L1}A_1 + C_{L2}A_2 + C_{L3}A_3) + \frac{M_d \times (W_c - F_c)}{\rho_w} \tag{9-2}$$

式中：Q——渗滤液日均总量，m^3/d；

I——降雨量，mm/d，应采用最近不少于 20 年的日均降雨量数据；

A_1——填埋作业单元汇水面积，m^2；

C_{L1}——填埋作业单元渗出系数，一般取 $0.5 \sim 0.8$；

A_2——中间覆盖单元汇水面积，m^2；

C_{L2}——中间覆盖单元渗出系数，宜取 $(0.4 \sim 0.6)C_1$；

A_3——封场覆盖单元汇水面积，m^2；

C_{L3}——终场覆盖单元渗出系数，$0.1 \sim 0.2$；

W_c——垃圾初始含水率，%；

M_d——日均填埋规模，t/d；

F_c——完全降解垃圾田间持水量，%，应符合本规范表 9-14 的规定；

ρ_w——水的密度，t/m^3。

垃圾初始含水率和田间持水量建议取值　　　　　　　表 9-14

气候区域	初始含水率（%）					田间持水量（%）
	春	夏	秋	冬	全年	
湿润	45~60	55~65	45~60	45~55	50~60	30~40
中等湿润	35~50	45~65	35~50	35~50	40~55	30~40
干旱	20~35	30~45	20~35	20~35	20~40	30~40

（无机物＜30％时取值）

气候区域	初始含水率（%）					田间持水量（%）
	春	夏	秋	冬	全年	
湿润	35~45	30~40	30~45	30~40	35~45	30~40
中等湿润	20~35	30~40	35~50	35~50	20~35	30~40
干旱	15~25	30~40	15~25	10~20	15~25	30~40

（无机物≥30％时取值）

注：1. 垃圾无机物含量高或经中转脱水时，初始含水率取低值；

　　2. 垃圾降解程度高或埋深大时，田间持水量取低值。

9.3.1.3 渗沥液日产量还可使用水量平衡法计算，计算方法见式 (9-3)：

$$Q = 1000^{-1} \times [(P + SM - ET - R) \times A] - (F_c \times V_1 - M \times V_2) \tag{9-3}$$

式中：Q——渗沥液产量，$\mathrm{m^3/d}$；

$\quad\quad$ P——降水量，mm；

$\quad\quad$ SM——融雪入渗量，mm；

$\quad\quad$ ET——蒸腾量，mm；

$\quad\quad$ R——表面径流量，mm；

$\quad\quad$ A——填埋区面积，$\mathrm{m^2}$；

$\quad\quad$ F_c——堆体持水率，$\%$；

$\quad\quad$ M——堆体初始含水率，换算为体积比率，$\%$；

$\quad\quad$ V_1——堆体沉降后体积，$\mathrm{m^3}$；

$\quad\quad$ V_2——堆体沉降前体积，$\mathrm{m^3}$。

（1）式（9-3）中融雪入渗量 SM 可按式（9-4）进行计算：

$$SM = 1.8KT \tag{9-4}$$

式中：SM——每天潜在融雪入渗量，mm；

$\quad\quad$ K——溶化系数，取决于地面流域状况的常量，详见表 9-15；

$\quad\quad$ T——周围 $0^\circ\mathrm{C}$ 以上的环境温度。

溶化系数与地貌的关系　　　　　　　　　　　　　　　　　　表 9-15

地　面　条　件	K
茂密林区 北面坡 南面坡	0.1～0.15 0.15～0.2
高径流势	0.075

（2）公式（9-3）中蒸腾量 ET 可按式（9-5）、（9-6）计算：

$$ET = K_{c0}K_{s0}E_{tp} \tag{9-5}$$

$$K_{s0} = \frac{\ln(A_w+1)}{\ln 101} \tag{9-6}$$

式中：ET——蒸腾量，mm；

$\quad\quad$ K_{s0}——土壤供水系数；

$\quad\quad$ A_w——土壤有效含水量，$\%$；

$\quad\quad$ K_{c0}——植被生物系数；

$\quad\quad$ E_{tp}——参考作物蒸散量，mm。

式（9-4）中参考作物蒸散量可采用式（9-7）至式（9-11）计算：

$$E_{tp} = \frac{0.48\Delta\left(R_n - G + \gamma\dfrac{900}{T+273}u_2(e_s-e)\right)}{\Delta + \gamma(1+0.34u_2)} \tag{9-7}$$

$$G = 0.1[T_1 + (T_{t-1} + T_{t-2} + T_{t-3})/3] \tag{9-8}$$

$$R_n = R_s(1-r) - R_L \tag{9-9}$$

$$R_s = R_A\left(a + b\frac{n}{N}\right) \tag{9-10}$$

184

$$R_{\mathrm{L}} = \sigma T^4 (0.56 - 0.079 \sqrt{e}) \left(0.1 + 0.9 \frac{n}{N} \right) \tag{9-11}$$

式中：
E_{tp}——参考作物蒸散量，mm；

r——地表反射率，一般取 0.25；

a，b——为常数，分别取值 0.18，0.55；

u_2——2m 高度的风速，m/s；

n——日照时数，小时；

N——天文上可能出现的最大日照时数，$N = 24 \omega s / \pi + 0.1$，小时；

e——实际水气压，$e = e_{\mathrm{s}} \mathrm{RHmean}/100$（mbar），其中 RHmean 为四季平均湿度；

e_{s}——饱和水气压，$e_{\mathrm{s}} = 6.018 \exp(17.27T/(T+237.3))$，mbar；

$900/(T+273)$——饱和水压曲线的斜率；

γ——湿度计常数，$\gamma = 1.61452 P / \lambda$，其中 $\lambda = 2.45$；

R_{A}——理论太阳总辐射，可根据所处纬度计算，rmmd^{-1}；

$\triangle$——饱和水压曲线的斜率。

(3) 式 (9-3) 中表面径流量 R 可按径流曲线法或经验公式法计算：

径流曲线法：

$$R = \frac{\{W_{\mathrm{P}} - 0.2[(1000/CN) - 10]\}^2}{W_{\mathrm{P}} + 0.8[(1000/CN) - 10]} \tag{9-12}$$

式中：R ——表面径流量，mm；

W_{P}——降雨量，mm；

CN ——径流曲线值。

经验公式法：

$$R = C \times I \tag{9-13}$$

式中：C ——径流量系数（可参考表 9-16 中数值）；

I ——降雨量。

5～10 年一遇暴雨径流量系数　　　　　　　　表 9-16

土 地 特 征	径 流 量 系 数
未开垦土地	0.10～0.30
草地：沙土	
较平坦，2%以下	0.05～0.10
平均 2%～7%	0.10～0.15
较陡，7%以上	0.15～0.20
草地：耕植土	
较平坦，2%以下	0.13～0.17
平均，2%～7%	0.18～0.22
较陡，7%	0.25～0.35

9.3.1.4 渗沥液最大日产生量和逐月平均产生量可参照式（9-1）至式（9-13）进行计

算。降雨量 I 分别取最大日降雨量和多年逐月平均降雨量。

9.3.2　渗沥液收集管计算

9.3.2.1　渗沥液收集管所需渗沥液量按式（9-14）计算：

$$Q_{req} = q_{max} \times A_{cell} \tag{9-14}$$

式中：Q_{req}——需排出的渗沥液流量，m^3/s；

q_{max}——用本指南规定浸出系数计算出的最大单位面积渗沥液产量，$m^3/(s \cdot m^2)$；

A_{cell}——收集管集流面积，m^2。

9.3.2.2　管径选择应根据 9.3.1 计算结果，并结合表 9-17 确定。

填埋场用 HDPE 管径规格表

表 9-17

规格	公称外径 D_n（mm）									
	200	250	280	315	355	400	450	500	560	630

注：管径选择取区间上限。

9.3.2.3　流量核算

采用曼宁公式进行流量核算。

$$Q = \frac{1}{n} r_h^{\frac{1}{3}} \times r_h^{\frac{1}{3}} \times i^{\frac{1}{2}} \times A = \frac{1}{n} r_h^{\frac{2}{3}} \times i^{\frac{1}{2}} \times A \tag{9-15}$$

式中：Q——管道净流量，m^3/s；

n——曼宁糙率系数，HDPE 管 $n \approx 0.011$；

A——管的内截面积，m^2；

i——管道坡降；

r_h——水力半径，m；

其中，$r_h = \dfrac{A}{P_w}$。

P_w——湿周，m。

9.3.2.4　管道布孔计算

（1）单位长最大流量计算

$$Q_{in} = q_{max} \times A_{unit} \tag{9-16}$$

$$A_{unit} = (L_H)_{max} \times d_w \tag{9-17}$$

式中：Q_{in}——单位管长最大渗沥液流量，$m^3/(s \cdot m)$；

q_{max}——单位面积最大渗沥液产量，$m^3/(s \cdot m^2)$；

A_{unit}——最大单位管长集流面积，m^2/m；

$(L_H)_{max}$——渗沥液最大水平距离，m；

d_w——单位宽度，取 1m。

注：若填埋场底部为 V 形，渗沥液收集系统位于中央，则渗沥液最大水平距离为左右两侧水平距离之和。

（2）单孔过流能力计算

$$Q_b = CA_b(2g\Delta h)^{0.5} \tag{9-18}$$

式中：Q_b——单孔过流能力，m^3/s；

  C——过流系数，取 0.62；

  A_b——单孔孔口截面面积，m^2；

  g——重力加速度，取 $9.81m/s^2$；

  Δh——水头，m。

公式（9-18）中，令 $V_{ent} = (2g\Delta h)^{0.5}$

其中，V_{ent}——渗沥液入口限定流速，m^3/s。

则公式（9-18）可变为式（9-19）：

$$Q_b = CA_b V_{ent} \tag{9-19}$$

（3）单位管长孔口数计算

$$N = Q_{in}/Q_b \tag{9-20}$$

式中：N——单位管长孔口数；

  Q_{in}——单位管长最大渗沥液流量，$m^3/（s·m）$；

  Q_b——单孔过流能力，m^3/s。

9.3.3 导排竖井间距计算

$$R = 3000S\sqrt{k} \tag{9-21}$$

式中：R ——竖井影响半径，m；

  S ——井中水位降深 $H-h$，m；

  k ——达西渗流系数，cm/s。k 的大小一般可采用经验公式法、实验室方法、现场
    方法来确定，也可近似根据表9-18选取合适的 k 值。

渗流系数 k 的概值　　　　　　　　　　　　　　　表 **9-18**

土壤种类	渗流系数 k（cm/s）	土壤种类	渗流系数 k（cm/s）
黏　土	6×10^{-6}	粉黏土	$6\times10^{-6}\sim1\times10^{-4}$
黄　土	$3\times10^{-4}\sim6\times10^{-4}$	卵　石	$1\times10^{-1}\sim6\times10^{-1}$
细　砂	$1\times10^{-3}\sim6\times10^{-6}$	粗　砂	$2\times10^{-2}\sim6\times10^{-2}$

9.3.4 调节池容量计算

9.3.4.1 渗沥液调节池容量宜根据多年逐月降雨量计算逐月渗沥液产生量，扣除逐月的
处理量，最后计算出最大累计余量即为最低调节容量。

9.3.4.2 逐月渗沥液产生量可根据公式（9-1）计算，其中 I 取多年逐月降雨量，经计算
得出逐月渗沥液产生量 $A_1\sim A_{12}$。

9.3.4.3 逐月渗沥液余量可按公式（9-22）计算。

$$C = A - B \tag{9-22}$$

式中：C——逐月渗沥液余量，m^3；

A——逐月渗沥液产生量，m^3，由多年逐月降雨量根据式（9-1）计算；

B——逐月渗沥液处理量，m^3。

9.3.4.4 计算结果可按表 9-19 逐月列出。

表 9-19

调节池容量计算表

月　份	多年平均逐月降雨量 （mm）	逐月渗沥液产生量 （m^3）	逐月渗沥液处理量 （m^3）	逐月渗沥液余量 （m^3）
1	M_1	A_1	B_1	$C_1 = A_1 - B_1$
2	M_2	A_2	B_2	$C_2 = A_2 - B_2$
3	M_3	A_3	B_3	$C_3 = A_3 - B_3$
4	M_4	A_4	B_4	$C_4 = A_4 - B_4$
5	M_5	A_5	B_5	$C_5 = A_5 - B_5$
6	M_6	A_6	B_6	$C_6 = A_6 - B_6$
7	M_7	A_7	B_7	$C_7 = A_7 - B_7$
8	M_8	A_8	B_8	$C_8 = A_8 - B_8$
9	M_9	A_9	B_9	$C_9 = A_9 - B_9$
10	M_{10}	A_{10}	B_{10}	$C_{10} = A_{10} - B_{10}$
11	M_{11}	A_{11}	B_{11}	$C_{11} = A_{11} - B_{11}$
12	M_{12}	A_{12}	B_{12}	$C_{12} = A_{12} - B_{12}$

将表 9-19 所列 1～12 月中 $C>0$ 的月渗沥液余量累计相加，即为需要调节的渗沥液总容量。

9.3.4.5 计算值应按 9.2.4.2（2）中的方法进行校核，并将校核值与上述计算出来的需要调节的总容量进行比较，取其中较大者，在此基础上乘以安全系数 1.1～1.3 即为所取调节池容积。

9.3.4.6 当采用历史最大日降雨量进行校核时，可参考公式（9-23）计算：

$$Q_1 = I_1 \times (C_1 A_1 + C_2 A_2 + C_3 A_3 + C_4 A_4)/1000 \qquad (9\text{-}23)$$

式中：Q_1——校核容积，m^3；

I_1——历史最大日降雨量，m^3；

C_1、C_2、C_3、C_4 与 A_1、A_2、A_3、A_4 的取值同公式（9-1）。

9.3.5　渗沥液处理工艺参数计算

9.3.5.1　水解酸化反应器设计计算

（1）反应器有效容积

反应器的有效容积可根据渗沥液的水量、浓度及容积负荷，通过有机负荷法计算：

$$V_e = Q_0 \cdot S/q \qquad (9\text{-}24)$$

式中：V_e——有效容积，m^3；

Q_0——渗沥液总量，m^3/d；

S——渗沥液 COD 处理量，kg/m^3；

q——容积负荷，$kg/（m^3 \cdot d）$。

其中，Q_0 及 S 通过监测得出，容积负荷则需要试验确定，或参照同类型渗沥液经验值。

（2）反应器高度

反应器的高度（H）与上升流速（U）之间的关系如公式（9-25）：

$$H = U \cdot HRT = U \cdot V_e/Q_1 \tag{9-25}$$

式中：H——反应器的高度，m；

$\quad U$——反应器的渗沥液上升流速，m/h；

$\quad Q_1$——渗沥液流量，m^3/h；

$\quad HRT$——水力停留时间，h。

其中 V_e 及 Q_1 已经分别从公式（9-24）和公式（9-23）中推算出数值，U 则根据不同类型的反应器选择不同数值。U 值过低，渗沥液与微生物的接触减弱；U 值过高则会引起微生物流失，且增加工程的投资额。U 值可参考表 9-20 的经验值进行选取：

反应器的渗沥液上升流速经验值　　　　　　　表 9-20

反应器类型	微生物状态	上升流速（m/h）
接触式反应器	生物膜	2.0～3.0
悬浮式反应器	絮状污泥	0.5～1.0
	颗粒污泥	1.0～2.5
复合式反应器	絮状污泥	0.5～2.0
	颗粒污泥	0.5～3.0

9.3.5.2　UASB 反应器设计计算

（1）反应器的有效容积

反应器的有效容积可根据渗沥液的水量、浓度及容积负荷，通过有机负荷法计算：

$$V_e = Q_0 \cdot S/q \tag{9-26}$$

式中：V_e——有效容积，m^3；

$\quad Q_0$——渗沥液总量，m^3/d；

$\quad S$——渗沥液 COD 处理量，kg/m^3；

$\quad q$——容积负荷，$kg/(m^3 \cdot d)$，取 5～15。

其中，Q_0 及 S 通过监测得出数据。

（2）反应器的构造尺寸

反应器的高度（H）和直径（D）可按公式（9-27）、（9-28）计算：

$$H = \frac{Vq_1}{Q_0} \tag{9-27}$$

$$D = \sqrt{\frac{4Q_0}{\pi q_1}} \tag{9-28}$$

式中：V——设计容积，m^3；

$\quad Q_0$——渗沥液总量，m^3/d；

q_1——水力负荷，$m^3/(m^2 \cdot h)$，取 5～15。

9.3.5.3 吹脱法填料塔的设计计算

$$D = \sqrt{4f/\pi} \qquad (9-29)$$

$$f = Q/q \qquad (9-30)$$

$$h_0 = \frac{V}{f} = \frac{F}{Sf} \qquad (9-31)$$

$$F = \frac{Q(C_0 - C_2) \times 10^{-3}}{K \Delta C_p} \qquad (9-32)$$

式中：D——填料塔直径，m；

$\quad f$——填料塔断面积，m^2；

$\quad Q$——设计处理渗沥液量，m^3/h；

$\quad q$——设计淋水密度，$m^3/(m^2 \cdot h)$；

$\quad h_0$——填料塔有效高度，m；

$\quad V$——所需填料体积，m^3；

$\quad F$——所需填料的工作表面积，m^3；

$\quad S$——单位体积填料所具有的工作表面积，m^2/m^3；

$\quad C_0$——原水中溶质(气体)的浓度，kg/m^3；

$\quad C_2$——经 t(min)吹脱后气体在水中的剩余浓度，kg/m^3；

$\quad \Delta C_p$——脱除过程中的平均推动力，kg/m^3；

$\quad K$——除溶质(气体)的解吸系数，m/h。

ΔC_p 按公式（9-33）计算

$$\Delta C_p = \frac{C_0 - C_2}{2.44 \lg \dfrac{C_0}{C_2}} \qquad (9-33)$$

公式（9-29）～（9-33）中部分参数的选择可参考表 9-21：

吹脱塔填料技术特性　　　　　　　　　　　　　表 9-21

填料名称	规格 φ (mm)	填料个数 (个/m^3)	空隙率 e	比表面积 $S(m^2/m^3)$	水力半径 $R=e/S(mm)$	当量直径 $d=4R(mm)$	单位质量 (kg/m^3)
拉西环(瓷)	25×25×3	52300 (排列)	0.74	204	3.63	14.52	532
拉西环(瓷)	25×25×2.5	49000 (乱堆)	0.78	190	4.11	16.42	—
鲍尔环	25	53500	0.88	194	4.53	18.12	101
鲍尔环	38		0.87	155	5.61	22.45	98
鲍尔环	50	—	0.90	106.4	8.46	33.83	87.5
多面空心球	25	85000	0.84	460	1.83	7.32	145
多面空心球	50	11500	0.90	236	3.81	15.25	105

9.3.5.4 MBR 设计计算

（1）MBR 主要工艺参数的选择，可参考表 9-22 中不同膜生物反应器厂家商业运行膜生物反应器的工艺参数汇总。并可参考实例 9.4.3 中的计算。

MBR厂家工艺参数   表 9-22

厂家	Kubota	Mitsubishi	X-Flow	GE-Zenon	AsahiKASEI	国内厂家
MLSS(g/L)	10.6~12	8.9~11.6	7.2~10.6	10~11.2	8~15	6~10
COD负荷 (kgCOD/kgMLSS·d)	0.049~0.1	0.043~0.083	0.063~0.091	0.075~0.11	0.05~0.15 BOD负荷	0.08~0.15 BOD负荷
氨氮负荷 (kgCOD/kgMLSS·d)	0.008~0.009	0.006~0.008	0.006~0.012	0.009~0.012		0.009~0.015
过膜压差 TMP (kPa)		0~60		7~70	0~40	0~50
膜通量 (L/m²·h)	设计：30~40 实际 20~32.5	设计：10~20 实际： 20.3~30.6	41.7~60.0	推荐值：9~13 高峰值： 23.6~41.3	8.3~29	10~12
膜孔径 (μS)	0.4	0.4	0.03	0.035	0.1	0.22
膜材质	Chlorinated polyethylene	聚乙烯 (PR)		聚偏氟乙烯 (PVDF)复合膜	聚偏氟乙烯 (PVDF)复合膜	聚偏氟乙烯 (PVDF)

（2）MBR容积设计计算

①缺氧反应器容积可按下列公式计算：

$$V_{dN} = \frac{0.001Q(N_{to} - N_{te}) - 0.12\Delta X_V}{K_{dN}X} \tag{9-34}$$

$$\Delta X_V = yY_t \frac{Q(S_o - S_e)}{1000} \tag{9-35}$$

式中：V_{dN}——缺氧反应器容积，m³；

Q——设计渗沥液流量，m³/d；

X——生物反应器内污泥浓度（MLSS），gMLSS/L；

ΔX_V——排出生物反应器系统的微生物量，kgMLVSS/d；

N_{to}——生物反应器进水总氮浓度，mg/L；

N_{te}——生物反应器出水总氮浓度，mg/L；

K_{dN}——脱氮速率，kgNO₃-N/（kgMLSS·d）；

Y_t——污泥总产率系数，kgMLSS/kgCOD；

y——单位体积混合液中，MLVSS占MLSS的比例，gMLVSS/gMLSS，一般取 0.6~0.8；

S_o——生物反应器进水化学需氧量浓度，mg/L；

S_e——生物反应器出水化学需氧量浓度，mg/L。

②好氧反应器容积可按下列公式计算：

$$V_s = \frac{Q(S_o - S_e)}{1000XK_s} \tag{9-36}$$

$$V_N = \frac{Q(N_o - N_e)}{1000XK_N} \tag{9-37}$$

分别计算出 V_s 和 V_N 值，取两者中大者作为 V_O。

式中：V_O——好氧反应器容积，m³；

V_s——去除碳源有机物所需反应器容积，m³；

V_N——硝化所需反应器容积，m^3；

Q——设计渗沥液流量，m^3/d；

S_o——生物反应器进水化学需氧量浓度，mg/L；

S_e——生物反应器出水化学需氧量浓度，mg/L；

N_o——生物反应器进水氨氮浓度，mg/L；

N_e——生物反应器出水氨氮浓度，mg/L；

X——生物反应器内混合液悬浮固体（MLSS）平均浓度，g/L；

K_S——污泥负荷，$kgCOD/(kgMLSS \cdot d)$；

K_N——硝化速率，$kgNH_4^+-N/(kgMLSS \cdot d)$。

（3）混合液回流量可按下列公式计算：

$$R = \frac{f}{1-f} \tag{9-38}$$

$$Q_R = Q \times R \tag{9-39}$$

式中：Q——设计渗沥液流量，m^3/d；

Q_R——混合液回流量，m^3/d；

f——设计脱氮效率，%；

R——回流比，倍。

（4）微滤/超滤膜分离系统设计计算

超滤系统的工艺流程按运行方式分为间歇式、连续式；组件排列形式宜为一级一段，并联安装。

①产水量

$$q_s = C_m \times S_m \times q_0 \tag{9-40}$$

式中：q_s——单支膜元件的稳定产水量，L/h；

q_0——单支膜元件的初始产水量，L/h；

C_m——组装系数，取值范围宜为 $0.90 \sim 0.96$；

S_m——稳定系数，取值范围宜为 $0.6 \sim 0.8$。

设计温度 25℃，实际温度的波动，产水量的计算可按公式（9-41）进行修正：

$$q_{st} = q_s \times (1 + 0.0215)^{t-25} \tag{9-41}$$

②组件数

$$n = \frac{Q}{q_s} \tag{9-42}$$

式中：Q——设计产水量，L/h。

③浓缩液的浓度、体积

$$C/C_0 = 1 - R + V_0 R/V \tag{9-43}$$

式中：C——浓缩液的浓度，mg/L；

C_0——进料液的浓度，mg/L；

V——浓缩液的体积，L；

V_0——进料液的体积，L；

R——污染物去除率。

④膜需要总面积

$$S_{UF} = \frac{Q_h}{J_{UF}}$$ (9-44)

式中：S_{UF} ——膜需要总面积，m^2；

Q_h ——设计流量，L/h；

J_{UF} ——设计膜通量，$L/(m^2 \cdot h)$。

⑤需要膜管数

$$n_{UF} = \frac{S_{UF}}{S_{aUF}}$$ (9-45)

式中：n_{UF} ——所需膜管数；

S_{aUF} ——单只膜管面积，m^2。

9.3.5.5 纳滤/反渗透膜元件设计计算

（1）单支膜元件产水量

设计温度 25℃时单支膜元件产水量，m^3/h。应按温度修正系数进行修正。也可以按 25℃为设计温度，每升、降 1℃，产水量增加或减少 2.5％计算。

（2）所需的元件数

所需元件数可按公式（9-46）计算：

$$N_e = \frac{Q_p}{q_{max} \times 0.8}$$ (9-46)

式中：Q_p——设计产水量，m^3/h；

q_{max}——膜元件最大产水量，m^3/h；

0.8 —— 设计安全系数。

（3）压力容器（膜壳）数的确定

所需压力容器（膜壳）数可按公式（9-47）计算：

$$N_V = \frac{N_e}{n}$$ (9-47)

式中：N_V——压力容器数；

N_e——设计元件数；

n ——每个容器中的元件数。

（4）膜需要总面积

$$S = \frac{Q_h}{J}$$ (9-48)

式中：S——膜需要总面积，m^2；

Q_h——设计流量，L/h；

J ——设计膜通量，$L/(m^2 \cdot h)$。

（5）需要膜组件数

$$n = \frac{S}{S_a}$$ (9-49)

式中：n ——所需膜组件数；

S_a ——单只膜组件面积，m^2。

9.4 案例

9.4.1 K市垃圾填埋场渗沥液收集系统设计

——设计背景：

场区位于该市西部低山丘陵区，地势北高南低，地形起伏不平。地貌简单，处于一个近南北向分布的狭长沟谷内，沟谷呈U形谷，场地内陡坎较发育。

——设计内容：

该市垃圾处理场渗沥液的收集导排系统包括水平、垂直导排系统，主要由设于底部防渗层上的渗沥液导流层、导流盲沟、水平导气PVC管及竖向石笼组成。

（1）水平收集系统

根据**本指南9.2.3.3～9.2.3.4导流层及盲沟**设计要求，水平系统敷设在场底水平防渗隔离层之上，包括导流层、导流主盲沟及导流干管。随场底坡度铺设300mm厚碎石（粒径$\phi20\sim60$）作导流层，将垃圾中渗出的渗沥液尽快引入收集导排盲沟及导排管内，导流层的铺设范围与场底防渗层相同。针对本填埋场的特点，沿着填埋场场底设置一根渗沥液导排主盲沟，主盲沟中铺设$DN315HDPE$导排花管，坡向与场底一致，导流多孔花管周围覆盖$\phi20\sim60$粒径碎石，$\phi10\sim20$砾石和粗砂的级配反滤结构。

（2）垂直收集导排系统

根据**本指南9.2.3.6垂直收集导排系统**设计要求设置垃圾堆体上的气体垂直导排系统—导气石笼井。石笼由直径1200mm的铅丝网填以级配碎石形成，石笼内设置$DN200HDPE$穿孔管。该井除具有导出垃圾堆体内的垃圾气体外，还兼有把垃圾堆体表面径流雨水，垃圾堆体内部的大气降雨及渗沥液迅速收集，导排至渗沥液导流层或盲沟中。

渗沥液由盲沟收集后经主盲沟导，经过无孔管穿坝，排到调节池，调节池处的渗沥液管的管底标高控制在调节池最高水位之上。

9.4.2 L市垃圾填埋场渗沥液收集管计算

——设计背景：

L市生活垃圾卫生填埋场库区占地面积为13876m²，库容量15.38万m³，有效库容量13.92万m³，垃圾填埋最终密度按1.0t/m³计。平均处理生活垃圾30t/d，使用年限13年。多年平均降雨量：1193.55mm；最大日降雨量：270.00mm。

——设计内容：

该市垃圾处理场渗沥液的收集导排系统包括水平、垂直导排系统，主要由设于底部防渗层上的渗沥液导流层、导流盲沟、水平导气PVC管及竖向石笼组成。其中导流盲沟内为HDPE穿孔收集管。现以渗沥液主盲沟线收集管为例计算管径及管道布孔：

——计算步骤：

（1）渗沥液收集管所需渗沥液量按**本指南9.3.2.1节式（9-13）**计算：

$$Q_{req} = q_{max} \times A_{cell} = 2.81 \times 10^{-6} \times 13876 = 0.039$$

其中 $$q_{\max} = \frac{I \times C \times A}{1000 \times 24 \times 3600} = \frac{270.00 \times 0.9 \times 1}{1000 \times 24 \times 3600} = 2.81 \times 10^{-6}$$

$$A_0 = \frac{Q_{\text{req}}}{V_{\min}} = \frac{0.039}{0.6} = 0.065$$

式中：Q_{req}——需排出的渗沥液流量，m^3/s；

$q_{\max}$——用本指南规定浸出系数计算出的最大单位面积渗沥液产量，$m^3/(s \cdot m^2)$；

C——正在填埋作业区浸出系数，宜取 $0.4 \sim 1.0$，参考本指南 9.3.1.1 表 9-13，本设计取值 0.9；

$V_{\min}$——管内最小流速，本设计取 0.6m/s；

A——正在填埋作业区单位汇水面积，m^2；

I——水流断面面积，m^2；

A_{cell}——收集管集流面积，m^2。

（2）管径计算

根据**本指南第 8.3.2 节**，假设设计充满度（根据表 8-4 选择）$h/D > 1/2$，则根据公式（8-8）、（8-9）、（8-10）计算得收集管管径 $D = 304$mm。结合**本指南第 9.3.2.3 节表 9-17**，取管径为 315mm。

（3）流量核算

根据**本指南第 9.3.2.4 节**，采用曼宁公式进行流量核算。

$$r_{\text{h}} = \frac{A}{(\pi - \theta)D} = 0.099$$

$$Q = \frac{1}{n} r_{\text{h}}^{\frac{1}{6}} \times r_{\text{h}}^{\frac{1}{2}} \times i^{\frac{1}{2}} \times A = \frac{1}{n} r_{\text{h}}^{\frac{2}{3}} \times i^{\frac{1}{2}} \times A$$

$$= 0.057 m^3/s > 0.039 m^3/s \text{（可以）}$$

其中

经核算，本设计管径取 315mm 符合规定。

式中：

Q——管道净流量，m^3/s；

n——曼宁糙率系数，HDPE 管 $n \approx 0.011$；

A——管的内截面积，m^2；

i——管道坡降，本设计为 0.002；

r_{h}——水力半径，m；

θ——圆周角，本设计取 $\frac{2}{3}\pi$。

（4）管道布孔计算

单位长最大流量计算

最大单位管长集流面积 $A_{\text{unit}} = (L_{\text{H}})_{\max} \times d_{\text{W}} = 50 m^2$

单位管长最大渗沥液流量

$$Q_{\text{in}} = q_{\max} \times A_{\text{unit}} = \frac{0.024 \times 50}{24 \times 60 \times 60} = 1.39 \times 10^{-5} m^3/(s \cdot m^2)$$

其中 $$q_{\max} = 0.024 m/d$$

管道穿孔数

假定孔口直径 $\qquad d = 64\text{mm}$，

则孔口面积 $\qquad A_b = \pi\left(\dfrac{d}{2}\right)^2 = 0.32 \times 10^{-4}\,\text{m}^2$

取过流系数 $C = 0.62$，限定流速 $V_{ent} = 0.03\text{m/s}$

由本指南式（9-18）：

$$Q_b = CA_bV_{ent} = 0.62 \times 0.32 \times 10^{-4} \times 0.03 = 6 \times 10^{-7}\,\text{m}^2/\text{s}$$

穿孔数

$$N = \frac{Q_{in}}{Q_b} = \frac{1.39 \times 10^{-5}}{6 \times 10^{-7}} = 23.2$$

因此，用 24 孔/m，每侧设 12 孔。

9.4.3 M 市垃圾填埋场调节池容量计算

——设计背景：

M 市垃圾卫生填埋场库区占地面积为 38.88hm²，库容量 1833 万 m³，有效库容量 1650 万 m³，垃圾填埋最终密度按 1.0t/m³ 计。平均处理生活垃圾 2700t/d，使用年限 16 年。多年平均降雨量：1261.2mm；多年平均蒸发量：1444.7mm；最大年降雨量：2105.3mm；最小年降雨量：575.9mm；最大月降雨量：819.9mm；最大日降雨量：317.4mm。

——设计内容：

（1）该填埋场调节池容积按填埋生活垃圾阶段的年调节来计算，根据**本指南 9.3.4 调节池容量计算**来计算调节池容量，具体计算详见表 9-23。

调节池容量平衡计算表

表 9-23

月份	多年逐月平均降雨量 （mm）	逐月渗沥液产生量 （m³）	逐月渗沥液处理量 （m³）	富余水量 （万 m³）
1	20.3	1494	7905	
2	33.5	2465	7140	
3	72.3	5321	7905	
4	113.6	8361	7650	711
5	152.7	11238	7905	3333
6	181.8	13380	7650	5730
7	234.3	17244	7905	9339
8	140.6	10348	7905	2443
9	134.5	9898	7650	2248
10	92.8	6830	7905	
11	61.6	4534	7650	
12	23.2	1707	7905	

（2）将上表中富余水量相加计算得出的调节池调蓄容量应为 23804m³。

（3）采用历年最大日降水量校核，根据本指南 9.3.4 调节池容量计算中提供的方法计算得出 $I=317.4mm$，调节池的调蓄容量应为 23350m³。

（4）根据以上两种方法的计算结果，按本指南 9.3.4 的相关要求，取 1.2 的安全系数，则调节池的最小有效容量确定为 2.86 万 m³。

9.4.4 N市垃圾渗沥液处理工程

——设计背景：

N 市城市生活垃圾平均日产量约 1000t 左右，年总产量达 36.5 万 t。垃圾填埋场建成初期，进场垃圾为原生垃圾，后期进场垃圾以焚烧炉渣为主，并有少量原生应急垃圾。填埋场场区工程（包括生活垃圾填埋区、有害垃圾填埋区、污水处理区、生产生活管理区）征地红线范围面积 26.7hm²。生活垃圾填埋区库容为 450 万 m³，最大填埋高度 60m，压实后垃圾容重 0.9t/m³，设计使用年限确定为 33 年，平均日处理垃圾规模 320t。渗沥液收集后汇入调节池，调节池总容积 30000m³。

——设计内容：

（1）工艺流程说明

根据**本指南 9.2.5 渗沥液处理系统**的相关要求，N 市垃圾填埋场渗沥液处理工艺流程设计如图 9-7。

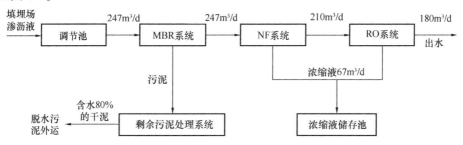

图 9-7 N市垃圾渗沥液处理工艺流程图

垃圾填埋场渗沥液经过收集系统进入调节池，用水泵（抽水能力 247³/d）抽送到生化反应器的布水系统中。为保护后续的超滤膜，生化反应器前加设篮式过滤器，以去除进水中的小颗粒物。

生化反应器由一座反硝化池（有效容积 180m³）和两座硝化池（有效容积 510m³）组成，均为钢筋混凝土结构池体。硝化池内曝气采用射流鼓风曝气，通过高活性的好氧微生物作用，大部分有机污染物在硝化池内得到降解。同时氨氮和有机氮氧化为硝酸盐和亚硝酸盐，一部分污水通过超滤浓缩液回流到反硝化池，在缺氧环境中还原成氮气排出，达到脱氮的目的。反硝化池内设 1 台液下搅拌装置。硝化池内一部分污水进入超滤（UF）系统。

超滤（UF）进水泵把硝化池的混合液分配到各 UF 环路。超滤最大压力为 6×10^2 kPa。每个膜管内安装了一组直径为 8mm，内表面为聚合物的管式过滤膜。超滤系统 2 个环路，两个环路共有 5 根膜管。每个环路有单独的循环泵，每台泵在沿膜管内壁提供一个需要的流速，从而形成紊流，产生较大的过滤通量，避免堵塞。与传统生化处理工艺相比，微生物菌体通过高效超滤系统从出水中分离，确保大于 $0.02\mu m$ 的颗粒物、微生物和与 COD 相关的悬浮物安全地截留在系统内。超滤清液进入清液储槽，超滤浓缩液回到反硝化池。生化污泥浓度通过错流式超滤的连续回流来维持。

膜管由储存有清水或清液的"清洗槽"通过清洗泵来完成。每个环路可在其他环路运行的同时进行冲刷、清洗或维护。自动压缩空气控制阀能同时切断进料，留在管内的污泥随冲刷水去生化池。CIP 是一种偶频过程，清洗后期阀门按程序打开，允许清洗水在膜环路中循环后回到"清洗槽"，直到充分清洗。如需要，清洗后期可向清洗槽少量滴加膜清洗药剂。

超滤储槽内的清液通过纳滤进水泵输送到纳滤设备中，在增压泵的作用下，清液进入 3 组并联的膜单元，每组膜单元的外壳是一个压力管道，内有 5 根串联的卷式有机复合膜元件，操作压力为 $(5\sim25)\times10^2$ kPa，纳滤截留那些不可生化的大分子有机物 COD。纳滤出水进入反渗透系统，通过反渗透膜去除 COD、BOD、NH_3-N、TN、SS、重金属等污染物后达标排放。

渗沥液处理站的污泥来自生物处理的剩余污泥和膜处理浓缩液沉淀物。排入到污泥储池后通过离心脱水机脱水，脱水后的干污泥去填埋场处理。清液输送至调节池。

（2）处理单元过程与设计技术参数

① 水质水量及主要处理要求

按本指南 9.2.1 渗沥液水质取值的技术要求，根据该市垃圾填埋场的场龄及近年对渗沥液的检测数据并参考国内外资料，该垃圾填埋场渗沥液处理的进出水水质见表 9-24。

渗沥液处理设计进出水水质范围 表 9-24

序　号	处理要求	单　位	流　入	流　出
1	流量	m³/d	247	180
2	COD	mg/L	≤20000	≤100
3	BOD$_5$	mg/L	≤8000	≤30
4	SS	mg/L	≤800	≤30
5	NH$_3$-N	mg/L	≤800	≤25

由于渗沥液产生量及污染物浓度变化范围很大，主要是受降雨量、垃圾本身含水量等多种因素的影响。根据水质水量波动幅度较大的实际情况，在设定工艺参数时，根据计算，将每天从调节池进水泵进入处理系统的废水量设计为 247m³/d。

② 生化单元设计技术参数

生化单元设计技术参数见表 9-25，也可参考**本指南 9.3.5 渗沥液处理工艺参数计算**中提供的相关计算方法。

生化单元设计技术参数 表 9-25

日流量 Q_d	$Q_d=247$m³/d
设计温度 T	25℃（设定）
设计污泥浓度 $MLSS$	15kg/m³（设定）
最大硝化污泥负荷 q_{Ni}	0.16kg NO$_3$-N/kg MLSS·d（设定）

续表

NH$_3$-N 日处理量 X_{NH_3-N}	$X_{NH_3-N}=247m^3/d\times0.8kg/m^3=197.6kg\ NH_4-N/d$
设计反消化率 R_{Di}	$R_{Di}=99\%$（设定）
反硝化池有效容积 V_{Di}	$V_{Di}=\dfrac{X_{NH_3-N}\times R_{Di}}{MLSS\times q_{Ni}}=81.5m^3$ 设计取 1 座，为 180m^3
好氧污泥泥龄 A_{ae}	$A_{ae}=45\times1.1(15-T)=17.35$ 天
设计生化 COD 去除率 R_{COD}	$R_{COD}=90.0\%$（设定）
COD 日处理量 X_{COD}	$X_{COD}=247m^3/d\times20kg/m^3\times90.0\%=4446kgCOD/d$
硝化池有效容积 V_{Ni}	$V_{Ni}=S+\sqrt{S^2+\dfrac{a\times V_{Di}}{\dfrac{1}{A_{ae}}+Kd}}=1003m^3$ 设计取 2 座，为 510m^3 其中 s，a，Kd 为经验公式参数： $a=1.84m^3/d$ $b=80.1\ m^3/d$ $Kd=0.0086\times1.1(T-15)=0.0223$ $S=\dfrac{a+b-Kd\times V_{Di}}{2\times\left(\dfrac{1}{A_{ae}}+Kd\right)}=501$
剩余污泥产泥系数 Y	$Y=0.10kgMLSS/kgCODDeli$
日平均剩余污泥量 Q_{es}	$Q_{es}=711kg/d$

③充氧曝气单元设计技术参数

充氧曝气单元的曝气系统采用微孔曝气，设计技术参数见表 9-26，也可参考本指南 9.3.5.4 膜生物反应器中提供的计算方法。

充氧曝气单元设计技术参数　　　　　　　　　　　　　　　　　　表 9-26

设 计 技 术 参 数	设 计 计 算
除碳每日需氧量 O_c	$O_c=O_{VC}\times X_{BOD}$ $\quad=1.8kgO_2/kgBOD\times8.0kg/m^3\times95\%\times247m^3/d$ $\quad=5068kgO_2/d$
除氮每日需氧量 O_N	$O_N=(1.7+4.6(1-R_{Di}))\times X_{NH_3-N}=345kgO_2/d$
溶解氧饱和浓度于 8.0m 深池 C_{OS}	$C_{OS}=40\times21\%\times(1+8.0/20.7)=11.64mg/L$
硝化池中设计溶解氧浓度 C_{od}	$C_{od}=2.0mg/L$
硝化池中每日需氧量 O_d	$O_d=\dfrac{C_{os}}{C_{os}-C_{od}}\times\dfrac{(O_N\times f_n+O_c\times f_c)}{a}=9344kgO_2/d$
8m 深池中清水氧利用率 η	$\eta=8m\times16gO_2/m^3/m\div280gO_2/m^3N=45.7\%$
需空气量 Q_{air}	$Q_{air}=O_d\div\eta\div0.28kgO_2/m^3N\div24h=3041m^3N/h$

④ 超滤单元设计技术参数

超滤单元膜过滤采用交错流形式，设计技术参数见表 9-27，也可参考本指南 9.3.5.4 中超滤系统的计算方法。

超滤单元设计技术参数   表 9-27

设计技术参数	设 计 计 算	设计技术参数	设 计 计 算
流量 Q_h	$Q_h=10.3m^3/h$	UF-道数 L_{UF}	$L_{UF}=2$（设定）
设计过滤通量 J_{UF}	$J_{UF}=80L/h·m^2$（产品参数）	每道膜管 $n_{L,UF}$	$n_{L,UF}=2+3$（设定）
膜需要总面积 S_{UF}	$S_{UF}=Q_h/J_{UF}=128.6m^2$	总膜管数 $n_{UF,t}$	$n_{UF,t}=5$
单位膜管面积 $S_{a,UF}$	$S_{a,UF}=26.08m^2$（设定）	膜总过滤面积 $S_{UF,t}$	$S_{UF,t}=n_{UF,t}×S_{a,UF}=156.5m^2$
需要膜管数 n_{UF}	$n_{UF}=S_{UF}/S_{a,UF}=4.9≈5$		

⑤纳滤单元设计技术参数

纳滤单元膜材料采用有机膜，设计技术参数见表 9-28，也可参考本指南 9.3.5.5 中纳滤元件的计算方法。

纳滤单元设计技术参数   表 9-28

设计技术参数	设 计 计 算	设计技术参数	设 计 计 算
入流流量 Q_h	$Q_h=10.3m^3/h$	需要膜管数 n_{NF}	$n_{NF}=S_{NF}/S_{a,NF}=13.5$
清液产生量 Q_P	$Q_P=8.75m^3/h$	NF-路数 L_{NF}	$L_{NF}=3$（设定）
设计通量 J_{NF}	$J_{NF}=20L/h·m^2$（产品参数）	膜管 $n_{L,NF}$	$n_{L,NF}=5$（设定）
膜需要总面积 S_{NF}	$S_{NF}=Q_P/J_{NF}=440m^2$	总膜管数 $n_{NF,t}$	$n_{NF,t}=3×5=15$
单位膜管面积 $S_{a,NF}$	$S_{a,NF}=32.5m^2$（产品参数）	膜总过滤面积 $S_{NF,t}$	$S_{NF,t}=n_{NF,t}×S_{a,NF}=487.5m^2$

⑥反渗透单元设计技术参数

反渗透单元采用卷式膜，设计技术参数见表 9-29，也可参考本指南 9.3.5.5 中反渗透元件的计算方法。

反渗透单元设计技术参数   表 9-29

设计技术参数	设 计 计 算	设计技术参数	设 计 计 算
入流流量 Q_h	$Q_h=8.75m^3/h$	RO-环路数 L_{RO}	$L_{RO}=3$
清液产生量 Q_P	$Q_P=7.5m^3/h$	每环路并联膜管数 K_{RO}	$K_{RO}=1$
设计通量 J_{RO}	$J_{RO}=21L/h·m^2$（产品参数）	每根膜管膜组件数 $n_{L,RO}$	$n_{L,RO}=5$
膜需要总面积 S_{RO}	$S_{RO}=Q_P/J_{RO}=357m^2$	总膜组件数 $n_{RO,t}$	$n_{RO,t}=3×1×5=15$
单位膜组件面积 $S_{a,RO}$	$S_{a,RO}=32.2m^2$（产品参数）	膜总过滤面积 $S_{RO,t}$	$S_{RO,t}=n_{RO,t}×S_{a,RO}=483m^2$
需要膜组件数 n_{RO}	$n_{RO}=S_{RO}/S_{a,RO}=11.1$		

（3）工程处理效果

各工艺段处理效果见表 9-30。

各工艺阶段处理效果   表 9-30

项 目		水量(m³/h)	COD(mg/L)	BOD(mg/L)	NH₃-N(mg/L)	SS(mg/L)
MBR	进水	10.3	≤20000	≤8000	≤800	≤800
	出水	10.3	3000	1200	80	120
	去除率（%）	—	85	85	90	85

项 目		水量(m³/h)	COD(mg/L)	BOD(mg/L)	NH₃-N(mg/L)	SS(mg/L)
NF	出水	8.75	300	120	80	12
	去除率(%)	—	90	90	—	90
RO	出水	7.5	30	12	8	—
	去除率(%)		90	90	90	90
要求		7.5	≤100	≤30	≤25	≤30

（4）投资成本

本套处理系统垃圾渗沥液处理调节池垃圾渗沥液量 247m³/d，反渗透出水水量为 180m³/d，年处理垃圾渗沥液量 90155m³/年，处理出水约 65700m³/年。年运行费用为 315 万元，运行单价为 35 元/m³。

9.4.5 B 市垃圾渗沥液处理工程

——设计背景：

本项目位于山东省某沿海城市，处理对象为中老龄填埋场、堆肥厂、焚烧厂的混合渗沥液。本项目为改造项目，原有一套渗沥液处理系统，处理能力为 200t/d，无法达到新的排放标准，进行改造扩容后，处理能力可达 900 t/d。由于该地区土地为盐碱地，地下水含盐量极高，使得该项目垃圾渗沥液电导率较高，同时由于焚烧厂建成日期较晚，项目初期处理的主要是填埋场渗沥液。该项目出水直接排入收纳水体，对污染物有着极其苛刻的要求，出水达到《城镇污水处理厂综合排放标准》GB 18918-2002 一级标准中 A 标准规定的污染物排放限值（该标准各项指标均严于 GB 16889-2008）。

主要进出水设计水质如表 9-31 所示：

主要设备一览表 表 9-31

指 标	COD (mg/L)	BOD₅ (mg/L)	TN (mg/L)	NH₃-N (mg/L)	SS (mg/L)	pH
进水水质	30000	15000	2400	2200	2000	6～9
出水水质	50	10	15	5	10	6～9

——设计内容：

（1）工艺流程说明

本处理工程的渗沥液来源有填埋场、焚烧发电厂和堆肥厂三部分，其中填埋场和焚烧发电厂渗沥液量相当，所占比例大。填埋场渗沥液已属于老龄填埋场渗沥液特征，污染物浓度高，可生化性差，营养比列元素严重失调，而焚烧发电厂渗沥液，氨氮含量较低，可生化性好。因此三种渗沥液混合后废水可生化性好，生化系统可达到预定的氮脱除效率。

该项目的分为原有系统改造工程和扩容工程，原有系统改造工程的处理能力为 200t/d，扩容工程的 MBR 系统处理能力为 700t/d，单级 DTRO 处理能力为 900t/d。改造工程的 MBR 出水经后续 NF 处理后再进入 RO 系统进行深度处理，若改造系统的 MBR

出水较好时，可超越纳滤直接进入 DTRO 系统处理。

根据本指南 9.2.5 渗沥液处理系统的相关要求，具体工艺流程设计如图 9-8。

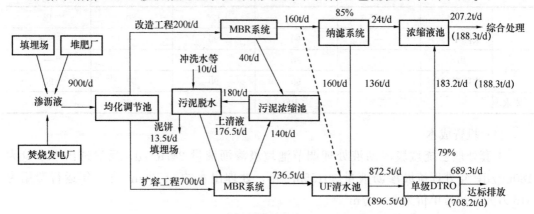

图 9-8　B 市垃圾渗沥液处理工艺流程图

注：（　）内数值为原系统超越 NF 系统时的水量

本工艺可分为 MBR 系统、膜深度处理系统和污泥处理系统三部分。

①MBR 系统

MBR 系统有生化反应段和外置式超滤膜分离系统构成。生化段包括一级反硝化池、一级硝化池、二级反硝化池、二级硝化池、曝气系统及加药系统构成。两级 A/O 并联运行，每条线设计处理能力为 350t/d，可独立运行或同时运行。

渗沥液进入调节池后经提升泵输送至 MBR 系统，为避免大颗粒固形物对后续设备造成损坏，在提升泵后设自清洗过滤器，篮式过滤器具备在线自清洗功能 MBR 单元由两级 A/O 反应器和 UF 膜系统组成。渗沥液首先进入一级 A/O 系统，反硝化池的前置可以充分利用渗沥液中的碳源，O 段分解有机物将氨氮氧化成亚硝态氮进而氧化成硝态氮，硝态氮通过硝化液回流返回 A 段进反硝化，氮类污染物转化为氮气溢出。

渗沥液经过一级 A/O 处理后大部分有机物和氮类污染物已经得到去除，但由于一级反硝化速率、有机碳源比例及硝化液回流比的限制，总氮仍然无法得到充分去除，为保证出水总氮满足标准，本工程增加了二级 A/O 强化脱氮处理，针对前期主要处理对象是中老龄填埋场渗沥液，碳源极度缺乏，可以在二级反硝化池中投加碳源，保证硝态氮得到充分反硝化，提高总氮的去除率。

扩容工程的超滤单元为外置式管式超滤膜，设计处理规模为 736.5m³/d，进入 UF 清液池。

②单级 DTRO 系统

MBR 系统出水中有机污染及 TN 还无法达到排放要求，利用 DTRO 反渗透膜拦截 90% 以上的各项污染物质，透过液达标排放，浓缩液排入浓缩液池。DTRO 处理系统包括酸加药系统、阻垢剂加药系统、碱加药系统、芯式过滤器、高压泵、循环泵、单级 DTRO 装置、化学清洗系统等。

MBR 系统出水进入 UF 清水池，经泵提升后进入 DTRO 膜深度处理系统，首先在原水罐完成 PH 调节，然后经芯式过滤器后由高压泵泵入 DTRO 膜系统。为了防止各种难溶性硫酸盐、硅酸盐在膜组件内由于高倍浓缩产生结垢现象和延长膜使用寿命，在 RO 进水管路上加入一定量的阻垢剂，添加量按原水中难溶盐的浓度确定。膜组件采用碟管式反渗透膜柱，膜系统配有循环泵以产生足够的流量和流速，避免膜污染。膜系统透过液入清水罐调 pH 后排入 RO 清水池排放及回用，浓缩液排入浓缩液池作综合处理。

③污泥处理系统

剩余污泥量为 180t/d，排入污泥浓缩池后进入污泥脱水系统处理，污泥脱水后形成含水率不高于 80％的泥饼 13.5t/d；上清液及冲洗水计 176.5t/d 回流至 MBR 生化池。

(2) 生化单元设计计算

①生化单元设计技术参数见表 9-32，也可参考本指南 9.3.5.4 提供的计算方法。

生化单元设计技术参数　　　　　　　　　　　表 9-32

设计技术参数	设 计 计 算
日处理量 Q	$700 m^3/d$
设计污泥浓度 X	$15 kgMLSS/m^3$
设计污泥负荷 F_w	一级硝化：$0.11\ kgBOD_5/(kgMLSS \cdot d)$ 二级硝化：$0.06\ kgBOD_5/(kgMLSS \cdot d)$
T℃时的脱氮速率 $K_{de(T)}$	$K_{de(T)} = K_{de(20)} * 1.08^{(T-20)}$， 一级反硝化：$K_{de(30)} = 0.09 kgNO_3^-\text{-}N/(kgMLSS \cdot d)$ 二级反硝化：$K_{de(30)} = 0.06 kgNO_3^-\text{-}N/(kgMLSS \cdot d)$
$K_{de(20)}$	$0.04\ kgNO_3^-\text{-}N/(kgMLSS \cdot d)$
MLVSS/MLSS，y	0.7
污泥产率系数 Y_t	$0.3\ kgMLSS/kgBOD_5$
设计温度 T	30℃
一级硝化池有效容积 V	$V = Q \times L_{rBOD_5} / (X \times F_w) = 5727 m^3$ $L_{rBOD_5} = 13.5 kg/m^3$，去除 BOD_5 浓度
二级硝化池有效容积 V	$V = Q \times L_{rBOD5} / (X \times F_w) = 992 m^3$ $L_{rBOD5} = 1.28 kg/m^3$，去除 BOD_5 浓度
一级反硝化池有效容积 V	$V = (0.001 \times Q \times (N_K - N_{te}) - 0.12 \times \Delta X_V) / (X \times K_{de}) = 854 m^3$ $N_K = 2400 mg/L$，进水总氮浓度 $N_{te} = 480\ mg/L$，出水总氮浓度 $\Delta X_V = 1985 kgMLSS/d$，排泥量
二级反硝化池有效容积 V	$V = (0.001 \times Q \times (N_K - N_{te}) - 0.12 \times \Delta X_V) / (X \times K_{de}) = 190 m^3$ $N_K = 480 mg/L$ $N_{te} = 144 mg/L$ $\Delta X_V = 423.36 kgMLSS/d$

②曝气单元设计技术参数见表 9-33。

曝气单元设计技术参数　　　　　　　　　　表 9-33

设计技术参数	设 计 计 算
一级硝化池每日需气量 O_c	实际需氧量 $AORN = aL_{rBOD5} + bVX + 4.57L_{rNH3} = 21196\text{kg/d}$ $a = 0.48$，$kgO_2/kgBOD_5$ $b = 0.16$，$kgO_2/(kgMLSS \cdot d)$ $L_{rBOD5} = 9450\text{kg/d}$，去除 BOD_5 量 $L_{rNH3} = 1525$ kg/d，去除 NH_3 量 $V = 5727\text{m}^3$ $X = 10.5\text{kgMLVSS/m}^3$ 理论需氧量 $SORN_0 = \alpha \times N \times (\beta \times Csm - C_0) \times 1.024^{(T-20)}/Cs = 26051\text{kg/d}$ $\alpha = 0.85$ $\beta = 0.97$ $Csm = 10.99$，曝气装置在水下至水面的平均溶解氧值 $C_0 = 0.2$，混合液剩余 DO 值 $T = 30℃$，设计温度 $Cs = 9.17$，标况下饱和溶解氧 需空气量 $O_c = N_0/24/0.3/E_A = 10484\text{m}^3/\text{h}$ $E_A = 0.345$，氧利用率
二级硝化池每日需气量 O_c	$AORN = aL_{rBOD5} + bVX = 2094\text{kg/d}$ $L_{rBOD5} = 892.5\text{kg/d}$，去除 BOD_5 量 $V = 992\text{m}^3$ $X = 10.5$ kgMLVSS $/\text{m}^3$ 理论需氧量 $SORN_0 = \alpha \times N \times (\beta \times Csm - C_0) \times 1.024^{(T-20)}/Cs = 2574\text{kg/d}$ 需空气量 $O_c = N_0/24/0.3/E_A = 1036\text{m}^3/\text{h}$

③UF 单元设计技术参数见表 9-34。

UF 单元设计技术参数　　　　　　　　　　表 9-34

设计技术参数	设 计 计 算	设计技术参数	设 计 计 算
设计清液产量	$Q_d = 736.5\text{m}^3/\text{d}$	每路串联膜组件数	5，5，4，4
设计富裕系数	1.1	循环泵数	4 台
设计清液产量	$Q_h = 33.75\text{m}^3/\text{h}$	清洗泵数	1 台
设计膜通量	$J_{UF} = 70\text{LMH}$	进水泵数	3 台（二用一备）
需要膜面积	S_{UF}，$n = 486\text{m}^2$	循环流速	4.0 m/h
单只膜面积	$S_{UF} = 27$ m^2	循环流量	264 m^3/h
需要膜组件数量	$n_{UF} = 17.8$，取 18 支	装机功率	286.87kW
总膜面积	S_{UF}，$t = 486$ m^2	正常运行功率	279.5kW
设计循环路数	$L_{UF} = 4$		

（3）DTRO 单元设计计算

DTRO 单元设计技术参数见表 9-35。

DTRO单元设计技术参数   表 9-35

设计技术参数	设 计 计 算	设计技术参数	设 计 计 算
设计处理量 Q	$900m^3/d$	设计台数	2台
设计富裕系数	1.1	设计循环路数	$LRO=3$
设计回收率	79%	每台设计循环路数	$24-60-56$
设计清液产量	$Q_p=711m^3/d$	清洗泵	2台
设计清液产量	$Q_h=(Q_p×1.1)/24=32.6m^3/h$	高压泵	3台
设计膜通量	$J_{RO}=12.42LMH$	进水泵	6台
需要膜面积	S_{RO}，$n=(Q_h×1000)/J_{RO}$ $=2624.8m^2$	在线循环泵	4台
		进水泵流量	$QF=41.27m^3/h$
单只膜组件面积	$S_{RO}=9.405m^2$	正常运行压力	$50\sim65bar$
需要膜组件数量	$n_{RO}=279.1$，取280支	装机功率	247.4kW
总膜面积	$S_{RO,t}=2633.4m^2$	正常运行功率	155.2kW

（4）主要构筑物与设备

①主要构筑物见表 9-36。

主要构筑物一览表   表 9-36

序号	构建筑物名称	规 格	单 位	数 量	备 注
1	一级反硝化池	$7.5×7.5×9.5(h)m$，$V_{有效}=450m^3$	座	2	钢筋混凝土
2	一级硝化池	$25×15×9.5(h)m$，$V_{有效}=3000m^3$	座	2	钢筋混凝土
3	二级反硝化池	$6.6×5.7×9.5(h)m$，$V_{有效}=300m^3$	座	2	钢筋混凝土
4	二级硝化池	$6.6×8.9×9.5(h)m$，$V_{有效}=470m^3$	座	2	钢筋混凝土
5	UF清夜池	$10×6×5(h)m$，$V_{有效}=270m^3$	座	1	钢筋混凝土
6	RO清夜池	$10.2×4.5×5.0(h)m$，$V_{有效}=183.6m^3$	座	1	钢筋混凝土
7	浓缩液池	$10×6×5(h)m$，$V_{有效}=270m^3$	座	1	钢筋混凝土
8	污泥浓缩池	$10×6×5(h)m$，$V_{有效}=270m^3$	座	1	钢筋混凝土
9	综合设备间	$28.48×28.48×6.8(h)m$	座	1	框架结构
10	风机房	$6.6×31×4.8(h)m$	座	1	砖混
11	污泥脱水车间	$70m^2$			位于综合设备间内

②主要设备见表 9-37。

主要设备一览表   表 9-37

序号	名 称	技术参数、规格	单位	数量	备 注
一		MBR单元			
1	进水提升泵	$Q=17m^3/h$，$H=40m$，$P=5.5kW$	台	3	二用一备
2	袋式过滤器	滤径500um	套	2	
3	篮式过滤器	$2.0m^2$，过滤孔径$800\mu m$	台	2	
4	一级反硝化池搅拌机	5.0kW	台	2	

序号	名　称	技术参数、规格	单位	数量	备　注
5	二级反硝化池搅拌器	4.0kW	台	2	
6	一级硝化池射流泵	$Q=470m^3/h$，$H=10m$，$P=22kW$	台	6	
7	二级硝化池射流泵	$Q=105m^3/h$，$H=10m$，$P=5.5kW$	台	2	
8	硝酸盐回流泵	$Q=120m^3/h$，$H=15m$，$P=7.5kW$	台	2	
9	冷却循环泵	$Q=320m^3/h$，$H=15m$，$P=22kW$	台	2	
10	冷却水泵	$Q=440m^3/h$，$H=10m$，$P=22kW$	台	2	
11	消泡剂加药泵	$0\sim40L/h$，8.5bar	台	2	
12	碳源投加泵	$Q=3m^3/h$，$H=30m$，$P=1.5kw$	台	2	
13	碱液投加泵	$0\sim40L/h$，8.5bar	台	2	
14	鼓风机	$Q=60m^3/min$，78.4kPa，132kW，变频	台	4	三用一备
15	热交换器	SS304	台	2	
16	冷却塔	15kW	座	2	
17	UF 进水泵	$Q=140m^3/h$，$H=30m$，$P=22kW$	台	3	二用一备
18	循环泵	$Q=265m^3/h$，$H=60m$，$P=55kW$	台	4	
19	清洗泵	$Q=100m^3/h$，$H=15m$，$P=7.5kW$	台	1	
20	清液回流泵	$Q=100m^3/h$，$H=15m$，$P=11kW$	台	1	
21	清液输送泵	$Q=60m^3/h$，$H=15m$，$P=4kW$	台	1	
22	桶泵	0.37kW	台	1	
23	电加热器	12.0kW	台	1	
24	管式超滤膜组件	内孔 8mm，8″，$L=3m$，27m²	支	18	
25	消泡剂储罐	$V=200L$	个	1	
26	清洗罐	3000L，HDPE	个	1	
27	超滤清液储罐	20000L，HDPE	个	1	
28	消泡剂溶药罐	$V=200L$，PE	台	2	
29	碱液储罐	$V=5m^3$，PE	座	1	
30	管道阀门	配套			
31	仪表	配套			
二		单级 DTRO 单元			
（一）	罐系统				
1	罐体				
1.1	DTRO 原水罐	30000L，HDPE	个	1	
1.2	DTRO 清水罐	30000L，HDPE	个	1	
1.3	硫酸储罐	20000L，Q235	个	1	
1.4	酸性清洗剂储罐	1000L，HDPE	个	1	
1.5	碱性清洗剂储罐	1000L，HDPE	个	1	

序号	名　　称	技术参数、规格	单位	数量	备　注
1.6	阻垢剂储罐	1000L，HDPE	个	1	
1.7	氢氧化钠储罐	1000L，HDPE	个	1	
2	泵				
2.1	UF清液提升泵	$Q=35m^3/h$，$H=30m$，$P=5.5kW$	台	1	
2.2	加酸搅拌离心泵	$Q=50m^3/h$，$H=15m$，$P=3.0kW$		1	
2.3	加碱搅拌离心泵	$Q=50m^3/h$，$H=15m$，$P=3.0kW$	台	1	
2.4	清水外排泵	$Q=35m^3/h$，$H=20m$，$P=4.0kW$	台	1	
2.5	酸添加计量泵	0~120L/h，最大背压7.0bar	台	2	
2.6	碱添加计量泵	0~120L/h，最大背压7.0bar	台	2	
2.7	阻垢剂添加计量泵	0~17L/h，最大背压7.0bar	台	2	
2.8	清洗剂添加倒桶泵	0.37kW	台	4	
2.9	清洗剂倒桶泵	0.1kW	台	2	
（二）	DTRO成套设备（分2套）				
1	泵				
1.1	进水泵	$Q=18m^3/h$，$H=20m$，$P=2.2kW$	台	2	
1.2	增压泵	$Q=6.8m^3/h$，$P=18.5kW$	台	6	
1.3	循环泵	$Q=60m^3/h$，$P=22kW$	台	4	
2	芯式过滤器	7芯30″，304材质	台	6	
3	碟管式膜组件	9.405 m^2	支	280	
4	膜清洗组件				
4.1	清洗泵	$Q=18m^3/h$，$H=20m$，2.2kW	台	2	
4.2	清洗罐	$V=700L$，304	个	2	
4.3	电加热器	6.5kW，380V，316SS加热管	个	4	
5	自控系统	配套	套	1	
6	仪表	配套	套	1	
7	管道阀门	配套	组	1	
8	设备底座	配套	套	2	
三	污泥脱水系统				
1	脱水机进泥泵	$Q=20m^3/h$，$H=20m$，$P=4kW$，变频	台	1	
2	离心脱水机	脱水污泥含水率≤80%；37kW	台	1	
3	絮凝剂制药系统	$P=1.5kW$	台	1	
4	加药泵	$Q=0.5~3m^3/h$，$H=20m$，$P=1.5kW$，变频	台	1	
5	无轴螺旋输送机	4kW	台	1	

（5）工程处理效果

各工艺段处理效果见表9-38。

各工艺阶段处理效果   表 9-38

工艺单元	项目	COD (mg/L)	BOD₅ (mg/L)	NH₃-N (mg/L)	TN (mg/L)	SS (mg/L)	pH 值
MBR 系统	进水	≤30000	≤15000	≤2000	≤2500	≤2200	6~9
	出水	324	15	40	250	2.2	
	去除率	>98.9%	>99.9%	>99%	>96.8%	99.9%	
单级 DTRO	设计进水	≤850	≤118	≤60	≤185	≤2.2	6~9
	出水	42.5	5.9	4.8	14.8	≤0	
	去除率	>95%	>95%	>92%	>92%	99.9%	
出水		42.5	5.9	4.8	14.8	0	

（6）运行费用

系统运行费用见表 9-39。

运行费用估算表   表 9-39

序　号	项　目	消　耗	单　价	总　价
1	电费	24265.4kWh/d	0.80 元/kWh	19412.3 元/d
2	消泡剂	7.0L/d	50 元/L	350 元/d
3	絮凝剂	9.6kg/d	40 元/kg	384 元/d
4	次氯酸钠	8.0kg/d	1.0 元/kg	8.0 元/d
5	柠檬酸	32kg/d	8.0 元/kg	256 元/d
6	硫酸	450L/d	1.0 元/L	450 元/d
7	阻垢剂	3.6L/d	300.0 元/L	1080 元/d
8	清洗剂 A	36.7L/d	25.0 元/L	918 元/d
9	清洗剂 C	18.4 L/d	25.0 元/L	459 元/d
10	NaOH	36L/d	4.0 元/L	144 元/d
11	水费	2t/d	2.5 元/t	5 元/d
12	碳源投加费			3125 元/d
13	维护费			1095.9 元/d
14	人工费			1315.1 元/d
15	UF 换膜费	寿命 4 年		920.6 元/d
16	RO 换膜费	寿命 5 年	1414.8 元/d	2789.7 元/d
17	原系统运行费			2290.0 元/d
总计		35002.6 元/d		
吨水运行费用		38.9 元/t		

9.4.6　Y市垃圾渗沥液处理工程

——设计背景：

本项目位于湖北地区，处理对象为中老龄填埋场渗沥液，处理能力为 240t/d，对于中老龄垃圾渗沥液来说，可生化性差，营养比例严重失调，此时更宜采用物化处理工艺。两级 DTRO 是专门针对垃圾渗沥液处理开发的膜分离器，具有抗污染能力强、占地面积小，可循环使用、自动化程度高、运行稳定、运行灵活等诸多优越性。更为重要的是出水水质可高标准满足排放要求，从而可以直接排放。

主要设计进水水质见表 9-40。

设计进水水质 表 9-40

项 目	进水水质范围	项 目	进水水质范围
COD(mg/L)	5000~20000	SS(mg/L)	200~800
BOD_5(mg/L)	5000~10000	电导率 μS/cm	5000~25000
TN(mg/L)	1500~2000	pH	6~8
NH_3(mg/L)	1000~2000		

实测进水水质见表 9-41。

实测进水水质 表 9-41

项目	实测进水水质	项目	实测进水水质
COD(mg/L)	2258	TDS(mg/L)	9443
BOD_5(mg/L)	1900	电导率 μS/cm	14570
TN(mg/L)	1588	pH	6~8.5
NH_3(mg/L)	1444		

从水质检测结果不难看出，该项目碳氮比失衡严重。

出水水质要求达到《生活垃圾填埋场污染控制标准》GB 16889-2008 中表 2 规定的水排放限值。

——设计内容：

(1) 工艺流程说明

两极 DTRO 系统共分为三个单元，预处理单元、膜处理单元及清水脱气调 pH 值单元。

①预处理单元

预处理系统主要包括酸调节、砂滤、芯滤和阻垢剂添加部分。其中酸调节目的是防止钙、镁、钡、硅等各种难溶盐在进入反渗透系统后被高倍浓缩，从而超过该条件下的溶解度时会在膜表面产生结垢的现象。由于渗沥液 pH 值随着厂龄的增加、环境等各种条件的变化而变化，其组成成分复杂，而调节原水 pH 值能有效防止碳酸盐类无机盐的结垢，因此在进入反渗透前需调节其 pH 值至 6.1~6.5 范围内。

过滤主要包括砂滤和芯滤。砂滤和芯滤的过滤精度分别为 $50\mu m$ 和 $10\mu m$，其作用是滤去原水中的可能带入的颗粒物质，为膜系统提供保护。其中砂滤需反洗，反洗根据砂滤进出水压差来定，芯滤器进出水端压差超过一定值时须更换滤芯。此外，为了防止各种难溶性硫酸盐、硅酸盐在膜组件内由于高倍浓缩产生结垢现象，有效延长膜使用寿命，在一级反渗透膜前需加入一定量的阻垢剂。添加量按原水中难溶盐的浓度确定。

②膜单元

芯滤器的出水经一级反渗透系统高压柱塞泵加压后泵入一级反渗透系统，其中，为给膜柱提供平稳的压力，DT 膜系统的每台柱塞泵后边都有一个减震器，用于吸收高压泵产生的压力脉冲。

减震器出水进入一级膜系统，膜组件采用碟管式反渗透膜柱，其主要优点是污染性强，物料交换效果好，膜寿命延长到 3 年以上。一级膜系统配有在线循环泵以产生足够的流量和流速，避免膜污染。一级膜系统出水进入二级膜系统高压柱塞泵，其浓缩液排入浓缩液池做回灌处理。二级膜系统由于其进水电导率比较低，回收率比较高，仅仅使用高压泵就可以满足要求，因而不需要在线增压泵。二级膜系统的浓缩液进入第一级反渗透的进水端，进行进一步的处理，透过液排入清水罐作脱气处理后排入 RO 清液池直接排放或回用。两级反渗透的浓缩液端各有一个压力调节阀，用于控制膜组内的压力，以产生必要的净水回收率。

③清水 pH 值调节单元

由于渗沥液中含有一定的溶解性气体，而反渗透膜可以脱除溶解性的离子而不能脱除溶解性的气体，这就可能导致反渗透膜产水 pH 值会稍低于排放要求，经脱气塔脱除透过液中溶解的酸性气体后，pH 值能显著上升，若经脱气塔后的清水 pH 值仍低于排放要求，此时系统将自动加少量碱回调 pH 值至排放要求。由于出水经脱气塔脱气处理，只需加微量的碱液即能达到排放要求。

④设备的清洗和冲洗

膜组的冲洗在每次系统关闭时进行，在正常开机运行状态下需要停机时，一般都采取先冲洗后再停机模式。系统故障时自动停机，也执行冲洗程序。冲洗的主要目的是防止渗沥液中的污染物在膜片表面沉积。冲洗分为两种，一种是用渗沥液冲洗，一种是净水冲洗，两种冲洗的时间都可以设定，一般为 2~5 分钟。

为保持膜片的性能，膜组应该定期进行化学清洗。清洗剂分酸性清洗剂和碱性清洗剂两种，碱性清洗剂的主要作用是清除有机物的污染，酸性清洗剂的主要作用是清除无机物污染。清洗时，清洗剂溶液在膜组系统内循环，以除去沉积在膜片上的污染物质，清洗时间一般为 1~2 个小时，清洗时间可根据膜污染程度进行调整。清洗完毕后的液体排出系统到调节池。

两级 DTRO 工艺水量平衡如图 9-9 所示。

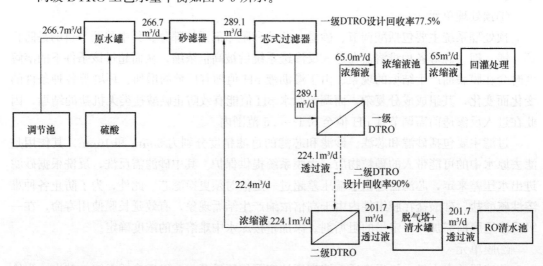

注：开机率按照 90% 计，设计处理能力是 240/90% = 266.7t/d。

图 9-9 两级 DTRO 工艺水量平衡图

(2) 两级 DTRO 单元设计计算

两级 DTRO 单元设计技术参数见表 9-42。

两级 DTRO 单元设计技术参数   表 9-42

设计技术参数	设 计 计 算
富裕系数	1.11111（开机率 90%）
设计处理水量	240m³/d
设计回收率	75.7%
设计清液产量	201.7m³/d
设计台数	1 台
装机功率	139.3kW
正常运行功率	90.4kW
1)	一级 DTRO 单元设计计算
设计处理量 Q	289.1m³/d
设计回收率	77.5%
设计清液产量	$Q_p=224.1$ m³/d
设计清液产量	$Q_h=Q_p/24=9.34$ m³/h
设计膜通量	JRO=8.8LMH
需要膜面积	SRO, n= $(Q_h×1000)$ / JRO=1061.36m²
单只膜组件面积	SRO=9.405 m²
需要膜组件数量	nRO=112.85，取 114 支
总膜面积	SRO, t=1072.17 m²
设计循环路数	LRO=4
每路膜柱排列	30—29—28—27
高压泵	4 台
在线循环泵	4 台
进水泵流量	$Q_F=6.77$m³/h
最大操作压力	75bar
正常运行压力	40~65bar
2)	二级 DTRO 设计技术参数
设计处理量 Q	224.1m³/d
设计回收率	90%
设计清液产量	$Q_p=201.7$m³/d
设计清液产量	$Q_h=Q_p/24=8.40$ m³/h
设计膜通量	$J_{RO}=40$LMH
需要膜面积	SRO, $n=(Q_h×1000)$ / JRO=210m²
单只膜组件面积	SRO=9.405 m²
需要膜组件数量	$nRO=22.33$，取 23 支
总膜面积	SRO, $t=216.32$ m²
每路膜柱排列	16/8
高压泵	2 台
进水泵流量	$Q_F=6.77$m³/h

(3) 主要构筑物与设备

①主要构筑物见表 9-43。

主要构筑物一览表 表 9-43

序号	构建筑物名称	规 格	备 注
1	浓缩液池	28.4m×8.64m×2.5（h）m	由原氧化沟改造而成
2	膜处理车间	31m×9.5m×5.5（h）m	由原机修间改造而成

②主要设备见表 9-44。

主要设备一览表 表 9-44

序号	名 称	技术参数、规格	单位	数量	备注
一		预过滤系统			
1	砂滤增压泵	$Q=12m^3/h$, $H=38m$, $P=3.0kW$	台	1	
2	砂滤风机	5.5kW, 380V	套	1	
3	芯式过滤器	7 芯, 30″, 304	台	2	
4	篮式过滤器	8″, 1mm, 304 SS	台	1	
二		一级 DTRO 系统			
1	高压柱塞泵	$Q=6m^3/h$, 65bar, 18.5kW	台	2	
2	在线增压泵	$Q=30m^3/h$, $H=100m$, 11kW	台	4	
3	碟管式膜柱	9.405m²	支	114	
4	清洗剂罐	$V=700L$, 304	个	1	
5	加热器	12.0kW, 380V	个	2	
三		二级 DTRO 系统			
1	高压柱塞泵	$Q=5m^3/h$, 65bar, 15kW	台	2	
2	碟管式膜柱	9.405m²	个	23	
四		罐系统			
1	原水提升泵	$Q=14m^3/h$, $H=32m$, 2.2kW	台	1	
2	加酸搅拌离心泵	$Q=24m^3/h$, $H=30m$, 4.0kW	台	1	
3	清水输送离心泵	$Q=20m^3/h$, $H=30m$, 3.0kW	台	1	
4	酸添加计量泵	$Q=0\sim65L/h$, $P=7bar$	台	1	
5	碱添加计量泵	$Q=0\sim5.3L/h$, $P=8bar$	台	1	
6	阻垢剂计量泵	$Q=0\sim4.4L/h$, $P=10bar$	台	1	
7	清洗剂倒桶泵	$Q=0\sim20L/h$, $H=3.7m$, $P=0.15kW$	台	2	
8	清洗剂桶泵	$Q=0\sim60L/h$, $H=6m$, $P=0.37kW$	台	2	
9	原水储罐	$V=15000L$, PE	个	1	
10	净水储罐+脱气塔	8m³, 10m³/h, PVC	个	1	
11	硫酸储罐	10000L, Q235	个	1	
12	清洗剂储罐	1000L, PE	个	2	
13	阻垢剂储罐	500L, PE	个	1	
14	氢氧化钠储罐	1000L, PE	个	1	
15	管路及支架	配套	套	1	
16	电气自控	配套	套	1	

（4）工程处理效果

各工艺段处理效果见表 9-45。

各工艺阶段处理效果　　　　　　　　　　表 9-45

工艺单元	项目	COD （mg/L）	BOD₅ （mg/L）	NH₃-N （mg/L）	TN （mg/L）	SS （mg/L）	pH 值
一级 DTRO	进水	≤20000	≤15000	≤2000	≤2000	≤800	6～8
	出水	600	450	140	140	8	
	去除率	>97%	>97%	>93%	>93%	99%	
二级 DTRO	进水	≤600	≤450	≤140	≤140	≤8	6～8
	出水	36	27	16.8	16.8		
	去除率	>94%	>94%	>88%	>88%	99%	
排放标准		≤100	≤30	≤40	≤25	≤30	6～8

实测两级 DTRO 出水水质见表 9-46。

实测两级 DTRO 出水水质　　　　　　　　　　表 9-46

项　　目	实测出水水质	项　　目	实测出水水质
COD（mg/L）	16	NH₃-N（mg/L）	1.72
BOD₅（mg/L）	2.8	SS（mg/L）	2
TN（mg/L）	4.66		

（5）运行费用

系统运行费用见表 9-47。

运行费用估算表　　　　　　　　　　表 9-47

序号	项　　目	消　　耗	单　　价	总价（元/d）
1	电费	2120.3kWh/d	0.60 元/kWh	1272.2
2	硫酸	360L/d	1.8 元/L	647.6
3	阻垢剂	1.31L/d	300.0 元/L	393
4	清洗剂 A	43.9L/d	25.0 元/L	1098.1
5	清洗剂 C	22.3L/d	25.0 元/L	556.3
6	NaOH（固体）	0.96kg/d	6.0 元/d	5.76
7	设备维护费		274.0 元/d	274.0
8	人工费		197.3 元/d	197.3
9	换膜费	一级 3 年换膜， 二级 5 年换膜	2122.2 元/d	2122.2
总计			6566.46 元/d	
运行费用			27.4 元/t	

参考文献

[1] GB/T 19249. 反渗透水处理设备 [S]

[2] CJJ 60. 城市污水处理厂运行、维护及其安全技术规程 [S]

[3] HJ/T 246. 环境保护产品技术要求 悬浮填料 [S]

[4] HJ/T 270. 环境保护产品技术要求 反渗透水处理装置 [S]

[5] HJ/T 337. 环境保护产品技术要求 生物接触氧化成套装置 [S]

[6] CJ/T 279 生活垃圾渗滤液碟管式反渗透处理设备 [S]

[7] CECS 152 一体式膜生物反应器污水处理应用技术规程 [S]

[8] 垃圾填埋场用聚乙烯管材（报批稿）[S]

[9] 郑得鸣. 基于 MBR 的渗沥液处理标准和导则编制研究及工程应用分析 [D]，华中科技大学，2012

[10] 钱学德，等. 现代卫生填埋场的设计与施工（第二版）[M]. 中国建筑工业出版社，2011

[11] 耿广晋，郑爽英. 垃圾渗滤液产量预测 [J]. 水资源与水工程学报，2009（02）

[12] 姜晓霞. 垃圾填埋场渗滤液水量水质预测方法研究 [J]. 气象与环境学报，2008（02）

[13] 庄颖，生旭. 垃圾填埋场渗滤液产生量的估算 [J]. 环境卫生工程，2005（01）

[14] 周磊，陈朱蕾等. 垃圾渗滤液调节池工艺设计 [J]. 安全与环境工程，2005（02）

[15] 谢力，赵树青. 渗沥液处理规模和渗沥液调节池容积计算方法研究 [J]. 环境卫生工程，2009（02）

[16] 余国平，岑岳文. 垃圾填埋场渗沥液及调节池计算方法的探讨. 有色冶金设计与研究，2008（02）

[17] 张超平，罗鹏，黄中林. 固体废弃物填埋场调节池的覆盖技术 [J]. 环境工程，2007（02）

[18] 曾宪坤. 垃圾填埋场渗沥液调节池的覆盖设计与施工 [J]. 有色冶金设计与研究，2006（06）

[19] 李颖，郭爱军. 垃圾渗滤液处理技术及工程实例 [M]. 中国环境科学出版社，2008

[20] 楼紫阳，赵由才，张全. 渗滤液处理处置技术及工程实例 [M]. 化学工业出版社，2007

[21] 王惠中，等. 垃圾渗滤液处理技术及工程示范 [M]. 河海大学出版社，2009

[22] 吴将金. FEO 技术在垃圾渗滤液处理中的应用 [J]. 海峡科学，2009（06）

[23] 曾中平. 膜生物反应器＋双膜法工艺在生活垃圾渗沥液处理中的应用 [J]. 西南给排水，2009（02）

[24] 李亚选，等. UASB—MBR—DTRO 工艺在垃圾渗滤液处理中的应用 [J]. 给水排水，2009（10）

[25] Renou, S., et al., Landfill leachate treatment: Review and opportunity. Journal of Hazardous Materials, 2008. 58（1）：p. 41-46

[26] 王喜全，胡筱敏，刘学文. Fenton 法处理垃圾渗滤液的研究. 中年垃圾渗滤液单纯靠生物处理方法其各项污染指标（尤其是有机物）难以达到排放标准，2008（01）

[27] 程凯英，黄石峰，邓耀杰. 水解（酸化）反应器在工程应用中的研究与展望 [J]，2005

[28] 张萍，顾国维，扬海真. Fenton 试剂处理垃圾渗滤液技术进展的研究 [J]. 环境卫生工程，2004（01）

10 填埋气体收集及利用系统
技术要求与设计计算

本章提出了填埋气体收集系统、填埋气体输送系统、填埋气体抽气及预处理系统、填埋气体燃烧及利用系统和填埋气体安全及监测系统的技术要求；给出了填埋气体产生量（估算）、填埋气体收集率、竖井井间距、输气管道、填埋气体发电热功交换等的计算方法；列举了中国填埋气体估算模型估算产气量、UNFCCC方法学模型估算产气量及利用规模、填埋场填埋气体收集及利用系统设计的案例。

10.1 引用标准

生活垃圾卫生填埋处理技术规范	GB 50869
锅炉大气污染物排放标准	GB 13271
便携式热催化甲烷检测报警仪	GB 13486
生活垃圾填埋场污染控制标准	GB 16889
汽车用压缩天然气钢瓶	GB 17258
城镇燃气设计规范	GB 50028
输气管道工程设计规范	GB 50251
生活垃圾卫生填埋场环境监测技术要求	GB/T 18772
生活垃圾填埋场填埋气体收集处理及利用工程技术规范	CJJ 133
生活垃圾卫生填埋场填埋气体收集处理及利用工程运行维护技术规程	CJJ 175
生活垃圾卫生填埋场岩土工程技术规范	CJJ 176
钢制管道及储罐腐蚀控制工程设计规范	SY 0007
气体燃料发电机组通用技术条件	JB/T 9583.1

10.2 技术要求

10.2.1 基本要求

10.2.1.1 填埋气体收集及利用系统设计可包括填埋气体收集系统、填埋气体输送系统、填埋气体抽气及预处理系统、填埋气体燃烧及利用系统和填埋气体安全及监测系统的相关内容。

10.2.1.2 填埋气体收集及利用系统设计总体应符合现行国家标准《生活垃圾卫生填埋处理技术规范》GB 50869 和国家现行标准《生活垃圾填埋场填埋气体收集处理及利用工程技术规范》CJJ 133－2009 的要求，填埋气体收集利用系统的运行维护应符合《生活垃圾卫生填埋场填埋气体收集处理及利用工程运行维护技术规程》CJJ 175 的要求。

10.2.2 填埋气体收集系统

10.2.2.1 填埋库容不小于 1.0×10^6 t 且垃圾填埋深度不小于 10m 时，应采用主动导气；主动导气是指通过布置输气管道及气体抽取设备，及时抽取场内的填埋气体并导入气体燃烧装置或气体利用设备的气体导排方式，详见示意图 10-1。

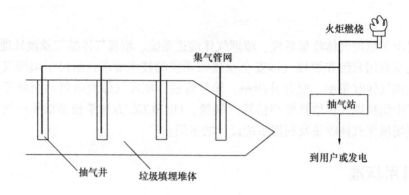

图 10-1　主动导气示意图

10.2.2.2 填埋气体导排设施宜采用导气井，也可采用导气井和水平导气盲沟相连的导排设施。

10.2.2.3 导气井可采用随填埋作业层升高分段设置连接的石笼导气井，也可采用在填埋体中钻孔形成导气井。

10.2.2.4 导气井设计要求

（1）石笼导气井在导气管四周宜用级配碎石（$d=20\sim80$mm）等材料填充，外部宜采用能伸缩连接的土工网格或钢丝网等材料作为井筒，井底部宜铺设不会破坏防渗层的基础。石龙导气井直径（Φ）不应小于 600mm。

（2）石笼导气井中心多孔管应采用 HDPE 管材，公称外径（d_n）不应小于 110mm，管材开孔率不宜小于 2%；导气井兼做渗沥液竖式收集井时，中心多孔管公称外径（d_n）不宜小于 200mm，导气井内水位过高时，应采取降低水位的措施。

（3）导气井宜在填埋库区底部主、次盲沟交汇点取点设置，并以设置点为基准，沿次盲沟铺设方向，采用等边三角形、正六边形或正方形等形状布置。

（4）导气井的影响半径宜通过现场抽气测试确定；若不能进行现场测试，单一导气井的影响半径可按该井所在位置填埋厚度的 0.75～1.5 倍取值。堆体中部的主动导排导气井间距不宜大于 50m，沿堆体边缘布置的主动导排导气井间距不宜大于 25m，被动导排导气井间距不宜大于 30m。

（5）被动导气井的导气管管口宜至少高于堆体表面 1m。

（6）钻孔导气井钻孔深度不应小于填埋深度的 2/3，钻孔应采用防爆施工设备，且应采取措施保护场底防渗层。

10.2.2.5 主动导气井口连接要求

（1）主动导排导气井井口周围应采用膨润土或黏土等低渗透性材料密封，密封厚度宜为 1~2m。

（2）井口连接部位应采用柔性管连接，连接点要密封；密封可通过将井头用胶或水泥附着在井筒上实现，也可用法兰将井头与井筒连接。

（3）主动导排竖井出口气压宜保持微正压状态，以防止空气进入。

10.2.2.6　水平导气盲沟设计要求

（1）水平导气盲沟宜用级配石料等粒状物填充，断面宽、高均不宜小于 1000mm。

（2）盲沟中心管宜采用软管，管内径不应小于 150mm；当采用多孔管时，开孔率应保证管强度；铺设水平导气管时应保持不低于 2% 的坡度，并将其接至导气总管或场外较低处；每条导气盲沟的长度不宜大于 100m。

（3）相邻标高的水平盲沟宜交错布置，盲沟水平间距可按 30~50m 设置，垂直间距可按 10~15m 设置。

（4）水平导气盲沟应与导气井连接。

10.2.2.7　应考虑堆体沉降对导气井和导气盲沟的影响，防止气体导排设施由于阻塞、断裂而失去导排功能。

10.2.3　填埋气体输送系统

10.2.3.1　基本要求

（1）填埋气体输送系统设计应包括输气管道布置与敷设、输气管道材料的选用、冷凝液收集与排放方式的选取、输气控制及输气管道设计计算等内容。

（2）填埋气体输送系统设计应符合现行国家标准《输气管道工程设计规范》GB 50251 的规定。

（3）设计填埋气体输送系统时应充分考虑气体导排的特点，管道布置与连接方式应方便运行管理，并应保证输气管道的密封性，避免填埋气体泄露。

10.2.3.2　输气管道布置与敷设技术要求

（1）输气管道宜设计成多路径环形网络，并采用集气单元进行填埋气体收集，以便于填埋气体的集中收集、监测和控制。

（2）输气管道设计应设置不小于 1% 的坡度，以使冷凝液在重力作用下被收集并通过冷凝液排放装置排出；排放装置应设抽水设备，并考虑采取措施防止空气被吸入。

（3）输气管道的布置除应保证安全稳定外，还应满足用气压力和供气量，同时应尽量缩短线路、减少气体阻力及降低成本。

（4）设计输气管道时应留有允许材料热胀冷缩的余地，固定管道时应设置缓冲区。

（5）输气管道敷设应符合国家现行标准《生活垃圾填埋场填埋气体收集处理及利用工程技术规范》CJJ 133－2009 中第 6.1.4 条至第 6.1.14 条（详见附录Ⅳ）的规定。

10.2.3.3　输气管道材料的选用技术要求

（1）填埋气体输气管道材料的选用应符合国家现行标准《生活垃圾填埋场填埋气体收集处理及利用工程技术规范》CJJ 133－2009 中第 6.1.2 条（详见附录Ⅳ）的规定，输气管道应选用耐腐蚀、伸缩性强、具有良好的机械性能和气密性能的材料。

（2）输气管道可选用 HDPE 管、PVC 管、钢管及铸铁管等，不同管道材料特性可参考表 10-1。

输气管道材料特性比较表　　　　　　　　　　　表 10-1

材料	HDPE 管	PVC 管	钢管	铸铁管
抗压强度	较差	较强	强	较强
伸缩性	强	较差	差	差
耐腐蚀性	强	较强	较差	较强
防火性	差	差	好	较好
气密性	好	好	好	较差
投资费用	高	较低	较高	较低
安装难度	较难	易	易	较难

（3）填埋库区输气管道宜选用伸缩性好的 HDPE 软管；场外输气管道应选用防火性能好、耐腐蚀的金属管道；抽气等动载荷较大的部位不宜采用铸铁管等材质较脆的管道。

10.2.3.4　冷凝液收集与排放技术要求

（1）寒冷地区设置冷凝液收集井时，应采取防冻措施。

（2）冷凝液应及时收集，收集后可直接回喷到垃圾堆体中。

10.2.3.5　输气控制技术要求

（1）每个导气井或导气盲沟的连接管上应设置填埋气体监测装置及调节阀。调节阀应布置在易于操作的位置，并根据填埋气体的流量和压力调整阀门开度。

（2）集气干管宜设置单向阀，以防止气体回流。

（3）竖井数量较多时宜设置集气站，对同一区域的多个导气井集中调节和控制；集气站应结合竖井数量和位置进行合理布置，以方便填埋作业及输送管线的架设；集气站宜为移动式钢架结构，可随着垃圾填埋作业层面升高而升高。

10.2.4　填埋气体抽气及预处理系统

10.2.4.1　基本要求

（1）填埋气体抽气及预处理系统的设计应包括抽气系统设计、抽气设备的选用、填埋气体预处理系统设计及填埋气体预处理工艺的选用等内容。

（2）抽气及预处理设施设备宜布置在垃圾堆体以外，并保证良好的通风条件。

10.2.4.2　抽气系统设计技术要求

（1）抽气系统的设计应符合国家现行标准《生活垃圾填埋场填埋气体收集处理及利用工程技术规范》CJJ 133-2009 中第 7.2.5 条（详见附录Ⅳ）的规定。

（2）抽气系统设计升压应能满足克服填埋气体输气管路阻力损失和用气设备进气压力的需要。

（3）抽气系统应设置流量计量设备、填埋气体氧气含量及甲烷含量在线监测装置，并根据氧气含量控制抽气设备的转速和启停。

（4）抽气系统的设计安装高度应高于集气干管末端点，以利于冷凝液导排。

10.2.4.3　抽气设备的选用要求

（1）抽气设备的选用应符合国家现行标准《生活垃圾填埋场填埋气体收集处理及利用工程技术规范》CJJ 133-2009 中第 7.2.1 条至第 7.2.3 条（详见附录Ⅳ）的规定。

(2) 抽气设备的最大流量应不小于设计流量的 1.2 倍。

10.2.4.4 填埋气体预处理工艺的选用要求

(1) 填埋气体预处理工艺的选用应根据气体利用方案、用气设备的要求和烟气排放标准来进行。

(2) 填埋气体预处理宜选用技术先进、成熟可靠的工艺。

(3) 填埋气体预处理工艺方案的设计应考虑产生的废水、废气及废渣的处理，防止对环境造成二次污染。

10.2.4.5 当填埋气体用储气罐储存时，预处理程度可参考以下要求：

(1) 填埋气体中的水分、二氧化碳及硫化氢等腐蚀性气体应被去除。

(2) 处理后的填埋气体应符合国家现行有关标准的要求。

10.2.4.6 当填埋气体用作本地燃气时，预处理程度可参考以下要求：

(1) 填埋气体中的水分和颗粒物宜被去除，气体中的甲烷含量宜大于 40%；

(2) 处理后的填埋气体应满足锅炉等燃气设备的要求。

10.2.4.7 当填埋气体用于燃烧发电时，预处理程度可参考以下要求：

(1) 对填埋气体应进行脱水、除尘处理，还应去除硫化氢、硅氧烷等损害发电机的气体成分，气体中的甲烷含量宜大于 45%，气体中的氧气含量应控制在 2% 以内，可不考虑去除二氧化碳。

(2) 净化气体应满足发电机组用气的要求；典型燃气发电机组对填埋气体的压力、温度和杂质等的要求见表 10-2。

典型燃气发电机组对填埋气体的各项要求　　　　　　　　表 10-2

序　号	项　目	符　号	数　据
1	压力	P	8kPa～20kPa
2	温度	T	10℃～40℃
3	氧气	O_2	≤2%
4	硫化物	H_2S	≤600ppm
5	氯化物	Cl	≤48ppm
6	硅、硅化物	Si	<4mg/Nm³
7	氨水	NH_3	<33ppm
8	残机油、焦油	Tar	<5mg/Nm
9	固体粉尘	Dust	<5um
			<5mg/Nm³
10	相对湿度	τ	<80%

10.2.4.8 当填埋气体用作城镇燃气时，预处理程度可参考以下要求：

(1) 对填埋气体应进行脱水、除尘处理，还应去除二氧化碳、硫化物、卤代烃等微量污染物，气体中的甲烷含量应达到 95% 以上。

(2) 净化气体可参照现行国家标准《城镇燃气设计规范》GB 50028 等相关标准的规定执行。

10.2.4.9 当填埋气体用作压缩天然气等压缩燃料时，预处理程度可参考以下要求：

(1) 对填埋气体应进行脱水、除尘及脱硫处理，还应去除二氧化碳、氮氧化物、硅氧烷、卤代烃等微量污染物，气体中的甲烷含量应达到 97％以上，二氧化碳含量应小于 3％，氧气含量应小于 0.5％。

(2) 净化气体可参考国家压缩燃料质量标准和规范的要求；填埋气体用于车用压缩天然气时的具体净化要求可见表 10-3。

压缩天然气的净化要求 表 10-3

项 目	技术指标	项 目	技术指标
总硫（以硫计）（mg/m³）	≤200	氧气 O_2（％）	≤0.5
硫化氢（mg/m³）	≤15	甲烷 CH_4（％）	≥97
二氧化碳 CO_2（％）	≤3.0		

注：气体体积的标准参比条件是 101.325kPa，20℃。

10.2.5 填埋气体燃烧及利用系统

10.2.5.1 基本要求

(1) 填埋气体燃烧及利用系统的设计应包括火炬燃烧系统设计、火炬燃烧设备的选用、填埋气体利用系统设计、填埋气体利用方式的选择、填埋气体利用设施设备的选用等内容。

(2) 填埋气体燃烧及利用系统应统筹设计，从填埋场抽出的气体应优先满足气体利用系统的用气，利用系统用气剩余的气体应能自动分配到火炬系统进行燃烧。

(3) 火炬及利用设施设备宜靠近抽气设备布置。

10.2.5.2 火炬燃烧系统设计技术要求

(1) 火炬燃烧系统的设计应符合国家现行标准《生活垃圾填埋场填埋气体收集处理及利用工程技术规范》CJJ 133-2009 中第 7.3.1～7.3.3 条（详见附录Ⅳ）的规定。

(2) 火炬燃烧系统应能在设计负荷范围内根据负荷的变化调节供气量，以使填埋气体得到充分燃烧。

10.2.5.3 火炬燃烧设备的选用要求

(1) 火炬燃烧设备的选用应符合国家现行标准《生活垃圾填埋场填埋气体收集处理及利用工程技术规范》CJJ 133-2009 中第 7.3.5～7.3.7 条（详见附录Ⅳ）的规定。

(2) 火炬燃烧设备除应具有点火、熄火安全保护功能，还应配有温度计、火焰仪及阻火器等装置。

(3) 火炬设备应满足短期过负荷燃烧要求。

(4) CDM 项目的火炬燃烧尾气温度不应低于 500℃。

10.2.5.4 填埋气体利用系统技术要求

(1) 填埋气体利用系统的设计和运行应符合现行国家标准《生活垃圾卫生填埋处理技术规范》GB 50869 中第 11 章 11.5 节（详见附录Ⅳ）的规定。

(2) 填埋气体利用系统应采取隔音、减震等措施。

10.2.5.5 填埋气体利用方式的选择要求

(1) 填埋气体利用可选择燃烧发电、用作燃气（本地燃气或城镇燃气）、压缩燃料等方式。

（2）填埋气体利用方式的选择应符合国家现行标准《生活垃圾填埋场填埋气体收集处理及利用工程技术规范》CJJ 133－2009 中第 7.4.1 条和第 7.4.4 条（详见附录Ⅳ）的规定。

（3）填埋气体利用方式的选择应考虑产气量、客户需求、运行成本、技术可靠性、气体使用连续性等因素。

（4）填埋气体用作本地燃气时，燃气用户宜在填埋场周围 3km 以内。

（5）填埋气体用作燃烧发电、城镇燃气和压缩燃料（压缩天热气、汽车燃料等）时，填埋场的垃圾总填埋量宜大于 150 万 t。

10.2.5.6 填埋气体利用设施设备的选用要求

（1）填埋气体利用设施设备应选用防爆型、技术成熟可靠、高效节能的产品，并应合理配置。

（2）填埋气体利用系统中可配置储气罐进行临时储气，储气罐容积宜为日供气量的 50%～60%。

（3）填埋气体用于锅炉燃料时，锅炉设备的选用应符合国家现行标准《生活垃圾填埋场填埋气体收集处理及利用工程技术规范》CJJ 133－2009 中第七章 7.4.2 和 7.4.3 条（详见附录Ⅳ）的规定。

（4）填埋气体用于燃烧发电时，发电设备的选用可参考以下要求：

① 发电设备应符合国家现行标准《气体燃料发电机组 通用技术条件》JB/T 9583.1 的要求，内燃气发电机组的选用还应符合国家现行标准《生活垃圾填埋场填埋气体收集处理及利用工程技术规范》CJJ 133－2009 中第 7.4.2 条（详见附录Ⅳ）的规定。

② 发电机功率可通过填埋气体发电热功交换计算，计算详见本章 10.3 设计计算。

③ 发电机可选用内燃机、汽轮机及燃气轮机等，发电机性能比较可参考表 10-4。

发电机性能比较表　　　　　　　　　　　　　　表 10-4

性能 ＼ 类型	往复式内燃机	汽轮机	燃气轮机
热效率	较高（35%～43%）	较低（25%～30%）	略低（30%～36%）
入口压力	较低（6kPa～35kPa）	一般（>0.6MPa）	较高（>1.8MPa）
最低甲烷浓度	>25%	>25%	>50%
投资、维修费用	较高	一般	较低
单机发电容量	较小	一般	较大

（5）填埋气体制城镇燃气或压缩燃料时，燃气管道、压力容器、加气站等设施设备的选用和设计应符合现行国家标准《城镇燃气设计规范》GB 50028 及现行国家标准《汽车用压缩天然气钢瓶》GB 17258 等相关标准的要求。

10.2.6　填埋气体安全及监测系统

10.2.6.1 填埋气体监测应符合国家现行标准《生活垃圾卫生填埋场环境监测技术要求》GB/T 18772－2008 第 5 章的要求。

10.2.6.2　填埋气体监测仪器选用应满足能进行场区填埋气体浓度测量、填埋气体检漏、填埋气体测爆等要求。填埋气体监测仪器配置可参考表 10-5。

填埋气体监测仪器表　　　　　　　　　　　表 10-5

名称	气体分析仪	可燃气体探测仪	可燃气体检测报警器
作用	用于测量填埋气体浓度	用于检测空气中是否有填埋气体泄漏	用于检测空气中可燃气体浓度是否达到爆炸的浓度
类型	便携式、固定在线式等	便携式、手推车式、车载式等	便携式、固定在线式等
技术要求	量程范围：$0\sim100\%$体积分数；精度：$\pm2\%$体积分数	灵敏度：CH_4 的体积分数$<5\times10^{-6}$	量程范围：$0\sim100\%$爆炸下限；精度：$\pm0.15\%$体积分数，$\pm3\%$爆炸下限

10.2.6.3　填埋气体监测应以甲烷含量为主要监测项目，甲烷的监测应符合现行国家标准《生活垃圾填埋场污染控制标准》GB 16889-2008 中 10.4 节（详见附录Ⅳ）的要求。

10.2.6.4　对填埋气体中甲烷浓度的每日监测可采用符合现行国家标准《便携式热催化甲烷检测报警仪》GB 13486 要求或具有相同效果的便携式甲烷测定器进行。

10.2.6.5　填埋气体监测范围应包括填埋作业区、导气管排放口、输气管道及场区建（构）筑物等。填埋气体监测方法及甲烷浓度控制要求见表 10-6。

填埋气体监测方法及甲烷浓度控制要求　　　　　　表 10-6

监测范围	填埋作业区	导气管排放口	输气管道	建（构）筑物
监测点	现场随机抽样	排放口	输气管道沿线	处理及利用车间等
监测仪器	高精度气体分析仪	气体分析仪	可燃气体探测仪	在线式可燃气体检测报警器
甲烷浓度控制要求	填埋工作面上 2m 以下高度范围内甲烷的体积百分比应不大于 0.1%	甲烷的体积百分比不大于 5%	—	甲烷气体含量严禁超过 1.25%

10.2.6.6　输气管道沿线检漏的监测点包括法兰连接处、阀门处、变径处及焊缝处等安全敏感部位。

10.3　设计计算

10.3.1　填埋气体产气量估算

10.3.1.1　Scholl Canyon 模型

填埋气体产气量估算宜采用国家现行标准《生活垃圾填埋场填埋气体收集处理及利用工程技术规范》CJJ 133-2009 中第 4 章的公式（Scholl Canyon 模型）计算，计算如下：

（1）某一时刻填入填埋场的生活垃圾，填埋气体产生量按公式（10-1）计算：

$$G = ML_0(1 - e^{-kt}) \tag{10-1}$$

式中：G——从垃圾填埋开始到第 t 年的填埋气体产生总量，m^3；

M——所填埋垃圾的重量，t；

L_0——单位重量垃圾的填埋气体最大产气量，m^3/t；

k——垃圾的产气速率常数，1/年；

t——从垃圾进入填埋场时算起的时间，年。

（2）对某一时刻填入填埋场的生活垃圾，其填埋气体产气速率宜按公式（10-2）计算：

$$Q_t = ML_0ke^{-kt} \tag{10-2}$$

式中：Q_t——所填垃圾在时间 t 时刻（第 t 年）的产气速率，m^3/a。

（3）垃圾填埋场填埋气体理论产气速率宜按公式（10-3）逐年叠加计算：

$$G_n = \sum_{t=1}^{n-1} M_t L_0 ke^{-k(n-t)} \qquad (n \leqslant 填埋场封场时的年数 f)$$

$$= \sum_{t=1}^{f} M_t L_0 ke^{-k(n-t)} \qquad (n > 填埋场封场时的年数 f) \tag{10-3}$$

式中：G_n——填埋场在投运后第 n 年的填埋气体产生速率，m^3/a；

n——自填埋场投运年至计算年的年数；

M_t——填埋场在第 t 年填埋的垃圾量，t；

f——填埋场封场时的填埋年数。

（4）参数的选择应符合如下要求：

① 填埋场单位重量垃圾的填埋气体最大产气量（L_0）宜根据垃圾中可降解有机碳含量按公式（10-4）估算：

$$L_0 = 1.867 \times DOC \times DOC_F \tag{10-4}$$

式中：L_0——甲烷产生潜能，m^3/kg；

DOC——垃圾中可降解有机碳的含量，%；

DOC_F——垃圾中可降解有机碳的分解百分率，%。

② 垃圾中可降解有机碳含量无法测定时，可根据表 10-7 取值：

湿、干基状态下垃圾中可降解有机碳含量参考表　　　　　　表 **10-7**

垃圾组分	湿基状态可降解有机碳含量 （重量%）	干基状态可降解有机碳含量 （重量%）
纸类	25.94	38.78
竹木	28.29	42.93
织物	30.2	47.63
厨余	7.23	32.41
灰土（含有无法检出的有机物）	3.71	5.03

③ 垃圾的产气速率常数（k）的取值应考虑垃圾组分、当地气候、填埋场内的垃圾含水率等因素，垃圾中常见组分的产气速率常数 k 可根据表 10-8 取值。

不同垃圾组分产气速率常数k取值　　　　　　　　表 10-8

垃圾类型		寒温带（年均温度＜20℃）		热带（年均温度＞20℃）	
		干燥 $MAP/PET<1$	潮湿 $MAP/PET>1$	干燥 $MAP<1000mm$	潮湿 $MAP>1000mm$
慢速降解	纸类、织物	0.04	0.06	0.045	0.07
	木质物、稻草	0.02	0.03	0.025	0.035
中速降解	园林	0.05	0.10	0.065	0.17
快速降解	厨渣	0.06	0.185	0.085	0.40

注：MAP 为年均降雨量；PET 为年均蒸发量。

④ 在缺少垃圾组分数据的情况下，L_0 和 k 的取值范围及建议取值可参考表 10-9。

L_0 和 k 的取值范围及建议取值　　　　　　　　表 10-9

参数	取值范围	建议取值	建议取值
L_0 （m³/t）	20～310	煤灰含量＜30％	煤灰含量＞30％
		100～150	50～75
k	0.003～0.40	（1/年）	（1/月）
		潮湿气候 0.10～0.36 中等湿润气候 0.05～0.15 干燥气候 0.02～0.10	潮湿气候 0.008～0.03 中等湿润气候 0.004～0.012 干燥气候 0.002～0.008

注：高湿度条件和极易可降解的垃圾如食品废弃物含量较高时，k 取高值；干燥的填埋场环境和不易降解的垃圾如木屑和纸张含量较高时，k 取低值。IPCC 建议采用缺省值，$k=0.05$（即 $t_{1/2}=14$ 年）。

10.3.1.2　UNFCCC 方法学模型

联合国气候变化框架公约执行理事会（UNFCCC，EB）批准的 ACM-0001 垃圾填埋气体项目方法学工具"垃圾处置场所甲烷排放计算工具"适用于需要精确计算填埋气体产气量的 CDM 项目等。

（1）计算见公式（10-5）：

$$E_{CH4} = \varphi \cdot (1-OX) \cdot \frac{16}{12} \cdot F \cdot DOC_F \cdot MCF \cdot \sum_{x=1}^{y} \sum_{j} W_{j,x} \cdot$$
$$DOC_j \cdot e^{-k_j \cdot (y-x)} \cdot (1-e^{-k_j}) \tag{10-5}$$

式中：E_{CH4}——在 x 年内甲烷产生量，t；

　　　　φ——模型校正因子；

　　　　OX——氧化因子；

　　　　$\dfrac{16}{12}$——碳转化为甲烷的系数；

　　　　F——填埋气体中甲烷体积百分比，默认值为 0.5；

　　　DOC_F——垃圾中可降解有机碳（DOC）的比例；

　　　　k——垃圾的产气速率常数，1/年；

　　　MCF——甲烷修正因子（比例）；

$W_{j,x}$——在 x 年内填埋的 j 类垃圾组分量，t；

DOC_j——j 类垃圾组分中可降解有机碳的比重（按重量）；

j——垃圾种类；

x——填埋场投入运行的时间；

y——模型计算当年。

（2）参数的选择可参考如下要求：

① φ：因模型估算的不确定性，采用保守方式，对估算结果进行 10% 的折扣，建议取值 0.9；

② OX：甲烷被土壤或其他覆盖材料氧化的情况，建议取值 0.1；

③ MCF：甲烷修正因子，取值见表 10-10；

固体废物处置场所分类及甲烷修正因子 表 10-10

场址类型	MCF 缺省值
具有良好管理水平 a	1.0
管理水平不符合要求但填埋深度≥5m	0.8
管理水平不符合要求但填埋深度<5m	0.4
未分类的生活垃圾填埋场 b	0.6

④ DOC_F：建议取值 0.5～0.6，不考虑木质素碳的情况下建议取值 0.77。

10.3.1.3 中国填埋气体产气估算模型

美国环保局 2009 年推荐的中国填埋气体产气估算模型，适用于中国各地已有或拟建的生活垃圾填埋场填埋气体产生和回收量估算。

（1）计算见公式（10-6）：

$$Q_{\mathrm{M}} = \frac{1}{C_{\mathrm{CH4}}} \sum_{i=1}^{n} \sum_{j=0.1}^{l} k L_0 \left(\frac{M_i}{10}\right) \mathrm{e}^{-kt_{ij}} \tag{10-6}$$

式中：C_{CH4}——甲烷浓度（以体积算），%；

n——（计算时的年份）－（开始接收垃圾的年份）；

j——每 1/10 年；

i——某年；

k——甲烷产生速率，1/年；

L_0——最终甲烷产生潜力，$\mathrm{m^3/t}$；

M_i——第 i 年里填埋的垃圾量，t；

t_{ij}——第 i 年里填埋的第 j 部分垃圾的填埋时间。

（2）参数选择时，模型中甲烷产生速率 k 及最终甲烷产生潜力 L_0 推荐值见表 10-11、表 10-12。

三个气候区域的平均甲烷产生率 表 10-11

气候区域	甲烷产生率（1/年）	气候区域	甲烷产生率（1/年）
寒冷和干燥	0.04	炎热和潮湿	0.18
寒冷和潮湿	0.11		

三个气候区域的最终甲烷产生潜力 表 10-12

气候区域	最终甲烷产生潜力 （m³/t）	
	煤灰含量<30%	煤灰含量>30%
寒冷和干燥	70	35
寒冷和潮湿	56	28
炎热和潮湿	56	42

10.3.1.4 可生物降解模型

可生物降解模型适用于估算填埋场可能产生的较大产气量，只需简单估算产气量，为填埋气体利用规模和设计提供参考时，可选用可生物降解模型进行估算。

(1) 计算见公式（10-7）：

$$Q_{LFG} = \Sigma 1.867 C_i m_i (1-w_i) W_i \qquad (10-7)$$

式中：Q_{LFG}——填埋气体产生量（湿垃圾），L/kg；

$\quad\quad C_i$——垃圾中第 i 种组分在干态下其有机碳的含量，%；

$\quad\quad m_i$——C_i 的可生物降解率，%；

$\quad\quad w_i$——垃圾的含水率，（质量分数）%；

$\quad\quad W_i$——第 i 种垃圾组分湿重，kg。

工程上可采用挥发性固体含量中可生物降解率计算填埋气体产生量。垃圾各组分可生成的甲烷量 Q 按公式（10-8）计算：

$$Q_{CH4} = K\Sigma P_i \times (1-w_i) \times VS_i \times B_i \qquad (10-8)$$

式中：Q_{CH4}——填埋垃圾可生产甲烷气的量（湿垃圾），L/kg；

$\quad\quad K$——经验系数，单位质量的可生物降解挥发性固体在标准状态下产生的甲烷量，一般取 526.5L/kg；

$\quad\quad P_i$——有机组分 i 在垃圾中所占的比例，%；

$\quad\quad w_i$——有机组分 i 的含水率，%；

$\quad\quad VS_i$——有机组分 i 的挥发性固体含量百分率，%；

$\quad\quad B_i$——有机组分 i 的挥发性固体含量中可生物降解率，%。

(2) 参数的选择可参考如下要求：

① 典型垃圾中各有机组分的 C_i 值和 m_i 值，可见表 10-13。

垃圾中各有机组分的 C_i 和 m_i 值 表 10-13

垃圾组分	C_i 值	m_i 值
食品	0.48	0.8
木材	0.5	0.5
塑料或橡胶	0.7	0.0
纸张	0.44	0.5
织物	0.55	0.2
园林	0.48	0.7

② 条件具备时，有机碳的可生物降解率可通过垃圾中的有机组分的木质素含量计算，见公式（10-9）：

$$m_i = 0.83 - 0.028LC \qquad (10-9)$$

式中：LC——有机物中木质素的含量，（kg 木质素/kg 有机物）。

10.3.1.5 Palos Verdes 修正模型

当填埋场所在地区为高温地区，且垃圾中的易降解有机物含量较高时，可采用中国科学院武汉岩土力学研究所提出的 Palos Verdes 修正模型。

（1）模型将填埋气体产出分为两个阶段，第一阶段计算见公式（10-10）：

$$R_1 = k_1 \cdot Q_0 (1 - e^{-k_1 t}) \quad (t < t_m) \qquad (10-10)$$

式中：R_1——第一阶段的产气速率，$L\,kg^{-1}a^{-1}$；

    Q_0——初始产气潜能，L/kg；

    k_1——第一阶段的降解反应系数，a^{-1}；

    t_m——时间拐点（d^{-1}），该值受垃圾中可降解有机质含量影响较大，需通过室内降解反应试验得到。

（2）第二阶段计算见公式（10-11）：

$$R_2 = k_2 Q_0 \cdot e^{-k_2 t} \quad (t_m < t < \infty) \qquad (10-11)$$

式中：R_2——第二阶段的产气速率，$L\,kg^{-1}a^{-1}$；

    k_2——第二阶段的降解反应系数，a^{-1}。

（3）两个阶段的反应系数均受温度影响较大，其相关性见公式（10-12）：

$$k(T) = b \cdot \exp(-E_a / RT) \qquad (10-12)$$

式中：b——常数；

    E_a——活化能，kJ/mol^{-1}；

    T——温度，K；

    R——气体平衡常数，$J/(mol \cdot K)$。

参 数 取 值　　　　　　　　　　　　　　　　表 10-14

参 数	Q_0（L/kg）	k_1（年$^{-1}$）	k_2（年$^{-1}$）	E_a（kcal/mol）	b
数 值	95～170	0.08～0.095	0.03～0.5	15～26	100～230

10.3.2 填埋气体收集率计算

10.3.2.1 填埋场气体收集率计算宜根据填埋场建设和运行特征进行折扣计算，填埋气收集率的计算见公式（10-13）：

$$收集率 = (85\% - X_1 - X_2 - X_3 - X_4 - X_5 - X_6 - X_7) \times 面积覆盖因子 \qquad (10-13)$$

式中：$X_1 \sim X_7$—— 根据填埋场建设和运行特征所确定的折扣率，％；

 面积覆盖因子——由填埋气体系统区域覆盖面积百分率决定。

10.3.2.2 填埋气体收集折扣率取值可见表 10-15。

填埋气体收集折扣率取值表　　　　　　　　　表 10-15

序号	问　　题	折扣率 X_i（%）	
		是	否
1	填埋场填埋的垃圾是否定期进行适当的压实	0	2～4
2	填埋场是否有集中的垃圾倾倒区域	0	4～8
3	边坡是否有渗沥液渗漏，或填埋场表面是否有水坑/渗沥液坑	10～40	0
4	垃圾平均深度是否有 10m 或以上	0	6～10
5	新填埋的垃圾是否每日或每周进行覆盖	0	6～10
6	已填埋至中期或最终高度的区域是否进行了中期/最终覆盖	0	4～6
7	填埋场是否有铺设土工布或黏土的防渗层	0	3～5

10.3.2.3　面积覆盖因子（表 10-16）可通过填埋气系统区域覆盖率确定。

面积覆盖因子取值表　　　　　　　　　表 10-16

填埋气系统区域覆盖率	面积覆盖因子	填埋气系统区域覆盖率	面积覆盖因子
80%～100%	0.95	20%～40%	0.35
60%～80%	0.75	<20%	0.15
40%～60%	0.55		

10.3.3　导气井井间距计算

10.3.3.1　导气井影响半径的确定可通过经验公式法或数值计算法得到。

（1）经验公式法

① 经验公式见公式（10-14）：

$$P_{fa} \leqslant P_{ia} \tag{10-14}$$

式中：P_{ia}——关掉气井控制阀测得的不同深度的气体压力平均值（8 小时测 1 次，连续测试 3 天，计算得到平均值）；

$\quad\quad P_{fa}$——气井抽气条件下，距离井口一定距离处测试得到的气体压力平均值（8 小时测 1 次，连续测试 3 天，计算得到不同深度气体压力的平均值）。

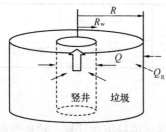

图 10-2　竖井及周边气体流量分布图

② 当 P_{fa} 达到 P_{ia} 时的测试距离（与井口的水平距离）即为影响半径。

（2）数值计算法

以导气井在影响半径范围内收集填埋气体总产量的 90% 计，导气井及周边气体流量分布见图 10-2，判定方法见公式（10-15）、公式（10-16）：

$$\frac{Q_w}{Q_g} \geqslant 0.9 \text{ 或 } \frac{Q_R}{Q_w} \leqslant 0.1 \tag{10-15}$$

$$Q_R = 2\pi r \cdot h \cdot u \tag{10-16}$$

式中：Q_w——导气井的气体流量（需通过气体运移连续性方程的有限元离散计算得到）；

$\quad\quad Q_g$——填埋气体的总产量（可根据 10.3.1 中填埋气体产气量估算公式计算得到）；

Q_R——通过影响半径处断面的气体流量（需通过气体运移连续性方程的有限元离散计算得到）；

r——竖井中心至断面的径向距离；

h——断面高度；

u——填埋气体流速。

10.3.3.2 导气井的井间距计算见公式（10-17）：
$$井间距 = (2 - O/100)R \qquad (10\text{-}17)$$
式中：R——导气井的影响半径，m；

O——要求的交叠度。

10.3.3.3 导气井井间距示意见图10-3，井间距计算见公式（10-18）：
$$D = 2R\cos 30° \qquad (10\text{-}18)$$

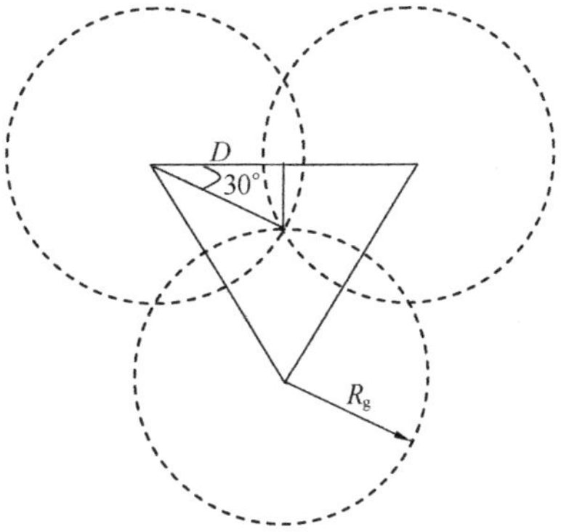

图 10-3　导气井井间距示意图

式中：D——等边三角形布置的井间距，m；

R——导气井的影响半径，m。

10.3.4　输气管道计算

10.3.4.1 输气管道流量及管径计算

（1）单独竖井的流量计算采用柱状模型。单井气体流量计算见公式（10-19）：
$$Q = \pi(R^2 - r^2)\,tDG \qquad (10\text{-}19)$$
式中：Q——气体流量，m^3/s；

R——影响半径，m；

r——竖井半径，m；

t——垃圾填埋厚度，m；

D——垃圾密度，t/m^3；

G——填埋气体产生率，$m^3/(t \cdot s)$。

（2）填埋气体收集管道管径计算见公式（10-20）：
$$r = (Q/(V \cdot \pi))^{0.5} \qquad (10\text{-}20)$$
式中：r——管道内径，m；

Q——填埋气体流量，m^3/s；

V——气流速度（宜取5～10），m/s。

（3）填埋气体输气总管的计算流量不应小于最大产气年份小时产气量的80%；填埋气体输气管道内气体流速宜取5～10 m/s。

10.3.4.2 输气管道压降计算

（1）输气管道单位长度摩擦阻力损失应根据国家现行标准《生活垃圾填埋场填埋气体收集处理及利用工程技术规范》CJJ 133－2009 中第6.2.4条计算（见公式10-21）。

$$\frac{\Delta P_{摩擦}}{l} = 6.26 \times 10^7 \lambda \rho \frac{Q^2}{d^5} \frac{T}{T_0} \qquad (10\text{-}21)$$

式中：$\Delta P_{摩擦}$——输气管道摩擦阻力损失，Pa；

λ——输气管道的摩擦阻力系数；

l——输气管道的计算长度，m；

Q——燃气管道的计算流量，m^3/h；

d——管道内径，mm；

ρ——填埋气体的密度，kg/m^3；

T——填埋气体温度，K；

T_0——标准状态的温度，273.16 K。

（2）输气管道局部阻力计算

① 输气管道中阀及配件的压力差计算见公式（10-22）：

$$\Delta P_{局部} = (6.895 \cdot \gamma_g / \gamma_w)(264.2Q/C_\gamma)^2 \qquad (10-22)$$

式中：$\Delta P_{局部}$——阀及配件的压差，kPa；

γ_g——填埋场气体重力密度，$0.00962kN/m^3$；

γ_w——水的重力密度，$9.81kN/m^3$；

Q——通过阀及配件的气流量，m^3/min；

C_γ——阀及配件的流动系数。

② 阀及配件的流动系数 C_γ 的计算见公式（10-23）：

$$C_\gamma = 0.0463d^2/K^{0.5} \qquad (10-23)$$

式中：C_γ——阀及配件的流动系数；

d——管道内径，mm；

K——阀及配件的阻力系数。

③ 阀及配件的阻力系数取值可见表 10-17。

阀及配件的阻力系数取值表   表 10-17

角　度	K 值	角度	K 值
45 度弯管	0.35	T 形管	1.0
90 度弯管	0.75	门阀（1/2 开启）	4.5

④ 缺少计算数据时，输气管道的局部阻力损失也可按管道摩擦阻力的 50%～100% 进行估算。

（3）输气管道总压降计算见公式（10-24）。

$$\Delta P_{总} = \Delta P_{摩擦} + \Delta P_{局部} \qquad (10-24)$$

10.3.5 填埋气体发电热功交换计算

填埋气体发电热功交换计算可见公式（10-25）。

$$Q = 10.35Fq\eta \qquad (10-25)$$

式中：Q——填埋气体发电量，kWh；

F——填埋气体中甲烷含量百分比，%；

q——设计发电年限内估算的填埋产气平均值，m^3；

η——发电机热转换效率,%。

10.4 案例

10.4.1 采用 UNFCCC 方法学工具估算产气量及利用规模

——设计背景:

以案例 10-1 中的生活垃圾填埋场为例,采用 UNFCCC 方法学工具进行产气量估算,并根据填埋场产气情况确定填埋气体用作城镇燃气的利用规模。

——设计内容:

(1) 主要参数取值

根据**本指南 10.3.1 填埋气体产气量估算**中提供的方法,采用 UNFCCC 方法学工具进行产气量估算,模型中主要参数的意义及其取值方法见表 10-18、表 10-19。

参数的意义及取值表　　　　　　　　　　表 10-18

参数	参 数 意 义	取 值 依 据	取值
φ	对模型不确定性进行校正的因子	推荐值	0.9
OX	氧化因子	反映垃圾产生的甲烷被土壤或其他覆盖材料氧化的情况	0.1
F	填埋气体中甲烷体积百分比	默认值	0.5
16/12	碳转化为甲烷的系数	—	—
DOC_F	垃圾中可降解有机碳(DOC)的比例	推荐值	0.5
k	甲烷产生速率常数	详见表 10-9	
MCF	甲烷修正因子	根据填埋场的管理状况确定	0.8
$W_{j,x}$	在 x 年内填埋的 j 类垃圾组分量	—	
DOC_j	j 类垃圾组分中可降解有机碳的比重(按重量)	详见表 10-7	
j	垃圾种类	根据 IPCC 分类	
x	填埋场投入运行的时间	垃圾填埋场自 2007 年投入运行	
y	模型计算当年	—	

垃圾组分降解速率 k 与可降解有机碳 DOC 的取值表　　　表 10-19

厨余/食物		纸类		织物		竹木	
42.47%		9.39%		5.58%		3.83%	
DOC	k	DOC	k	DOC	k	DOC	k
15%	0.185	40%	0.06	24%	0.06	43%	0.03

(2) 产气量估算

根据**本指南 10.3.2 填埋气体收集率计算**提供的计算方法,填埋气体收集率取值确定为 60%,填埋场填埋气体产气速率、甲烷收集总量详见表 10-20。

	UNFCCC 方法学工具估算结果表	表 10-20
年 份	LFG 产气速率（m³/h）	可收集甲烷量（t/a）
2007	106	332
2008	519	1630
2009	981	3081
2010	1380	4332
2011	1725	5414
2012	2024	6353
2013	2006	6297
2014	1994	6262
2015	1989	6243
2016	1987	6238
2017	1989	6243
2018	1993	6257
2019	1999	6277
2020	2007	6302
2021	2016	6331
2022	2026	6362
2023	2037	6395
2024	2048	6429

（3）计算结果分析

表 10-20 中采用 UNFCCC 方法学工具估算的结果比案例 10.4.2 中采用 EPA 推荐的中国填埋气体产气量估算模型的估算结果略小，估算结果更为保守精确，适用于我国填埋场填埋气体产气量计算，而采用 EPA 推荐的中国填埋气体产气量估算模型时因注意参数的选择，不建议使用模型默认的参数，避免计算结果偏大。

（4）填埋气体用作城镇管道燃气分析

填埋场根据产气量增加分期建设。根据表 10-20 对填埋气体收集量的估算，填埋场设计一期及二期工程建设时间内（2009～2024 年）填埋气体年可抽采量为 3081～6429t（纯甲烷量）。2009～2024 年填埋气体年平均抽采量为 5377t（纯甲烷量）。假设填埋气体提纯后用于城镇燃气使用，居民灶具出口压力以 2kPa（表压）计算，填埋场每年可提供燃气总量约 740 万 m³。按普通家庭月用燃气量 50m³ 计算，其燃气量每年可满足近 1.3 万户居民使用。

10.4.2 采用中国填埋气体产气估算模型估算产气量

以我国武汉市陈家冲生活垃圾填埋场为例，采用美国环保局 2009 年推荐的中国填埋气体估算模型对填埋气体产气量及发电能源输出进行计算。

填埋场预计服务年限为 20 年（2007～2026 年），填埋场 2007 年处理垃圾量为 1400t/d，2008 年为 2000t/d，目前每日垃圾处理量平均为 2500t/d，预计 2012 年后将建成的数座垃圾焚烧厂投产，进场原生垃圾量将会降至 1200t/d，具体情况见表 10-21。

生活垃圾填埋量 表 10-21

年份	年填埋量（万 t）	平均日填埋量（t/d）	依据
2007	18	1400	于 2007 年 10 月启用
2008	73	2000	设计日填埋量
2009	91.25	2500	设计日填埋量
2010	91.25	2500	设计日填埋量
2011	91.25	2500	设计日填埋量
2012	91.25	2500	设计日填埋量
2013	43.8	1200	设计日填埋量
2014	43.8	1200	设计日填埋量
2015	43.8	1200	设计日填埋量
2016	43.8	1200	设计日填埋量
2017	43.8	1200	设计日填埋量
2018	43.8	1200	设计日填埋量
2019	43.8	1200	设计日填埋量
2020	43.8	1200	设计日填埋量
2021	43.8	1200	设计日填埋量
2022	43.8	1200	设计日填埋量
2023	43.8	1200	设计日填埋量
2024	43.8	1200	设计日填埋量
2025	43.8	1200	设计日填埋量
2026	43.8	1200	设计日填埋量

解：

(1) 根据**本指南 10.3.1 填埋气体产气量估算**提供的模型，采用美国环保局 2009 年推荐的中国填埋气体估算模型，将以上参数输入计算模型，模型给出推荐值：甲烷产生速率常数 k 取值为 $0.11a^{-1}$，甲烷产生潜能 L_0 取值为 $28m^3/t$，场区覆盖级别取 II 级，填埋场运行期间未曾发生过火灾，填埋气甲烷含量以 50％计。根据垃圾压实度及覆盖、填埋作业管理等情况确定气体收集率为 60％。

(2) 采用自动化模型模拟填埋气体产气过程，填埋气体产气过程分析见图 10-4。

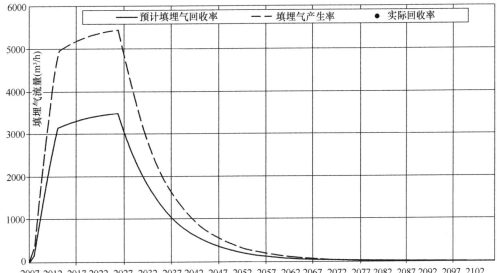

图 10-4 填埋气体产气情况表

（3）通过该模型计算，直接得出填埋气体产生量及发电项目能源输出量等相关数据分析见表10-22。

产气量及气体回收利用数据 表 10-22

年份	年填埋量	已填埋垃圾	填埋气产生率	收集效率	已有或拟建收集系统填埋气回收率		直接利用能源输出量 a	发电项目能源输出量 b
	(t/a)	(t)	(m³/h)	(%)	(m³/h)	二氧化碳当量 (t)	(MJ/h)	(MW)
2007	180,000	180,000	0	60%	0	0	0	0.000
2008	730,000	910,000	120	60%	72	4,766	1,220	0.116
2009	912,500	1,822,500	596	60%	358	23,599	6,039	0.576
2010	912,500	2,735,000	1,145	60%	687	45,303	11,592	1.106
2011	912,500	3,647,500	1,636	60%	982	64,746	16,568	1.581
2012	912,500	4,560,000	2,076	60%	1,246	82,163	21,024	2.006
2013	438,000	4,998,000	2,471	60%	1,482	97,766	25,017	2.387
2014	438,000	5,436,000	2,506	60%	1,504	99,180	25,379	2.421
2015	438,000	5,874,000	2,538	60%	1,523	100,447	25,703	2.452
2016	438,000	6,312,000	2,567	60%	1,540	101,581	25,993	2.480
2017	438,000	6,750,000	2,593	60%	1,556	102,597	26,253	2.505
2018	438,000	7,188,000	2,616	60%	1,569	103,508	26,486	2.527
2019	438,000	7,626,000	2,636	60%	1,582	104,324	26,695	2.547
2020	438,000	8,064,000	2,655	60%	1,593	105,054	26,882	2.565
2021	438,000	8,502,000	2,671	60%	1,603	105,709	27,050	2.581
2022	438,000	8,940,000	2,686	60%	1,612	106,295	27,200	2.595
2023	438,000	9,378,000	2,700	60%	1,620	106,821	27,334	2.608
2024	438,000	9,816,000	2,711	60%	1,627	107,291	27,454	2.619
2025	438,000	10,254,000	2,722	60%	1,633	107,713	27,562	2.629
2026	438,000	10,692,000	2,732	60%	1,639	108,090	27,659	2.639
2027	0	10,692,000	2,447	60%	1,468	96,832	24,778	2.364
2028	0	10,692,000	2,192	60%	1,315	86,746	22,197	2.118
2029	0	10,692,000	1,964	60%	1,178	77,710	19,885	1.897
2030	0	10,692,000	1,759	60%	1,056	69,615	17,814	1.699
2031	0	10,692,000	1,576	60%	946	62,364	15,958	1.522
2032	0	10,692,000	1,412	60%	847	55,867	14,296	1.364
2033	0	10,692,000	1,265	60%	759	50,048	12,807	1.222
2034	0	10,692,000	1,133	60%	680	44,835	11,473	1.094
2035	0	10,692,000	1,015	60%	609	40,164	10,278	0.980
2036	0	10,692,000	909	60%	546	35,981	9,207	0.878
2037	0	10,692,000	815	60%	489	32,233	8,248	0.787

10.4.3 填埋场填埋气体收集及利用系统设计

以我国武汉市江夏长山口生活垃圾填埋场为案例，设计填埋场填埋气体收集及利用系统整体方案。

——设计背景：

填埋场服务年限 21 年（2009～2029 年）。填埋库区占地面积约为 42 万 m^2，库区平均填埋高度为 45m，最大填埋高度达 70m。填埋总库容为 1880 万 m^3，有效库容 1655 万 m^3。填埋场平均日处理规模为 2100t/d，起始年平均进库垃圾量为 1225t/d，最大年平均进库垃圾量为 3034 t/d。扣除填埋垃圾中焚烧炉渣 100t/d 的量，生活垃圾处理量见表 10-23。

生活垃圾处理量 表 10-23

年份	年处理垃圾量（万 t）	逐年累计处理量（万 t）	年份	年处理垃圾量（万 t）	逐年累计处理量（万 t）
2009	44.72	44.72	2020	77.2	725.96
2010	48.01	92.73	2021	80.5	806.46
2011	50.54	143.27	2022	83.9	890.36
2012	53.15	196.42	2023	87.4	977.76
2013	55.84	252.26	2024	91.01	1068.77
2014	58.62	310.88	2025	94.73	1163.5
2015	61.48	372.36	2026	98.55	1262.05
2016	64.44	436.80	2027	102.5	1364.55
2017	67.48	504.28	2028	106.56	1471.11
2018	70.62	574.90	2029	110.74	1581.85
2019	73.86	648.76	2030	—	1581.85

填埋垃圾的组分构成见表 10-24。

填埋垃圾的构成表 表 10-24

成分	有 机 物								无 机 物				
	厨渣	纸张	果皮	塑料	毛骨	橡皮	纺纤	草木	合计	煤灰	玻璃	金属	陶瓷	合计
含量	31.22	9.24	18.50	16.79	2.01	2.26	1.22	2.15	83.40	13.41	2.07	0.77	0.36	16.60

——设计内容：

（1）产气量计算

根据**本指南 10.3.1 填埋气体产气量估算**提供的模型，采用 Scholl Canyon 模型对填埋气产量进行计算。模型中参数的取值见表 10-25。

垃圾组分降解速率 k 与可降解有机碳（DOC）的取值表 表 10-25

厨余/食物		纸类		织物		竹木	
51.73%		9.24%		1.22%		2.15%	
DOC	k	DOC	k	DOC	k	DOC	k
7.23%	0.185	25.9%	0.06	30.2%	0.06	28.3%	0.03

由于填埋场封场覆盖标准较高，采用**本指南 10.3.2 填埋气体收集率计算**中的公式进行计算，实际收集气量按产气量的 60％计算。每年的填埋气体收集量见表 10-26。

可收集气量和发电气量计算表　　　　　表 10-26

年份	可收集气量 (50％CH₄)（Nm³/h）	发电气量 （Nm³/h）	年份	可收集气量 (50％CH₄)（Nm³/h）	发电气量 （Nm³/h）
2009	0	0	2030	6419	5777
2010	367	330	2031	5785	5207
2011	725	652	2032	5214	4692
2012	1068	961	2033	4699	4229
2013	1398	1258	2034	4235	3811
2014	1719	1547	2035	3816	3435
2015	2030	1827	2036	3439	3095
2016	2333	2100	2037	3100	2790
2017	2632	2369	2038	2794	2514
2018	2925	2633	2039	2517	2265
2019	3216	2894	2040	2269	2042
2020	3504	3154	2041	2045	1840
2021	3791	3412	2042	1843	1659
2022	4078	3670	2043	1661	1495
2023	4363	3926	2044	1496	1347
2024	4649	4185	2045	1349	1214
2025	4937	4443	2046	1216	1094
2026	5227	4704	2047	1096	986
2027	5519	4967	2048	987	889
2028	5814	5233	2049	890	801
2029	6115	5503	2050	723	651

（2）填埋气体收集、输送系统

根据**本指南 10.2.2 填埋气体收集系统**及**10.2.3 填埋气体输送系统**的技术要求，填埋场填埋气体收集、输送系统设计由次盲沟、导气石笼、拉拔式竖井、移动式集气站及输气管道组成。填埋气体先由设于各中间层的次盲沟进入导气石笼后至竖井，再由竖井通过集气支管输送至移动式集气站，最后由风机通过集气干管抽送至填埋气体发电系统。具体设计说明如下：

① 导气石笼除在主、次盲沟交汇点设置外，还以此为基准，沿着次盲沟铺设方向按 50m 间距设置，石笼直径为 1000mm，外壁采用土工网格材料，内填充级配卵（砾）石（$d=50\sim80$mm），中间设 dn160HDPE 气体收集多孔管。

② 拉拔式竖井直径为 1000mm，井筒采用 dn1000HDPE 实管，可随着垃圾层面的上升而拉升，内设 dn160HDPE 多孔管和级配卵（砾）石（$d=50$mm~80mm）。井顶用 HDPE 堵板封盖，dn160 集气多孔管升出井顶后与场外集气支管相连，并设置控制阀门。

③ 填埋场内共设置 16 座集气站，每 10 座竖井的气体通过集气支管集中收集在 1 座集气站内，每做集气站平面尺寸为 $L \times B = 3.2m \times 1.5m$，井深 0.7m，站内设置测量填埋气体温度计、压力表和填埋气体取样口，集气站为移动式钢结构，可随着垃圾填埋作业层面升高而移动。

④ 填埋场内所有集气支管和集气干管管径分为别为 dn110 和 dn315，控制管内流速分别为 5 ～8m/s 和 8 ～15m/s。集气干管和集气支管均采用 HDPE 软管，可随垃圾填埋作业层面的上升而自由移动。

(3) 填埋气体预处理系统

① 根据**本指南 10.2.4 填埋气体抽气及预处理系统**中对填埋气体用于发电的预处理技术要求，填埋气体先经气体冷却器去除湿度，同时还通过除雾器除雾，以降低填埋气体中的水分含量，提高气体热值。

② 填埋气体预处理后成分分析数据详见表 10-27。成分分析数据表明填埋场的填埋气体中 CH_4 浓度为 50%，达到燃气型内燃机用气质量的要求。

填埋气体成分分析表　　　　　　　　　表 10-27

名　称	单　位	数　值
CH_4	%	50
热值（按 CH_4）	MJ/Nm^3	19.90
CO_2	%	45
O_2	%	0.5
N_2	%	4.0
H_2S	$\times 10^{-6}$	<200
CO	$\times 10^{-6}$	<100
H_2	$\times 10^{-6}$	<20
温度	℃	25

(4) 填埋气体发电系统

① 根据**本指南 10.2.5 填埋气体燃烧及利用系统**中对填埋气体用于发电的技术要求，正常气量按高峰产气年（5～8 年）可发电气量的品均质计算，初步确定发电年限从 2013～2044 年，共 31 年。按 2025 ～2033 年的平均值计算，则设计正常气量为 $Q = 5629Nm^3/h$。填埋场设置沼气发电系统，按收集气量的 90% 计算可发电量，再折算到平均每小时的气体流量，计算结果见表 8-26。

② 通过主动控制系统将填埋气体从填埋场内抽出，（抽气风机设于发电系统成套设备集装箱内），经竖直集气井、集气支管、集气站、集气干管送至沼气发电系统。当气体流量满足一台发电机组的额定气量要求时可进入气体处理发电系统。

③ 根据设计发电气量（$Q = 5066Nm^3/h$）、甲烷含量 50% 及发电效率为 40%，采用**本指南 10.3.5 填埋气体发电热功交换计算**中的公式进行热值换算，设计可选用额定输出功率为 1MW 的气体内燃机 5 套。每个气体内燃机都配有一个发电机，所产生的电力可提供场内自用，并可上网供电。

参考文献

[1] Solid Waste Landfill Design Manual[M]. Washington State Department of Ecology. 1993

[2] IPCC，Guidelines for National Greenhouse Gas Inventories[M]，2006，chp5

[3] USA-EPA. 中国填埋气估算模型及用户手册[M]版本 1.1.2009

[4] GB 18047－2000.《车用压缩天然气》

[5] 赵玉杰，王伟. 填埋气体的净化技术[J]. 西南民族大学学报，2009

[6] 孙河川，喻书凯. 垃圾填埋场渗滤液导排及填埋气体收集系统[P]. 2008.12

[7] 黄洁，吴香尧. 大中型生活垃圾卫生填埋场填埋气体能源化与CDM申办项目[C]. 畜禽养殖生态园建设及其他，2008.10

[8] 许雪松，等. 垃圾填埋气体收集及其工程设计[J]. 环境工程，2008.8

[9] 李湛江，等. 新建垃圾填埋场填埋气体发电利用规划及实践[J]中国沼气，2007.25(4)

[10] 宋灿辉，肖波，等. 沼气净化技术现状[J]. 中国沼气，2007.25(4)

[11] 王静. 基于有机物转化率的垃圾填埋气产量预测模型及其验证[D]. 重庆大学，2006

[12] 解莹，基于技术标准编制的填埋气体收集与利用系统研究和应用［硕士论文］，华中科技大学，2011

[13] 王进安，等. 垃圾填埋场填埋气回收处理与利用[J]. 环境科学研究，2006

[14] 阮建国. 深圳下坪垃圾卫生填埋场沼气收集与利用方式研究[J]. 建筑热能通风空调，2003(1)

[15] 田晓东，等. 大中型沼气工程技术讲座（四）沼气工程的前处理与输配系统［J］. 可再生能源，2003.2

[16] 彭绪亚，等. 垃圾填埋场填埋气竖井收集系统设计优化[J]. 环境污染治理技术与设备，2003

[17] 石磊，赵由才，等. 垃圾填埋沼气的收集、净化与利用综述[J]. 中国沼气，2004.22(1)

[18] Landfill Technical Guidance Manual[M]. Boston(U.S). 1987

[19] Municipal Solid Waste Landfill Guidelines[M]. Nova Scotia(Canada). 1993

[20] 杜林军，李林蔚，解莹，等. 城市生活垃圾低碳管理及碳减排潜力估算[J]. 环境卫生工程，2010，5

[21] 薛强，陈朱蕾，等. 生活垃圾的处理技术与管理[M]. 北京：科技出版社，2007

[22] US-EPA. Method 2E- Landfill Gas Production Flow Rate. U S. 2007

[23] 刘磊，梁冰，薛强，等. 垃圾填埋气体抽排影响半径的预测[J]. 化工学报，2008，59(3)：751-753

[24] 张纬，薛强，刘磊. 单井抽气条件下垃圾填埋场气体压力分布[J]. 辽宁工程技术大学学报，2007，26，sup1：95-97

11 封场系统技术要求与设计计算

本章提出了堆体整形与边坡处理、填埋堆体稳定性分析、封场覆盖、渗沥液与填埋气体收集处理及地表水控制、后期维护、生态恢复、土地利用与水土保持、老生活垃圾填埋场封场等的技术要求；给出了最终覆盖稳定性分析、填埋堆体沉降计算、水土流失估算等设计计算方法；列举了封场覆盖、堆体整形与封场效果、覆盖稳定性计算、填埋堆体沉降计算、水土流失估算的案例。

11.1 引用标准

生活垃圾卫生填埋处理技术规范	GB 50869
环境空气质量标准	GB 3095
地表水环境质量标准	GB 3838
建筑边坡工程技术规范	GB 50330
生活垃圾卫生填埋场环境监测技术要求	GB/T 18772
生活垃圾填埋场稳定化场地利用技术要求	GB/T 25179
地表水和污水监测技术规范	HJ/T 91
生活垃圾卫生填埋场封场技术规程	CJJ 112
生活垃圾卫生填埋场封场技术规范	CJJ 122
生活垃圾填埋场填埋气体收集处理及利用工程技术规范	CJJ 133
生活垃圾卫生填埋场岩土工程技术规范	CJJ 176
城市生活垃圾　有机物的测定　灼烧法	CJ/T 96
城市生活垃圾采样和物理分析方法	CJ/T 3039
生活垃圾填埋场封场工程项目建设标准	建标 140

11.2 技术要求

11.2.1 基本要求

11.2.1.1 填埋场封场技术适用于以卫生填埋方式处理处置生活垃圾的新建、改建、扩建工程，也适用于非规范性的老生活垃圾填埋场封场工程。

11.2.1.2 填埋场封场系统设计应包括堆体整形与边坡处理、封场覆盖、渗沥液和填埋气体收集处理、地表水控制、后期维护、填埋堆体稳定性分析、生态恢复、土地利用、水土保持与后续监测等内容。

11.2.1.3 填埋场封场工程总体技术要求应符合《生活垃圾卫生填埋处理技术规范》GB 50869、国家现行标准《生活垃圾卫生填埋场封场技术规程》CJJ 112 和《生活垃圾填埋场封场工程项目建设标准》建标 140 的规定。

11.2.1.4　填埋场封场建设规模可按照填埋库区面积（万 m²）分为以下四类：

(1) 大于 20 万 m² 的为Ⅰ类；

(2) 10～20 万 m² 的为Ⅱ类（含下限值不含上限值，以下同）；

(3) 5～10 万 m² 的为Ⅲ类；

(4) 小于 5 万 m² 的为Ⅳ类。

11.2.2　堆体整形与边坡处理

11.2.2.1　填埋场堆体整形与边坡处理应符合国家现行标准《生活垃圾卫生填埋场封场技术规程》CJJ 112—2007 第 3 章中 3.0.1～3.0.8 的规定（详见附录Ⅳ）。

11.2.2.2　填埋场垃圾堆体整形与处理前，应勘察分析场内发生火灾、爆炸、堆体坍塌等安全隐患，并提出预防和技术措施。

11.2.2.3　堆体整形时应分层压实垃圾，压实密度应大于 800kg/m³，压实应采用斜面分层作业法。

11.2.2.4　堆体整形与处理的坡度可参考以下要求：

(1) 顶面坡度不应小于 5%。

(2) 当边坡坡度大于 10% 时，宜采用台阶式收坡。

(3) 台阶间边坡坡度不宜大于 1：3，台阶宽度不宜小于 2m。

(4) 台阶高度宜按照填埋单元高度进行，高差不宜大于 5m。

11.2.2.5　边坡处理设计应根据工程实际比选不同的排水、坡面支护和深层加固等处理方法，提出技术经济指标合理的边坡综合处理方案。

11.2.3　填埋堆体稳定性分析

11.2.3.1　填埋堆体稳定性分析应包括封场覆盖滑动稳定性分析、堆体边坡稳定性分析、填埋堆体沉降与库区设施的不均匀沉降计算。

11.2.3.2　封场覆盖滑动稳定性分析的安全系数应不小于 1.5，分析中的设计计算详见本章的 11.3.1。

11.2.3.3　边坡稳定分析应从短期及长期稳定性两方面考虑，边坡稳定性通常与垃圾的抗剪参数、坡高、坡角、重力密度及孔隙水应力等因素有关。

11.2.3.4　堆体边坡稳定性分析可参照现行国家标准《建筑边坡工程技术规范》GB 50330 与行业标准《生活垃圾卫生填埋场岩土工程技术规范》CJJ 176－2012 中第五章 5.2 节（详见附录Ⅳ）中对边坡稳定性分析的规定。

11.2.3.5　堆体边坡工程安全等级

(1) 堆体边坡工程安全等级按照边坡损坏后可能造成的破坏后果的严重性、边坡类型和坡高等因素分为三级。

(2) 填埋堆体边坡工程安全等级可参考现行国家标准《建筑边坡工程技术规范》GB 50330－2002 表 3.2.1 中土质边坡的安全等级确定。

11.2.3.6　堆体边坡稳定性计算方法选用原则

(1) 滑动面呈圆弧形时，宜采用简化毕肖普（Simplified Bishop）法和摩根斯顿-普赖斯法（Morgenstern -Price）进行抗滑稳定计算；

（2）堆体边坡滑动面呈非圆弧形时，宜采用摩根斯顿-普赖斯法和不平衡推力传递法进行抗滑稳定计算；

（3）边坡稳定性验算时，其稳定性系数应符合现行国家标准《建筑边坡工程技术规范》GB 50330 中的表 5.3.1 规定的稳定安全系数的要求。

11.2.3.7 填埋堆体沉降速率应作为填埋场场地稳定化利用类别的判定特征；填埋堆体沉降速率可根据沉降量与沉降历时计算，其中堆体沉降量可通过监测或估算得到；堆体沉降估算详见本章的 11.3.2。

11.2.3.8 填埋场库区设施不均匀沉降的验算应符合《生活垃圾卫生填埋场岩土工程技术规范》CJJ 176 - 2012 中第五章 5.4 节的相关规定（详见附录Ⅳ）。

11.2.4 封场覆盖

11.2.4.1 封场覆盖结构

封场覆盖由上至下应包括植被层、排水层、防渗层与排气层（见图 11-1）。封场覆盖系统中各层的设计应符合国家现行标准《生活垃圾卫生填埋场封场技术规程》CJJ 112—2007 的规定。

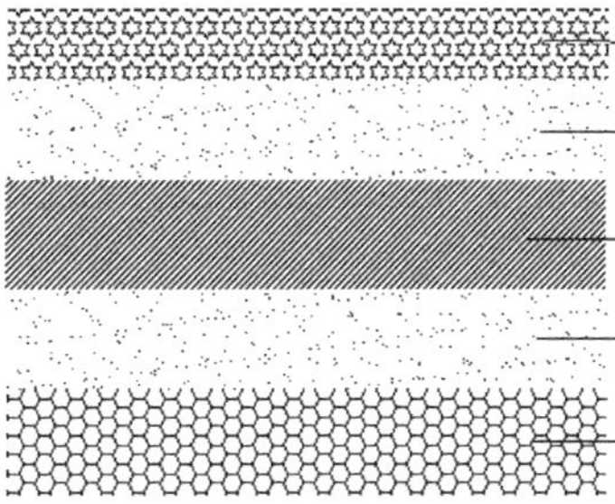

11.2.4.2 排气层要求

堆体顶面宜采用导排性能好、抗腐蚀的粗粒多孔材料，厚度不宜小于 30cm，渗透系数宜大于 1×10^{-2} cm/s；边坡宜采用土工复合排水网，厚度不应小于 5mm。

图 11-1 封场覆盖系统结构示意图
注：1—垃圾层；2—排气层；3—防渗层；
4—排水层；5—植被层

11.2.4.3 防渗层要求

（1）当采用 HDPE 土工膜或 LLDPE 土工膜时，厚度不应小于 1mm，膜上和膜下应敷设非织造土工布，面密度不宜小于 300g/m²，且顶部宜采用光面土工膜，边坡宜采用糙面土工膜。

（2）当采用黏土作为防渗保护层时，黏土层的渗透系数不应大于 1.0×10^{-7} cm/s，厚度不应小于 30cm。黏土层压实度不得小于 90%，黏土层平整度应达到每平方米黏土层误差不大于 2cm。

（3）设计防渗黏土层时应考虑沉降、干裂缝以及冻融循环等破坏因素。

（4）可用土工聚合黏土衬垫（GCL）代替防渗黏土层作为膜下保护层，厚度应大于 5mm，渗透系数应小于 1.0×10^{-7} cm/s，其下排气层厚度应由 30cm 增至 45cm 以上，以保护衬垫不与填埋物接触并尽量减少沉降的影响。

（5）封场防渗层宜与场底防渗层紧密连接。同一平面的防渗层宜使用同一种防渗材料，并应保证焊接技术的统一性。

（6）渗沥液与填埋气体的导排管道穿过封场防渗层处时，该处应进行密封处理。

11.2.4.4 排水层要求

（1）排水层渗透系数要求大于 1×10^{-2} cm/s。

（2）堆体顶面宜采用粗粒或多孔材料，厚度不宜小于 30cm。

（3）边坡宜采用土工复合排水网，厚度不应小于 5mm。

11.2.4.5　植被层要求

应采用自然土加表层营养土，厚度应根据种植植物的根系深浅确定，营养土的厚度不宜小于 15cm。

11.2.5　渗沥液、填埋气体收集处理与地表水控制

11.2.5.1　封场后的渗沥液收集与处理系统应符合国家现行标准《生活垃圾卫生填埋场封场技术规程》CJJ 112-2007 第 7 章的 7.0.1～7.0.4 节的规定（详见附录Ⅳ），并可参考本指南第 9 章的有关内容。封场后垃圾堆体水位及控制应符合《生活垃圾卫生填埋场岩土工程技术规范》CJJ 176-2012 第 4.5 节的规定（详见附录Ⅳ）。

11.2.5.2　封场后应保证渗沥液收集处理系统设施的完好和有效运行；封场过程中，若发生渗沥液收集处理设施堵塞或损坏，应及时采取措施排除故障。

11.2.5.3　封场后宜保证填埋气体收集系统设施的有效运行。填埋场封场增设气体导排设施时，应符合国家现行标准《生活垃圾填埋场填埋气体收集处理及利用工程技术规范》CJJ 133 第 5 章 5.1～5.3 与第 7 章 7.1～7.4 的规定（详见附录Ⅳ）。

11.2.5.4　封场工程的地表水控制应符合国家现行标准《生活垃圾卫生填埋场封场技术规程》CJJ 112-2007 第 6 章 6.0.1～6.0.8 的规定（详见附录Ⅳ），并可参考本指南第 9 章的有关内容。

11.2.5.5　封场区域雨水应通过场区内排水沟收集，排入场区截洪沟；排水沟断面和坡度应依据汇水面积和暴雨强度确定。

11.2.6　后期维护

11.2.6.1　封场覆盖后应进行后期维护，后期维护应符合国家现行标准《生活垃圾卫生填埋场封场技术规程》CJJ 122-2007 中第 9 章 9.0.1～9.0.3 规定（详见附录Ⅳ）。

11.2.6.2　封场覆盖后应保证渗沥液收集处理系统、填埋气体收集处理及利用系统、地表水导排系统、地下水导排系统等设施及设备的完好、有效运行。

11.2.6.3　封场覆盖后应维护植被覆盖，包括修剪、施肥等。

11.2.6.4　封场覆盖后应保养表土，包括修整坡度、必要时应用防腐蚀织物等。

11.2.6.5　封场覆盖后应保养地表水导排沟渠，包括去除障碍物、修补渠道等。

11.2.7　生态恢复

11.2.7.1　填埋场封场覆盖后，宜及时采用植被对填埋堆体逐步实施生态恢复，以保证填埋场与周边环境相互协调。

11.2.7.2　生态恢复所用的植物类型宜选择根系较短，且适合填埋场环境及周边环境的植物。根据填埋堆体稳定化程度，可按恢复初期、恢复中期、恢复后期三个时期分别选择植物类型：

（1）恢复初期，生长的植物以草本植物生长为主。

（2）恢复中期，生长的植物出现了乔灌木植物。

（3）恢复后期，植物生长旺盛，包括各类草本、花卉、乔木、灌木等。

11.2.7.3 植被恢复各期可参考如下措施进行维护：

(1) 恢复初期：堆体沉降较快造成的裂缝、沟坎、空洞等应充填密实，同时应清除积水，并补播草种、树种。

(2) 恢复中期：不均匀沉降造成的覆盖系统破损应及时修复，并补播草种、树种。

(3) 恢复后期：定期修剪植被。

11.2.8 土地利用

11.2.8.1 填埋场封场后的土地利用应符合国家现行标准《生活垃圾卫生填埋处理技术规范》GB 50869 中第 13 章 13.2.7 条（详见附录Ⅳ）的规定。

11.2.8.2 填埋场封场后的土地利用程度按照不同利用方式可分为低度利用、中度利用和高度利用三类：

(1) 低度利用一般指人与场地非长期接触的利用，主要方式有：草地、林地、农地等。

(2) 中度利用指人与场地不定期接触的利用，主要包括：小公园、棒球场、运动场、运动型公园、野生动物园、游乐场、高尔夫球场等。

(3) 高度利用一般指人与场地长期接触的利用，包括学校、办公区、工业区、住宅区等。

11.2.8.3 填埋场土地利用的稳定化判定要求可参考表 11-1 的指标。

填埋场场地利用的稳定化判定要求　　　　　　　　　　　表 11-1

利用阶段	低度利用	中度利用	高度利用
利用范围	草地、农地、森林	公园	一般仓储或工业厂房
封场年限（年）	≥3	≥5	≥10
填埋物有机质含量	<20%	<16%	<9%
地表水水质	满足 GB 3838 相关要求		
堆体中填埋气	不影响植物生长 甲烷浓度不大于 5%	甲烷浓度小于 5%	甲烷浓度小于 1% 二氧化碳浓度小于 1.5%
大气	—	GB 3095 三级标准	
恶臭指标	—	GB 14554 三级标准	
堆体沉降	大，>35cm/年	不均匀，10～30cm/年	小，1～5cm/年
植被恢复	恢复初期	恢复中期	恢复后期

注：封场年限从填埋场封场后开始计算。

11.2.9 水土保持

11.2.9.1 填埋场封场后宜对场区水土流失进行评价，其中由侵蚀引起的水土流失每公顷每年不宜超过 5t。

11.2.9.2 由雨水引起的水土流失可采用"通用水土流失方程（USLE）"进行估算，估算方法详见本章的 11.3.3。

11.2.10　老生活垃圾填埋场封场

11.2.10.1　老生活垃圾填埋场封场工程除可参考本章 11.1～11.9 节的要求外，尚可参考以下技术要求：

(1) 对于直接封场处理的老生活垃圾填埋场

① 无气体导排设施的或导排设施失效存在安全隐患的，应采用钻孔法设置或完善填埋气体导排系统。

② 无渗沥液导排设施或导排设施失效的，应设置或完善渗沥液导排系统。

(2) 对于需扩建的老生活垃圾填埋场，应设置填埋气体和渗沥液导排设施，收集的填埋气体和渗沥液应并入新建填埋区的处理或利用设施。

(3) 对于渗沥液、填埋气体发生地下横向迁移的老生活垃圾填埋场，应设置垂直防渗系统。

(4) 对于可开挖利用的老生活垃圾填埋场，经过技术经济比较，可开挖堆体内陈腐垃圾进行分选资源回收；未采取防渗措施造成污染的库底土壤，应进行土壤生态修复。

11.2.10.2　老生活垃圾填埋场封场后，当建有渗沥液收集处理设施并有效运行时，尚未建设生产管理与生活服务设施或使用简易临时设施的，新建生产管理与生活服务设施的建筑面积可参考表 11-2。

封场工程新建生产管理与生活服务设施建筑面积　　　　　　　表 11-2

类型	填埋库区面积（万 m^2）	生产管理区（m^2）
Ⅰ	≥20	150～300
Ⅱ	10～20	120～270
Ⅲ	5～10	110～230
Ⅳ	<5	70～200

注：渗沥液处理为两班制，有独立渗沥液区的取上限；渗沥液处理为单班制或未设渗沥液处理区的取下限。

11.2.11　后期监测管理

11.2.11.1　填埋场的后续安全监测应符合《生活垃圾卫生填埋场岩土工程技术规范》CJJ 176-2012 第 9 章的规定（详见附录Ⅳ）。封场后应继续进行填埋气体导排、渗沥液导排和处理、堆体沉降监测、环境与安全监测等运行管理，直至填埋体达到稳定。

11.2.11.2　填埋堆体沉降监测除应符合国家现行标准《生活垃圾填埋场封场技术规程》CJJ 112-2007 第 9.0.2 条（（详见附录Ⅳ）Ⅳ）的规定外，尚可参考以下要求：

(1) 填埋堆体沉降的监测内容应包括堆体表层沉降、堆体深层不同深度沉降等。

(2) 沉降计算时监测点的选择应该沿几条选定的沉降线选择不同的监测点，沉降线的布置原则详见本指南第 5 章。

(3) 堆体中的监测点宜采用 30～50m 的网格布置，在不稳定的局部区域宜增加监测点的密度。

(4) 监测周期宜为每月一次，若遇恶劣天气或意外事件，宜适当缩短监测周期。

11.2.11.3　环境与安全监测主要包括大气监测、填埋气检测、地表水监测、填埋物有机质监测及植被调查等内容。各项监测技术的要求如下：

（1）大气监测：环境空气监测中的采样点、采样环境、采样高度及采样频率的选取，按《环境监测技术规范》（大气部分）执行；各项污染物的浓度限值须按现行国家标准《环境空气质量标准》GB 3095 中第四章 4.1～4.2 节（详见附录Ⅳ）的规定设定。

（2）填埋气监测：须按现行国家标准《生活垃圾卫生填埋场环境监测技术要求》GB/T 18772 的规定执行。

（3）地表水监测：地表水水质监测的采样布点、监测频率要求按国家现行标准《地表水和污水监测技术规范》HJ/T 91 的规定选取；各项污染物的浓度限值要求按现行国家标准《地表水环境质量标准》GB 3838 中第五章 5.1～5.2 节（详见附录Ⅳ）的规定设定。

（4）填埋物有机质监测：样品制备要求按国家现行标准《城市生活垃圾采样和物理分析方法》CJ/T 3039 中第三章 3.4 节（详见附录Ⅳ）的规定进行；有机质含量的测定要求按国家现行标准《城市生活垃圾　有机质的测定　灼烧法》CJ/T 96 中第 3～7 章（详见附录Ⅳ）的规定执行。

（5）生活垃圾土监测：垃圾土的监测主要包括物理特性、力学特性（压缩、渗透）、化学特性（有机质、浸出、化学分析）和生物特性（臭味、蝇密度）试验（具体试验方法详见Ⅵ）。

（6）植被调查：要求每隔 2 年对植物的覆盖度、植被高度、植被多样性进行检测分析。

11.3　设计计算

本章设计计算包括水土流失估算、最终覆盖稳定性分析与填埋沉降等内容。

11.3.1　水土流失估算

11.3.1.1　通用水土流失方程
填埋场的年水土流失量可采用通用水土流失方程进行估算。计算见公式（11-1）：
$$A = R \cdot K \cdot L_s \cdot C \cdot P \tag{11-1}$$
式中：A——预测水土流失量（干重），吨/公顷·年（t/hm²·年）；

R——降水能量因子；

K——土体（填埋堆体）侵蚀度因子；

L_s——坡长因子；

C——植被因子；

P——侵蚀控制措施因子，在填埋场设计中可取 $P=1$。

11.3.1.2　降水能量因子
度量暴雨引起侵蚀的方法是用降水能量乘以最大 30 分钟降雨强度，对于单场暴雨的降水指标可定义见式（11-2）：
$$R = 2.22 \times 10^{-4} EI \tag{11-2}$$
式中：E——某场暴雨的总动能，t/m；（单位）

I——该地区最大 30 分钟降水强度，mm/h。

11.3.1.3　土体侵蚀度因子

土体侵蚀度因子标示土对侵蚀的固有敏感程度，可参考表 11-3 进行估算。土质分类可参见中国水电部 1962 年颁布的《（62）土工试验操作规程》中的三角坐标分类。

土体侵蚀度因子取值表　　　　　　　　　表 11-3

土质分类	土体侵蚀度因子 K		
	有机质含量		
	<0.5%	2%	4%
砂	0.05	0.03	0.02
细砂	0.16	0.14	0.10
极细砂	0.42	0.36	0.28
泸姆质（壤质）砂	0.12	0.10	0.08
壤质细砂	0.24	0.20	0.16
壤质极细砂	0.44	0.38	0.30
砂质泸姆（砂质壤土）	0.27	0.24	0.19
细砂壤土	0.35	0.30	0.24
粉质黏壤土	0.47	0.41	0.33
泸姆（壤土）	0.38	0.34	0.29
黏质壤土	0.48	0.42	0.33
粉土	0.60	0.52	0.42
砂质黏壤土	0.27	0.25	0.21
黏质壤土	0.28	0.25	0.21
粉质黏壤土	0.37	0.32	0.26
砂质黏土	0.14	0.13	0.12
粉质黏土	0.25	0.23	0.19
黏土	0.13~0.29		

11.3.1.4　坡长因子

坡长因子 L_s 是指给定场地单位面积水土流失量与坡比为 9%，长为 22.14m 的坡地单位面积水土流失量之比。可参考表 11-4 的数据取值。

坡长因子取值表　　　　　　　　　表 11-4

坡长 (m)	坡比（%）														
	4	6	8	10	12	14	16	18	20	25	30	36	40	45	50
15.25	0.3	0.5	0.7	1.0	1.3	1.6	2.0	2.4	3.0	4.3	6.0	7.9	10.1	12.6	15.4
30.15	0.4	0.7	1.0	1.4	1.8	2.3	2.8	3.4	4.2	6.1	8.5	11.2	14.4	17.9	21.7
45.75	0.5	0.8	1.2	1.6	2.2	2.8	3.5	4.2	5.1	7.5	10.4	13.8	17.6	21.9	26.6
61.00	0.6	0.9	1.4	1.9	2.6	3.3	4.1	4.8	5.9	8.7	12.0	15.9	20.3	25.2	30.7
76.25	0.7	1.0	1.6	2.2	2.9	3.7	4.5	5.4	6.6	9.7	13.4	17.8	22.7	28.2	34.4
91.50	0.7	1.2	1.7	2.4	3.1	4.0	5.0	5.9	7.2	10.7	14.7	19.5	24.9	30.9	37.6
106.75	0.8	1.2	1.8	2.6	3.4	4.3	5.4	6.4	7.8	11.5	15.9	21.0	26.9	33.4	40.6
122.00	0.8	1.3	2.0	2.7	3.6	4.6	5.7	6.8	8.3	12.3	17.0	22.5	28.7	35.7	43.5
137.25	0.9	1.4	2.1	2.9	3.8	4.9	6.1	7.2	8.9	13.1	18.0	23.8	30.5	37.9	46.1

坡长	坡比（%）														
（m）	4	6	8	10	12	14	16	18	20	25	30	36	40	45	50
152.50	0.9	1.5	2.2	3.1	4.0	5.2	6.4	7.6	9.3	13.7	19.0	25.1	32.1	39.9	48.6
167.75	1.0	1.6	2.3	3.2	4.2	5.4	6.7	8.0	9.8	14.4	19.9	26.4	33.7	41.9	50.9
183.00	1.0	1.6	2.4	3.3	4.4	5.7	7.0	8.3	10.2	15.1	20.8	27.7	35.2	43.7	53.2
198.25	1.1	1.7	2.5	3.5	4.6	5.9	7.3	8.7	10.6	15.7	21.7	28.7	36.6	45.5	55.4
213.50	1.1	1.8	2.6	3.6	4.8	6.1	7.6	9.0	11.1	16.3	22.5	29.7	38.0	47.2	57.5
228.75	1.1	1.8	2.7	3.7	4.9	6.3	7.9	9.3	11.4	16.8	23.3	30.8	39.6	48.9	59.5
244.00	1.2	1.9	2.8	3.8	5.1	6.5	8.1	9.6	11.8	17.4	24.1	31.8	40.6	50.5	61.4
274.50	1.2	2.0	3.0	4.1	5.4	6.9	8.6	10.2	12.5	18.5	25.5	33.7	43.1	53.5	65.2
305.00	1.3	2.1	3.1	4.3	5.7	7.3	9.1	10.8	13.2	19.5	26.9	35.5	45.4	56.4	68.7

11.3.1.5 植被因子

对于完全裸露的土地，C 值等于 1。不同覆盖的植被因子 C 值可参考表 11-5。

植被因子取值表 表 11-5

土 地 覆 盖		植被因子 C
95%～100%	种植草皮	0.003
	杂草	0.010
80%	种植草皮	0.010
	杂草	0.040
60%	种植草皮	0.040
	杂草	0.090
	草与豆科植物混种（高生长率）	0.004
	草与豆科植物混种（中等生长率）	0.010

11.3.1.6 侵蚀控制措施因子

侵蚀控制措施因子 P 是指因采取了水土保持措施（如等高耕种、修筑梯田和设置截水沟等）使水土流失减少的一个参数。填埋场设计可取 P 值为 1.0。

11.3.2 最终覆盖稳定性分析

覆盖系统的稳定性由坡角及各组成部分界面摩擦角所控制。应针对土充分饱和且在浸润线以下（如在暴雨期间）最不利的情况对系统的稳定性进行分析，并应取得覆盖系统的剪切特征和内部剪切参数。

可根据以下三种不同情况对最终覆盖稳定性进行分析：

（1）土工膜上无渗透水流

图 11-2 表示填埋场最终覆盖的一个截面，斜坡上覆盖的稳定分析可以简化成无限边坡分析。在分析时，应主要考虑坡角和与斜坡平行的潜在破坏面上的抗剪强度。

土工膜上没有孔隙水应力时，可列出坡角方向里的综合方程，抵抗破坏的安全系数可采用公式（11-3）进行计算：

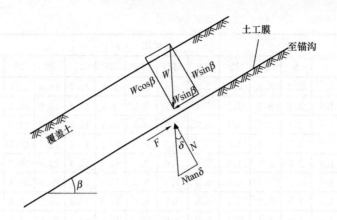

图 11-2　在土工膜衬垫最终覆盖边坡上覆盖土层的作用力示意图

$$F_s = \frac{C + N \cdot \tan \delta}{W \cdot \sin \beta} \tag{11-3}$$

凝聚力 $C=0$ 时：

$$F_s = N \cdot \tan \delta / (W \cdot \sin \beta) = W \cdot \cos \beta \cdot \tan \delta / (W \cdot \sin \beta)$$

$$= \tan \delta / \tan \beta \tag{11-4}$$

式中：β——坡角；

　　　δ——多层覆盖系统中最小界面摩擦角。

（2）砂土排水层、土工膜上有渗流

当土工膜上有平行于边坡的渗流时，均已充分饱和。部分边坡的形状见图 11-3。

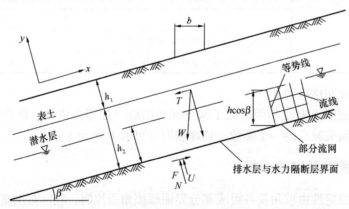

图 11-3　具有平行最终覆盖边坡渗流的无限边坡稳定分析

经过简化，安全系数可采用公式（11-5）计算：

$$F_n = \frac{[\gamma_1 h_1 + \gamma_2 (h_2 - h_w) + (\gamma_{2sat} - \gamma_w) h_w] \tan \delta}{[\gamma_1 h_1 + \gamma_2 (h_2 - h_w) + \gamma_{2sat} h_w] \tan \beta} \tag{11-5}$$

图与式中：W——典型覆盖土条的总重量，kN/m；

　　　　　U——向上的水压力，kN/m；

　　　　　N——作用于土条底部的有效法向力，kN/m；

T——推力，kN/m；

F——阻力，kN/m；

h_1——表土（排水层上的覆盖土层）厚度，m；

h_2——排水层厚度，m；

h_w——排水层垂直边坡渗流水深，m；

b——典型覆盖土条宽度，m；

γ_1——表土饱和重度，kN/m³；

γ_2——排水层湿重度，kN/m³；

γ_{2sat}——排水层饱和重度，kN/m³；

γ_w——水的重度，9.80kN/m³；

δ——排水层和土工膜间有效摩擦角；

β—— 覆盖坡角。

当土工膜上的水头等于排水层总厚度时，表土层或排水层都已被饱和，此时土工膜上的总水头应等于表土层与排水层厚度之和。对最终覆盖的稳定性来说，这是最不利的条件，安全系数可采用式（11-6）计算：

$$F_s = \frac{\left[(\gamma_{1sat} - \gamma_w)h_1 + (\gamma_{2sat} - \gamma_w)h_2\right]\tan\delta}{(\gamma_{1sat}h_1 + \gamma_{2sat}h_2)\tan\beta} \tag{11-6}$$

（3）土工复合排水网排水层、土工膜上有渗流

土工复合排水网加非织造土工布或土工复合材料通常位于保护土层与土工膜之间用来加速排水，保护层（土工网排水层之上的起保护作用的土层）的透水性假定比表土大得多。当土工膜渗透水深大于排水层厚度时，安全系数可采用公式（11-7）进行计算：

$$F_s = \frac{\{\gamma_1 h_1 + \gamma_2 [h_2 - (h_w - h_3)] + (\gamma_{2sat} - \gamma_w)(h_w - h_3) + (\gamma_{3sat} - \gamma_w)h_3\}\tan\delta}{\{\gamma_1 h_1 + \gamma_2 [h_2 - (h_w - h_3)] + \gamma_{2sat}(h_w - h_3) + \gamma_{3sat}h_3\}\tan\delta}$$

$$\tag{11-7}$$

式中：h_1—— 表土层厚度，m；

h_2—— 保护层厚度，m；

h_3——土工网加土工织物或土工复合材料排水层的厚度，m；

h_w—— 排水层内垂直边坡渗透水深，m；

δ——土工网加土工织物排水层与土工膜之间的有效摩擦角；

β——最终覆盖坡角（单位）；

γ_1——表土饱和重度，kN/m³；

γ_2——保护层湿重度，kN/m³；

γ_{2sat}——保护层饱和重度，kN/m³；

γ_{3sat}——土工网加土工织物排水层的饱和重度，kN/m³。

最终覆盖边坡排水层（土工复合排水网）及保护层内的渗透水流可见图 11-4，当土工膜上的水头小于排水层厚度时，公式可简化为式（11-8）进行计算：

$$F_s = \frac{\left[\gamma_1 h_1 + \gamma_2 h_2 + \gamma_3(h_3 - h_w) + (\gamma_{3sat} - \gamma_w)h_w\right]\tan\delta}{(\gamma_{1sat}h_1 + \gamma_{2sat}h_2 + \gamma_{3sat}h_3)\tan\beta} \tag{11-8}$$

当土工膜上的水头等于排水层加上保护层的总厚度，则排水层和保护层均已充分饱

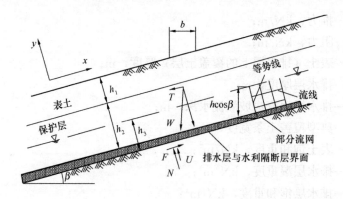

图 11-4 最终覆盖边坡土工网排水层及保护层内的渗透水流

和，而表层土本来已饱和，故整个表土层加保护层和排水层都是饱和的，土工膜上的总水头应当等于表土层、保护层和排水层三者总的厚度，分析这种最危险情况下的最终覆盖的稳定性，安全系数可采用公式（11-9）进行计算：

$$F_s = \frac{[(\gamma_{1sat} - \gamma_w)h_1 + (\gamma_{2sat} - \gamma_w)h_2 + (\gamma_{3sat} - \gamma_w)]\tan\delta}{(\gamma_{1sat}h_1 + \gamma_{2sat}h_2 + \gamma_{3sat}h_3)\tan\beta} \tag{11-9}$$

式中：h_1——表土厚，m；

$\quad\quad h_2$——保护层厚，m；

$\quad\quad h_3$——土工复合排水网加非织造土工布排水层厚度，m；

$\quad\quad \gamma_{1sat}$——表土饱和重度，kN/m³；

$\quad\quad \gamma_{2sat}$——保护层饱和重度，kN/m³；

$\quad\quad \gamma_{3sat}$—— 排水层饱和重度，kN/m³；

$\quad\quad \gamma_w$——水的重度，9.80kN/m³；

$\quad\quad \delta$——排水层和土工膜间有效摩擦角；

$\quad\quad \beta$——覆盖坡角。

11.3.3 填埋堆体沉降计算

11.3.3.1 沉降速率

（1）沉降速率反映堆体沉降的速度，沉降速率 m 定义见式（11-10）：

$$m = \frac{(测标点标高的变化量,m)}{(各测标点间的设置历时,月)} \tag{11-10}$$

（2）计算沉降速率时，应考虑以下因素：

①填埋龄期；

②填埋深度；

③施工用时；

④施工后沉降期用时。

11.3.3.2 垃圾沉降估算

（1）沉降量计算

垃圾的沉降包括主固结沉降和长历时的次固结沉降。总沉降量可采用式（11-11）进行计算：

$$\Delta H = \Delta H_c + \Delta H_a \tag{11-11}$$

式中：ΔH——垃圾的总沉降量，m；

ΔH_c——垃圾主固结沉降量，m；

ΔH_a——垃圾的长历时次固结沉降量，m。

①初期主固结沉降可采用式（11-12）或（11-13）计算：

$$\Delta H_c = C_c \frac{H_0}{1+e_0} \log \frac{\sigma_i}{\sigma_0} \tag{11-12}$$

或

$$\Delta H_c = C'_c H_0 \log \frac{\sigma_i}{\sigma_0} \tag{11-13}$$

式中：ΔH_c——主固结沉降量，m；

e_0——产生沉降前垃圾层的初始孔隙比；

H_0——产生沉降前垃圾层的初始厚度，m；

C_c——主固结压缩指数；

C'_c——修正的主固结压缩指数，可取 $0.17 \sim 0.36$；

σ_0——垃圾层受到的前期压力，也称压实压力，常取 $\sigma_0 = 48 \text{kPa}$；

σ_i——垃圾层中间受到的总的覆盖应力，kPa。

②长历时次固结沉降可采用式（11-14）或（11-15）计算：

$$\Delta H_a = C_a \frac{H_0}{1+e_0} \log \frac{t_2}{t_1} \tag{11-14}$$

或

$$\Delta H_a = C'_a H_0 \log \frac{t_2}{t_1} \tag{11-15}$$

式中：ΔH_a——长历时的次固结沉降量，m；

C_a——次固结压缩指数；

C'_a——修正的主固结压缩指数，可取 $0.03 \sim 0.1$；

t_1——垃圾层次固结压缩开始的时间，可取 $t_1 = 1$ 个月；

t_2——垃圾层次固结压缩完成的时间（月）。

③垃圾压缩指数的选取

垃圾压缩指数的选取主要依据经验和现场数据，主固结压缩指数 C_c 的数值可根据垃圾的初始孔隙比和有机物的含量可由图 11-5 查得。次固结压缩指数 C_a 的数值可根据垃圾的初始孔隙比和降解条件可由图 11-6 选取

④固结压缩指数修正

通常情况下，填埋后经碾压的生活垃圾，其初始孔隙比很难估算，因此用主固结压缩指数和次固结压缩指数计算沉降是无法精确的。在工程实际中，填埋堆体的沉降分析通常采用修正的主固结压缩指数 C'_c 和修正的次固结压缩指数 C'_a。修正的主固结压缩指数值宜在 $0.17 \sim 0.36$ 之间（主固结压缩指数随垃圾容重、堆高、压实度等的增加而增大），生活垃圾考虑初始压实效应和降解修正的次固结压缩指数约在 $0.03 \sim 0.1$ 之间（次固结压缩指数随垃圾有机质含量、水分等的增加而增大）。

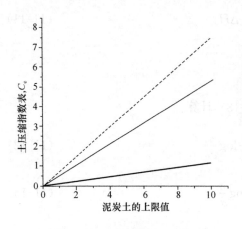

图 11-5　填埋场垃圾的主压缩性　　　　图 11-6　填埋场垃圾次压缩性

（2）前期堆填垃圾的沉降计算

竖向增填或其他外加荷载引起的已填垃圾的沉降计算包括主固结沉降计算和长历时的次固结沉降计算。

①主固结沉降计算可采用如下式（11-16）或（11-17）计算：

$$\Delta H_c = C_c \frac{H_0}{1+e_0} \log \frac{\sigma_0}{\sigma_0 + \Delta \sigma} \tag{11-16}$$

或

$$\Delta H_c = C'_c H_0 \log \frac{\sigma_0 + \Delta \sigma}{\sigma_0} \tag{11-17}$$

式中：ΔH_c——主固结沉降量，m；

　　　e_0——产生沉降前垃圾层的初始孔隙比；

　　　H_0——产生沉降前垃圾层的初始厚度，m；

　　　C_c——主固结压缩指数；

　　　C'_c——修正的主固结压缩指数，可取 $0.17 \sim 0.36$；

　　　σ_0——作用于垃圾层中点的上覆压力，kPa；

　　　$\Delta \sigma$——竖向增填或其他外加荷载引起的压力增量，kPa。

②长历时的次固结沉降可采用式（11-18）或（11-19）计算：

$$\Delta H_a = C_a \frac{H_0}{1+e_0} \log \frac{t_2}{t_1} \tag{11-18}$$

或

$$\Delta H_a = C'_a H_0 \log \frac{t_2}{t_1} \tag{11-19}$$

式中：ΔH_a——次固结沉降量，m；

　　　C'_a——修正的主固结压缩指数，可取 $0.03 \sim 0.1$；

　　　t_1——次固结沉降开始时间，对竖向增填的工程，假设 t_1 等于已填垃圾的年龄（月）；

　　　t_2——次固结沉降结束的时间（月）。

11.4 案例

11.4.1 某填埋场封场覆盖与堆体整形

——设计背景：

本例填埋场为坡地型填埋场，当地属亚热带气候，年平均径流量 952.3mm。库区面积较大，场址现状地形地貌为林地、采石场、水塘，地面绝对高程在 47.38～125.53m 之间。场区总体呈北高南低，山丘以近东西向展布。如图 11-7 所示。

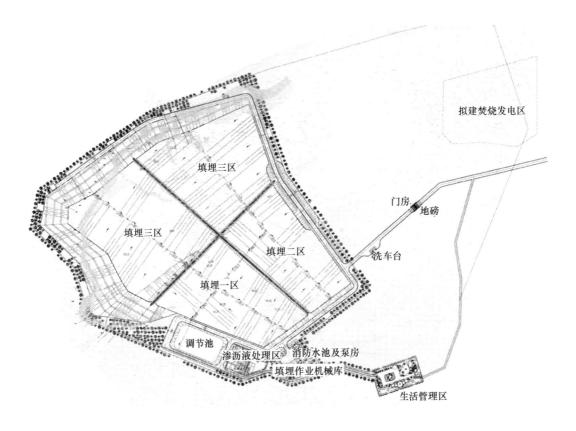

图 11-7 填埋场封场前平面图

——设计内容：

（1）根据**本指南 11.2.4 封场覆盖系统**的技术要求，该场堆体顶部封场覆盖结构设计见图 11-8，堆体边坡封场覆盖结构见图 11-9。

（2）根据**本指南第 11 章中对堆体整形与边坡处理**的要求，封场顶面坡度不应小于5％。边坡大于 10％时宜采用多级台阶进行封场，台阶间边坡坡度不宜大于 1：3，台阶宽度不宜小于 2m。填埋场封场后的表层进行了覆盖处理，边坡采用多级台阶以增强其稳定性并缓解水土流失，同时利于维护管理。设计见图 11-10。

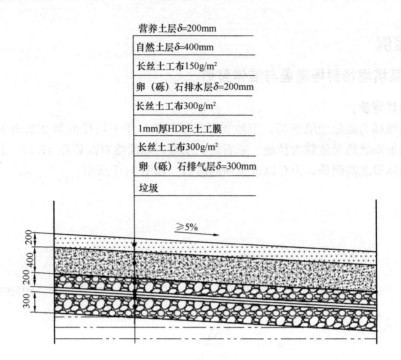

营养土层δ=200mm

自然土层δ=400mm

长丝土工布150g/m²

卵（砾）石排水层δ=200mm

长丝土工布300g/m²

1mm厚HDPE土工膜

长丝土工布300g/m²

卵（砾）石排气层δ=300mm

垃圾

≥5%

图 11-8　顶部封场覆盖结构图

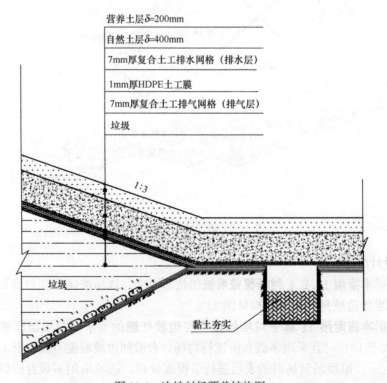

营养土层δ=200mm

自然土层δ=400mm

7mm厚复合土工排水网格（排水层）

1mm厚HDPE土工膜

7mm厚复合土工排气网格（排气层）

垃圾

1:3

垃圾

黏土夯实

图 11-9　边坡封场覆盖结构图

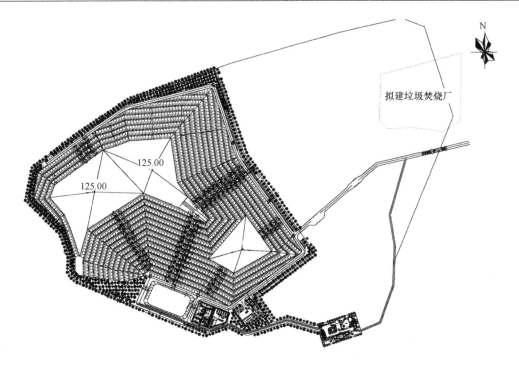

图 11-10　C填埋场封场后平面图

11.4.2　砂土排水层、土工膜上有渗流的封场覆盖稳定性分析

某填埋场最终覆盖系统，其有关资料有：表土厚23cm，其饱和重度为16.50kN/m³；排水层厚76.25cm，其湿重度为17.27kN/m³，饱和重度为18.00kN/m³；覆盖坡比为1：4；排水层与土工膜界面摩擦角为32°；试分别找出排水层内水头为30cm，60cm及76.25cm时最终覆盖的稳定安全系数。

解：

根据本指南11.3.1封场覆盖稳定性分析要求，按照砂土排水层、土工膜上有渗流的情况进行计算。

已知 $\tan\delta = \tan32° = 0.625$，$\tan\beta = 1/4 = 0.25$

1）$h_w = 30$cm，根据本指南计算公式（11-5）计算 F_s。

$$F_s = \frac{[\gamma_1 h_1 + \gamma_2(h_2 - h_w) + (\gamma_{2sat} - \gamma_w)h_w]\tan\delta}{[\gamma_1 h_1 + \gamma_2(h_2 - h_w) + \gamma_{2sat}h_w]\tan\beta}$$

$$= \frac{[16.5 \times 0.23 + 17.27 \times (0.763 - 0.30) + (18 - 9.8) \times 0.30] \times 0.625}{[16.5 \times 0.23 + 17.27 \times (0.763 - 0.30) + 18 \times 0.30] \times 0.25}$$

$$= 2.07 > 1.5（安全）$$

2）$h_w = 60$cm，根据本指南计算公式（11-5）计算 F_s。

$$F_s = \frac{[\gamma_1 h_1 + \gamma_2(h_2 - h_w) + (\gamma_{2sat} - \gamma_w)h_w]\tan\delta}{[\gamma_1 h_1 + \gamma_2(h_2 - h_w) + \gamma_{2sat}h_w]\tan\beta}$$

$$= \frac{[16.5 \times 0.23 + 17.27 \times (0.763 - 0.60) + (18 - 9.8) \times 0.60] \times 0.625}{[16.5 \times 0.23 + 17.27 \times (0.763 - 0.60) + 18 \times 0.60] \times 0.25}$$

$$= 1.61 > 1.5（安全）$$

3) $h_w = 76.25cm$，此时表土层和排水层均已饱和，根据本指南计算公式（11-9），计算式如下：

$$F_s = \frac{\left[(\gamma_{1sat} - \gamma_w)h_1 + (\gamma_{2sat} - \gamma_w)h_2\right]\tan\delta}{(\gamma_{1sat}h_1 + \gamma_{2sat}h_2)\tan\beta}$$

$$= \frac{\left[(16.5 - 9.8)\times 0.23 + (18 - 9.8)\times 0.763\right]\times 0.625}{(16.5\times 0.23 + 18\times 0.60)\times 0.25}$$

$$= 1.11 < 1.5 \text{（不安全）}$$

11.4.3　土工网排水层、土工膜上有渗流的封场覆盖稳定性分析

W市填埋场最终覆盖其有关资料有：表土层15cm，饱和重度16.5kN/m³；土质保护层厚60cm，湿重度17.3kN/m³，饱和重度18.0kN/m³；坡比1：4；土工复合材料（土工织物＋土工网＋土工织物）排水层厚0.76cm；土工复合材料排水层与粗面土工膜之间的界面摩擦角为25°。试求当排水层中水头为0.51cm时的最终覆盖的稳定安全系数。

解：

根据**本指南11.3.2封场覆盖稳定性分析**要求，按照土工网排水层、土工膜上有渗流的情况进行计算。

已知 $\tan\delta = \tan 26° = 0.466$，$\tan\beta = 1/4 = 0.25$，$h_w = 0.51cm = 0.0051m$。根据**本指南计算公式（11-8）**求 F_s：

$$F_s = \frac{\left[\gamma_1 h_1 + \gamma_2 h_2 + \gamma_3(h_3 - h_w) + (\gamma_{3sat} - \gamma_w)h_w\right]\tan\delta}{(\gamma_{1sat}h_1 + \gamma_{2sat}h_2 + \gamma_{3sat}h_3)\tan\beta}$$

$$= \frac{\left[16.5\times 0.15 + 17.3\times 0.60 + 2.2\times(0.0076 - 0.0051) + (8.4 - 9.8)\times 0.0051\right]\times 0.466}{\left[16.5\times 0.15 + 17.3\times 0.60 + 2.2\times(0.0076 - 0.0051) + 8.4\times 0.0051\right]\times 0.25}$$

$$= 1.86 > 1.5 \text{（安全）}$$

11.4.4　填埋堆体沉降分析

V市一个新的垃圾填埋场其填埋过程见表11-6，假设：垃圾的容重 γ 垃圾＝11kN/m³；垃圾的初始压力 $\sigma_0 = 48kPa$；修正的主固结压缩指数 $C'_c = 0.26$；修正的次固结压缩指数 $C'_a = 0.07$；次固结压缩开始时间 $t_1 = 1$ 个月。试计算5个月后填埋场顶的总沉降量。

某填埋场垃圾沉降变化表 表 11-6

时间过程	垃圾的堆填高度（m）	时间过程	垃圾的堆填高度（m）
第一个月	3.65	第四个月	3.04
第二个月	5.74	第五个月	4.26
第三个月	4.86		

解：

根据**本指南11.3.3填埋堆体沉降计算公式（11-11）、（11-12），（11-13）**进行计算。

（1）计算每一垃圾层中点的深度

$$H_1 = \frac{1}{2}\times 3.65 + 5.47 + 4.86 + 3.04 + 4.26 = 19.45 \text{（m）}$$

$$H_2 = \frac{1}{2}\times 5.47 + 4.86 + 3.04 + 4.26 = 14.90 \text{（m）}$$

$$H_3 = \frac{1}{2} \times 4.86 + 3.04 + 4.26 = 9.73 \, (\text{m})$$

$$H_4 = \frac{1}{2} \times 3.04 + 4.26 = 5.78 \, (\text{m})$$

$$H_5 = \frac{1}{2} \times 4.26 = 2.13 \, (\text{m})$$

（2）计算作用于每一垃圾层中点的总的上覆压力

$$\sigma_1 = \gamma_{\text{垃圾}} H_1 = 11 \times 19.45 = 214.0 \text{kPa}$$

$$\sigma_2 = \gamma_{\text{垃圾}} H_2 = 11 \times 14.90 = 163.9 \text{kPa}$$

$$\sigma_3 = \gamma_{\text{垃圾}} H_3 = 11 \times 9.73 = 107.0 \text{kPa}$$

$$\sigma_4 = \gamma_{\text{垃圾}} H_4 = 11 \times 5.78 = 63.6 \text{kPa}$$

$$\sigma_5 = \gamma_{\text{垃圾}} H_5 = 11 \times 2.13 = 23.43 \text{kPa} < 48 \text{kPa}$$

（3）计算各垃圾层的压缩量

$$\Delta H_{ci} = C'_c H_{\alpha i} \log \frac{\sigma_r}{\sigma_o}$$

$$\Delta H_{ai} = C'_a H_{\alpha i} \log \frac{t_2}{t_1}$$

$$\Delta H = \Delta H_{ci} + \Delta H_{ai}$$

①第一层

$$\Delta H_{c1} = 0.26 \times 3.65 \times \log \frac{214}{48} = 0.26 \times 3.65 \times 0.650 = 0.62 \, (\text{m})$$

$$\Delta H_{a1} = 0.07 \times 3.65 \times \log \frac{4.5}{1} = 0.07 \times 3.65 \times 0.653 = 0.17 \, (\text{m})$$

$$\Delta H = \Delta H_{c1} + \Delta H_{a1} = 0.79 \, (\text{m})$$

②第二层

$$\Delta H_{c2} = 0.26 \times 5.47 \times \log \frac{163}{48} = 0.26 \times 5.47 \times 0.533 = 0.76 \, (\text{m})$$

$$\Delta H_{a2} = 0.07 \times 5.47 \times \log \frac{3.5}{1} = 0.07 \times 5.47 \times 0.544 = 0.21 \, (\text{m})$$

$$\Delta H = \Delta H_{c2} + \Delta H_{a2} = 0.97 \, (\text{m})$$

③第三层

$$\Delta H_{c3} = 0.26 \times 4.86 \times \log \frac{107}{48} = 0.26 \times 4.86 \times 0.348 = 0.44 \, (\text{m})$$

$$\Delta H_{a3} = 0.07 \times 4.86 \times \log \frac{2.5}{1} = 0.07 \times 4.86 \times 0.398 = 0.14 \, (\text{m})$$

$$\Delta H = \Delta H_{c3} + \Delta H_{a3} = 0.97 \, (\text{m})$$

④ 第四层

$$\Delta H_{c4} = 0.26 \times 3.04 \times \log \frac{63.6}{48} = 0.26 \times 3.04 \times 0.122 = 0.10 \, (\text{m})$$

$$\Delta H_{a4} = 0.07 \times 3.04 \times \log \frac{1.5}{1} = 0.07 \times 3.04 \times 0.176 = 0.04 \, (\text{m})$$

$$\Delta H = \Delta H_{c4} + \Delta H_{a4} = 0.14 \, (\text{m})$$

⑤第五层

$\Delta H_{c5} = 0$（因为 $\sigma_5 = 23.43\text{kPa} < \sigma_0 = 48\text{kPa}$）

$\Delta H_{a5} = 0$（因为 $t_2 = 0.5$ 月 $< t_1 = 1$ 月）

$\Delta H = \Delta H_{c5} + \Delta H_{a5} = 0$ （m）

（4）计算 5 月底填埋场的总沉降量

$\Delta H_{总} = \Delta H_1 + \Delta H_2 + \Delta H_3 + \Delta H_4 + \Delta H_5 = 2.48$ （m）

$m = 2.48/0.5 = 4.96\text{m/a} = 4960\text{cm/a}$

（5）根据**本章表 11-1 的判定要求**，可知该填埋堆体沉降速率过大，尚无法对其区域进行土地利用改造。

11.4.5 水土流失估算

某填埋场最终覆盖的坡比为 1：5（20%），坡长 106.75m，表土为含有 4% 有机质的壤土，地表覆盖着 80% 的草，试用通用水土流失方程计算年均水土流失量。

解：

1）由基础资料得降水量因子 $R = 85$；查表 9-3 对含 4% 有机质壤土的土体侵蚀度因子 $K = 0.29$。

2）查表 9-4 因坡比 $S = 0.20$，坡长 $L = 106.75\text{m}$，得坡长因子 $L_s = 7.8$。

3）由表 9-5 得地表覆盖 80% 草皮的植被因子为 $C = 0.010$；而对填埋场可取侵蚀控制措施因子 $P = 1$。

4）根据**本指南 11.3.1 水土流失估算公式 11-1**，可得年均水土流失量为：

$$A = R \cdot K \cdot L_s \cdot C \cdot P$$
$$= 85 \times 0.29 \times 7.8 \times 0.010 \times 1$$
$$= 4.8\text{t/(hm} \cdot \text{a)}$$
$$= 4.79\text{t/(公顷} \cdot \text{a)} < 5\text{ t/(亩} \cdot \text{a)}$$

5）根据**本指南 11.2.9 水土流失评价指标**，该填埋场水土保持符合要求。

参考文献

[1] CJJ 93—2003. 城市生活垃圾卫生填埋场运行维护技术规程[S]

[2] 垃圾填埋场用土工网垫（送审稿）[S]

[3] Draft Technical Guidance For RCRA/CERCLA Final Covers[M]. United States Environmental Protection Agency. 2004

[4] Solid Waste Landfill Design Manual[M]. Washington State Department of Ecology. 1993

[5] 钱学德，等. 现代卫生填埋场的设计与施工（第二版）[M]. 北京：中国建筑工业出版社，2011

[6] 赵由才，等. 城市生活垃圾卫生填埋场技术与管理手册[M]. 北京：化学工业出版社，1999

[7] 张益，等. 垃圾处理处置技术及工程实例[M]. 北京：化学工业出版社，2002

[8] 黎青松，等. 城市生活垃圾填埋场封场技术[J]. 环境卫生工程，1999，7（2）：53～56

[9] 王辉，等. 填埋场封场绿化工程设计与应用[J]. 环境卫生工程，2006，14（1）：7～8

[10] 韩志威，等. 垃圾填埋场封场与生态恢复设计[J]. 环保在线，2008，3：20～23

[11] 于兴修，杨桂山. 通用水土流失方程因子定量研究进展与展望[J]. 自然灾害学报，2003，12（3）：14～18.

[12]　水利水电部．土工试验操作规程[M]，中国建筑工业出版社，1962

[13]　薛强，陈朱蕾，等．生活垃圾的处理技术与管理[M]．北京：科技出版社，2007

[14]　杨列，解莹，陈朱蕾．基于FTA的填埋场封场覆盖系统失效分析[C]．中国城市环境卫生协会2010年会议论文集，中国城市出版社，2010，62～68

12 填 埋 新 技 术

卫生填埋具有技术可靠，工艺简单、管理方便，投资省、适用范围广、对垃圾成分无严格要求和可作最终处置等优点。但是现行的卫生填埋也面临着占地面积大、稳定化时间长、渗沥液难处理、排放温室气体、臭味难控制等一系列的问题。因此在国家现行标准《生活垃圾卫生填埋处理技术规范》GB 50869 中为了鼓励采用新技术，作了"填埋处理工程应不断总结设计与运行经验，在汲取国内外先进技术及科研成果的基础上，经充分论证，可采用技术先进、经济合理的新工艺、新技术、新材料和新设备，提高生活垃圾卫生填埋处理技术的水平。"的规定。

本章主要介绍填埋前机械—生物预处理、准好氧填埋技术、反应器型厌氧填埋技术、高维填埋、EST 填埋场封场覆盖技术、老生活垃圾填埋场生态修复技术、填埋场环境与安全远程在线监督系统等填埋新技术。

12.1 机械—生物预处理技术

12.1.1 机械—生物预处理技术在国外的研究与应用

生活垃圾中可生物降解物是填埋处理中恶臭散发、填埋气体产生、渗沥液负荷高等问题的主要原因，减少生活垃圾中可生物降解物含量受到了许多发达国家垃圾处理领域的高度关注。20 世纪 70 年代末，德国和奥地利最先提出生活垃圾填埋前的生物预处理，并推广应用，显著改善了传统卫生填埋带来的一些问题。

欧洲垃圾填埋方针（CD1999/31/EU/1999）中提出在 1995 年的基础上，进入填埋场的有机废弃物 2006 年减少 25%；2009 年减少 50%；2016 年减少 65%。德国在 1992 年颁布的垃圾处理技术标准（TA-Siedlungsabfall）中规定自 2005 年 6 月 1 日起，禁止填埋未经焚烧或生物预处理的生活垃圾。机械—生物预处理是减少生活垃圾中可生物降解物的主要方法之一，近年来该方法在欧洲国家的生活垃圾处理中得到广泛应用。

12.1.2 机械—生物预处理的技术特点

机械—生物预处理法主要由垃圾的机械分选和生物降解处理两部分组成。机械预处理主要是通过回收可回收物、减小垃圾粒径和进行组分分离等手段来达到减少垃圾体积的效果，同时减少垃圾粒度可减少填埋气体产生量和降低渗沥液浓度；生物预处理主要是通过好氧、厌氧或者好氧厌氧联合处理来达到降解垃圾中的有机物的效果。

12.1.3 机械—生物预处理技术的设计运行

各机械—生物预处理厂的处理技术特点有所不同，但基本的工艺流程是相似的，一般都是先机械处理后生物降解。机械预处理根据需要可选择破碎、磁选、筛分、匀质化等工

序；生物预处理可选择好氧发酵或厌氧消化处
理，处理后的物料通常有一个熟化的处理
过程。

机械生物预处理的基本流程图见图 12-1。

12.1.3.1　机械预处理技术

机械预处理的主要方法有破碎、筛分、风
选、磁选等。

（1）筛分

筛分即根据物料通过和不通过筛孔，将物
料按粒度分成不同粒级。主要有"转筒筛"、
"转筒—流动筛"、"圆盘筛"、"星筛"等形式，
以上四种筛分方式如图 12-2 所示。

（2）风选

风选是利用物料与杂质之间悬浮速度的差
别，借助风力去除生活垃圾中的塑料等不宜填埋处理的废弃物的方法。根据进料与风向的
关系，可分为逆流风选和顺流风选两种方式，其示意图见图 12-3。

图 12-1　机械—生物预处理的基本流程

图 12-2　转筒筛等四种筛分方式示意图

（3）磁选

磁选是根据被分选物体颗粒间磁性的差异及其在磁场中所受磁力的大小，进行物料分
离，从而去除铁质金属的机械预处理方法。

12.1.3.2　生物预处理

生物预处理主要有好氧、厌氧或者好氧厌氧联合处理，其中好氧生物预处理研究得较
为广泛。好氧生物预处理系统概括来说有两种类型，被动通风系统（如烟囱效应系统，
The Chimney-effect system）和主动通风系统（如生物反应器，The Biopuster）。

（1）烟囱效应系统

生物预处理最简单的低成本方法是烟囱效应系统（The chimney-effect system），这是
最初采用的好氧处理方法。烟囱效应系统在堆体中有类似烟囱的导气管，通过热空气上升
的自然趋势实现堆体的被动通气。新鲜垃圾堆置成约 20 厘米高的堆体，进行生物处理过

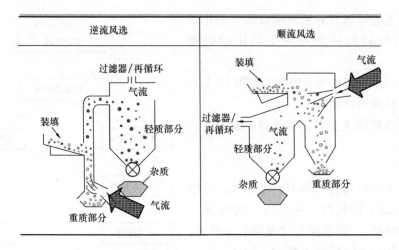

图 12-3　逆流风选与顺流风选示意图

程。堆体的底部设置透气性良好的物料，如大块的垃圾、破碎的轮胎等，保证空气通过底层进入堆体内。堆体内外的温度梯度是气流流动的驱动力。当好氧过程开始，堆体内部温度可上升到 70℃左右，内部的热空气上升，堆体外部的冷空气从底部进入。根据预处理的要求，处理时间在 9 到 18 个月之间，每吨垃圾需要处理用地约 0.84m^2。堆体表面推荐覆盖经预处理熟化的垃圾、木屑，防止臭味、鸟类和刮风的影响。表面覆盖材料也有尝试采用土工布的。为了防止堆体变为厌氧环境，堆体底部需有充足的排水层，保证干燥。然而堆体也需要一定的水分维持生物过程，通常是采用农业用的简易洒水装置。

（2）生物反应器

另外一种类型的生物预处理是生物反应器（Biopuster）。Biopuster 最初是用于土壤的修复和废弃物稳定化处理。不同于烟囱效应系统的被动通风，该系统采用主动通风。向垃圾堆体中强制通入空气或者氧气，且可以通过改变空气的湿度来控制垃圾堆体的含水率。为了防止气体的散发可以安装抽气系统，堆体上覆盖不透气层，如土工膜。收集的气体可通过生物过滤器处理。该系统的堆体可以较高，因此单位体积垃圾处理面积需求小很多。堆体内部的温度可超过 90～93℃。

12.1.4　机械-生物预处理的应用前景

12.1.4.1　机械-生物预处理效果

大量的应用研究表明：生活垃圾经过较充分的机械生物预处理后，可减少近半的填埋体积以及大量的填埋气产生量和渗沥液有机负荷。

12.1.4.2　机械-生物预处理技术在我国的应用前景

我国大部分的城市以垃圾卫生填埋作为主要的处理方法，而我国城市生活垃圾含水率可以高达 50%～70%，有机质比例大约 60%。针对我国混合收集垃圾的特点，将生物处理技术作为填埋的预处理技术，可以有效降低水分含量和减少可生物降解物含量、恶臭散发及填埋气排放，并且有助于渗沥液处理，提高填埋库容节省土地，是解决我国垃圾处理难题的一种有前途的技术组合。

12.2 准好氧填埋技术

12.2.1 准好氧填埋技术在国内外的研究与应用

12.2.1.1 准好氧填埋技术在国外的研究与应用

准好氧填埋最早由日本福冈大学的花岛正孝教授开发的。1972年，福冈大学和福冈市政府合作进行了为期3年的好氧填埋场现场试验，现场试验的研究表明：在有氧的条件下，由于微生物活动的增强，渗沥液中有机物的降解速率明显提高；垃圾的降解及稳定化进程也大大加快。好氧填埋由于每日要消耗大量的能量用于输送空气而很不经济，适用性也大打折扣。基于此项不足，花岛正孝教授又经过反复研究，开发出了无能源消耗、经济、降解能力强的准好氧填埋场结构。

SushiMatsufuji，Masataka Hanashima 等建立了两个室内填埋柱以模拟厌氧和准好氧填埋结构，基于物料平衡原理，对垃圾降解和产气速度进行实时监测，对产气进行取样分析，得出了三点结论：①可生物降解有机质的降解过程可以分为两个阶段：$0 \sim 10$ 年，易降解物质生物降解；n 年以后，较难降解物质的降解，且降解速度为好氧最快，准好氧其次，厌氧最慢；②好氧填埋柱在最初的10年间有72.4%的有机物转入气相，准好氧和回灌渗沥液型准好氧分别为80%，85%，而厌氧仅有56.7%；③单位重量的有机垃圾温室气体产量，准好氧是厌氧结构的56%。

目前，日本的一般废弃物的最终处理场较普遍地采用了准好氧填埋的结构，日本的工程实践证明了准好氧填埋的方式比较适合中、小型规模的垃圾填埋场。

12.2.1.2 准好氧填埋技术在国内的研究

我国的准好氧填埋技术实验研究还处于起步阶段。王琪等人的实验室研究初步表明：在准好氧状态下 NH_3-N 浓度可以降到 $10mg/L$ 以下，沼气产生速率大大高于未回流的填埋层；同时填埋层渗沥液中有机物浓度大大降低（COD去除率最高可以达到95%以上）。

周北海，王琪，松藤康司等通过对我国部分生活垃圾填埋场的填埋气组分进行了现场测试和分析，结果表明：在准好氧填埋结构中，LFG 的 CH_4 含量降低最快，认为准好氧填埋结构能够控制 CH_4 污染，使得填埋场尽快进入安全期，因此提出新建填埋场适宜采用准好氧填埋结构，老填埋场的改造可以朝准好氧填埋的方向发展。

尽管国内对准好氧填埋场的研究已经取得了一定的进展，但是多数研究成果仍然属于结果分析或现象描述。深入理论分析、实验研究以及定量研究成果较少，尤其是为大家所公认的理论和成果不多。

12.2.2 准好氧填埋的技术特点

准好氧填埋是凭借无动力生物蒸发作用，不仅有效加速垃圾降解，而且使得垃圾中大部分有机成分以 CO_2、N_2 等气体形式排放，可有效削减 CH_4 的产生。同时，其建设和运行费用较低，非常适合中、小型填埋场。循环型准好氧填埋技术更是结合了渗沥液回灌，解决了渗沥液处理问题，并通过场内水分的调节，提高厌氧微生物活性、达到加速垃圾稳定化的目的。

准好氧填埋填埋场中垃圾的降解原理如图12-4所示：

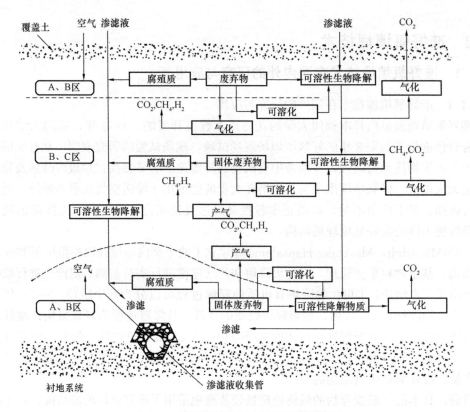

图 12-4 准好氧填埋场中垃圾的降解原理

准好氧填埋主要技术特点是使渗沥液集水沟水位低于渗沥液集水干管管底高程，使大气可以通过集水管上部空间和排气通道使填埋场具有某种好氧条件，与普通卫生填埋场相比，准好氧卫生填埋场具有以下优点：

（1）垃圾分解产生的气体易于排出，填埋场安全性好；

（2）垃圾分解较快，堆体稳定速度快，便于填埋场地的稳定与修复；

（3）准好氧填埋很好地控制了硫化氢等臭气的产生，因此填埋场相对较卫生；

（4）准好氧填埋垃圾所产生的渗沥液其 COD、BOD、氨氮浓度比一般卫生填埋场低1.5～2倍，缩减了垃圾渗沥液处理费用。

12.2.3 准好氧填埋技术的设计运行

由于准好氧填埋场采用的是被动通风方式，通风能力有限，只能在布气管附近形成好氧环境，离开布气管一定范围则氧气消耗殆尽，重新产生厌氧环境，因此场内的布气系统，渗沥液回灌系统是决定氧化还原条件的主要因素。

准好氧填埋场的结构与厌氧填埋场的非常相似，只是在渗沥液收集方面，集水管的水位是不满设计，其末端敞开于空气中，垃圾堆体发酵产生的温差使垃圾填埋层产生负压，其使空气从开放的集水管自然吸入垃圾层。这样垃圾填埋场的地表层、集水管附近、竖井周围成为好氧状态进行好氧反应，空气接近不了的填埋层中央部分等处成为厌氧状态。因此与传统厌氧填埋场相比，准好氧填埋不需鼓风设备，只需增大排气、排水管径，扩大排水和导气空间，使排气管与渗沥液收集管路相通，排气、进气形成循环，从而扩大填埋层的好氧区域，促进有机物分解。

准好氧填埋场厌氧填埋场渗沥液收集系统的差异见表 12-1。

渗沥液收集系统的差异 表 12-1

差 异 点	准 好 氧	厌 氧
管径计算	按不满流计算，保证管道上部有足够空间使空气流动	按满流计算，不考虑空气
排水层	为保证空气流动而不阻塞使用粒径 50～150mm 卵石	使用粒径 5～10mm 的砾石
穿孔管	排水管上下方均有空隙使水和空气流动	仅在下部穿孔使水流过
垂直方向集排水	设坡面集排水管和垂直立管	一般立管不起导气作用
填埋场内部状况	保证在集排水管道周围有好氧区域	厌氧状态
气体控制系统	和集排水系统合用	独立设置
集水井	不能淹没排水管	无特殊要求

由此可见，准好氧填埋结构设计中，渗沥液收集管-穿孔管的设计极为重要。张陆良、刘丹在实验中发现，穿孔管管径越大，垃圾稳定效果越好，COD 到达其最大值所需时间越短，同时渗沥液产量越少。因此在设计穿孔管时，在满足工程造价的条件下，可以适当扩大穿孔管管径。

12.2.4　准好氧填埋的应用前景

与普通改进型厌氧填埋相比，准好氧填埋可以减少成本，降低二次污染的风险。只要对准好氧填埋技术设计运行过程的工艺控制参数进行进一步深入研究，积累工程实践经验，准好氧填埋在我国的工程应用中可以更好地发挥其优越性。

12.3　反应器型填埋技术

12.3.1　反应器型填埋技术在国内外的研究与应用

12.3.1.1　反应器型填埋技术在国外的研究与应用

从 20 世纪 70 年代起，美国、英国、加拿大、澳大利亚、丹麦、意大利、瑞典和日本等国相继开始了垃圾生物反应器填埋技术的研究。

M. Warithc 指出利用生物反应器填埋处理技术需要加入大量液体来达到和维持最优状态，但只用渗沥液通常是难以保证场内微生物活动的需要。因此在实验过程中，他采用了三种类型的填埋单元：①只有渗沥液回灌；②在渗沥液回灌之前在其中加入 pH 缓冲液和营养物质；③在渗沥液中加入活性污泥。实验结果表明，在最初的生物降解过程完成后，三者 BOD 分别下降了 48％，71％，43％；COD 的变化趋势和 BOD 基本相同；32 周以后，堆体沉降率分别达 37％，40％，50％。同时他还通过位于加拿大多伦多 Nepean 的一个填埋场进行了全规模的试验，取得了与实验室规模相同的结果。可见，在回灌渗沥液中补充物质的添加对于垃圾的生物降解和填埋场的稳定具有积极的作用。

San 认为逐渐增加渗沥液回灌频率可以加快垃圾堆体稳定速率，大约每次 2L 的回灌量和每周 4 次的回灌频率可以使垃圾堆体稳定化程度最高。

在厌氧条件下回灌虽然对渗沥液中的有机污染物有很好的去除效果，但对难降解物质以及氮、磷的净化效果不明显。不过 Burton 等研究发现垃圾填埋场具有很强的反硝化能力，在渗沥液中补加 500～1000mg/L 硝酸盐后，6 天内可以完全去除，而氨浓度没有明显增加。渗沥液通过异位硝化处理后，回灌填埋场进行原位反硝化，可以实现彻底脱氮。Price 等也研究报道了渗沥液中添加硝酸盐回灌填埋场，可实现完全反硝化，且会抑制甲烷的产生。

目前，美国已有 200 多座垃圾填埋场采用了此技术，英国 50％的填埋场也采用了此项技术。

12.3.1.2 反应器型填埋技术在国内的研究与应用

近 10 年来，反应器填埋技术才逐渐开始在我国进行研究与应用，浙江大学、华中科技大学、西南交通大学等高校率先开始了生物反应器填埋场渗沥液回灌的系统研究。

何若等在两相型生物反应器填埋场的模拟试验中接种微生物到回灌渗沥液中，发现垃圾层微生物种类和数量比不接种的多，有利于填埋场中垃圾的降解。

杨巧艳、欧阳峰等研究表明在生物反应器填埋场进行稳定产甲烷阶段前，采用适当低的渗沥液回灌频率，待其进入稳定产甲烷阶段后，可以考虑增大渗沥液回灌频率；回灌前对渗沥液进行 pH 值调节和加热处理，有利于生物反应器填埋场提前进入产甲烷阶段。

陈朱蕾、周传斌等基于生物反应器填埋技术，研究了填埋场地循环操作的厌氧—好氧生物反应器填埋工艺，设计了该工艺模拟装置并研究了其运行工艺特性。厌氧阶段主要通过渗沥液回灌控制反应器工艺条件，好氧阶段主要是通过强制通风来减少恶臭和水分，工艺指标值可依据矿化垃圾开采的最终用途确定。厌氧—好氧填埋过程的微生物演替经 RISA 分析，有 4 个优势菌群，一些兼性菌群在厌氧—好氧阶段起着重要的承前启后作用。

我国在生物反应器填埋场内部模型方面也进行大量的研究，如生物反应器填埋场有机物降解动力学模型研究，生物反应器填埋场内部水分运移数学模型研究，生物反应器填埋场产甲烷模型研究及生物反应器填埋场沉降模型研究等。

12.3.1.3 反应器型填埋的技术特点

生物反应器型填埋技术与传统卫生填埋场的本质不同在于其生物降解过程是加以控制的。一个填埋单元就是一个小型的可控"生物反应器"（Bioreactor）。许多这样的填埋单元构成的填埋场就是一个大的生物反应器。它具有生物降解速度快，稳定化时间短，填埋气产气量高、收集完全，一般无需渗沥液处理设施等特点。

12.3.1.4 反应器型填埋技术的设计运行

生物反应器的核心技术是渗沥液回灌，无论是回灌型生物反应器填埋场、两相型生物反应器填埋场，还是脱氮型生物反应器填埋场、序批式生物反应器填埋场等都是以渗沥液回灌为基本操作运行方式。

渗沥液的回灌有下列四种方式：①直接将渗沥液回灌到处置过程中的垃圾上；②表面喷灌；③表层回灌；④深层回灌。

四种方式的利弊比较见表 12-2。

不同渗沥液回灌方式的比较　　　　　　　　　　　表 12-2

回灌方式	优　点	缺　点
直接回灌	(1) 工艺简单 (2) 对浸湿垃圾均一面有效 (3) 提高了渗沥液的挥发强度	(1) 劳动强度大 (2) 有臭气溢出 (3) 增大了垃圾的压实度 (4) 封场后不能进行
表面喷灌	(1) 灵活多变 (2) 提高垃圾渗沥液的增发量	(1) 易形成水雾造成污染 (2) 易形成地表径流而不能进入填埋场内部 (3) 在气候较差时不能用 (4) 封场后不能进行
表层回灌	(1) 结构简单、易于操作 (2) 对提高回灌池底部的垃圾湿度直接而有效 (3) 满足了渗沥液的贮存	(1) 收集暴雨 (2) 形成漂浮物的污染 (3) 臭气污染 (4) 在某些地方被限制使用 (5) 封场后不能进行
深层回灌	(1) 适用于渗沥液量很大时的回灌 (2) 消耗的原料较少 (3) 在填埋过程中或填埋完成后易于修建 (4) 与封场相兼容	(1) 存在下沉问题 (2) 在还需填埋的地方不能使用 (3) 易受填埋方式的干扰

　　生物反应器填埋技术与传统填埋的本质区别在于其生物降解过程是加以控制的，通过这种有目的的控制手段的设计运行来强化微生物过程，从而加速垃圾中易降解和中等易降解有机组分的转化和稳定。

　　这些控制手段包括液体添加、pH 值调节、营养添加及平衡、温度控制、备选覆盖层设计等，因此生物反应器在结构上较传统填埋场主要增加了液体添加和水分调节系统，且填埋气收集系统和覆盖方法也有明显不同，它将垃圾及其填埋二次污染物的处理结合在一起。

　　生物反应器填埋场进行垃圾填埋操作运行时，在每个操作单元内铺设渗沥液回流管道，并在管道上每隔一定的间隔设置一个出水控制阀和水分传感器，将各操作单元内的回流管道与主管道连接，从而形成了一个渗沥液回流与布水网络系统。管道上的水分传感器用于测量各处垃圾的含水率，如某处含水率低于设定值，控制计算机操作打开水泵和该处控制阀，把主管道中的渗沥液泵入该处以调整该处水分，以保证整个填埋场内各处垃圾的含水大致均匀，并尽可能达到设定值。这个液体添加及水分调节系统，除了调节填埋场内部含水率外，还可以在回灌前实现营养添加及平衡、pH 调节；也可以通过在覆盖层或垃圾体中加入石灰消化污泥等碱性物质增强填埋场的 pH 缓冲能力。温度控制在操作上来说难度比较大，不过可以借助回灌前对渗沥液加热来间接的调节填埋场内的温度，但成本较高。

　　生物反应器填埋场的另一个显著优点是能够增加产气率和产气量，因此相对于大多数传统填埋场的分散排放而言，它是强化主动收集。设计中应考虑在生物反应器填埋场的内部可以铺设与液体添加系统相似的填埋气收集管道网络系统，通过气体压力传感器与抽气泵配合，保持导气管道内始终处于微负压状态，以加快填埋气的抽取。

在覆盖层设计方面，与传统填埋场一般都要求尽量降低临时覆盖层的渗透性不同的是，生物反应器填埋场临时覆盖材料应具有下列性质：

(1) 较好的渗透能力以利于回灌渗沥液的顺利渗透；

(2) 占据最少的填埋空间，以充分发挥填埋场的填埋能力；

(3) 具备易得、便宜、用量少甚至可以复用的特点。

结合以上原则，生物反应器填埋场在运营前期宜采用粉质大砂土、黄土或轻亚黏土作临时覆盖材料，后期可采用稳定垃圾分行的细粒作临时覆盖材料，在雨季还要配合使用塑料布防止过多的降水进入场内。

12. 3. 1. 5　反应器型填埋技术的应用前景

与传统填埋场相比，生物反应器填埋场具有加快垃圾生物降解速度、提高气体产量和产率高、加速填埋场稳定化、增加填埋场有效容积、减少渗沥液的场外处理量，降低填埋场处理和运行成本等优势。因此作为传统卫生填埋技术的新发展，生物反应器具有广泛的应用前景。

12.4　高维填埋技术

12.4.1　高维填埋技术在国内的应用

随着我国卫生填埋场数量的逐步增多，土地资源日渐紧缺。故提高土地资源利用率势在必行。2000 年动工，2002 年 8 月投入使用的广州兴丰生活垃圾卫生填埋场是我国第一家采用山地高维填埋技术的垃圾填埋场，该填埋场的最小垃圾填埋后密度是 $0.9t/m^3$（国内其他填埋场通常密度是 $0.4t/m^3$），这样在相同面积的土地上，可大幅提高填埋场的有效库容。随后在 2004 年投入运行的老港垃圾填埋场四期工程同样也是采用高维填埋技术。目前，我国新建填埋场在设计过程中越来越多的考虑应用高维填埋技术。

12.4.2　高维填埋的技术特点

高维填埋技术最主要的特点就是通过合理的设计，提高填埋场的空间利用效率。而填埋场空间利用效率一般使用空间效率系数衡量：即每平方米土地可提供的垃圾填埋空间（立方米）。我国的填埋场空间效率系数一般为 20～30。高维填埋的空间效率系数可达50～70，所以采用高维填埋技术可以大规模节约土地资源，或者说可以大大提高填埋场地的使用寿命。

12.4.3　高维填埋技术的设计运行

空间效率设计与营运：其中包括：从有形边界延伸到可能发展的空间；曲线地形的高维设计与营运；封顶的高维设计与营运；地形边线的高维设计与营运等。

(1) 地基基础设计：包括基础开挖创造一定的填埋库容，同时将基底建筑在承载能力更高的基面上，以便达到更大的空间效率。

(2) 基础排水设计：通过基础排水，提高地基承载能力，从而提高填埋空间的高度。

（3）高位道路设计与应用：适宜的路是保证在营运中实行不同高度填埋作业的关键之一。高维填埋道路建设与营运遵循如下三个原则：

- 根据不同的填埋作业阶段设永久路、半永久路和临时路；
- 用最少的路营运达到设计高度；
- 满足雨天作业。

（4）填埋气管网设计与营运建设：为提高沼气收集和利用率，高维填埋必须在不同填埋高度设计有横向与竖井相结合的三维沼气收集管网，并在封场防渗膜下面铺设完整的集气系统。

（5）防渗系统设计与管理：由于高维作业的填埋场填深很高，防渗系统的设计、建设和营运需注意：分区、分期铺设防渗系统；防渗层、无纺布、渗沥液收集层及收集管道应有足够的安全性。

（6）固废压实作业：固废压实有很多功能，其中之一是提高固废填埋的空间效率。

12.4.4　高维填埋技术的应用前景

垃圾填埋占用大量土地，而高维填埋通过提高土地利用效率可以大幅节约土地资源。目前，我国采用高维填埋技术建成的老港四期工程和广州兴丰垃圾填埋场已运营多年，取得了良好的效果，而这两个填埋场可成为模板工程推动我国高维填埋技术的发展。

12.5　垃圾填埋场封场覆盖 EST 技术

12.5.1　垃圾填埋场封场覆盖 EST 技术在国内研究与应用

由于封场覆盖材料在渗透特性方面有特殊要求（渗透系数低于 1.0×10^{-7} cm/s），目前使用的覆盖材料大多以黏土为主。近些年来，由于黏土资源的缺乏，国内外部分学者开展了将市政污泥改性后用作垃圾填埋场覆盖材料的相关研究工作。KIM 等利用转炉炉渣对城市污泥进行改性，研究了污泥作为垃圾填埋场覆盖材料的可能性。美国威斯康星州（Wiscon-sin），采用造纸污泥作为填埋场覆盖材料；美国许多州的填埋场采用市政下水道污泥作为城市固体废物填埋场的日常覆盖材料和最终覆盖材料。

在国内，也有一些学者开展相关研究。例如，杨石飞等用自来水厂脱水污泥与石灰混合进行试验，结果表明污泥经过改性后有望达到作为垃圾填埋场覆盖材料的各项指标。陈绍伟等人的研究结果表明，在 100kPa 压力下，自来水厂污泥的渗透系数为 1.3×10^{-7} cm/s，符合国家规定。张鹏、吴志超等人考察了该污泥作为填埋场覆盖材料的可行性。此外，赵爱华、马培东、黄川、秦峰、李青松等人也开展了相关的研究工作。

然而，上述所列大多仅限于理论和实验室的研究工作，可应用于垃圾填埋场覆盖系统的成熟技术较少。垃圾填埋场封场覆盖 EST 技术（生态污泥腾发覆盖技术）是以市政脱水污泥为基材，秸秆纤维为加筋组分，采用工业废渣活性激发制成的污泥改性剂，调整污泥的结构特性，充分利用改性污泥对水分的储蓄和蒸腾蒸发耗散功能，基于 TBS 喷播理论及施工技术，开发出的一套改性污泥填埋场封场腾发覆盖技术。

12.5.2　垃圾填埋场封场覆盖 EST 技术特点

垃圾填埋场封场覆盖 EST 技术与传统封场覆盖方式相比，具有如下技术特点及优势：

（1）低品位资源高值化利用

利用该技术制备的封场覆盖材料，使得难于处理的污泥得到资源化利用，充分提高农作物秸秆利用率，减少污泥和农作物秸秆的排放对生态环境的污染。

（2）减少黏土使用量

以垃圾填埋场封场覆盖 EST 材料替代部分覆盖用土，将大大节省覆盖用黏土的使用量，保护土资源和生态环境，降低垃圾填埋场封场覆盖成本。

（3）现场施工便捷，适用性强

针对不同封场覆盖要求，建立 EST 梯度调控技术模式，通过配套 EST 掺混均化和稳化喷射设备，可实现快速现场施工。

（4）封场覆盖效果功能化和生态化

农作物秸秆纤维提高改性污泥的抗拉、抗折、抗开裂和抗冲刷等力学性能，进而达到封场的力学强度指标；因硅铝类改性剂可以覆盖系统的结构特性，其具有对外来水的储蓄调控功能和阻滞系统；营养基材层为污泥-纤维复合材料层，含有丰富的氮磷钾和有机肥，定量掺入了植被种子和发泡剂，多孔骨架结构，持水性较好，更能起到覆盖和绿化环境的作用。

（5）充分利用废弃资源，有效降低成本

垃圾填埋场封场覆盖 EST 材料采用改性污泥和农作物秸秆作为原料，不仅有效地降低封场覆盖成本，还可以节省环境减排费用。

12.5.3　垃圾填埋场封场覆盖 EST 技术的设计运行

垃圾填埋场封场覆盖 EST 技术包括四大核心技术，即梯度调控技术、掺混均化技术、稳化喷射技术和渗吸覆腾技术，分别对应于垃圾填埋场封场覆盖 EST 技术的四个设计与实施过程：

（1）EST 梯度调控技术

目标是选择与当地气候和水文地质条件相适应的植物和适合植物生长的生态基材，并通过梯度调控方法筛选适合具体填埋场的改性污泥封场覆盖材料配方。一般采用硅铝酸基的胶凝材料和优质秸秆纤维长材料对市政污泥进行均混改性，胶凝材料的掺量为 5％～15％，纤维的掺量为 3％～5％。硅铝酸基胶凝材料与水反应生成硅铝类网状结构聚合物，将污泥颗粒包裹其间并驱离部分水分，调整污泥本身的结构特性，使其具有调控储水功能；而优质秸秆纤维具有较好的韧性，可有效阻止污泥失水或温度应力导致的开裂，同时在薄层覆盖时，复合材料中的改性污泥与纤维组建结构构建似薄壳网架，具有较高的强度。改性后的污泥复合材料有较低的渗透性和较好的持水性，具有不开裂、成型快等优点。

（2）EST 掺混均化技术

混合材料的均匀性直接关系到封场覆盖效果。EST 材料的掺混均化即是根据 EST 材料的力学特性参数，优化设计出合理的掺混顺序和搅拌工艺（搅拌时间、含水率控制等），并通过专有的掺混均化设备进行均匀掺混。

（3）EST 稳化喷射技术

通过 EST 稳化喷射设备将 EST 材料按照设计厚度喷射于填埋场顶部。厚度的设计参照渗吸覆腾技术部分，一般根据当地的气候条件优化选择，气候条件一般是根据年水均衡的条件确定，以一定频率的降雨量不产生入渗或将入渗水量控制在降雨量一定的比例标准进行确定。

（4）EST 渗吸覆腾技术

喷播复合材料中定量掺入优化筛选的植被种子和营养基材，引入外掺剂保证其较好的流动性。喷播覆盖主要分为 3 层，最底层为防渗覆盖层，中间为营养基材覆盖层，顶层为疏水覆盖层。防渗覆盖层为污泥 - 纤维复合材料，一般厚度为 10～15cm，具有较高的阻渗特性和憎水性；营养基材层为污泥 - 纤维复合材料层，一般厚度为 25～30cm，结合气候条件优化植被的播种量，通过改性剂改变污泥的空间多孔骨架结构，使其具有调控储水功能；疏水覆盖层为硅铝酸基胶凝材料改性的市政脱水污泥和三维排水网构成，厚度为 5～10 cm，结构较为坚固，具有良好的抗冲刷性能，可有效阻止雨水侵蚀。

12.5.4　垃圾填埋场封场覆盖 EST 技术的应用前景

目前生活垃圾填埋场使用的覆盖材料大多以黏土为主。因此，建设一个标准的垃圾填埋场所需的黏土量相当大。在国内很多地区并不具备天然黏土资源，运输费用的增加给垃圾填埋场建设带来了不必要的资金投入。同时大量的黏土的取用也造成了严重的土地资源浪费，形成了新的生态环境问题。

另一方面，随着工农业的发展以及城市化进程的加快，城市生活污水的产量在飞速增加，污水处理过程中不可避免产生的污泥量也在日益增加。城市污水处理工程中产生的市政污泥处理、处置问题已成为难以回避的现实。传统市政污泥处置工艺难以推广的主要原因在于处理费用比较昂贵，财政支出无法满足现有需求。从环境污染、卫生安全和经济有效等方面考虑，现有的市政污泥处置方式都存在利弊。随着土地资源日益匮乏、环境标准的严格化，传统的市政污泥处置方式已经不能够适应今后环境可持续发展的要求。市政污泥的根本出路必然是资源化和能源化。

此外，我国农作物秸秆数量大、种类多、分布广，每年秸秆产量 7 亿吨左右。近年来，随着农民生活水平提高、农村能源结构改善，以及秸秆收集、整理和运输成本等因素，秸秆综合利用经济性差、商品化和产业化程度低。目前每年约有 30% 以上的农作物秸秆被废弃。特别是在粮食主产区和部分沿海地区，农民为抢农时播种，焚烧秸秆现象屡禁不止，已成为一个社会问题。

因此，垃圾填埋场封场覆盖 EST 技术以市政污泥、秸秆纤维为主要原料，经过化学改性后用于垃圾填埋场的封场覆盖系统，对于推进市政污泥、秸秆资源综合利用，实现固体废弃物的高值化利用，为企业延伸技术领域，为废弃物的节能减排与高值化利用提供技术支撑，加快建设资源节约型和环境友好型社会，具有十分重要的意义。EST 技术作为一种新型生态环保的填埋场封场覆盖技术，具有广阔的应用前景。

12.6 老生活垃圾填埋场生态修复技术

12.6.1 老生活垃圾填埋场生态修复技术在国内的应用

近年来，非卫生垃圾填埋场对城区居民、城市环境景观以及城市正常发展的不利影响越来越大。随着我国城市建设用地扩大，很多非卫生的垃圾填埋场已经处于城市规划建设区甚至是核心区以内，生态修复治理工作已经刻不容缓了。以湖北省城镇生活垃圾无害化处理设施"十二五"规划为例，湖北省内急需治理的非卫生垃圾填埋场有 50 多座。以此推算，全国范围内就有近千座急需进行生态修复的非卫生垃圾填埋场。因此，老生活垃圾填埋场生态修复技术在我国市场广阔。

目前，老生活垃圾填埋场生态修复技术在我国已有部分应用。北京石景山区黑石头垃圾消纳场采用"原位生态修复"环保治理工程采用好氧生物反应器技术和钻孔导排技术加速填埋场稳定，该生态修复工程投资及修复运行费用 5000 多万元，可加快填埋场稳定，修复后的场地可低度利用。上海市老港生活垃圾填埋场和深圳盐田生活垃圾填埋场采用"异位开采利用生态修复"开采后的老垃圾分选后进行回收再利用。

12.6.2 老生活垃圾填埋场生态修复技术的特点

老生活垃圾填埋场生态修复技术可分为原位修复与异位修复两类。原位修复的技术出发点为加快填埋场堆体的稳定速度，减少渗沥液和填埋气体等污染隐患对环境的危害；异位修复的特点为将填埋场内已填垃圾层层分选，根据物料特点进行各个层次的回收利用，并对开挖后的底部土壤进行修复。

12.6.3 老生活垃圾填埋场生态修复技术的设计运行

针对不同的老生活垃圾填埋场，采用的生态修复技术有所差异，主要包括以下技术：

（1）前期污染监测技术

前期污染监测技术应用于开展修复工程之前，主要包括对老生活垃圾填埋场的水文地质情况、设计建设运行资料、土壤地下水污染情况等的调查，为修复技术的选取提供基础数据和选择依据。

（2）生态阻断技术

生态阻断技术应用于土壤与地下水均出现了的污染，且污染存在扩散风险的老生活垃圾填埋场。生态阻断技术通过将不透水材料（如帷幕灌浆、防渗膜等）打入不透水层，形成一个封闭的环境，将污染源控制在一定范围内。

（3）好氧快速稳定技术

好氧快速稳定技术通过管网向填埋堆体中输入空气并抽出混合反应后的气体并进行有效处理，同时实现渗沥液循环回灌。好氧快速稳定技术加快了填埋堆体中的反应速度，缩短了填埋堆体的稳定时间。

（4）异位开采技术

开挖填埋场内的已填垃圾并进行多层筛选，选取其中的可回收利用成分进行回收，将不可回收成分进行无害化处理。开采后对填埋场底部土壤进行生态修复。

12.6.4　老生活垃圾填埋场生态修复技术的应用前景

随着我国城市建设用地扩大，很多非卫生的垃圾填埋场已经处于城市规划建设区甚至是核心区以内，生态修复治理工作已经刻不容缓了。以湖北省城镇生活垃圾无害化处理设施"十二五"规划为例，湖北省内急需治理的非卫生垃圾填埋场有 50 多座。以此推算，全国范围内就有近千座急需进行生态修复的非卫生垃圾填埋场，相对于目前全国的 447 座卫生填埋场（2009 年住房和城乡建设部年鉴数据）而言，已经是相当庞大的数字了。同时，国内很多地区的垃圾填埋场进入了封场阶段或已经封场，新的垃圾处理场选址困难，如何回收利用已经堆积的垃圾并增加土地利用效率，成为目前垃圾处理的一大难题。

非卫生垃圾填埋场对城区居民、城市环境景观以及城市正常发展的不利影响越来越大。对此，在国务院批转住房和城乡建设部等十六部委发布的《关于进一步加强城市生活垃圾处理工作意见的通知》（国发〔2011〕9 号）文中，专门对非正规（老）生活垃圾堆放场所的生态修复工作提出了要求。因此，老生活垃圾填埋场生态修复技术在我国存在非常大的应用前景。

12.7　垃圾填埋场污染物远程在线监督系统

12.7.1　垃圾填埋场污染物远程在线监督系统在国内的研究与应用

垃圾填埋场污染物（渗沥液和填埋气体）以其量多、污染范围广、污染程度重等特点已成为国际生态环境研究中的热点和焦点问题。对垃圾填埋场周围污染物指标进行实时监测和视频监督已成为污染控制和治理的重要组成部分，是获取填埋场环境信息，认识填埋场环境变化、评价填埋场环境质量和掌握填埋场污染排放动态规律必要前提，也可为上级环境监管部门对填埋场环境监督管理提供评价依据。

目前，传统的环境监测主要基于单台仪器或人工试验分析的间断方法，监测周期长，耗费大量人力物力，无法实现数据共享、在线测量和远程控制，对环境质量的突然恶化及污染源污染物的突发超标排放无法掌握。随着数据采集技术、通信技术和数据处理技术的不断进步，以及对监测系统的自动化、信息化的要求，实时性能好、自动化程度高和系统功能完善的环境远程在线监测方式成为发展的趋势。垃圾填埋场污染物远程在线监督系统即是结合国家对环境监测信息和监测系统的战略需求，针对垃圾填埋场污染物多参数同步监测需要，基于 Boland C＋＋builder 集成开发工具，开发的一套实时监测和视频监督系统。

12.7.2　垃圾填埋场污染物远程在线监督系统技术特点

垃圾填埋场污染物远程在线监督系统与其他类似系统相比，具有如下技术特点及优势：

（1）可同步实现污染物（填埋气体和渗沥液）的实时、在线监测，包括：填埋气体：CH_4、CO_2、O_2、H_2S、NO_x 和 NH_3；渗沥液：COD、BOD、NH_3-N，pH、电导率和温度等。

（2）污染源监测点的传感器信号与视频信息相结合

传感器信号精确、灵敏、有效，但易受意外干扰或人为干扰，而视频信息则能对现场情况及设备运转情况进行有效的监督，二者结合则可实现优势互补；

（3）充分利用现有资源，有效降低成本

污染源监测点可直接通过读取现有仪器传感器信号，避免设备重复投资。在传感器信号和视频信息的远程传输则利用 Internet 资源，避免了远距离铺设专线。

（4）系统稳定性与灵活性相统一

主干网络采用有线方式，保证系统的稳定可靠；同时提供灵活的无线方式，一方面对于不便于铺设有线线路的监测点可以采用无线方式监督监测，另一方面为网络客户提供灵活的无线接入方式，全面支持 802.11a/b/g 协议，可以更方便地接入该系统。

（5）提供友好的人机交互接口和智能的识别、定位与判断机制。

一般的操作人员经少量培训就能胜任该系统中心站管理软件的使用与维护，对于前台公众访问端则无需任何培训就可方便浏览相应环保信息。

（6）结合 GIS 的数字地理信息可视化系统，信息检索更方便，操作更直观。

（7）基于相关国家法律法规的预警机制。

12.7.3 垃圾填埋场污染物远程在线监督系统的设计运行

针对不同的垃圾填埋场，垃圾填埋场污染物远程在线监督系统的设计有所不同，但大体上一致，主要包括以下内容：

（1）基于 Multi-Tier 数据库设计技术

Soap 以 XML 技术为基础应用在分布式环境中进行交换信息工作，这使得本系统虽在 Borland C++ Builder 下开发，但也可以使用其他编程工具扩展其功能，具有良好的扩展性。

客户端数据访问请求不直接提交给数据库，而是先提交给应用中间层应用程序服务器，可以避免数据库连接数过多而降低访问效率。对客户数较大时，采用 Multi-Tier 数据库设计技术可大大提高系统速度。在服务端，应用程序服务器与数据库通过 BDE 或 ADO 方式建立连接，然后在应用程序服务器端构建 ERP 系统、专属信息访问的客服系统及 Web 系统。ERP 系统负责数据处理、传输、存贮及维护管理。专属信息访问的客服系统能实时响应网络客户请求，动态显示各种图表及总量控制信息，提供预警信号等服务。为污染物监督管理部门提供专属信息服务，需要使用专门的客户端软件才能访问。Web 系统为一般网络客户提供信息浏览、查询、统计服务。这 3 个系统可由 Microsoft 的 IIS 发布到 Internet 网络，响应客户请求。在客户端采用 TSoap Connection 建立与应用程序服务器的连接，进而连接到数据库服务器。因此，客户端可以使用 Snap 技术随意操作数据库。

（2）基于 Modbus/tcp 协议的 IPC 与 PLC 通信技术

Modbus/tcp 使得通信层是通过 TCP/IP 协议来执行的，因此，可直接运行在工业以太网上，更方便地适用于有线或无线物理层传输介质。

（3）基于遗传算法和神经网络技术的人工智能技术

从传感器或变送器接收到的原始数据只是电压或电流值，并代表实际物理参数值，必须进行标定。由于传感器和采集参数不确定，所以本系统进行动态标定。若传感器在量程内具有较好的线性度，则标定时输入输出关系式可预设为一次表达式 $y = ax + b$ 型，两组输入输出值即可确定系数 a 和 b。如果传感器线性度不好，需采用神经网络技术来确定输入输出关系。本系统采用 3 层 BP 网络结构。由于神经网络采用单值输出，输入也只有一个值，不利于构成学习样本，因此本系统利用遗传算法构造出输入向量，采用动态增加方式学习。

（4）网络视频监督系统

可实时监控的路数上分为 1～4 路的低路数数字监控系统、5～10 路的中路数数字监控系统、11～16 路及以上高路数数字监控系统。设计时可根据实际需要进行选择。

（5）用户接口

系统软件分决策层、服务层、执行层、支持层 4 个层次。决策层用于为政府环保部门提供填埋场污染物管理宏观决策的工具，支持其做出合理可行的计划和规章；执行层是日常填埋场污染物管理执行工具，也是总量控制管理信息系统最重要的层次，负责提取下层信息，执行上级任务；服务层通过动态跟踪污染源状态，为管理者提供污染物基础信息；支持层指计算机网络、数据库、地理信息系统等底层工具。

填埋场远程在线监督系统软件界面如图 12-5。现场工程方案如图 12-6 所示。

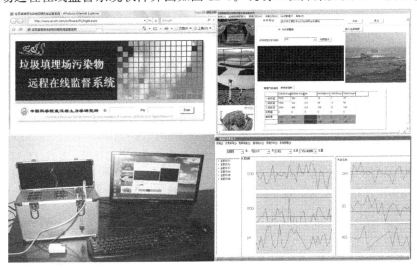

图 12-5　软件系统界面

12.7.4　垃圾填埋场污染物远程在线监督系统的应用前景

采用数据库技术、视频技术、多传感器数据融合技术等系统集成技术实现垃圾填埋场污染物的远程在线监控和监督，不仅可以快速监测和实时掌握垃圾填埋场释放多组分渗沥液和填埋气体浓度变化，降低监测成本，提高监测效率，为垃圾填埋场污染物渗沥液的调控和填埋气体的资源化开发利用提供快速监测平台，同时对国家环境决策和监管部门及时做出有效的污染防治、安全预警及管理对策具有重要的应用价值，将具有广阔的应用前景。

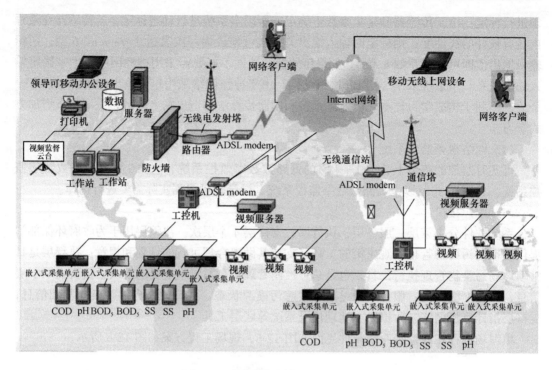

图 12-6　在线监督系统现场工程方案

参考文献

[1]　陈朱蕾，黎小保，周磊，等．堆肥化技术对生活垃圾预处理效果的研究[J]．环境卫生工程，2004，12(1)：11～13

[2]　陶华，张劲松．生物堆肥预处理对生活垃圾含水率和发热量的影响[J]．环境卫生工程，2004，12(4)

[3]　陈朱蕾，周磊，黎小保．堆肥化技术应用于生活垃圾预处理方案的费用—效益分析[J]．环境卫生工程，2004，12(4)：198-199

[4]　刘婷，徐丽丽，史波芬，等．城市生活垃圾生物预处理技术及应用[J]．生活垃圾管理与处理技术，2007，北京，科学出版社，164-167

[5]　杨列，刘婷，陈思，等．生活垃圾机械生物预处理工艺优化研究[J]．环境工程，2011，6：89-92

[6]　杨列，刘婷，谢文刚，等．生活垃圾预处理后续堆肥化通风方式优化研究[J]．环境工程，2012，1：74-78.

[7]　张悦．城市生活垃圾处理新思路[J]．环境卫生工程，2004，12

[8]　陈朱蕾，李希垦，刘婷．生活垃圾生物预处理工艺模型构建[J]．环境卫生工程，2006，14(5)：35～38

[9]　韩竞耀，何品晶，张冬青，等．通风量和翻堆对生活垃圾好氧生物干化的影响[J]．环境卫生工程，2008，1(1)

[10]　Lornage R，Redon E，Lagier T，Hébé I，Carré J．Performance of a low cost MBT prior to landfilling：Study of the biological treatment of size reduced MSW without mechanical sorting [J]．Waste Management.，2007，27：1755-1764.

[11]　Scaglia B，Adani F．An index for quantifying the aerobic reactivity of municipal solid wastes and derived waste products [J]．Sci Total Environ.，2008，doi：10.1016/j. scitotenv，2008，01，023

[12]　Slater R A，Frederickson J．Composting municipal waste in the UK：some lessons from Europe [J]．

Resources，Conservation and Recycling.，2001，32：359-374

[13] Komilis D P，Ham R K，Stegmann R. The effect of municipal solid waste pretreatment on landfill behavior：a literature review [J]. Waste Manage Res.，1999，17：10-19

[14] Zach A，Binner E，Latif M. Improvement of municipal solid waste quality for landfilling by means of mechanical-biological pretreatment [J]. Waste Manage Res.，2000，18：25-32

[15] Koelsch F，Reynolds R T. Biological pretreatment of MSW as a measure to save landfill volume and deter birds [A]. In：Proceedings of the International Conference on Solid Waste Technology and Management. Widener Univ School Eng，Chester，PA，USA. 1999，935-942

[16] De Gioannis G，Muntoni A，Cappai G，Milia S. Landfill gas generation after mechanical biological treatment of municipal solid waste. Estimation of gas generation rate constants[J]. Waste Management. 2009，29：1026-1034

[17] Bockreis A，Steinberg I. Influence of mechanical-biological waste pre-treatment methods on the gas formation in landfills [J]. Waste Management.，2005，25：337-343

[18] Münnich K，Mahler C F，Fricke K. Pilot project of mechanical-biological treatment of waste in Brazil[J]. Waste Management.，2006，26：150-157.

[19] 苏俊，等 . 准好氧填埋技术在城市生活垃圾中的应用[J]. 新疆环境保护，2005，27(2)：33-35

[20] 何若，沈东升，方成冉 . 生物反应器填埋场系统特性的研究[J]. 环境科学学报，2001，21(6)：763～767

[21] 陈朱蕾，周传斌，刘婷，等 . 厌氧好氧生物反应器填埋工艺特性研究[J]. 环境科学，2007，28(4)：891～896

[22] 李秀金 . "生物反应器型"垃圾填埋技术特点和应用前景[J]. 农业工程学报，2002，18(1)：111-116

[23] 欧阳峰，李启彬，刘丹 . 生物反应器填埋场渗滤液回灌影响特性研究[J]，环境科学研究，2003，16(5)：52～54

[24] 李启彬，刘丹，欧阳峰 . 城市垃圾处理的新动向—生物反应器填埋场技术[J]. 城市环境与城市生态，2001，14(1)：24～27

[25] 于晓华，李国建，何品晶，等 . 生物反应器填埋技术及其应用[J]. 环境保护，2003(2)：24～26

[26] 李轶伦，夏立江，杜文利 . 垃圾填埋场渗滤液好氧回灌技术的试验研究[J]. 农业环境科学学报，2005，24(3)：600～604

[27] 王蕾，赵勇胜，董军 . 城市固体废弃物好氧填埋的可行性研究[J]. 吉林大学学报(地球科学版)，2003，33(3)：335～339

[28] 杨石飞，辛伟 . 改性污泥作填埋场覆盖材料室内试验研究[J]. 上海地质，2004，(3)：19-23

[29] 陈绍伟，吴志超，张鹏，等 . 自来水厂污泥作填埋场覆盖材料的试验研究[J]. 环境污染治理技术与设备，2002，3(1)：23-26

[30] 张鹏，吴志超，陈绍伟 . 污水厂污泥作填埋场覆盖材料的试验研究[J]. 环境科学研究，2002，15(2)：45-47

[31] 赵爱华，秦峰 . 自来水厂污泥的表征及其垃圾覆盖土可行性研究[J]. 环境卫生工程，2004，12(4)：227-230

[32] 马培东，王里奥，黄川，等 . 改性污泥用作垃圾填埋场日覆盖材料的研究[J]. 中国给水排水，2007，23(23)：38-42

[33] 黄川，马培东，王里奥，等 . 消化污泥作为垃圾填埋场覆盖材料的研究[J]. 环境污染与防治，2007，29(3)：197-199

[34] 秦峰，陈善平，吴志超 . 苏州河疏浚污泥作填埋场封场覆土的实验研究[J]. 上海环境科学，

2002，21(3)：163-165

[35] 李青松. 白泥作为固体废物填埋场覆盖材料的性能研究[D]. 中国海洋大学，2004

[36] Pepin R. G.. The use of paper mill sludge as a landfill cap. In：Proceedings of the 1983 National Council of the Paper Industry for Air and Stream Improvement(NCASI)Northeast Regional Meeting [R]. New York, U. S. A. ：NCASI，1983：32-76

[37] Swann C. E. Study indicates sludge could be effective landfill cover material[J]. American Paper Maker，1991：34-36

[38] Zimmie T. F.，Moo-Young H. K.. Hydraulic Conductivity of Paper Sludges Used for Landfill Covers In：GeoEnvironment 2000[R] New Orleans，LA，U. S. A.：ASCE Geotechnical Special Publication No. 46，1995，(2)：932-946

[39] Eung-Ho Kim, Jin-Kyu Cho, Soobin Yim. Digested sewage sludge solidification by converter slag for landfill cover[J]. Chemosphere，2005，(59)：387-395

[40] Kim Eung-Ho, Cho Jin-Kyu, Yim Soobin. Digested sewage sludge solidification by converter slag for landfill cover [J]. Chemosphere，2005，59：387-395

13 附　　录

附录 I　全国各地区（省市）人均日产垃圾量统计表

2001～2010 年全国各地区（省市）人均日产垃圾量统计表（kg/d）

年份地区	2010	2009	2008	2007	2006	2005	2004	2003	2002	2001	平均值
北京	1.03	1.20	1.25	1.19	1.11	0.81	1.13	1.29	0.93	0.96	1.09
天津	0.86	0.89	0.83	0.83	0.75	0.62	0.79	0.75	0.72	0.98	0.80
河北	1.11	1.30	1.31	1.37	1.39	1.41	1.57	1.57	1.53	1.53	1.41
石家庄	1.18	1.46	1.55	1.57	1.47	1.24	1.27	1.14	1.16	1.24	1.33
辛集	1.29	1.60	1.60	1.50	1.48	1.71	1.64	1.60	1.68	1.54	1.56
藁城	1.13	1.71	1.68	1.62	1.87	1.58	1.15	1.16	1.14	1.14	1.42
*晋州	1.61	1.97	2.00	2.00	2.00	2.00	1.30	1.36	1.32	1.27	1.68
新乐	1.01	1.03	1.37	1.37	1.37	1.82	1.72	1.72	1.31	1.78	1.45
鹿泉	1.37	1.54	1.55	1.56	1.36	2.03	1.97	1.99	1.95	1.95	1.73
唐山	0.65	0.65	0.45	0.79	1.04	1.05	1.09	1.22	1.16	0.95	0.91
*遵化	1.13	1.50	1.33	1.42	1.50	1.41	1.33	1.25	1.16	1.08	1.31
迁安	0.81	0.73	0.70	0.67	0.70	1.07	0.82	1.43	1.53	1.57	1.00
秦皇岛	1.59	1.53	1.55	1.44	1.40	1.60	1.64	1.68	1.72	1.77	1.59
邯郸	0.75	0.66	0.79	0.75	0.76	0.95	0.97	1.03	0.95	0.97	0.86
武安	1.15	1.21	1.27	1.35	1.17	1.00	1.06	1.12	1.43	1.41	1.22
邢台	0.82	1.84	1.88	2.02	1.90	1.90	1.86	1.80	1.57	1.47	1.71
*南宫	1.16	1.16	1.12	1.22	1.28	1.45	1.38	1.97	1.83	1.06	1.36
*沙河	1.69	1.69	1.70	1.79	1.73	1.73	1.72	1.55	1.63	1.24	1.65
保定	0.86	0.84	0.83	0.82	0.89	0.83	0.88	0.89	1.07	2.10	1.00
涿州	1.03	1.01	1.05	1.07	1.09	1.00	0.93	0.95	0.98	1.04	1.02
定州	1.72	1.57	1.56	1.56	1.54	1.52	1.50	1.48	1.45	1.43	1.53
*安国	1.46	1.52	2.01	2.05	2.07	1.81	1.84	1.85	1.69	1.83	1.81
*高碑店	2.18	2.16	2.16	2.16	2.16	2.16	2.16	2.16	2.13	2.07	2.15
张家口	1.55	1.61	1.61	1.80	1.82	1.57	1.15	1.86	1.69	1.77	1.64
承德	1.10	1.06	1.91	1.88	2.02	2.19	1.97	1.64	1.60	1.53	1.69
沧州	0.89	0.80	0.81	0.98	0.99	0.99	1.01	1.08	0.98	0.74	0.93
泊头	1.13	1.23	1.24	1.33	1.38	1.46	1.44	1.39	1.40	1.43	1.34
任丘	1.23	1.37	1.39	1.39	1.35	1.19	1.24	1.42	1.30	1.14	1.30
黄骅	1.30	1.62	1.63	1.69	1.65	1.79	1.93	1.98	1.85	1.90	1.73

年份地区	2010	2009	2008	2007	2006	2005	2004	2003	2002	2001	平均值
河间	1.11	0.58	0.77	0.77	1.14	1.18	0.87	1.09	1.06	0.97	0.95
廊坊	0.87	0.86	0.91	0.96	0.96	1.02	1.14	1.15	1.40	1.41	1.07
霸州	1.05	1.11	1.31	1.28	1.22	1.23	2.20	2.22	2.15	1.99	1.58
三河	1.39	1.44	1.46	1.63	1.67	1.33	1.22	1.44	1.45	1.47	1.45
衡水	1.20	1.51	1.59	1.50	1.54	2.16	1.72	1.40	1.22	1.15	1.50
冀州	0.70	1.05	1.29	1.53	1.77	2.01	1.90	1.83	1.60	1.14	1.48
深州	0.78	1.50	1.33	1.34	1.33	1.01	1.21	1.22	1.13	0.97	1.18
山西	1.10	1.15	1.10	1.14	1.49	1.89	1.83	1.72	1.72	1.72	1.49
太原	1.11	1.05	0.86	0.89	0.85	0.93	0.97	1.07	0.98	0.99	0.97
古交	2.02	1.19	0.97	1.37	1.47	1.31	1.31	0.66	0.79	0.94	1.20
大同	0.82	0.83	0.83	0.84	1.23	1.03	1.05	1.15	1.15	1.22	1.02
阳泉	0.78	1.10	1.10	0.97	0.94	1.27	1.60	1.94	1.55	1.51	1.28
长治	0.77	0.84	0.92	0.91	0.92	1.07	1.02	2.28	2.28	2.32	1.33
*潞城	0.91	1.48	1.76	1.66	1.20	1.24	1.40	1.55	1.83	1.95	1.50
晋城	1.07	1.06	1.06	1.09	1.31	1.46	1.79	1.34	1.40	1.18	1.28
*高平	2.37	1.26	2.05	1.56	2.33	1.54	1.39	1.37	1.38	1.34	1.66
朔州	1.62	1.85	1.63	1.79	1.95	1.99	2.03	2.07	1.90	1.89	1.87
晋中	0.84	0.75	0.92	1.18	1.59	1.80	1.32	1.36	1.37	1.31	1.24
介休	1.33	1.31	1.13	1.13	0.91	1.24	1.53	1.83	1.93	3.06	1.54
运城	1.37	1.41	1.35	2.22	1.00	1.14	1.05	0.89	0.89	0.88	1.22
永济	1.06	1.07	0.90	1.38	1.78	1.14	0.95	0.91	1.12	1.11	1.14
河津	0.73	1.26	1.32	1.22	1.12	1.02	1.02	1.02	1.03	0.89	1.06
忻州	1.51	1.37	1.38	1.39	1.44	1.44	1.51	1.51	1.26	1.26	1.41
原平	1.57	1.26	1.54	1.21	1.62	1.21	1.47	1.49	1.50	1.18	1.41
临汾	1.28	1.54	1.74	1.21	1.72	1.97	2.15	1.15	1.65	1.59	1.60
侯马	1.94	1.95	1.62	1.62	1.62	1.18	1.49	1.50		1.41	1.43
霍州	1.87	1.75	1.77	0.78	0.89	1.45	2.02	2.58	2.22	1.82	1.72
吕梁	1.09	1.09	1.07	1.09	1.09						1.09
孝义	1.22	1.21	1.87	1.19	1.64	2.08	1.96	1.84	1.84	0.36	1.52
汾阳	1.13	1.19	1.77	1.42	2.28	2.13	1.97	1.82	1.82	0.38	1.59
内蒙古	1.30	1.47	1.46	1.49	1.48	1.41	1.43	1.73	1.69	1.50	1.50
呼和浩特	1.34	1.42	1.10	1.02	1.01	1.03	1.40	1.54	1.52	1.29	1.27
包头	1.46	1.41	1.33	1.29	1.47	1.35	1.29	1.27	1.30	1.08	1.33
乌海	1.36	1.39	1.37	1.45	1.64	1.59	1.67	1.79	1.91	2.02	1.62
赤峰	1.13	0.91	1.42	1.34	1.19	1.14	1.02	0.95	0.90	0.85	1.09

续表

年份地区	2010	2009	2008	2007	2006	2005	2004	2003	2002	2001	平均值
通辽	1.20	1.25	1.27	1.55	1.77		1.51	1.84	1.49	1.38	1.47
*霍林郭勒	1.30	2.00	2.00	1.92	1.84		1.52	2.00	2.00	2.00	1.84
鄂尔多斯	1.33	0.93	1.11	2.50	1.73		2.00	1.93	1.67	1.46	1.63
呼伦贝尔	1.14	1.89	1.91	1.76	1.69	1.05	1.63	1.49	1.47	1.77	1.58
*满洲里	1.3	1.05	1.01	1.35	1.88	1.12	1.58	1.16	1.22	1.10	1.28
牙克石	0.98	1.63	1.65	1.59	1.67	2.27	1.46	2.29	2.29	2.29	1.81
扎兰屯	1.08	2.03	1.90	2.18	1.64	1.80	1.76	1.90	2.04	2.18	1.85
额尔古纳	0.91	2.18	2.02	2.05	1.78	1.51	1.56	1.56	1.56	1.56	1.67
根河	0.75	1.85	1.83	1.82	1.46	1.09	1.27	1.27	1.27	1.27	1.39
巴彦淖尔	1.32	1.28	1.30	1.37	1.36						1.33
乌兰察布	1.13	1.54	1.74	1.71	1.49						1.52
丰镇	1.12	1.84	1.86	1.84	1.83	2.11	1.41	1.15	1.15	1.16	1.55
乌兰浩特	1.05	1.56	1.58	2.01	1.83	1.64	1.53	1.66	1.62	0.95	1.54
阿尔山	1.37	2.72	2.47	2.28	1.76	1.74	1.64	1.37	1.17	0.92	1.74
二连浩特	2.00	2.05	2.00	2.09	1.35	0.60	0.65	1.49	2.32	2.32	1.69
锡林浩特	1.10	2.25	1.72	1.38	1.82	1.49	1.55	1.63	1.68	1.54	1.62
辽宁	**1.16**	**1.13**	**1.10**	**1.08**	**1.05**	**1.02**	**1.05**	**1.07**	**1.05**	**1.05**	**1.08**
沈阳	1.37	1.23	1.14	1.13	1.02	0.91	0.86	0.79	0.66	0.64	0.98
新民	1.94	1.94	1.94	1.65	1.55	1.63	1.88	1.83	1.83	1.83	1.80
大连	0.80	0.80	0.77	0.78	0.78	0.71	0.86	0.98	1.03	0.92	0.84
瓦房店	0.93	0.95	1.21	1.18	1.28	1.19	1.37	1.12	1.31	1.27	1.18
普兰店	1.19	1.19	1.19	1.22	1.22	1.16	2.05	2.02	2.01	1.88	1.51
庄河	1.31	1.43	1.40	1.33	1.36	1.28	1.29	1.30	2.00	1.91	1.46
鞍山	0.98	0.97	0.95	0.73	0.71	0.68	0.68	0.68	0.66	0.68	0.77
海城	1.06	1.01	1.01	1.85	1.70	1.67	1.51	1.51	1.98	1.81	1.51
抚顺	1.05	1.05	1.05	0.86	1.05	0.97	1.05	1.16	1.16	1.16	1.06
本溪	1.03	1.12	1.05	1.27	1.07	0.97	0.97	0.97	1.02	1.01	1.05
丹东	1.00	1.11	1.18	1.21	1.18	0.95	0.94	0.92	0.90	0.90	1.03
东港	1.71	1.45	1.18	1.28	1.16	1.32	1.14	1.06	1.06	0.80	1.22
凤城	2.08	1.59	1.52	1.57	1.35	1.27	1.40	1.59	2.41	2.38	1.72
锦州	0.93	0.82	0.82	0.95	1.00	1.17	1.17	1.14	1.11	1.10	1.02
凌海	1.04	1.02	1.02	2.05	2.00	2.04	2.04	1.81	1.83	1.84	1.67
北宁	1.64	1.29	1.46	1.48	1.49	1.69	1.70	1.70	1.71	1.37	1.55
营口	1.21	1.47	1.28	1.13	0.99	1.11	1.11	1.47	1.09	1.10	1.20
盖州	1.97	1.31	1.73	2.63	0.93	1.07	1.31	1.25	1.09	1.09	1.44

年份地区	2010	2009	2008	2007	2006	2005	2004	2003	2002	2001	平均值
大石桥	1.36	1.31	1.32	1.12	1.10	0.94	0.93	0.82	1.02	0.95	1.09
阜新	1.55	1.55	1.55	1.55	1.40	1.79	1.89	1.89	1.89	2.08	1.71
辽阳	0.61	0.88	0.87	0.85	0.83	0.91	0.92	0.92	0.96	0.96	0.87
灯塔	1.21	1.22	1.23	1.24	1.00	1.25	1.01	1.03	0.79	2.71	1.27
盘锦	0.72	0.64	0.73	0.74	0.75	0.76	0.77	0.77	0.78	0.97	0.76
铁岭	1.05	1.07	1.07	0.94	1.13	0.98	1.45	1.45	1.01	0.95	1.11
调兵山	1.42	1.36	1.35	1.30	1.29	0.91	0.92	0.94		0.96	1.05
开原	1.19	1.18	1.08	1.04	1.04	1.51	1.52	1.51	1.48	2.38	1.39
朝阳	1.70	1.70	1.71	1.74	1.76	1.45	1.39	1.45	1.45	1.45	1.58
北票	1.47	1.46	1.64	1.70	1.70	1.70	1.75	1.73	1.68	1.94	1.68
凌源	1.80	1.97	1.69	1.90	2.05	1.98	1.83	1.72	1.53	1.53	1.80
葫芦岛	1.29	1.29	1.14	0.44	0.77	1.58	1.09	1.56	1.49	1.36	1.20
兴城	1.06	1.25	1.33	1.81	2.17	2.21	1.83	1.65	2.17	2.45	1.79
吉林	**1.38**	**1.45**	**1.61**	**1.64**	**1.51**	**1.46**	**1.49**	**1.55**	**1.66**	**1.70**	**1.55**
长春	1.31	1.32	1.33	1.29	1.19	0.96	0.97	1.01	1.07	1.08	1.15
九台	1.57	1.68	1.55	1.42	2.27	1.98	1.98	1.91	*1.91*	*1.91*	1.82
*榆树	1.12	1.19	*1.56*	*1.50*	*1.43*	*2.00*	*1.82*	*1.85*	*1.89*	*1.85*	1.62
德惠	2.05	1.59	1.68	1.65	1.60	1.96	*2.00*	*2.00*	*2.00*	*2.00*	1.85
吉林	0.79	0.78	0.74	0.73	0.58	0.59	0.59	0.76	1.01	1.02	0.76
*蛟河	*1.21*	*1.21*	*1.21*	*1.21*	*1.21*	*1.21*	*1.35*	*1.15*	1.83		1.29
桦甸	1.59	1.60	1.71	1.62	1.63	*1.69*	*1.74*	*1.79*	*1.85*	*1.90*	1.71
舒兰	1.10	1.09	1.09	1.09	0.96	2.06	1.62	1.60	1.57	1.55	1.37
*磐石	1.03	0.99	*2.11*	*2.06*	*1.97*	*2.00*	*2.00*	*2.00*	*1.85*	*1.96*	1.80
四平	1.01	1.07	1.13	1.88	1.93	1.97	1.97	2.07	1.84	1.85	1.67
公主岭	1.10	1.06	2.17	2.16	1.05	1.11	1.08	1.53	1.53	1.57	1.44
*双辽	1.08	*1.21*	*1.76*	*1.73*	*1.17*	*1.01*	*1.00*	*1.24*	1.53	1.27	1.30
辽源	1.33	1.11	1.18	1.16	1.49	1.22	1.29	1.29	1.35	1.36	1.28
通化	1.11	1.11	1.27	2.23	2.22	1.11	1.11	1.52	1.39	1.36	1.44
梅河口	*2.00*	*2.00*	*2.00*	*2.00*	*2.00*	2.01	2.25	2.20	1.84	2.01	2.03
集安	1.90	1.99	1.77	1.68	1.59	2.38	2.39	2.21	2.02	2.02	2.00
白山	1.49	1.29	1.60	1.04	1.00	1.19	1.52	1.50	1.55	1.75	1.39
*临江	*1.29*	*1.29*	*1.23*	*1.75*	*1.79*	*1.31*	*1.19*	*1.52*	*1.13*	*1.08*	1.36
松原	1.13	1.51	1.49	1.58	1.32	*1.48*	*1.48*	*1.48*	*1.48*	*1.48*	1.44
白城	1.00	1.00	1.75	1.78	1.79	1.11	1.12	1.13	1.03	0.95	1.27
*洮南	*1.60*	*1.61*	*1.84*	*1.83*	*1.59*	*1.51*	*1.51*	*1.63*	*1.78*	*1.65*	1.66

年份地区	2010	2009	2008	2007	2006	2005	2004	2003	2002	2001	平均值
大安	2.15	2.00	1.92	1.92	2.01	2.01	2.01	2.01	2.02	2.02	2.01
延吉	2.39	2.32	2.33	2.24	2.16	1.56	1.12	1.16	1.20	1.21	1.77
图们	2.16	2.16	2.13	2.13	2.12	1.39	1.29	1.29	1.40	1.14	1.72
敦化	1.36	1.94	1.96	1.98	0.15	1.63	1.70	1.71	1.66	1.50	1.56
珲春	1.75	1.75	1.95	1.87	1.85	1.85	1.85	1.85	1.85	1.85	1.84
龙井	1.61	1.77	1.93	1.67	1.65	2.17	2.17	2.17	2.18	2.19	1.95
和龙	1.36	1.79	1.79	1.96	1.63	1.42	1.48	1.47	2.32	2.32	1.75
黑龙江	**1.66**	**1.69**	**1.76**	**1.75**	**1.76**	**1.49**	**1.48**	**1.33**	**1.57**	**1.50**	**1.60**
哈尔滨	0.82	0.82	0.82	0.84	0.90	0.98	1.19	1.11	1.12	1.14	0.97
*双城	1.33	1.33	1.33	1.33	1.42	1.26	1.26	1.13	1.41	1.49	1.33
尚志	1.15	1.11	1.22	1.20	1.17	1.73	1.73	1.75	1.83		1.43
五常	2.07	1.93	1.91	1.75	1.74	1.97	1.64	1.51	1.66	1.56	1.77
齐齐哈尔	1.43	1.64	1.59	1.68	1.93	1.36	1.38	1.44	1.64	1.47	1.56
*讷河	1.07	1.13	2.06	2.06	2.06	1.66	1.56	1.55	1.57	1.61	1.63
鸡西	1.00	1.02	1.04	1.02	1.24	1.10	1.10	1.10	1.10	1.10	1.08
*虎林	3.24	2.39	2.33	2.31	2.07	1.83	2.09	1.16	1.82	1.01	2.03
*密山	2.45	2.45	2.20	2.17	1.92	1.55	1.71	0.86	1.60	0.86	1.78
*鹤岗	2.11	2.11	2.17	2.09	2.08	1.88	1.89	1.88	1.79	1.72	1.97
*双鸭山	1.80	1.80	1.89	1.90	2.11	1.82	1.83	1.76	1.66	2.41	1.90
大庆	0.71	0.72	0.60	0.59	0.70	0.72	0.59	0.67	0.70	0.71	0.67
*伊春	1.90	1.90	1.95	1.86	1.85	1.56	1.42	1.48	1.96	1.84	1.77
铁力	1.26	1.83	1.99	1.99	1.99	1.82	1.53	1.51	2.50	2.50	1.89
佳木斯	2.07	1.97	1.90	1.72	1.71	1.30	1.30	1.44	1.41	1.42	1.62
*同江	1.82	1.82	2.22	2.18	1.93	1.47	1.72	0.88	1.66		1.74
*富锦	1.88	1.88	1.96	1.97	1.98	1.62	1.47	1.45	1.56	1.95	1.77
七台河	1.96	1.25	1.43	1.45	1.45	1.45	1.48	1.32	1.16	2.01	1.50
牡丹江	1.23	1.34	1.34	1.34	1.76	1.19	1.18	1.20	1.15	1.14	1.29
*绥芬河	2.18	2.18	2.11	2.08	1.84	1.51	1.62	0.76	1.99	1.28	1.76
海林	1.52	1.52	1.22	1.56	1.68	1.20	1.70		1.48		1.49
*宁安	1.14	1.14	1.03	1.03	1.03	1.03	1.03	1.03	1.03	1.03	1.05
*穆棱	1.90	1.88	1.96	1.97	1.98	1.62	1.47	1.45	1.96	2.03	1.82
黑河	1.71	2.22	2.22	2.25	2.20	1.40	1.26	1.51	1.30	1.22	1.73
北安	2.38	2.38	2.18	2.17	2.15	1.89	1.72	1.72	1.72	1.72	2.00
*五大连池	2.16	2.16	2.06	2.06	2.06	1.66	1.56	1.55	1.57	1.61	1.85
*绥化	1.70	1.70	1.71	1.70	1.82	1.33	1.34	1.44	1.53	1.45	1.57

续表

年份地区	2010	2009	2008	2007	2006	2005	2004	2003	2002	2001	平均值
*安达	1.12	1.47	2.11	2.10	2.08	1.78	1.63	1.63	2.17	1.28	1.74
*肇东	1.90	1.82	2.22	2.18	1.93	1.47	1.72	0.88	1.66		1.75
海伦	1.93	1.93	1.93	1.94	1.97	1.42	1.40	1.38	1.41	1.49	1.68
上海	**0.87**	**1.01**	**0.98**	**1.02**	**0.99**	**0.96**	**1.30**	**1.25**	**0.81**	**1.14**	**1.03**
江苏	**1.17**	**1.13**	**1.10**	**1.07**	**1.05**	**0.91**	**0.93**	**0.90**	**0.86**	**0.91**	**1.00**
南京	1.04	0.91	0.93	0.94	1.03	0.90	0.91	0.85	0.84	0.83	0.92
无锡	1.39	1.27	1.04	1.03	1.04	1.05	0.96	0.92	0.71	0.92	1.03
江阴	1.20	1.30	1.38	1.46	1.84	1.85	1.52	1.75	1.40	1.29	1.50
宜兴	1.50	1.05	0.92	0.61	0.60	0.77	0.78	0.83	0.86	0.85	0.88
徐州	0.81	0.79	0.92	1.15	1.25	0.98	1.18	0.93	0.81	0.85	0.97
新沂	1.37	1.44	1.40	1.02	1.03	0.90	0.87	0.84	0.90	0.79	1.06
邳州	0.77	1.01	1.23	1.00	1.08	1.45	2.28	2.18	1.31	1.24	1.36
常州	1.19	1.12	1.07	0.97	0.73	0.57	0.58	0.59	0.59	0.74	0.82
溧阳	0.81	0.95	0.87	1.11	1.07	1.09	1.07	1.04	1.07	1.43	1.05
金坛	0.88	0.95	0.91	0.69	0.68	0.71	0.98	1.64	1.38	1.46	1.03
苏州	1.61	1.84	1.62	1.54	1.40	0.90	0.79	0.80	1.06	1.02	1.26
*常熟	2.08	1.01	1.02	0.99	0.99	1.14	1.10	1.30	1.21	1.11	1.20
张家港	1.11	1.10	1.06	1.04	1.00	1.56	1.17	1.21	1.07	1.18	1.15
昆山	1.15	1.15	1.19	1.14	1.13	0.94	1.22	1.90	1.57	1.21	1.26
吴江	2.45	2.43	2.41	1.90	1.96	1.22	1.33	1.43	1.32	1.11	1.76
*太仓	1.80	1.79	1.80	1.52	1.55	1.08	1.28	1.67	1.49	1.56	1.55
南通	1.12	1.16	0.91	1.11	0.70	0.75	0.79	0.59	0.60	0.56	0.83
启东	1.33	1.07	1.08	1.05	0.96	0.73	0.73	0.69	1.00	0.81	0.95
如皋	1.27	1.25	0.75	0.71	0.65	0.67	0.69	0.59	0.60	0.49	0.77
通州			0.78	0.95	0.87	0.64	0.64	0.71	0.49	0.86	0.74
海门	0.96	0.78	0.82	0.79	0.83	0.91	0.92	0.80	1.00	0.95	0.88
连云港	0.71	0.76	0.68	0.70	1.20	1.13	0.99	0.92	0.99	0.88	0.90
淮安	0.56	0.57	0.58	0.58	0.61	0.67	1.00	0.97	0.82	0.84	0.72
盐城	0.89	0.80	0.83	0.86	0.81	0.73	0.74	1.05	1.51	2.03	1.03
东台	0.90	0.88	0.74	0.85	0.84	0.84	0.80	0.60	0.61	0.65	0.77
大丰	1.42	0.67	0.68	1.43	1.46	0.96	1.25	0.96	0.83	0.61	1.03
扬州	1.17	0.85	0.98	0.94	0.86	0.43	0.56	0.54	0.42	0.37	0.71
仪征	0.79	0.84	0.69	0.63	0.62	0.85	0.74	1.16	1.15	1.15	0.86
高邮	0.76	0.70	0.64	0.65	0.70	0.71	0.74	0.63	0.70	0.79	0.70
江都	0.80	0.90	0.67	0.67	0.84	0.89	0.83	0.78	0.89	0.87	0.81

续表

年份地区	2010	2009	2008	2007	2006	2005	2004	2003	2002	2001	平均值
镇江	0.80	1.00	0.91	0.88	0.77	0.46	0.45	0.44	0.50	0.76	0.70
丹阳	1.12	1.24	1.00	1.14	1.11	1.07	1.19	1.26	1.30	1.07	1.15
扬中	1.30	1.41	1.23	1.19	1.12	1.95	1.90	1.69	0.96	1.29	1.40
句容	1.10	1.38	0.89	0.90	0.87	1.31	0.87	0.91	0.74	0.71	0.97
泰州	0.82	0.82	0.85	0.81	0.76	0.93	0.73	0.65	0.67	0.48	0.75
兴化	0.91	0.94	0.78	1.65	1.72	1.45	1.25	1.21	1.17	2.36	1.34
靖江	1.15	1.27	1.36	1.11	1.46	1.30	1.45	1.23	1.15	1.11	1.26
泰兴	0.61	0.62	0.62	0.64	0.64	0.67	0.66	0.81	0.84	0.92	0.70
姜堰	0.68	0.65	0.85	0.84	0.88	0.92	0.88	1.53	1.12	0.95	0.93
宿迁	0.95	1.08	1.07	1.09	1.08	1.00	1.06	1.18	1.30	1.07	1.09
浙江	**1.87**	**1.81**	**1.59**	**1.54**	**1.34**	**1.54**	**1.45**	**1.41**	**1.25**	**1.16**	**1.50**
杭州	*1.50*	*1.25*	1.66	1.74	1.53	1.25	1.62	1.64	1.47	1.46	1.51
建德	1.41	1.18	1.79	1.58	1.65	1.60	1.50	1.27	1.33	1.60	1.49
富阳	0.83	0.80	0.83	0.92	0.91	1.00	0.88	0.85	0.74	0.75	0.85
临安	1.94	2.10	1.63	1.44	1.62	2.35	1.84	2.08	1.86	1.73	1.86
宁波	1.67	1.58	1.52	1.33	1.15	1.15	1.03	0.99	1.06	1.28	1.28
余姚	*2.31*	*2.31*	2.31	1.59	1.61	1.52	1.45	1.80	1.95	1.67	1.85
慈溪	1.68	1.95	1.96	2.07	2.13	*2.00*	*2.00*	*2.00*	*2.00*	1.67	1.95
奉化	1.98	1.76	1.81	1.54	1.89	*2.02*	*2.16*	2.29	2.01	1.60	1.91
温州	2.13	2.26	2.16	2.10	1.99	1.88	1.66	1.70	1.82	1.83	1.95
瑞安	1.09	1.07	1.41	1.42	1.55	*1.70*	*1.85*	2.00	1.09	0.91	1.41
乐清	2.51	1.48	1.02	1.07		2.43	1.74	1.75	0.60	1.37	1.55
嘉兴	1.30	1.22	1.17	1.71	1.57	1.94	1.41	1.63	1.68	1.24	1.49
海宁	1.32	1.31	1.43	1.66	1.76	1.83	2.00	1.97	2.17	2.12	1.76
平湖	2.38	2.23	2.07	1.46	1.44	1.50	0.98	1.96	1.50	1.60	1.71
桐乡	0.99	1.02	1.12	1.12	0.99	1.75	*1.20*	*1.20*	*1.20*	*1.20*	1.18
湖州	1.40	1.22	1.27	1.11	0.95	1.06	1.47	1.53	1.03	1.08	1.21
绍兴	1.07	1.27	1.04	1.33	1.20	0.90	0.85	0.69	0.52	0.45	0.93
诸暨	1.22	1.25	1.18	1.16	0.85	0.91	0.90	0.87	0.95	0.91	1.02
上虞	2.09	1.84	1.85	1.84	1.39	1.11	1.10	1.04	0.95	0.91	1.41
嵊州	1.54	1.56	1.51	1.25	0.87	0.82	0.95	1.03	0.85	0.94	1.13
金华	1.79	1.76	1.49	1.32	1.15	1.26	1.79	1.68	1.57	1.10	1.49
兰溪	1.14	1.01	1.04	0.96	0.81	1.22	0.71	0.77	0.76	0.74	0.92
义乌	*2.44*	2.41	2.27	2.21	1.92	1.46	1.29	1.11	0.70	0.85	1.67
东阳	1.4	1.39	1.29	1.48	1.19	1.21	1.22	0.91	0.73	0.79	1.16

年份地区	2010	2009	2008	2007	2006	2005	2004	2003	2002	2001	平均值
永康	*2.20*	*2.20*	*2.20*	2.27	2.05	2.10	1.83	2.16	1.36	1.03	1.94
衢州	1.09	1.03	1.03	1.03	0.90	1.59	1.70	1.21	1.13	1.10	1.18
江山	2.24	1.97	1.55	1.40	2.14	1.34	1.17	1.12	0.99	0.96	1.49
舟山	1.41	1.34	1.31	1.49	1.40	3.80	2.05	1.98	1.84	0.67	1.73
台州	1.91	1.52	1.47	1.24	0.83	1.20	1.04	0.93	1.00	0.77	1.19
温岭	2.09	2.08	1.90	1.65	1.63	2.11	2.07	2.00	0.89	0.84	1.73
临海	1.29	1.22	1.20	1.19	0.92	0.87	0.73	0.74	0.89	0.82	0.99
丽水	*2.30*	*2.30*	2.28	2.20	1.73	1.56	1.52	1.38	1.18	0.86	1.73
龙泉	1.41	1.29	1.29	1.23	1.17	1.46	1.45	1.29	1.30	1.25	1.31
安徽	**1.08**	**1.09**	**1.10**	**1.03**	**1.06**	**1.16**	**1.18**	**0.96**	**0.88**	**0.84**	**1.04**
合肥	0.90	0.87	0.79	0.74	0.81	0.79	0.69	0.69	0.70	0.63	0.76
芜湖	0.91	0.89	0.93	0.93	0.90	0.84	0.81	0.83	0.78	0.91	0.87
蚌埠	1.18	1.16	1.12	1.13	0.99	0.97	0.94	0.91	0.79	0.80	1.00
淮南	1.08	0.82	1.66	0.87	0.82	0.80	1.53	0.60	0.54	0.56	0.93
马鞍山	0.94	0.89	0.81	0.73	0.75	0.58	0.56	0.51	0.44	0.42	0.66
淮北	0.37	0.37	0.37	0.37	0.37	0.56	0.78	0.68	0.68	0.66	0.52
铜陵	0.76	1.34	1.57	1.09	1.04	1.82	1.95	0.98	0.98	0.92	1.25
安庆	1.47	1.37	1.26	1.25	1.07	1.11	1.12	0.92	0.92	0.92	1.14
桐城	1.36	1.31	1.31	1.36	1.38	1.57	1.69	1.44	1.55	1.61	1.46
黄山	1.46	1.46	1.10	1.42	2.41	1.56	1.52	0.80	0.65	0.61	1.30
滁州	1.42	1.48	1.56	1.21	1.22	1.22	1.24	1.21	1.19	1.16	1.29
天长	*1.20*	1.08	0.99	1.02	1.03	0.81	0.71	0.65	0.58	0.50	0.86
明光	1.94	1.76	1.80	1.78	1.92	*1.53*	*1.53*	*1.23*	1.89	1.99	1.74
阜阳	1.04	1.04	1.04	0.98	0.98	1.56	1.29	1.05	0.98	0.53	1.05
界首	1.36	1.37	1.38	1.39	1.39	1.09	1.01	1.21	1.24	1.23	1.27
宿州	1.15	1.13	0.95	2.28	0.98	1.94	1.74	1.58	0.63	0.59	1.30
巢湖	0.72	1.10	1.39	1.37	1.87	1.59	1.34	1.36	1.33	2.27	1.43
六安	1.68	1.60	1.25	1.21	1.23	1.46	1.21	1.08	1.36	1.32	1.34
亳州	1.20	1.18	1.22	1.17	*1.38*	*1.59*	1.79	1.68	1.68	1.69	1.46
池州	1.10	1.24	1.23	1.18	1.26	2.42	1.30	1.80	1.89	2.00	1.54
宣城	2.12	2.13	2.07	1.92	2.24	0.78	1.34	1.16	1.12	0.44	1.53
宁国	1.72	1.66	1.57	1.56	2.00	1.00	1.93	2.11		2.33	1.76
福建	**1.52**	**1.45**	**1.52**	**1.43**	**1.25**	**0.01**	**1.22**	**1.12**	**0.97**	**0.92**	**1.14**
福州	1.29	1.36	1.38	1.06	1.03	1.27	1.04	0.96	0.99	0.98	1.14
福清	1.09	1.02	1.69	*1.41*	1.12	1.19	1.15	1.13	0.97	0.92	1.17

续表

年份地区	2010	2009	2008	2007	2006	2005	2004	2003	2002	2001	平均值
长乐	0.72	0.70	0.55	0.53	0.88	0.56	0.73	0.68	0.67	0.70	0.67
厦门	1.78	1.69	2.01	2.00	1.77	1.73	1.69	1.80	0.94	0.82	1.62
莆田	1.66	1.26	1.37	1.01	0.88	0.94	0.88	0.85	0.76	0.81	1.04
三明	1.60	1.44	1.29	1.18	0.99	1.17	1.17	1.06	0.88	0.79	1.16
永安	0.95	0.97	1.12	1.18	1.22	1.19	1.19	1.51	1.36	1.23	1.19
泉州	1.45	1.07	1.05	0.98	1.02	1.01	1.01	0.77	0.72	0.70	0.98
*石狮	1.50	1.38	1.53	1.49	1.40	1.37	1.35	1.29	0.83	0.76	1.29
*晋江	1.20	1.15	1.24	1.71	1.11	1.13	1.08	1.27	1.39	1.49	1.28
南安	1.76	0.91	0.95	1.93	0.82	0.88	0.81	0.72	0.65	0.54	1.00
漳州	0.99	0.97	0.97	1.04	0.96	0.85	0.77	0.80	0.47	0.46	0.83
龙海	0.49	0.85	0.54	0.51	0.50	0.71	0.53	0.70	0.72	0.68	0.62
南平	1.03	1.06	1.05	1.00	1.07	1.49	2.21	1.83	1.78	1.74	1.43
邵武	1.63	1.62	1.62	1.62	1.61	1.56	1.45	1.21	1.21	1.35	1.49
武夷山	1.29	1.22	1.19	1.59	1.52	1.76	1.82	1.32	1.26	0.97	1.39
建瓯	1.45	1.30	1.29	1.31	1.25	1.26	1.27	0.98	0.99	0.98	1.21
建阳	1.33	1.17	1.53	1.66	1.72	1.21	1.21	1.21	1.21	0.88	1.31
龙岩	1.56	1.42	1.39	1.21	1.02	0.90	0.77	0.72	1.03	1.05	1.11
漳平	0.45	0.91	0.93	0.94	0.96	1.60	1.61	1.46	1.69	1.70	1.23
宁德	1.52	1.57	1.64	1.92	1.32	1.34	1.42	1.38	1.19	0.71	1.40
福安	1.57	1.52	0.84	0.82	0.76	1.33	1.49	1.38	1.31	1.30	1.23
福鼎	1.07	1.10	0.97	1.11	0.42	1.20	1.15	1.10	1.18	1.15	1.05
江西	**1.02**	**1.05**	**0.95**	**0.99**	**1.03**	**1.01**	**1.02**	**0.56**	**0.82**	**0.86**	**0.93**
南昌	1.01	0.98	0.90	1.02	1.00	0.77	0.86	0.80	0.80	0.80	0.89
景德镇	0.88	0.91	0.81	0.78	0.87	0.78	0.79	0.73	0.75	0.79	0.81
乐平	0.82	0.89	0.83	0.55	0.54	0.95	0.95	1.04	0.88	1.06	0.85
萍乡	1.15	1.82	1.75	1.96	1.38	1.33	1.29	1.24	0.53	0.53	1.30
九江	0.78	0.78	0.77	0.73	0.90	0.79	0.86	0.89	0.86	0.82	0.82
瑞昌	0.83	0.84	1.21	1.22	1.47	1.23	1.23	1.07	1.13	1.13	1.14
新余	1.05	1.04	1.04	1.32	1.89	1.75	1.81	1.68	1.41	1.00	1.40
鹰潭	1.32	2.03	1.97	1.34	2.02	1.37	1.16	0.87	0.88	0.84	1.38
贵溪	1.31	1.57	1.27	1.17	1.11	1.06	1.06	1.16	1.14	1.14	1.20
赣州	1.96	1.74	0.88	0.88	0.83	0.88	0.89	0.87	0.85	0.60	1.04
瑞金	0.39	0.42	0.39	0.42	0.49	1.94	1.77	1.49	1.12	0.78	0.92
南康	0.89	0.91	0.85	0.92	0.87	0.78	0.83	0.94	0.94	0.89	0.88
吉安	1.11	1.09	1.08	1.08	1.19	0.75	0.67	0.70	0.58	0.70	0.90

年份地区	2010	2009	2008	2007	2006	2005	2004	2003	2002	2001	平均值
*井冈山	*1.34*	*1.34*	*1.31*	*1.32*	*1.38*	*1.33*	*1.21*	*1.11*	1.98	1.98	1.43
宜春	0.69	0.86	0.87	0.88	0.89	0.98	0.93	0.90	0.90	1.43	0.93
丰城	0.94	0.72	0.64	0.64	0.52	1.12	1.03	0.97	0.84	0.86	0.83
樟树	0.69	0.69	0.67	0.68	0.86	0.99	1.24	1.39	1.26	1.09	0.96
高安	0.91	1.14	1.15	1.21	1.10	1.16	1.05	1.10	1.01	1.02	1.09
抚州	0.99	0.77	0.73	0.83	0.68	0.86	0.79	0.71	0.67	0.50	0.75
上饶	1.09	1.36	1.38	1.25	1.32	1.84	1.74	1.37	0.62	0.62	1.26
德兴	1.78	1.70	1.68	0.99	1.78	1.63	1.68	1.27	1.62	1.57	1.57
山东	**1.05**	**1.03**	**1.08**	**1.03**	**1.11**	**0.84**	**1.05**	**1.00**	**0.77**	**0.69**	**0.97**
济南	0.91	1.05	0.95	0.91	0.89	0.71	0.71	0.59	0.60	0.58	0.79
章丘	0.98	0.90	0.90	0.09	0.90	0.86	0.89	1.17	1.59	1.63	0.99
青岛	1.38	1.40	1.36	1.27	1.06	1.00	0.97	0.91	0.96	0.10	1.04
胶州	1.39	1.30	1.40	1.38	1.31	1.10	1.12	1.14	1.07	1.10	1.23
即墨	0.94	0.86	1.10	1.08	1.08	1.12	1.12	1.12	1.28	1.38	1.11
平度	1.17	1.18	1.29	1.43	1.45	1.46	2.36	*2.14*	*1.93*	1.72	1.61
胶南	0.99	0.99	1.02	1.04	1.03	0.81	0.83	0.86	0.90	0.76	0.92
莱西	1.09	1.09	1.31	1.33	1.34	1.59	1.36	1.16	1.25	1.19	1.27
淄博	1.00	0.95	0.93	0.97	1.12	0.93	0.83	0.84	0.78	0.76	0.91
枣庄	1.77	1.84	1.72	1.66	1.56	0.67	1.08	0.57	0.61	0.80	1.23
滕州	2.06	1.20	1.18	1.14	1.10	1.59	1.55	*1.77*	*1.99*	2.20	1.58
东营	0.84	0.91	0.96	0.96	0.98	0.90	1.08	1.85	1.59	1.24	1.13
烟台	1.01	0.89	0.83	0.84	0.79	0.57	0.55	0.50	0.47	0.49	0.69
龙口	1.05	1.03	0.88	0.90	3.22	2.28	0.94	0.79	1.04	0.51	1.26
莱阳	0.69	0.80	0.91	0.99	0.87	0.88	0.91	0.92	0.90	0.92	0.88
莱州	0.79	0.81	0.80	0.87	0.68	0.93	0.92	0.84	0.78	0.48	0.79
蓬莱	1.17	1.11	1.10	1.09	1.07	1.17	1.14	0.87	1.14	1.09	1.10
招远	1.38	1.36	1.31	1.05	1.22	1.25	1.08	1.02	1.05	1.07	1.18
栖霞	1.02	1.04	1.51	1.53	1.52	1.32	1.28	1.30	1.30	1.30	1.31
海阳	0.39	0.35	0.71	0.94	0.66	0.72	0.78	0.86	1.27	0.79	0.75
潍坊	0.67	0.57	0.77	0.55	1.11	0.88	0.74	0.74	0.68	0.62	0.73
青州	1.14	1.27	1.25	1.40	*1.89*	2.37	*2.29*	*2.21*	*2.13*	2.05	1.80
诸城	0.94	0.95	0.95	0.94	0.91	2.13	2.13	2.17	2.01	1.53	1.47
寿光	1.06	0.96	0.92	0.89	1.12	0.89	0.85	2.33	2.19	0.90	1.21
安丘	0.89	0.74	0.63	0.88	0.71	0.72	0.71	0.69	0.67	0.61	0.73
高密	1.10	1.17	0.95	1.02	1.07	2.16	2.16	1.80	1.18	0.86	1.35

年份地区	2010	2009	2008	2007	2006	2005	2004	2003	2002	2001	平均值
昌邑	0.97	0.97	0.96	0.91	0.90	1.04	0.93	0.94	0.93	1.09	0.96
济宁	1.36	1.26	1.27	1.25	1.16	0.54	0.46	0.47	0.35	0.49	0.86
曲阜	2.02	2.19	2.24	1.86	2.12	1.57	2.12	1.75	1.23	1.28	1.84
兖州	1.80	1.67	1.62	1.54	1.62	1.71	1.80	1.89	1.86	1.26	1.68
邹城	1.95	1.86	2.07	1.44	1.69	1.27	1.36	1.19	1.21	1.20	1.52
泰安	0.79	0.69	1.28	1.25	1.23	0.44	0.44	0.42	0.38	0.39	0.73
新泰	0.97	0.94	0.89	0.89	0.93	0.97	0.94	0.92	0.89	1.05	0.94
肥城	0.56	0.61	0.91	0.93	1.16	0.97	0.95	0.80	0.60	0.60	0.81
威海	1.43	1.37	1.38	4.95	1.42	0.99	1.63	1.40	1.14	0.99	1.67
文登	1.16	0.96	0.95	0.92	1.02	0.51	0.45	0.31	0.31	0.30	0.69
荣成	0.97	0.93	0.86	0.85	0.77	0.87	0.87	0.86	0.84	0.18	0.80
乳山	1.25	1.25	1.23	1.40	1.35	0.67	0.64	0.62	0.73	0.63	0.98
日照	1.00	1.00	0.98	0.97	0.90	0.41	0.39	0.38	0.31	0.19	0.65
莱芜	0.95	0.91	0.88	0.93	0.93	0.46	0.31	0.31	0.33	0.27	0.63
临沂	0.93	0.97	1.16	0.77	0.71	0.59	0.55	0.43	0.51	0.49	0.71
德州	0.91	0.90	1.08	1.08	1.11	1.13	0.95	0.89	0.78	0.79	0.96
乐陵	0.32	0.44	0.83	1.02	1.07	0.78	0.82	0.76	0.68	1.19	0.79
禹城	0.63	0.66	0.79	1.17	0.65	0.75	0.71	1.66	1.43	1.39	0.98
聊城	0.78	0.79	0.92	0.96	0.99	0.54	0.54	0.44	0.63	0.53	0.71
临清	0.9	1.08	1.47	1.53	1.09	1.31	0.67	0.97	0.94	0.82	1.08
滨州	0.65	0.62	0.90	0.75	2.19	1.68	1.32	1.23	0.60	0.51	0.92
菏泽	1.00	0.73	0.80	0.87	0.86	0.32	0.42	0.30	0.62	0.32	0.62
河南	**1.06**	**1.08**	**1.23**	**1.23**	**1.19**	**1.29**	**1.20**	**1.17**	**0.92**	**0.90**	**1.13**
郑州	1.53	1.25	1.28	1.27	1.02	1.14	1.03	1.14	0.97	1.00	1.16
巩义	0.89	0.93	1.01	0.97	0.95	1.83	1.83	2.13	2.05	1.92	1.45
荥阳	1.09	1.09	1.10	1.04	1.06	8.93	1.24	1.37	1.18	1.75	1.99
新密	1.20	1.42	1.43	1.25	0.76	0.89	0.90	0.91	1.52	0.67	1.10
新郑	0.93	0.93	0.80	0.79	2.04	0.86	0.66	0.79	0.80	1.21	0.98
登封	1.25	1.21	1.92	2.07	1.26	1.78	1.70	1.05	1.04	0.96	1.42
开封	1.00	0.99	1.62	1.46	1.01	1.14	1.14	1.23	1.22	1.19	1.20
洛阳	0.53	0.97	0.81	0.88	1.83	1.10	1.10	1.09	1.03	0.97	1.03
偃师	1.26	1.26	1.64	1.67	0.76	1.71	1.83	1.62	2.15	2.12	1.60
平顶山	0.92	0.93	0.90	0.78	5.06	0.73	0.63	0.60	0.57	0.47	1.16
舞钢	1.09	1.19	1.19	1.14	1.19	1.40	1.61	1.82	2.03	2.24	1.49
汝州	0.93	0.93	0.89	0.89	1.46	1.46	1.46	1.46	1.46	1.46	1.24

年份地区	2010	2009	2008	2007	2006	2005	2004	2003	2002	2001	平均值
安阳	1.10	1.05	1.13	1.16	*1.24*	1.33	1.49	1.29	1.13	1.10	1.20
林州	1.21	1.96	2.24	*1.96*	1.23	*1.48*	*1.73*	*1.98*	2.23	2.49	1.85
鹤壁	0.87	0.94	1.02	1.02	0.85	1.36	1.42	1.17	0.71	0.68	1.00
新乡	0.99	1.02	1.07	1.10	1.48	0.83	0.84	0.93	0.87	0.89	1.00
卫辉	1.10	1.20	1.89	1.75	1.29	1.80	2.24	2.24	2.25	2.24	1.80
辉县	1.21	1.21	1.30	1.29	0.86	1.28	1.16	1.18	1.20	0.94	1.16
焦作	1.10	1.19	0.98	0.98	2.02	0.96	0.95	0.94	0.87	0.87	1.09
沁阳	0.98	1.01	1.98	1.99	3.45	2.00	1.63	1.56	1.27	1.29	1.72
孟州	0.86	0.90	1.79	1.64	1.72	1.82	*1.93*	*2.03*	*2.14*	2.25	1.71
濮阳	1.08	1.05	1.46	1.47	1.43	1.60	1.61	1.68	1.07	1.12	1.36
许昌	1.11	1.10	3.85	1.36	1.84	1.50	1.31	1.35	1.30	1.33	1.61
禹州	1.02	1.17	1.25	2.06	1.08	*2.00*	*2.00*	*2.00*	*2.00*	*2.00*	1.66
长葛	1.38	1.35	1.33	1.37	1.30	1.24	1.23	0.71	0.68	0.66	1.13
漯河	0.93	0.97	1.27	1.28	0.90	1.32	1.47	1.44	1.43	1.46	1.25
三门峡	0.92	0.93	0.85	0.84	1.15	0.92	0.92	0.91	0.70	0.68	0.88
义马	0.92	0.89	1.25	1.17	0.93	1.11	1.10	1.10	2.37	1.83	1.27
灵宝	1.16	1.16	1.23	1.09	0.99	0.93	0.93	0.94	0.92	0.93	1.03
南阳	1.07	1.05	0.98	0.97	0.79	0.94	0.93	0.81	0.38	0.36	0.83
邓州	0.99	0.98	1.77	1.87	1.20	1.77	1.36	1.36	1.37	1.35	1.40
商丘	1.02	0.91	0.75	0.80	1.72	0.74	0.67	0.65	0.39	0.38	0.80
永城	0.97	0.98	1.23	1.25	1.64	1.56	1.67	1.78	1.86	1.88	1.48
信阳	0.77	0.76	1.01	0.89	1.04	0.90	0.91	0.89	0.25	0.25	0.77
周口	1.28	1.57	1.76	1.75	1.10	1.61	1.74	0.85	0.81	0.66	1.31
项城	0.96	0.99	1.31	1.32	1.77	1.97	1.67	2.01	2.19	2.34	1.65
驻马店	1.22	1.29	1.34	1.61	1.38	1.25	1.58	1.60	0.62	0.76	1.27
济源	1.23	1.16	1.13	1.12	1.21	1.07	1.15	1.17	1.48	1.39	1.21
湖北	**1.20**	**1.19**	**1.21**	**1.27**	**1.30**	**1.16**	**1.14**	**1.04**	**0.82**	**0.71**	**1.10**
武汉	1.06	1.10	1.13	1.31	1.28	1.79	2.02	1.59	1.10	1.09	1.35
黄石	1.11	1.11	1.16	1.17	1.17	1.17	1.17	1.16	1.16	1.14	1.15
大冶	1.01	1.01	1.01	1.00	1.00	0.91	1.02	0.59	0.56	0.57	0.87
十堰	1.68	1.58	1.38	1.27	1.04	1.02	1.06	0.98	0.97	0.98	1.20
丹江口	1.27	1.27	1.06	1.26	1.25	1.28	1.28	1.22	1.07	0.66	1.16
宜昌	1.16	1.10	1.14	1.12	1.26	1.21	1.21	1.18	0.72	1.15	1.13

续表

年份地区	2010	2009	2008	2007	2006	2005	2004	2003	2002	2001	平均值
宜都	0.88	1.32	2.05	2.05	1.57	1.46	1.52	1.27	0.47	0.41	1.30
当阳	2.15	1.11	1.11	1.11	1.80	1.80	1.80	1.94	0.75	0.67	1.42
枝江	0.96	1.01	1.47	1.58	1.42	1.15	1.13	1.11	0.35	0.35	1.05
襄樊	1.20	0.81	0.97	0.95	0.97	0.79	1.26	0.96	0.96	0.88	0.98
老河口	0.48	0.48	0.58	1.18	0.50	0.23	0.23	0.23	0.24	0.24	0.44
枣阳	1.32	1.40	1.32	1.22	1.15	0.24	0.25	0.23	0.19	0.18	0.75
宜城	0.98	1.05	1.07	1.51	1.52	0.36	0.31	0.31	0.31	0.31	0.77
鄂州	1.03	1.05	1.03	1.00	0.98	0.97	0.98	1.10	1.09	0.41	0.96
荆门	1.27	1.56	1.64	1.66	1.66	1.92	2.01	1.90	1.84	1.96	1.74
钟祥	1.46	1.55	1.55	1.56	1.63	1.62	1.17	1.74	2.01	0.18	1.45
孝感	0.95	0.90	0.86	0.86	0.84	0.79	0.78	0.77	0.77	0.76	0.83
应城	0.87	0.87	0.79	0.79	0.77	0.78	0.77	0.77	0.78	0.81	0.80
安陆	1.24	1.18	1.15	1.15	1.09	1.06	1.05	1.03	1.02	1.02	1.10
汉川	0.88	0.83	0.75	0.75	0.74	0.64	0.64	0.64	0.64	0.63	0.71
荆州	1.20	1.21	1.20	1.22	1.20	0.68	0.58	0.59	0.59	0.60	0.91
石首	2.45	2.45	2.45	2.62	2.51	0.97	0.97	0.95	0.94	0.63	1.69
洪湖	1.49	1.49	1.49	1.08	1.49	0.48	0.46	0.46	0.43	0.40	0.93
松滋	1.67	1.67	1.67	1.85	1.69	0.72	0.72	0.72	2.68	0.42	1.38
黄冈	1.48	1.48	1.47	1.46	1.42	0.98	0.99	0.99	0.99	1.00	1.23
麻城	1.22	1.23	1.23	1.23	1.23	1.24	1.20	1.15	1.17	1.11	1.20
武穴	1.25	1.26	1.25	1.07	1.07	1.04	1.06	1.07	0.86	0.78	1.07
*咸宁	1.50	1.50	1.50	1.50	1.51	1.41	1.19	1.64	0.75	0.70	1.32
赤壁	2.19	2.11	2.26	2.25	2.39	2.36	2.33	2.35	0.94	0.89	2.01
随州	1.03	1.11	1.14	1.11	1.11	1.15	1.08	1.00	0.52	0.20	0.95
广水	0.93	0.82	0.95	0.92	1.87	0.97	0.89	0.77	0.77	0.28	0.92
恩施	1.04	0.99	0.98	0.98	0.79	0.25	0.26	0.25	0.23	0.35	0.61
利川	1.00	1.02	0.95	0.96	0.89	0.24	0.24	0.53	0.53	0.53	0.69
仙桃	1.38	1.42	1.50	1.47	1.46	1.43	0.44	0.44	0.43	0.43	1.04
潜江	1.22	1.18	1.18	1.20	1.16	1.13	1.09	1.05	1.02	1.04	1.13
天门	1.26	1.20	1.18	1.20	0.94	0.90	0.80	0.70	0.48	0.42	0.91
湖南	**1.20**	**1.26**	**1.41**	**1.35**	**1.35**	**1.28**	**1.32**	**1.20**	**1.20**	**1.02**	**1.26**
长沙	1.21	1.23	1.15	1.06	0.99	0.97	1.02	0.95	1.32	1.35	1.13
浏阳	1.58	1.54	1.21	1.36	1.52	1.96	2.00	1.89	1.48	1.48	1.60
株洲	1.08	1.04	1.28	1.18	0.94	0.92	1.01	1.05	0.81	0.44	0.98

续表

年份地区	2010	2009	2008	2007	2006	2005	2004	2003	2002	2001	平均值
醴陵	0.82	1.39	1.73	2.45	2.38	2.19	1.95	1.37	1.46	1.46	1.72
湘潭	0.94	0.89	1.12	1.37	1.20	1.15	1.01	1.13	0.95	1.73	1.15
湘乡	1.13	1.96	2.21	2.44	2.19	1.87	1.83	1.72	1.67	1.37	1.84
韶山	2.30	2.29	2.02	1.75	1.48	1.21	1.00	1.13	0.84	0.66	1.47
衡阳	1.07	1.06	1.10	1.09	1.08	1.00	1.10	1.04	1.09	1.00	1.06
耒阳	1.96	2.13	1.96	1.92	1.82	1.52	1.22	1.30	1.06		1.49
常宁	1.72	1.75	1.95	1.93	2.06	2.19	2.02	2.04	2.00	2.00	1.97
邵阳	1.27	1.28	1.37	1.16	1.05	0.86	0.87	0.87	0.73	0.63	1.01
武冈	1.66	1.75	2.83	1.23	1.66	1.38	1.91	1.21	1.22	1.38	1.62
岳阳	0.83	0.84	1.06	0.96	0.97	1.00	1.06	0.75	0.67	0.75	0.89
汨罗	1.16	1.31	1.47	1.31	2.15	1.99	1.49	1.52	1.53	1.53	1.55
临湘	2.36	2.05	2.54	1.96	1.85	1.76	1.56	1.79	1.79	1.63	1.93
常德	0.90	0.95	1.17	0.98	0.91	0.86	0.93	1.35	0.72	0.58	0.94
津市	1.83	1.76	1.90	1.75	1.61	1.47	1.35	1.19	0.75	0.95	1.46
张家界	1.78	1.33	1.61	2.13	2.07	2.14	2.27	2.39	2.39	1.71	1.98
益阳	0.86	0.81	1.49	0.88	0.97	1.43	1.38	1.41	1.45	1.19	1.19
沅江	0.91	1.66	1.61	1.57	2.28	1.91	2.14	1.32	1.35	1.04	1.58
郴州	1.10	1.31	1.28	0.96	1.32	1.53	1.84	1.80	1.80	1.73	1.47
资兴	1.44	1.77	1.77	1.72	1.88	1.88	1.59	1.27	1.49	1.41	1.62
永州	1.29	1.63	2.15	1.42	1.36	1.43	1.48	1.85	1.62	1.40	1.56
怀化	1.69	1.70	1.40	1.84	2.01	1.52	1.83	0.84	1.70	1.59	1.61
洪江	1.93	2.07	1.83	1.57	1.31	1.05	1.82	2.08	0.70	0.71	1.51
娄底	0.95	0.80	1.26	1.29	1.37	1.58	1.55	1.02	1.12	1.18	1.21
冷水江	1.49	1.53	1.57	1.62	1.63	1.69	1.66	1.45	1.57	1.58	1.58
涟源	1.52	1.78	1.88	1.96	1.99	1.94	1.88	1.88	2.05	2.11	1.90
吉首	1.60	2.08	2.40	2.12	1.95	2.05	2.23	1.86	1.76	1.24	1.93
广东	**1.53**	**1.58**	**1.56**	**1.28**	**1.20**	**1.30**	**1.29**	**1.21**	**1.39**	**1.14**	**1.35**
广州	1.52	1.55	1.46	1.46	1.31	1.46	1.45	1.21	1.22	1.16	1.38
增城	1.50	1.47	1.40	1.32	1.02	2.05	2.08	1.89	1.05	1.04	1.48
从化	1.50	1.39	1.40	1.91	1.63	1.58	1.36	1.17	1.16	1.20	1.43
韶关	1.20	1.04	1.03	1.03	0.92	1.26	1.21	2.12	0.93	0.84	1.16
乐昌	1.03	1.44	0.74	0.81	1.14	1.35			0.74	0.00	0.91
南雄	1.62	1.46	1.07	1.07	1.06	1.67	1.73	1.08	0.70	0.68	1.21
深圳	1.27	1.46	1.38	1.29	1.16	1.10	0.01	1.59	1.53	1.50	1.23

年份地区	2010	2009	2008	2007	2006	2005	2004	2003	2002	2001	平均值
珠海	*1.90*	*2.00*	*2.00*	*2.00*	*2.16*	*1.05*	*0.92*	0.79	1.84	2.02	1.67
汕头	0.81	0.81	0.87	0.89	0.86	0.39	0.31	0.36	0.82	0.84	0.70
佛山	1.60	1.44	1.42	1.64	1.44	4.37	1.61	1.41	1.68	1.39	1.80
江门	1.30	1.23	1.19	1.09	0.94	0.88	2.14	0.97	0.71	0.61	1.11
台山	1.26	1.24	1.23	1.23	1.14	1.02	*1.02*	1.03		1.03	1.02
开平	1.48	1.45	1.45	1.42	1.23	1.91	0.90	1.61	1.62	1.33	1.44
鹤山	*2.00*	2.00	2.01	1.84	1.29	1.13	*1.20*	1.27	1.17	1.07	1.50
恩平	*2.00*	*2.00*	*2.00*	2.24	1.93	0.82	0.81	0.79	0.76	0.76	1.41
湛江	1.11	1.08	1.00	0.44	0.43	0.45	0.11	0.95	0.92	0.54	0.70
廉江	1.27	1.29	1.29	1.20	1.04	1.18	0.86	0.73	1.33	0.75	1.09
雷州	1.72	1.85	1.63	1.93	1.14	1.24	0.80	1.25	*1.15*	0.92	1.36
吴川	1.21	1.35	1.18	1.09	0.85	1.01	1.30	0.86	0.84	0.84	1.05
茂名	1.12	1.06	1.05	1.07	1.08	0.62	0.15	0.49	1.06	0.45	0.82
＊高州	0.91	0.38	0.43	0.04	0.55	0.59	1.65	0.34	0.34	0.31	0.55
＊化州	0.74	0.56	0.55	0.54	0.48	0.54	0.37	0.40	0.50	0.53	0.52
信宜	0.56	0.60	0.71	0.72	0.74	0.76	0.68	0.56	0.58	0.62	0.65
肇庆	0.88	0.82	0.91	0.93	0.94	1.11	0.24	1.43	1.35	1.27	0.99
高要	1.29	1.18	1.18	1.15	1.33	1.33	*1.24*	1.14	1.91	1.91	1.37
四会	1.49	1.47	1.33	1.33	1.31	1.36	1.19	1.38	1.14	0.93	1.29
惠州	1.42	1.13	1.19	0.99	1.34	1.20	0.30	0.87	1.45	1.83	1.17
梅州	0.95	1.02	1.26	1.41	1.35	1.43	0.75	1.06	1.13	1.06	1.14
兴宁	1.79	1.73	0.79	0.76	0.81	1.18	2.30	0.64	0.65	0.65	1.13
汕尾	1.05	1.04	0.97	0.96	0.94	0.74	0.73	1.57	0.80	0.80	0.96
陆丰	0.95	0.96	0.96	0.96	0.97	0.64	1.04	0.48	0.44	0.43	0.78
河源	1.39	1.39	1.28	1.44	1.30	0.99	0.43	0.83	0.94	0.70	1.07
阳江	0.97	1.70	0.82	0.65		*0.70*	*0.80*	0.93	0.76	0.06	0.82
阳春	1.26	1.07	0.81	1.06	0.96	1.02	1.02	1.04	0.83	0.84	0.99
清远	1.07	0.83	0.71	0.61	0.54	0.55	0.45	0.69	0.79	0.75	0.70
英德	1.39	1.17	0.80	0.83	0.86	1.09	1.10	1.04	0.99	0.93	1.02
连州	0.93	1.70	0.86	0.90	0.94	0.95	0.95	1.00	0.93	0.95	1.01
东莞	*1.50*	*1.50*	*1.50*	1.49	1.44	*1.70*	*1.96*	2.22	2.48	*2.50*	1.83
中山	1.98	1.27	2.05	*1.66*	1.27	*1.40*	*1.53*	1.66	1.82	0.28	1.49
潮州	1.07	1.05	1.35	1.83	1.78		1.41	1.40	1.33		1.25
揭阳	1.26	1.18	1.24	1.33	1.09	2.14	1.10	0.88	1.68	0.85	1.28

续表

年份地区	2010	2009	2008	2007	2006	2005	2004	2003	2002	2001	平均值
普宁	0.76	1.02	1.03	0.93	0.93	0.94	0.91	1.07	5.25	1.12	1.40
云浮	0.76	0.68	0.75	0.72	1.01	1.16	0.97	0.88	0.55	0.47	0.80
罗定	*1.35*	1.43	0.43	1.32	1.00	1.32	1.19	0.60	0.72	0.46	0.98
广西	**0.96**	**0.96**	**0.96**	**0.97**	**0.88**	**0.71**	**0.79**	**0.68**	**0.62**	**0.60**	**0.81**
南宁	0.96	0.87	0.88	0.85	0.70	0.45	0.69	0.71	0.63	0.64	0.74
柳州	0.93	0.87	0.85	0.89	0.77	0.71	0.96	0.94	0.90	0.88	0.87
桂林	0.89	0.83	0.82	0.79	0.79	0.80	0.82	0.89	0.80		0.83
梧州	0.59	0.68	1.12	1.13	1.08	1.02	1.03	1.04	1.06	1.04	0.98
岑溪	0.66	0.67	0.66	0.66	0.62	0.66	0.66	0.64	0.65	0.63	0.65
北海	1.24	1.51	0.76	0.72	0.52	0.37	0.79	0.81	0.82	0.83	0.84
防城港	1.28	1.54	2.16	1.85	2.33	2.21	2.16	2.13	1.99	1.80	1.95
东兴	*1.90*	1.88	1.50	*1.56*	*1.62*	*1.69*	*1.75*	*1.81*	*1.88*	1.96	1.76
钦州	1.67	1.45	1.67	1.74	1.21	0.70	0.20	0.20	0.19	0.83	0.99
贵港	0.83	0.74	1.13	1.10	1.10	0.80	0.85	0.39	0.36	0.34	0.76
桂平	1.00	1.03	1.00	1.00	0.69	0.66	0.61	0.67	0.67	0.66	0.80
玉林	1.01	1.02	0.82	0.84	0.86	0.87	0.87	0.82	0.64	0.63	0.84
北流	0.78	0.79	0.81	0.82	0.83	0.84	0.83	0.84	0.56	0.54	0.76
百色	1.16	1.19	1.20	1.22	1.25	1.21	0.58	0.53	0.39	0.36	0.91
贺州	1.03	1.13	1.06	1.03	1.06	1.14	1.22	2.24	1.77	1.57	1.33
河池	0.77	0.79	0.74	0.74	0.76	0.74	0.70	0.75	0.75	0.76	0.75
宜州	1.05	1.20	1.21	1.47	1.50	1.50	1.26	1.01	0.95	0.73	1.19
来宾	0.70	1.44	0.65	1.29	1.42	1.41	1.35	0.86			1.14
合山	0.25	0.50	0.49	0.49	0.53	0.53	0.75	0.37	0.47	0.45	0.48
崇左	0.96	0.97	1.65	1.54	1.53	0.57	*0.70*	0.93			1.11
凭祥	0.90	1.49	0.95	0.95	0.71	0.34	0.34	0.35	0.35	0.35	0.67
海南	**1.32**	**1.29**	**1.21**	**1.29**	**1.45**	**1.37**	**1.42**	**1.07**	**1.32**	**1.44**	**1.32**
海口	1.22	1.16	1.14	1.21	1.22	1.18	1.12	0.77	1.20	1.22	1.14
三亚	1.89	1.70	1.68	1.73	*2.00*	*2.00*	*2.00*	*2.00*	2.19	2.03	1.92
五指山	1.55	1.68	1.47	1.27	1.64						1.52
琼海	0.97	0.83	0.62	0.92	0.96	0.95	1.52	1.21	1.16	1.50	1.06
儋州	1.33	1.31	1.31	1.31	1.90	1.90	1.91	1.91	1.91	1.87	1.67
文昌	1.05	1.04	1.02	1.00	1.02	0.99	0.93	0.91	0.79	0.96	0.97
万宁	1.00	1.00	1.00	1.22	1.15	0.89	1.37	1.31	1.32	1.09	1.14
东方	1.53	2.40	1.40	1.58	2.47	1.68	1.96	1.46	0.82	1.77	1.71

年份地区	2010	2009	2008	2007	2006	2005	2004	2003	2002	2001	平均值
重庆	**0.85**	**0.77**	**0.79**	**0.72**	**0.89**	**0.77**	**0.77**	**0.72**	**0.60**	**0.36**	**0.72**
四川	**1.20**	**1.12**	**1.06**	**1.08**	**1.00**	**1.18**	**1.20**	**1.14**	**0.46**	**0.40**	**0.98**
成都	1.69	1.45	1.29	1.29	1.09	0.91	0.97	0.94	0.74	0.81	1.12
都江堰	1.12	1.12	1.01	1.02	0.96	1.87	1.76	1.56	0.58	0.36	1.14
彭州	1.15	1.19	0.67	0.80	0.68	0.90	1.11	1.01	0.20	0.20	0.79
邛崃	1.23	1.08	1.26	1.31	1.32	2.27	1.96	5.27	0.54	0.30	1.65
崇州	2.05	1.93	1.54	1.20	1.19	1.89	2.32	2.41	0.60	0.38	1.55
自贡	0.74	0.84	0.66	0.63	0.63	0.47	0.52	0.50	0.24	0.25	0.55
攀枝花	1.05	0.91	1.03	1.09	1.31	1.32	1.38	0.01	1.04	1.05	1.02
泸州	1.10	1.11	1.01	1.03	1.17	1.85	1.84	1.23	0.35	0.43	1.11
德阳	0.65	0.46	0.46	0.81	0.94	1.21	1.24	1.26	0.62	0.47	0.81
广汉	1.00	1.22	1.18	1.15	1.15	1.53	1.43	1.36	0.42	0.39	1.08
什邡	1.46	1.32	1.33	1.33	0.99	1.67	1.68	1.40	0.33	0.29	1.18
绵竹	1.63	1.64	1.55	1.55	1.18	1.10	1.27	1.29	0.30	0.29	1.18
绵阳	0.84	0.87	0.71	0.73	0.74	0.77	0.79	0.80	0.47	0.41	0.71
江油	0.64	0.61	0.54	0.52	0.45	0.96	0.98	0.81	0.66	0.47	0.66
广元	1.21	1.22	1.23	1.22	0.93	1.21	1.23	0.86	0.31	0.29	0.97
遂宁	0.87	0.96	1.08	1.10	1.03	1.14	1.92	1.55	0.26	0.26	1.02
内江	0.82	0.87	0.87	0.84	0.78	0.83	0.65	0.64	0.18	0.20	0.67
乐山	0.95	0.90	0.87	0.79	0.98	1.23	1.20	1.13	0.48	0.46	0.90
峨眉山	0.99	0.98	0.98	1.00	0.99	1.12	0.96	0.97	0.61	0.49	0.91
南充	0.97	0.99	1.00	1.00	0.80	1.19	1.80	1.57	0.37	0.35	1.00
阆中	0.99	1.00	0.99	1.00	0.57	1.19	1.54	1.39	0.40	0.18	0.93
眉山	1.03	0.94	1.01	1.29	1.00	0.76	0.76	0.71	0.33	0.32	0.82
宜宾	1.18	0.97	1.24	0.92	1.00	*1.15*	1.31	1.31	0.66	0.66	1.04
广安	0.70	0.74	0.80	0.84	0.89	0.92	0.93	0.99	0.14	0.10	0.71
华蓥	0.73	0.72	0.71	1.33	0.73	1.31	1.20	2.17	0.70	0.85	1.05
达州	1.18	1.36	1.15	1.17	1.19	1.31	1.23	1.24	0.82	0.82	1.15
万源	1.38	1.44	1.94	1.93	1.98	1.42	1.48	1.37	0.64	0.23	1.38
雅安	1.36	1.18	1.22	1.26	1.19	1.33	1.35	1.82	0.74	0.61	1.21
巴中	1.09	1.18	1.71	1.64	1.51	1.20	1.11	1.13	0.19	0.14	1.09
资阳	1.28	0.97	1.13	1.40	1.40	1.28	1.23	1.50	0.39	0.37	1.10
简阳	0.65	0.64	0.64	0.78	1.13	1.50	1.46	1.23	0.25	0.14	0.84
西昌	1.87	1.54	1.21	1.32	1.39	2.06	2.03	1.67	0.76	0.34	1.42

年份地区	2010	2009	2008	2007	2006	2005	2004	2003	2002	2001	平均值
贵州	**1.21**	**1.20**	**1.11**	**1.09**	**1.03**	**0.99**	**1.09**	**1.06**	**0.95**	**0.52**	**1.03**
贵阳	1.16	1.09	0.92	0.87	0.71	0.72	0.78	0.84	0.77	0.75	0.86
清镇	0.98	1.02	0.85	8.88	1.00	1.29	1.19	0.75	0.75	0.21	1.69
六盘水	1.48	1.49	1.52	1.90	1.42	1.17	1.17	1.17	1.13	0.80	1.33
遵义	1.12	0.99	0.98	0.86	0.89	0.95	0.98	0.97	0.98	1.25	1.00
赤水	1.02	1.13	1.20	1.88	1.88	1.92	1.92	1.54	1.73	0.36	1.46
仁怀	1.04	1.20	1.22	1.16	1.05	0.94	0.94	0.94	0.94	0.16	0.96
安顺	1.02	0.99	0.95	0.99	1.21	1.33	1.40	1.22	1.34	0.44	1.09
铜仁	1.96	2.05	1.90	1.74	1.80	1.25	1.19	1.52	1.22	0.48	1.51
兴义	0.85	0.84	0.92	0.95	1.00	1.02	0.97	0.96	0.44	0.25	0.82
毕节	1.29	1.33	1.14	1.19	1.57	1.57	2.74	1.44	1.30	0.22	1.38
凯里	1.51	1.66	1.38	1.26	1.35	1.18	0.72	0.89	0.85	0.47	1.13
都匀	1.30	1.33	1.28	1.28	1.31	1.23	1.22	1.28	1.09	0.48	1.18
*福泉	*1.45*	*1.01*	*0.90*	*1.94*	*1.11*	*1.31*	*1.30*	*0.99*	*1.05*	*0.33*	1.14
云南	**1.26**	**1.50**	**1.61**	**1.49**	**1.26**	**1.05**	**1.07**	**1.08**	**1.00**	**0.78**	**1.21**
昆明	1.24	1.48	1.31	1.26	1.22	1.11	1.04	1.04	1.01	1.06	1.18
安宁	0.85	0.79	1.18	1.10	1.11	0.89	1.20	1.17	1.17	1.21	1.07
曲靖	0.81	0.83	1.32	1.27	1.15	1.33	1.38	1.16	1.07	1.02	1.13
宣威	1.06	0.99	1.02	1.05	1.09	1.17	1.23	1.25	1.10	1.13	1.11
玉溪	1.70	2.39	2.22	*1.89*	1.55	0.52	1.37	4.17	2.66	1.81	2.03
保山	*1.83*	*1.50*	*1.50*	*1.60*	0.34	0.89	0.85	1.93	0.77	0.16	1.14
昭通	1.61	1.46	*2.32*	0.86	1.10	1.16	1.26	1.27	1.26	1.31	1.36
丽江	1.40	1.50	1.17	1.17	1.95	1.48					1.45
思茅		0.90	0.85	0.85	0.89	1.01	1.05	0.97	0.75	0.75	0.89
临沧	0.93	*2.00*	*2.00*	1.35	1.05						1.47
楚雄	1.31	1.17	1.23	1.17	1.30	1.29	1.12	1.12	1.15	0.29	1.12
个旧	0.79	0.80	0.74	0.74	1.24	1.23	1.24	1.51	1.27	1.00	1.06
开远	1.66	1.52	1.51	1.49	1.46	0.56	0.54	0.54	0.52	0.45	1.03
景洪	2.63	*2.00*	*2.00*	*2.00*	1.91	1.79	1.92	1.59	1.63	0.87	1.83
大理	1.69	1.65	1.62	1.38	1.38	0.80	0.78	0.66	0.77	0.59	1.13
瑞丽	2.56	*2.00*	*2.00*	*2.00*	1.56		1.06	1.05	1.25	1.11	1.62
潞西		1.02	1.14	1.90	0.98	0.97	1.39	0.31	0.30	0.27	0.92
西藏	**1.74**	**1.40**	**1.42**	**1.49**	**1.50**	**1.61**	**1.49**	**1.49**		**1.70**	**1.54**
*拉萨	*1.95*	*1.77*	*1.66*	*1.79*	*1.29*	*1.73*	*1.35*	*1.35*		*2.00*	1.65

续表

年份地区	2010	2009	2008	2007	2006	2005	2004	2003	2002	2001	平均值
日喀则	1	1.23	1.65	1.61	1.50	0.72					1.29
陕西	**1.41**	**1.31**	**1.22**	**1.24**	**1.06**	**1.29**	**1.24**	**1.26**	**1.06**	**0.94**	**1.20**
西安	1.67	1.43	1.24	1.22	1.23	1.06	0.99	1.10	0.97	1.02	1.19
铜川	1.19	1.12	1.03	1.04	0.99	0.98	1.07	1.11	0.85	0.43	0.98
宝鸡	0.86	0.88	0.75	0.97	0.75	1.74	1.71	1.65	0.71	0.75	1.08
咸阳	0.82	0.87	0.79	1.00	0.16	1.00	1.03	1.03	1.77	1.06	0.95
兴平	1.05	0.91	0.69	1.73	1.72	2.13	2.20	2.13	2.15	1.96	1.67
渭南	1.07	1.20	1.18	1.03	1.43	1.92	1.77	1.60	1.59	1.58	1.44
韩城	1.07	1.01	1.06	1.42	1.34	1.33	1.40	1.36	1.38	1.34	1.27
华阴	1.65	3.17	1.00	3.09	1.60	1.43	1.45	1.41	1.12	0.84	1.68
延安	1.02	1.02	1.12	1.12	0.79	0.79	0.61	0.60	0.55	0.65	0.83
汉中	0.7	0.59	2.00	0.67	0.31	0.59	0.58	0.57	0.63	0.61	0.73
榆林	2.1	2.27	2.27	2.17	2.05	2.02	2.22	2.07	1.57	1.22	2.00
安康	3.1	2.00	2.13	2.30	2.19	2.14	2.10	2.04	2.00		2.22
商洛	1.28	1.17	1.36	2.26	2.51	2.30	1.80	1.27	1.19	0.20	1.53
甘肃	**1.54**	**1.47**	**1.47**	**1.49**	**1.47**	**1.59**	**1.61**	**1.47**	**0.92**	**0.86**	**1.39**
兰州	1.81	1.76	1.93	0.16	1.07	1.65	1.40	0.94	1.23	1.06	1.30
嘉峪关	1.31	1.25	1.20	1.20	0.70	1.27	1.63	1.67	1.56	1.70	1.35
金昌	2.24	1.94	1.82	1.86	1.85	2.29	1.96	1.97	1.97	1.99	1.99
白银	1.29	1.25	1.31	0.73	1.18	1.10	1.01	1.00	0.99	0.95	1.08
天水	1.39	1.39	1.52	1.56	1.56	1.56	1.72	0.85	0.70	0.70	1.30
武威	1.59	1.24	1.14	1.60	1.58	1.56	1.49	1.49	0.70	0.70	1.31
张掖	1.09	1.12	0.87	0.95	1.12	1.30	2.54	2.41	0.79	0.41	1.26
平凉	1.14	1.18	1.37	1.36	2.50	2.14	2.35	0.77	1.13	2.16	1.61
酒泉	1.27	1.15	1.33	1.57	1.79	1.76	2.08	1.86	0.58	1.36	1.48
玉门	1.04	1.04	1.35	1.57	1.88	2.19	2.00	2.00	2.00	2.00	1.71
敦煌	1.09	1.09	1.40	1.63	1.82	2.01	2.20	2.39	2.28	2.32	1.82
庆阳	1.55	1.40	1.41	1.39	1.27	1.20	1.19	1.18			1.32
定西	1.15	1.31	1.45	1.40	1.10	1.53	0.99	1.21			1.27
陇南	1.37	1.37	1.43	1.43	1.28						1.38
临夏	1.52	1.01	1.37	1.37	1.02	0.86	1.08	1.09	1.13	1.10	1.16
合作	1.61	1.60	1.86	1.86	1.86	1.12	1.12	0.85	0.85	0.75	1.35
青海	**2.15**	**2.30**	**1.79**	**1.77**	**1.66**	**1.54**	**1.67**	**1.65**	**2.40**	**2.36**	**1.93**
西宁	2.13	2.36	1.84	1.83	1.75	1.61	1.63	1.66	2.00	2.00	1.88

年份地区	2010	2009	2008	2007	2006	2005	2004	2003	2002	2001	平均值
格尔木	1.93	1.56	1.45	1.33	0.99	0.94	1.11	1.28	1.25	1.26	1.31
德令哈	2.40	2.40	1.46	1.72	1.72	1.94	2.12	2.33	2.42		2.06
宁夏	**1.27**	**0.99**	**1.34**	**1.60**	**1.42**	**1.03**	**1.46**	**1.57**	**1.35**	**1.31**	**1.33**
银川	0.78	0.71	0.76	0.76	0.76	0.69	1.12	1.38	0.89	0.97	0.88
灵武	2.00	2.00	2.00	2.00	2.09	1.78	2.12	1.79	2.16	2.00	1.99
*石嘴山	1.27		1.23	1.79	2.38	2.23	1.76	2.00	2.00	2.00	1.85
吴忠	2.06	2.12	2.15	2.01	1.72	0.97	2.98	0.95	0.60	0.61	1.62
青铜峡	2.08	2.09	2.11	2.17	2.30	2.17	0.94	1.85	1.89	1.86	1.95
固原	1.75	1.72	1.63	1.54	1.57	0.51	0.70	0.69	0.62	0.54	1.13
中卫	1.35	1.35	1.27	1.28	1.29	0.61	1.62				1.25
新疆	**1.51**	**1.54**	**1.55**	**1.90**	**1.72**	**1.81**	**1.88**	**1.85**	**1.85**	**1.20**	**1.68**
乌鲁木齐	1.18	1.11	1.03	1.78	1.33	1.90	1.87	1.81	1.83	1.61	1.55
克拉玛依	1.49	1.49	1.36	1.41	1.41	1.44	2.45	2.34	2.10	1.86	1.74
*吐鲁番	1.80	1.80	1.58	1.66	1.56	1.58	1.48	1.63	1.16	0.71	1.50
哈密	2.17	2.14	1.71	1.73	1.61	1.75	1.83	1.68	1.31	0.64	1.66
昌吉	1.38	2.16	1.69	1.74	2.10	1.72	1.42	1.57	1.57	1.12	1.65
阜康	1.02	1.71	2.11	2.20	2.00	2.31	2.00	2.00	2.00	2.00	1.94
博乐	1.55	1.76	2.13	2.50	2.35	2.16	1.71	1.26	0.81	0.36	1.66
*库尔勒	1.33	1.33	1.28	1.35	1.33	2.23	2.38	1.73	1.39	1.46	1.58
阿克苏	1.01	1.19	1.11	1.11	1.15	1.21	1.10	1.09	1.08	0.50	1.06
阿图什	1.37	1.42	1.55	1.48	1.53	1.55	0.54	1.75	1.84	0.41	1.34
喀什	2.32	2.27	2.31	2.65	1.98	1.19	1.31	1.42	1.44	1.95	1.88
和田	2.00	2.00	1.95	1.86	2.19	2.00	2.01	2.00	2.00	1.51	1.95
伊宁	1.75	1.88	1.82	2.41	2.38	1.28	1.37	1.50	1.50	1.14	1.70
奎屯	0.91	0.81	0.99	0.69	1.34	1.31	1.58	1.63	1.39	1.50	1.22
乌苏	2.50	2.50	2.45	2.39	2.34	2.05	1.74	1.45	1.15	0.85	1.94
塔城	2.40	2.00	2.00	2.00	2.00	2.02	2.31	2.35	2.00	1.09	2.02
阿勒泰	1.54	1.50	1.55	1.68	1.61	1.55	1.49	1.43	1.37	1.31	1.50
石河子	1.45	1.46	1.45	1.59	1.50	1.40	1.13	1.58	1.00	0.93	1.35
阿拉尔	1.26	1.17	1.07	1.52	1.49	1.37	1.21	1.22			1.29
*图木舒克	0.90	1.63	1.66	1.75	1.55	1.32	0.98	1.42	1.45	0.95	1.36
五家渠	1.3	1.54	1.47	1.42	1.58	1.69	1.68	1.39			1.51

注：上表根据近 10 年《中国城市建设统计年报》中的统计数据计算而得，其中斜体数字表示根据实际情况修正过的结果；带"*"的城市表示其十年的原始数据整体偏大。

附录Ⅱ 填埋场常用与特殊地基处理方法及边坡支护结构常用形式

一、填埋场常用地基处理方法

填埋场常用地基处理方法 表Ⅱ-1

地基处理方法	简介	适用地质	主要材料	主要机械设备
预压法	为提高软弱地基的承载力和减少建筑物建成后的沉降量，预先在拟建构造物的地基上施加一定静荷载，使地基土压密后再将荷载卸除的压实方法。对软土地基预先加压，使大部分沉降在预压过程中完成，相应地提高了地基强度。预压的方法有堆载预压和真空预压两种	适用于处理淤泥质土、淤泥和冲填土等饱和黏性土地基	堆载用料：可用土石方或其他材料；垫层材料：渗透系数>1.0×10^{-3}cm/s，含泥量<3%，级配较好的中粗砂；竖向排水通道用料：砂井法需用同垫层材料要求相同的砂，袋装砂井法还需土工织物，塑料排水带法需塑料排水带	堆载用料的运输、装卸机械；静压沉管机械、锤击沉管机械，动力螺旋钻机，袋装砂井专用打设机，塑料排水带插板机
换填垫层法	垫层处理就是将基础下的软弱土、不均匀土、湿陷性土、膨胀土、冻胀土等的一部分或全部挖去，然后换填密度大、强度高、水稳性好的较粗粒径的材料。如砂砾土、碎（卵）石土、灰土、素土、矿渣以及其他性能稳定、无侵蚀性的材料，并分层夯（振、压）实至要求的密实度	适用于浅层软弱地基及不均匀地基淤泥、淤泥质土、湿陷性土、膨胀土、冻胀土、素填土、杂填土的处理	砂、砾石、石渣、粉煤灰、矿渣等	人工挖土或机械挖土、垫层材料运输、压实或夯实机械
强夯法和强夯置换法	强夯法是使用吊升设备将很重的锤反复起吊至较大高度后，使其自由落下，产生的巨大冲击能量和振动能量作用于地基，给地基以冲击和振动，从而在一定范围内使地基的强度提高，压缩性降低，改善了地基的受力性能。采用在夯坑内填碎石、砂或其他粗颗粒材料，通过夯击能作用排开软土，从而在地基中形成碎石墩，这种方法被称为强夯置换法	适用于处理碎石土、砂土、低饱和度的粉土与黏性土、湿陷性黄土、素填土和杂填土等地基及其他对变形控制要求不严的工程	碎石、矿渣等	夯锤、起重设备、脱钩装置及运输装卸机械

地基处理方法	简介	适用地质	主要材料	主要机械设备
振冲法	振冲法是利用振冲器在土层中振动和水流喷射的联合作用成孔，然后填入碎石料并提拔振冲器逐段振实，形成碎石桩的地基处理方法	适用于处理砂土、粉土、粉质黏土、素填土和杂填土等地基。对于处理不排水抗剪强度不小于 20kPa 的饱和黏性土和饱和黄土地基，应在施工前通过现场试验确定其适用性。不加填料振冲加密适用于处理粘粒含量不大于 10% 的中砂、粗砂地基。	碎石、砾石等	振冲器、起重机械或施工专用平台和水泵
砂石桩法	是指采用振动、冲击或水冲等方式在软弱地基中成孔后，再将砂或碎石挤压入已成的孔中，形成大直径的砂石所构成的密实桩体	适用于挤密松散砂土、粉土、黏性土、素填土、杂填土等地基。对饱和黏土地基上对变形控制要求不严的工程也可采用砂石桩置换处理。砂石桩法也可用于处理可液化地基	砂或碎石、砾石	打桩机
水泥土搅拌法	利用材料水泥作为固化剂，通过特制的深层搅拌机械，边钻进边往软土中喷射浆液或雾状粉体，在地基深处就地将软土固化成为具有足够的强度、变形模量和稳定性的水泥土，从而达到地基加固的目的	水泥土搅拌法适用于处理正常固结的淤泥与淤泥质土、粉土、饱和黄土、素填土、黏性土以及无流动地下水的饱和松散砂土等地基。当地基土的天然禽水量小于 3%（黄土含水量小于 25%）、大于 70% 或地下水的 pH 值小于 4 时不宜采用于法。冬期施工时，应注意负温对处理效果的影响	水泥	深层搅拌机，灰浆搅拌机，灰浆泵，粉体发送器，空气压缩泵及计量器等
高压喷射注浆法	高压喷射注浆法是用高压水泥浆通过钻杆由水平方向的喷嘴喷出，形成喷射流，以此切割土体并与土拌和形成水泥土加固体的地基处理方法	适用于处理淤泥、淤泥质土、流塑、软塑可塑黏性土、粉土、砂土、黄土、素填土和碎石土等地基。当土中含有较多的大粒径块石、大量植物根茎或有较高的有机质时，以及地下水流速过大和已涌水的工程，应根据现场试验结果确定其适用性	水泥	钻机、高压泵、泥浆泵、空气压缩机、注浆管、喷嘴、流量计、制浆机等

续表

地基处理方法	简介	适用地质	主要材料	主要机械设备
石灰桩法	石灰桩是以生石灰为主要固化剂，与粉煤灰或火山灰、炉渣、矿渣、黏性土等掺合料按一定的比例均匀混合后，在桩孔中经机械或人工在土中成孔，然后灌入生石灰拌合料并分层振压或夯实所形成的密实桩体。为提高桩身强度，还可掺加石膏、水泥等外加剂	适用于处理饱和黏性土、淤泥、淤泥质土、素填土和杂填土等地基；用于地下水位以上的上层时，宜增加掺合料的含水量并减少生石灰用量，或采取上层浸水等措施	生石灰	打桩机或洛阳铲成孔
灰土挤密桩法和土挤密桩法	灰土挤密桩或土挤密桩是利用沉管、冲击或爆扩等方法在地基中挤土成孔，然后向孔内夯填素土或灰土成桩。成桩时，通过成孔过程中的横向挤压作用，桩孔内的土被挤向周围，使桩间土得以挤密，然后将备好的素土（黏性土）或灰土分层填入桩孔内，并分层捣实至设计标高。用素土分层夯实的桩体，称为土挤密桩；用灰土分层夯实的桩体，称为灰土挤密桩。二者分别与挤密的桩间土组成复合地基，共同承受基础的上部荷载	适用于处理地下水位以上的湿陷性黄土、素填土和杂填土等地基，可处理地基的深度为5~15m。当以消除地基土的湿陷性为主要目的时，宜选用土挤密桩法。当以提高地基土的承载力或增强其水稳性为主要目的时，宜选用灰土挤密桩法。当地基土的含水量大于24%、饱和度大于65%时，不宜选用灰土挤密桩法或土挤密桩法	土、灰土、粉煤灰等	打桩机、履带式起重机及夯实机

二、填埋场特殊地基处理方法

填埋场特殊地基处理方法 表Ⅱ-2

特殊地基类型	简介	特点	处理方法
湿陷性黄土地基	在上覆土层自重应力作用下，或者在自重应力和附加应力共同作用下，因浸水后土的结构破坏而发生显著附加变形的土称为湿陷性土，属于特殊土。湿陷性黄土又分为自重湿陷性和非自重湿陷性黄土，也有的老黄土不具湿陷性。我国东北、西北、华中和华东部分地区的黄土多具湿陷性	·湿陷性黄土在天然状态下的密度（天然容重）低； ·含水率低； ·单位体积内黏土颗粒含量少，孔隙率较大，水稳定性极差。在天然含水量状态下，虽具有较大的强度，但一经水浸就会出现很大的沉陷量，给其上的建筑物带来很大的危害； ·周期长，湿陷现象有的可以延续十几年	·垫层法； ·夯实法； ·挤密桩法； ·桩基础； ·预浸水法等

特殊地基类型	简介	特点	处理方法
软弱地基	软弱地基是指主要由淤泥、淤泥质土、冲填土、杂填土、松散粉细砂与粉土或其他高压缩性土层构成的地基。 软土最具代表性的是淤泥和淤泥质土，广泛分布于我国东南沿海地区和内陆江河湖泊的周围，是软弱土的主要土类	• 含水量较高，孔隙比较大； • 抗剪强度很低； • 压缩性较高； • 渗透性很小； • 具有明显的结构性； • 具有明显的流变性	• 换填垫层法； • 挤密法； • 深层搅拌法； • 灌浆法； • 强夯法
膨胀土地基	膨胀土指的是具有较大的吸水后显著膨胀、失水后显著收缩特性的高液限黏土。 膨胀土的矿物成分主要是蒙脱石，膨胀土在我国的分布范围很广，广西、云南、河南、湖北、四川、陕西、河北、安徽、江苏等地均有不同范围的分布	• 吸水膨胀、失水收缩和反复胀缩变形 • 黏土矿物成分中，强亲水性矿物占主导地位 • 干缩裂隙发育； • 浸水承载力衰减； • 属液限大于40%的高塑性土； • 属超固结性黏土	• 换填垫层法； • 灌浆法； • 深层搅拌法； • 桩基础； • 预浸水法
盐泽土地基	盐渍土是指所含的易溶盐超过一定量的土，通称为盐渍土。 盐渍土是盐土和碱土以及各种盐化、碱化土壤的总称，盐渍土主要分布在内陆干旱、半干旱地区，滨海地区也有分布。中国盐渍土面积约有20多万平方公里约占国土总面积的2.1%	• 溶陷变形性； • 膨胀性； • 腐蚀性	• 浸水预溶法； • 强夯法； • 浸水预溶加强夯法； • 换土垫层法
填土地基	填土根据物质组成和堆填方式，可分为下列四种，其中最常见的填土是素填土、杂填工。 素填土：由碎石土、砂土、粉土和黏性土等一种或几种材料组成，不含杂物或含杂物很少；素填土的工程性质取决于它的均匀和密实度。 杂填土：含有大量建筑垃圾、工业废料或生活垃圾等杂物；杂填土的工程性质复杂。全国各地都有分布	• 密度变化大，分布范围及厚度的变化缺乏规律性； • 变形大并有湿陷性； • 压缩性大、强度低	• 重锤夯实法； • 振动压实法； • 强夯法； • 挤密桩法； • 分层压实法。
红黏土	碳酸盐岩系出露区的岩石，经红土化作用形成的颜色为棕红、褐黄色的高塑性黏土。根据其成因可分为红黏土与次生红黏土。 红黏土矿物组成以石英和高岭石为主，大部分矿物在酸性环境中形成。 主要分布在云南、贵州、广西、安徽、四川东部等	• 不易破碎； • 易干缩； • 裂隙性； • 收缩强烈； • 失水后，膨胀率显著增加； • 脱水干燥的不可逆性	• 换填法； • 深层搅拌法； • 土工合成材料加固法； • 预压排水固结方法； • 强夯置换法

三、边坡支护结构常用形式

边坡支护结构常用形式 表Ⅱ-3

条件\结构类型	边坡环境	边坡坡率	边坡高度 H (m)	边坡工程安全等级	说明
喷护	易风化但未遭强风化的岩石边坡	<1:0.5	$H \leqslant 10$	一级、二级、三级	喷浆防护厚度不宜小于 50mm，砂浆强度不应低于 M10；喷射混凝土防护厚度不宜小于 80mm，混凝土强度不应低于 C15
护面墙护坡	易风化或风化严重的软质岩石或较破碎岩石的挖方边坡以及坡面易受侵蚀的土质边坡	<1:0.5	$H \leqslant 10$	一级、二级、三级	窗孔式护面墙防护坡面应缓于 1:0.75
浆砌片石护坡	易风化的岩石和土质边坡	<1:1.0	$H \leqslant 10$	一级、二级、三级	厚度不宜小于 250mm，砂浆强度不应低于 M5。应设置伸缩缝和泄水孔
干砌片石护坡	易受水流侵蚀的土质边坡、严重剥落的软质岩石边坡、周期性浸水边坡、坡面有涌水的边坡	<1:1.25	$H \leqslant 10$	一级、二级、三级	厚度不宜小于 250mm
锚杆挂网喷混凝土护坡	破碎结构的硬质岩石或层状结构的不连续地层以及坡面岩石与基岩分开并有可能下滑的挖方边坡		$H \leqslant 10$	一级、二级、三级	锚杆应嵌入稳固基岩内，钢筋网喷射混凝土支护厚度为 100～250mm，钢筋保护层厚度不应小于 20mm
浆砌片石或水泥混凝土骨架植草防护	土质和全风化岩石边坡	<1:0.75	$H \leqslant 10$	一级、二级、三级	当坡面受雨水冲刷严重或潮湿时，坡度应缓于 1:1.0
多边形水泥混凝土空心块植物护坡	土质和全风化、强风化岩石边坡	<1:0.75	$H \leqslant 10$	一级、二级、三级	多边形空心预制块的混凝土强度不应低于 C20，厚度不应小于 150mm
封面防护	坡面较干燥、未经严重风化的各种易风化岩石边坡		$H \leqslant 10$	一级、二级、三级	不适用于由煤系岩层及成岩作用很差的红色黏土岩组成的边坡，使用年限为 8～10 年。抹封面厚度不宜小于 30mm

续表

结构类型 \ 条件	边坡环境	边坡坡率	边坡高度 H (m)	边坡工程安全等级	说明
捶面	易受冲刷的土质边坡或易风化剥落的岩石边坡	<1:0.5	$H \leqslant 10$	一级、二级、三级	使用年限为 10～15 年，捶面易采用等厚截面，厚度不宜小于 100mm
锚杆混凝土框架植物护坡	土质边坡和坡体中无不良结构面、风化破碎的岩石边坡		$H \leqslant 10$	一级、二级、三级	锚杆为非预应力的全长粘结型锚杆，保护厚度不应小于 20mm。框架应采用钢筋混凝土，强度不应低于 C25
铺草皮护坡	需要快速绿化、坡率缓于 1：1.0 的土质边坡和严重风化的软质岩石边坡	<1:1.0	$H \leqslant 10$	一级、二级、三级	草皮护坡铺置形式有平铺式、叠铺式、方格式和卵（片）石方格式等
客土喷播护坡	风化岩石、土壤较少的软质岩石、养分较少的土壤、硬质土壤、植物立地条件差的高大陡坡面和受侵蚀显著的坡面	<1:1.0	$H \leqslant 10$	一级、二级、三级	当坡度陡于 1：1.0 时，宜设置挂网或混凝土框架
三维植被网植草护坡	砂性土、土夹石及风化岩石	<1:0.75	$H \leqslant 10$	一级、二级、三级	回填土采用客土或土、肥料及含腐殖质土的混合物
液压种子喷播护坡	土质边坡、土夹石边坡及严重风化岩石边坡	<1:0.5	$H \leqslant 10$	一级、二级、三级	
厚层基材喷射植被护坡	软质岩边坡、硬质岩边坡及浆砌片石面、混凝土面的植被防护或绿化、混凝土面及浆砌片石面	1:1.0～1:1.5	$H \leqslant 10$	一级、二级、三级	坡率大于 1：1.0 时慎用

附录Ⅲ 工程建设标准规定的强制性条文

一、《生活垃圾卫生填埋处理技术规范》GB 50869 强制性条文

3.0.2、4.0.2、6.0.1、8.0.1、8.0.3、8.0.5、8.0.6、10.0.5、11.0.3 条为强制性条文，必须严格执行。

（一）3.0.2 填埋物中严禁混入危险废物和放射性废物。

（二）4.0.2 填埋场不应设在下列地区：

1 地下水集中供水水源地及补给区；

2 洪泛区和泄洪道；

3 填埋库区与污水处理区边界距居民居住区或人畜供水点 500m 以内的地区；

4 填埋库区与污水处理区边界距河流和湖泊 50m 以内的地区；

5　填埋库区与污水处理区边界距民用机场 3km 以内的地区；

6　活动的坍塌地带，尚未开采的地下蕴矿区、灰岩坑及溶岩洞区；

7　珍贵动植物保护区和国家、地方自然保护区；

8　公园，风景、游览区，文物古迹区，考古学、历史学、生物学研究考察区；

9　军事要地、基地，军工基地和国家保密地区。

（三）6.0.1　填埋场必须进行防渗处理，防止对地下水和地表水的污染，同时还应防止地下水进入填埋区。

（四）8.0.1　填埋场必须设置有效的填埋气体导排设施，严防填埋气体自然聚集、迁移引起的火灾和爆炸。填埋场不具备填埋气体利用条件时，应主动导出并采用火炬法集中燃烧处理。未达到安全稳定的旧填埋场应设置有效的填埋气体导排和处理设施。

（五）8.0.3　填埋库区除应按生产的火灾危险性分类中戊类防火区采取防火措施外，还应在填埋场设消防贮水池，配备洒水车，储备灭火干粉剂和灭火沙土。应配置填埋气体监测及安全报警仪器。

（六）8.0.5　填埋场达到稳定安全期前的填埋库区及防火隔离带范围内严禁设置封闭式建（构）筑物，严禁堆放易燃、易爆物品，严禁将火种带入填埋库区。

（七）8.0.6　填埋场上方甲烷气体含量必须小于 5％；建（构）筑物内，甲烷气体含量严禁超过 1.25％。

（八）10.0.5　填埋场封场后的土地使用必须符合下列规定：

1　填埋作业达到设计封场条件要求时，确需关闭的，必须经所在地县级以上地方人民政府环境保护、环境卫生行政主管部门鉴定、核准；

2　填埋体达到稳定安全期后方可进行土地使用，使用前必须做出场地鉴定和使用规划；

3　未经环卫、岩土、环保专业技术鉴定之前，填埋场地严禁作为永久性建（构）筑物用地。

（九）11.0.3　填埋场环境污染控制指标应符合现行国家标准《生活垃圾填埋污染控制标准》（GB 16889）的要求。

二、《生活垃圾卫生填埋场防渗系统工程技术规范》CJJ 113－2007 强制性条文

其中第 3.1.4、3.1.5、3.1.9、3.4.1（1、2、3、4、5）、3.5.2（1、2、3）、3.6.1、5.3.8 条（款）为强制性条文，必须严格执行。

（一）3.1.4　垃圾填埋场的场底和四周边坡必须满足整体及局部稳定性的要求。

（二）3.1.5　垃圾填埋场场底必须设置纵、横向坡度，保证渗沥液顺利导排，降低防渗层上的渗沥液水头。

（三）3.1.9　垃圾填埋场渗沥液处理设施必须进行防渗处理。

（四）3.4.1　防渗层设计应符合下列要求：

1　能有效地阻止渗沥液透过，以保护地下水不受污染；

2　具有相应的物理力学性能；

3　具有相应的抗化学腐蚀能力；

4　具有相应的抗老化能力；

5　应覆盖垃圾填埋场场底和四周边坡，形成完整的、有效的防水屏障。

（五）3.5.2　渗沥液收集导排系统设计应符合下列要求：

1　能及进有效地收集和导排汇集于垃圾填埋场场底和边坡防渗层以上的垃圾渗沥液；

2　具有防淤堵能力；

3　不对防渗层造成破坏；

（六）3.6.1　当地下水水位较高并对场底基础层的稳定性产生危害时，或者垃圾填埋场周边地表水下渗对四周边坡基础层产生危害时，必须设置地下水收集导排系统。

（七）5.3.8　HDPE膜铺设过程中必须进行搭接宽度和焊缝质量控制。监理必须全过程监督膜的焊接和检验。

三、《生活垃圾卫生填埋场封场技术规程》CJJ112－2007强制性条文

其中第2.0.1、2.0.7、3.0.1、4.0.1、4.0.5、4.0.8、5.0.1、6.0.6、6.0.7、7.0.1、7.0.4、8.0.6、8.0.17、8.0.18、9.0.3条为强制性条文，必须严格执行。

（一）2.0.1　填埋场填埋作业至设计终场标高或不再受纳垃圾而停止使用时，必须实施封场工程。

（二）2.0.7　填埋场环境污染控制指标应符合现行国家标准《生活垃圾填埋污染控制标准》GB 16889的要求。

（三）3.0.1　填埋场整形与处理前，应勘察分析场内发生火灾、爆炸、垃圾堆体崩塌等填埋场安全隐患。

（四）4.0.1　填埋场封场工程应设置填埋气体收集和处理系统，并应保持设施完好和有效运行。

（五）4.0.5　填埋场建（构）筑物内空气中的甲烷气体含量超过5%时，应立即采取安全措施。

（六）4.0.8　在填埋气体收集系统的钻井、井安装、管道铺设及维护等作业中应采取防爆措施。

（七）5.0.1　填埋场封场必须构筑封场覆盖系统。

（八）6.0.6　填埋场内贮水和排水设施竖坡、陡坡高差超过1m时，应设置安全护栏。

（九）6.0.7　在检查井的入口处应设置安全警示标识。进入检查井的人员应配备相应的安全用品。

（十）7.0.1　封场工程应保持渗沥液收集处理系统的设施完好和有效运行。

（十一）7.0.4　渗沥液收集管道施工中应采取防爆施工措施。

（十二）8.0.6　场区内运输管理应符合现行国家标准《工业企业厂内运输安全规程》GB 4387的有关规定，应有专人负责指挥调度车辆。

（十三）8.0.17　封场作业区严禁捡拾废品，严禁设置封闭式建（构）筑物。

（十四）8.0.18　封场工程施工和安装应按照以下要求进行：

1　应根据工程设计文件和设备技术文件进行施工和安装。

2　封场工程各单项建筑、安装工程应按国家现行相关标准及设计要求进行施工。

3　施工安装使用的材料应符合国家现行相关标准及设计要求；对国外引进的设备和材料应按供货商提供的设备技术要求、合同规定及商检文件执行，并应符合国家现行标准的相应要求。

（十五）9.0.3 未经环卫、岩土、环保专业技术鉴定之前，填埋场地禁止作为永久性建（构）筑物的建筑用地。

四、《城市生活垃圾卫生填埋场运行维护技术规程》CJJ 93－2003 强制性条文

其中，第 2.1.5、2.1.8、2.3.5、2.3.9、2.3.10、2.3.14、2.3.16、3.1.7、4.3.1、4.3.3、4.3.6、5.1.1、5.3.3、6.1.1、6.1.5、8.1.4、8.3.1、9.1.3 条为强制性条文，必须严格执行。

（一）2.1.5 现场电压超出电气设备额定电压±10％ 时，不得启动电气设备。

（二）2.1.8 填埋场不得接受处理危险废物。

（三）2.3.5 控制室、化验室、变电室、填埋区等生产作业区严禁吸烟，严禁酒后作业。

（四）2.3.9 维修机械设备时，不得随意搭接临时动力线。因确实需要，必须在确保安全前提下，可临时搭接动力线；使用过程中应有专职电工在现场管理，使用完毕应立即拆除。

（五）2.3.10 皮带传动、链传动、联轴器等传动不见应该有机罩，不得裸露运转。机罩安装应牢固、可靠。

（六）2.3.14 场区内封闭、半封闭场所，必须保持通风、除尘、除臭设施和设备完好。

（七）2.3.16 严禁带火种车辆进入场区，填埋区严禁烟火，场区内应设置明显防火标志。

（八）3.1.7 操作人员应随机抽查进场垃圾成分，发现生活垃圾中混有违禁物料时，严禁其进场。

（九）4.3.1 填埋场场区内严禁捡拾废品。

（十）4.3.3 填埋区必须按规定配备消防器材，并应保持完好。

（十一）4.3.6 填埋作业区内不得搭建封闭式建筑物、构筑物。

（十二）5.1.1 填埋场应按照设计要求设置运行、保养气体收集系统。

（十三）5.3.3 场区内甲烷气体浓度大于 1.25％时，应采取相应的安全措施。

（十四）6.1.1 填埋区外地表水不得流入填埋区。

（十五）6.1.5 填埋区地下水收集系统应保持完好，地下水应顺畅排出场外。

（十六）8.1.4 填埋区及其他蚊蝇密集区应定期进行消杀，每月应对全部场的蚊蝇、鼠类等情况进行检查，并对其危险程度和消杀效率进行评估，发现问题及时调整消杀方案。

（十七）8.3.1 灭蝇。灭鼠消杀药物应按危险品规定管理。

（十八）9.1.3 填埋场环境监测项目应包括渗滤液、大气、臭气、填埋气体、地下水、地表水、噪声、苍蝇密度。

五、《生活垃圾填埋场填埋气体收集处理及利用工程技术规范》CJJ 133－2009 强制性条文

其中，第 3.0.1、3.0.7、5.2.10、6.1.12、7.3.1、7.3.5、7.3.7、8.6.2、9.2.4、9.4.3、9.4.5、9.5.1 条为强制性条文，必须严格执行。

（一）3.0.1 填埋场必须设置填埋气体导排设施。

（二）3.0.7 填埋场运行及封场后维护过程中，应保持全部填埋气体导排处理设施的完好和有效。

（三）5.2.10　导气井降水所用抽水设备应具有防爆功能。

（四）6.1.12　输气管道不得穿过大断面管道或通道。

（五）7.3.1　设置主动导排设施的填埋场，必须设置填埋气体燃烧火炬。

（六）7.3.5　填埋气体火炬应具有点火、熄火安全保护功能。

（七）7.3.7　火炬的填埋气体进口管道上必须设置与填埋气体燃烧特性相匹配的阻火装置。

（八）8.6.2　填埋气体发电厂房及辅助厂房的电缆敷设，应采取有效的阻燃、防火封堵措施。

（九）9.2.4　填埋气体收集处理及利用工程自动化控制系统应设置独立于主控系统的紧急停车系统。

（十）9.4.3　填埋气体处理和利用车间应设置可燃气体检测报警装置，并应与排风机联动。

（十一）9.4.5　测量油、水、蒸汽、可燃气体等的一次仪表不应引入控制室。

（十二）9.5.1　保护系统应有防误动、拒动措施，并应有必要的后备操作手段。

六、《生活垃圾卫生填埋场岩土工程技术规范》CJJ 176－2012 强制性条文

其中第 6.4.1、6.5.5 条为强制性条文，必须严格执行。

（一）6.4.1　填埋场库区垃圾堆体必须进行边坡稳定验算，并应符合下列规定：

1　应验算每填 20m 后垃圾堆体边坡和封场后垃圾堆体边坡的稳定性；

2　应验算的破坏模式包括垃圾堆体内部的滑动破坏、通过垃圾堆体内部与下卧地基的滑动破坏、部分或全部沿土工材料界面的滑动破坏；

3　应采用摩根斯坦-普赖斯法验算，稳定最小安全系数应符合本规范第 6.1.4 条的规定；

4　应确定没填高 20m 后垃圾堆体边坡和封场后垃圾堆体边坡的警戒水位，其所对应的边坡稳定最小安全系数应取表 6.1.4 中非正常运用条件Ⅰ相应的值。

（二）6.5.5　填埋场运行期间和封场后，必须监测垃圾堆体主水位并控制其在警戒水位之下。

七、《生活垃圾卫生填埋场填埋气体收集处理及利用工程运行维护技术规程》CJJ 175－2012 强制性条文

其中 4.2.7 为强制性条文，必须严格执行。

（一）4.2.7　填埋气体预处理系统的风机运行维护应符合下列要求：

1　罗茨风机运行时，严禁全部关闭出口阀，满载时，禁止突然停机；

2　罗茨风机使用三个月后，应更换齿轮油，调整皮带张力，检查安全阀，清洗皮带包棉；风机使用超过一年，应更换皮带；风机使用超过三年，应更换油封和轴承；

3　罗茨风机运转期间不应加油；

4　罗茨风机不应长期超压运行；

5　罗茨风机不应长期超负荷运行；

6　罗茨风机长时间不用，每两天应盘车一次；

7　鼓风机运转时，应盖上皮带护罩；

8　每天应检查罗茨风机的油量、电流值及吐出压力；

9　每三个月应至少更换一次润滑油；

10　润滑油应加注至油镜中央线以上，不应过满。

附录Ⅳ　指南各章引用标准内容

一、第三章〈选址及工程地质勘察〉引用标准内容

（一）3.2.1.1　引用现行国家标准《生活垃圾卫生填埋处理技术规范》GB 50869 第4章的内容。

4　场　址　选　择

4.0.1　填埋场选址应先进行下列基础资料的搜集：

1　城市总体规划和城市环境卫生专业规划；

2　土地利用价值及征地费用；

3　附近居住情况与公众反映；

4　附近填埋气体利用的可行性；

5　地形、地貌及相关地形图；

6　工程地质与水文地质条件；

7　设计频率洪水位、降水量、蒸发量、夏季主导风向及风速、基本风压值；

8　道路、交通运输、给排水、供电、土石料条件及当地的工程建设经验；

9　服务范围的生活垃圾量、性质及收集运输情况。

4.0.2　填埋场不应设在下列地区：

1　地下水集中供水水源地及补给区，水源保护区；

2　洪泛区和泄洪道；

3　填埋库区与敞开式渗沥液处理区边界距居民居住区或人畜供水点的卫生防护距离在 500m 以内的地区；

4　填埋库区与渗沥液处理区边界距河流和湖泊 50m 以内的地区；

5　填埋库区与渗沥液处理区边界距民用机场 3km 以内的地区；

6　尚未开采的地下蕴矿区；

7　珍贵动植物保护区和国家、地方自然保护区；

8　公园，风景、游览区，文物古迹区，考古学、历史学及生物学研究考察区；

9　军事要地、军工基地和国家保密地区。

4.0.3　填埋场选址应符合现行国家标准《生活垃圾填埋场污染控制标准》GB 16889 和相关标准的规定，并应符合下列规定：

1　应与当地城市总体规划和城市环境卫生专业规划协调一致；

2　应与当地的大气防护、水土资源保护、自然保护及生态平衡要求相一致；

3　应交通方便，运距合理；

4　人口密度、土地利用价值及征地费用均应合理；

5　应位于地下水贫乏地区、环境保护目标区域的地下水流向下游地区及夏季主导风向下风向；

6 选址应有建设项目所在地的建设、规划、环保、环卫、国土资源、水利、卫生监督等有关部门和专业设计单位的有关专业技术人员参加；

7 应符合环境影响评价的要求。

4.0.4 填埋场选址比选应符合下列规定：

1 场址预选：应在全面调查与分析的基础上，初定3个或3个以上候选场址，通过对候选场址进行踏勘，对场地的地形、地貌、植被、地质、水文、气象、供电、给排水、覆盖土源、交通运输及场址周围人群居住情况等进行对比分析，宜推荐2个或2个以上预选场址；

2 场址确定：应对预选场址方案进行技术、经济、社会及环境比较，推荐一个拟定场址。并应对拟定场址进行地形测量、选址勘察和初步工艺方案设计，完成选址报告或可行性研究报告，通过审查确定场址。

（二）3.2.1.1 引用现行国家标准《生活垃圾填埋场污染控制标准》GB 16889—2008 中第四章4.1～4.5节的内容。

4 选 址 要 求

4.1 生活垃圾填埋场的选址应符合区域性环境规划、环境卫生设施建设规划和当地的城市规划。

4.2 生活垃圾填埋场场址不应选在城市工农业发展规划区、农业保护区、自然保护区、风景名胜区、文物（考古）保护区、生活饮用水水源保护区、供水远景规划区、矿产资源储备区、军事要地、国家保密地区和其他需要特别保护的区域内。

4.3 生活垃圾填埋场选址的标高应位于重现期不小于50年一遇的洪水位之上，并建设在长远规划中的水库等人工蓄水设施的淹没区和保护区之外。

拟建有可靠防洪设施的山谷型填埋场，并经过环境影响评价证明洪水对生活垃圾填埋场的环境风险在可接受范围内，前款规定的选址标准可以适当降低。

4.4 生活垃圾填埋场场址的选择应避开下列区域：破坏性地震及活动构造区；活动中的坍塌、滑坡和隆起地带；活动中的断裂带；石灰岩溶洞发育带；废弃矿区的活动塌陷区；活动沙丘区；海啸及涌浪影响区；湿地；尚未稳定的冲积扇及冲沟地区；泥炭以及其他可能危及填埋场安全的区域。

4.5 生活垃圾填埋场场址的位置及与周围人群的距离应依据环境影响评价结论确定，并经地方环境保护行政主管部门批准。

在对生活垃圾填埋场场址进行环境影响评价时，应考虑生活垃圾填埋场产生的渗滤液、大气污染物（含恶臭物质）、滋养动物（蚊、蝇、鸟类等）等因素，根据其所在地区的环境功能区类别，综合评价其对周围环境、居住人群的身体健康、日常生活和生产活动的影响，确定生活垃圾填埋场与常住居民居住场所、地表水域、高速公路、交通主干道（国道或省道）、铁路、飞机场、军事基地等敏感对象之间合理的位置关系以及合理的防护距离。环境影响评价的结论可作为规划控制的依据。

（三）3.4.3 引用国家现行标准《生活垃圾卫生填埋处理工程项目建设标准》建标124 中第五十五条的内容。

第五十五条 填埋场的生产管理与辅助设施、生活服务设施在满足使用功能和安全的条件下宜集中布置。各类填埋场建筑面积指标不宜超过表 3 所列指标。

各级填埋场建筑面积指标（㎡）　　　　　　　　　　表 3

日处理规模	管理用房	辅助设施用房
Ⅰ 级	1200～2500	200～600
Ⅱ 级	400～1800	100～500
Ⅲ 级	300～1000	100～200
Ⅳ 级	300～700	100～200

二、第四章〈总体设计与填埋库容计算〉引用标准内容

（一）4.2.2.9　引用现行国家标准《生活垃圾卫生填埋场环境监测技术要求》GB/T 18772—2008 中第五章 5.1～5.4 节的内容。

5　填埋气体监测

5.1　采样点的布设

在气体收集导排系统的排气口应设置采样点。

5.2　采样频次

每季度应至少监测 1 次，一年不少于 6 次，相邻两次不能在同一个月进行。

5.3　采样方法

按 HJ/T 194—2005 执行。

5.4　监测项目及分析方法

填埋气体监测项目及分析方法见表 5.4.1 所示。

填埋气体监测项目及分析方法　　　　　　　　　表 5.4.1

序　　号	监测项目	分析方法	方法来源
1	甲烷	气相色谱分析法	a
2	二氧化碳	气相色谱分析法	GB/T 18204.24
3	氧气	气相色谱分析法	GB/T 14678
4	硫化氢	气相色谱法	GB/T 14678
5	氨	次氯酸钠-水杨酸分光光度法	GB/T 14679

　a　采用《气象和大气环境要素观测与分析》，中国标准出版社，北京，2002 年。

（二）4.2.9.5　引用国家现行标准《生活垃圾填埋场填埋气体收集处理及利用工程规范》CJJ 133-2009 中第 9 章 9.4.1～9.4.8 条的内容。

9.4　检测与报警

9.4.1　填埋气体收集、处理及利用工程的检测仪表和系统应满足安全、经济运行的要求，应能准确地测量、显示工艺系统各设备的技术参数。

9.4.2　填埋气体收集、处理及利用工程的检测应包括下列内容：

1　工艺系统和主体设备在各种工况下安全、经济运行的参数；

2　辅机的运行状态；

3　电动、气动执行机构的状态及调节阀的开度；

4　仪表和控制用电源、气源及其他必要条件的供给状态和运行参数；

5　必要的环境参数；

6　主要电气系统和设备的运行参数和状态。

9.4.3 填埋气体处理和利用车间应设置可燃气体检测报警装置，并应与排风机联动。

9.4.4 重要检测参数应选用双重化的现场检测仪表，应装设供运行人员现场检查和就地操作所必需的就地检测与显示仪表。

9.4.5 测量油、水、蒸汽、可燃气体等的一次仪表不应引入控制室。

9.4.6 填埋气体收集、处理及利用工程的报警应包括下列内容：

1　填埋气体中氧（O_2）含量超标；

2　填埋气体中甲烷含量过低；

3　工艺系统主要工况参数偏离正常运行范围；

4　保护和重要的连锁项目；

5　电源，气源发生故障；

6　监控系统故障；

7　主要电气设备故障；

8　辅助系统及主要辅助设备故障。

9.4.7 重要工艺参数报警的信号源，应直接引自一次仪表。对重要参数的报警可设光字牌报警装置。当设置常规报警系统时，其输入信号不应取自分散控制系统的输出。

9.4.8 分散控制系统功能范围内的全部报警项目应能在显示器上显示并打印输出。

三、第五章〈基础处理与土方计算〉引用标准内容

（一）5.2.2.3　引用现行国家标准《建筑边坡工程技术规范》GB 50330－2002 中第 3 章 3.2.1 节的内容。

3.2　边坡工程安全等级

3.2.1 边坡工程应按其损坏后可能造成的破坏后果（危及人的生命、造成经济损失、产生社会不良影响）的严重性、边坡类型和坡高等因素，根据表Ⅶ确定安全等级。

填埋场边坡工程安全等级　　　　　　　　　　　　　表Ⅶ

边坡类型		边坡高度	破坏后果	安全等级
岩质边坡	岩体类型为Ⅰ或Ⅱ类	$H \leqslant 30$	很严重	一级
			严重	二级
			不严重	三级
	岩体类型为Ⅲ或Ⅳ类	$15 < H \leqslant 30$	很严重	一级
			严重	二级
		$H \leqslant 15$	很严重	一级
			严重	二级
			不严重	三级
土质边坡		$10 < H \leqslant 15$	很严重	一级
			严重	二级
		$H \leqslant 10$	很严重	一级
			严重	二级
			不严重	三级

注：1. 一个边坡工程的各段，可根据实际情况采用不同的安全等级；
　　2. 对危害性极严重、环境和地质条件复杂的特殊边坡工程，其安全等级应根据工程情况适当提高。

（二）5.2.3.1 引用国家现行标准《生活垃圾卫生填埋技术规范》GB 50869 中第六章 6.3 节的内容。

6.3 场地平整

6.3.1 场地平整应满足填埋库容、边坡稳定、防渗系统铺设及场地压实度等方面的要求。

6.3.2 场地平整宜与填埋库区膜的分期铺设同步进行，并应考虑设置堆土区，用于临时堆放开挖的土方。

6.3.3 场地平整应结合填埋场地形资料和竖向设计方案，选择合理的方法进行土方量计算。填挖土方相差较大时，应调整库区设计高程。

四、第六章〈垃圾坝设计与坝体稳定性计算〉引用标准内容

（一）6.2.1.1 引用现行国家标准《生活垃圾卫生填埋处理技术规范》GB 50869 第 7.1 节的内容。

7.1 垃圾坝分类

7.1.1 根据坝体材料不同，坝型可分为（黏）土坝、碾压式土石坝、浆砌石坝及混凝土坝四类。采用一种筑坝材料的应为均质坝，采用二种及以上筑坝材料的应为非均质坝。

7.1.2 根据坝体高度不同，坝高可分为低坝（低于 5m）、中坝（5m～15m）及高坝（高于 15m）。

7.1.3 根据坝体所处位置及主要作用不同，坝体位置类型分类宜符合表 7.1.3 的要求。

坝体位置类型分类表 表 7.1.3

坝体类型	习惯名称	坝体位置	坝体主要作用
A	围堤	平原型库区周围	形成初始库容、防洪
B	截洪坝	山谷型库区上游	拦截库区外地表径流并形成库容
C	下游坝	山谷型或库区与调节池之间	形成库容的同时形成调节池
D	分区坝	填埋库区内	分隔填埋库区

7.1.4 根据垃圾坝下游情况、失事后果、坝体类型、坝型（材料）及坝体高度不同，坝体建筑级别分类宜符合表 7.1.4 的要求。

垃圾坝体建筑级别分类表 表 7.1.4

建筑级别	坝下游存在的建（构）筑物及自然条件	失事后果	坝体类型	坝型（材料）	坝高
Ⅰ	生产设备、生活管理区	对生产设备造成严重破坏，对生活管理区带来严重损失	C	混凝土坝、浆砌石坝	≥20m
				土石坝、黏土坝	≥15m
Ⅱ	生产设备	仅对生产设备造成一定破坏或影响	A、B、C	混凝土坝、浆砌石坝	≥10m
				土石坝、黏土坝	≥5m
Ⅲ	农田、水利或水环境	影响不大，破坏较小，易修复	A、D	混凝土坝、浆砌石坝、	<10m
				土石坝、黏土坝	<5m

注：当坝体根据表中指标分属于不同级别时，其级别应按最高级别确定。

（二）6.2.5.1（3）引用国家现行标准《碾压式土石坝设计规范》SL274 第 8 章的内容。

8 坝 基 处 理

8.1 一般要求

8.1.1 坝基（包括坝肩，下同）处理应满足渗流控制（包括渗透稳定和控制渗流量）、静力和动力稳定、允许沉降量和不均匀沉降等方面要求。处理的标准与要求应根据工程具体情况在设计中确定。土质防渗体分区坝竣工后的坝顶沉降量不宜大于坝高的1%。对于特殊坝基，允许总沉降量应视具体情况确定。

8.1.2 坝基中遇到下列情况时，应慎重研究和处理。

 1 深厚砂砾石层；

 2 软黏土；

 3 湿陷性黄土；

 4 疏松砂土及黏粒（粒径小于0.005ram）含量（质量）大于3%不大于15%的少黏性土；

 5 喀斯特（岩溶）；

 6 有断层、破碎带、透水性强或有软弱夹层的岩石；

 7 含有大量可溶盐类的岩石和土；

 8 透水坝基下游坝脚处有连续的透水性较差的覆盖层；

 9 矿区井、洞。

8.2 坝基表面处理

8.2.1 对于不符合坝体填料要求，影响坝体和坝基稳定、变形和渗透，以及岸坡形状或坡度影响坝体填筑压实，引起不均匀沉降而导致坝体裂缝，使防渗体与坝基连接面或靠近连接面发生水力劈裂和邻近接触面岩石产生大量漏水的坝基及岸坡表面土层或岩石应进行妥善设计和处理。坝基表面处理包括开挖、清理、用灰浆或混凝土填补表面的不平整处、用混凝土或喷混凝土修整局部地基表面形状，以及在地基上填筑最初几层坝料时采用特殊的土料及压实方法。

8.2.2 坝体与土质坝基及岸坡连接的处理应遵守下列规定：

 1 坝断面范围内应清除坝基与岸坡上的草皮、树根、含有植物的表土、蛮石、垃圾及其他废料，并应将清理后的坝基表面土层压实；

 2 坝体断面范围内的低强度、高压缩性软土及地震时易液化的土层，应清除或处理；

 3 土质防渗体应坐落在相对不透水土基上，或经过防渗处理的坝基上；

 4 坝基覆盖层与下游坝壳粗粒料（如堆石等）接触处，应符合反滤要求，如不符合应设置反滤层。

8.2.3 坝体与岩石坝基和岸坡连接的处理应遵守下列原则：

 1 坝断面范围内的岩石坝基与岸坡，应清除其表面松动石块、凹处积土和突出的岩石。

 2 土质防渗体和反滤层宜与坚硬、不冲蚀和可灌浆的岩石连接。若风化层较深时，高坝宜开挖到弱风化层上部，中、低坝可开挖到强风化层下部，并应在开挖的基础上对基岩再进行灌浆等处理。在开挖完毕后，宜用风水枪冲洗干净，对断层、张开节理裂隙应逐条开挖清理，并用混凝土或砂浆封堵。坝基岩面上宜设混凝土盖板、喷混凝土或喷水泥砂浆。

  3 对失水易风化的软岩（如页岩、泥岩等），开挖时宜预留保护层，待开始回填时，随挖除、随回填；或开挖后喷水泥砂浆或喷混凝土保护。

  4 土质防渗体与岩石接触处，在邻近接触面 0.5～1.0m 范围内应填筑接触黏土，并应控制在略高于最优含水率情况下填筑，在填土前应用黏土浆抹面。

8.2.4 与土质防渗体连接的岸坡的开挖应符合下列要求：

  1 岸坡应大致平顺，不应成台阶状、反坡或突然变坡，岸坡自上而下由缓坡变陡坡时，变换坡度宜小于 20；

  2 岩石岸坡不宜陡于 1：0.5，陡于此坡度时应有专门论证，并应采取相应工程措施；

  3 土质岸坡不宜陡于 1：1.5；

  4 岸坡应能保持施工期稳定。

8.2.5 土质防渗体与岸坡连接处附近，可扩大防渗体断面和加强反滤层。

8.2.6 高坝防渗体底部与岩基接触面除应设置混凝土盖板外，混凝土盖板下基岩还应按 8.4.11 的要求进行灌浆。与防渗体底部接触的透水覆盖层，亦宜进行浅层的铺盖式灌浆。

8.4 岩石坝基处理

8.4.1 当岩石坝基有断层破碎带、软弱夹层、风化破碎或有化学溶蚀、基岩有较大的透水性以致地层的渗漏量影响水库效益，影响坝体和坝基的抗滑稳定或渗透稳定时，应对坝基进行处理。

8.4.2 在喀斯特地区筑坝，应根据岩溶发育情况、充填物性质、水文地质条件、水头大小、覆盖层厚度和防渗要求等研究处理方案，可选择以下方法处理：

  1 大面积溶蚀未形成溶洞的可做铺盖防渗；

  2 浅层的溶洞宜挖除或只挖除洞内的破碎岩石和充填物，用浆砌石或混凝土堵塞；

  3 深层的溶洞，可采用灌浆方法处理，或做混凝土防渗墙；

  4 防渗体下游宜做排水设施；

  5 库岸边处可做防渗措施隔离；

  6 有高流速地下水时，宜采用模袋灌浆技术；

  7 也可采用以上数项措施综合处理。

8.4.3 坝基范围内有断层、破碎带、软弱夹层等地质构造时，应根据产状、宽度、组成物性质、延伸长度及所在部位，研究其渗漏、管涌、溶蚀和滑动对坝基和坝体的影响，确定其处理措施。除应按 8.2 的规定做好接触面的表面处理外，还可采用灌浆、混凝土塞和盖板、混凝土防渗墙、铺盖、扩大截水槽底宽、挖除和放缓坝坡等处理措施。在防渗体下游断层或破碎带出露处还可设置排水反滤设施。

8.4.4 基岩一般可采用水泥灌浆；特殊需要时经论证可采用超细水泥灌浆或化学灌浆。灌浆地区的地下水流速不大于 6m/d 时，可采用水泥灌浆；大于此值时，可在水泥浆液中加速凝剂或采用化学灌浆，但灌浆的可能性及其效果应根据试验确定。当地下水有侵蚀性时，应选择具有抗侵蚀性水泥或采用化学灌浆。化学灌浆应采用低毒或无毒材料，并应对环境污染进行分析。

8.4.5 灌浆帷幕的位置应视坝内防渗体的位置和地质条件而定，二者应紧密连接，均质土坝的防渗帷幕宜设在离上游坝脚1：3～1：2坝底宽处。

8.4.6 灌浆帷幕的钻孔方向宜根据岩体优势结构面的产状确定，当优势结构面为中缓倾角时，宜采用垂直孔灌浆。反之，则宜采用倾斜孔灌浆。

8.4.7 帷幕深度应根据建筑物的重要性、水头大小、地质条件、渗透特性以及对帷幕所提出的防渗要求等按下列方法综合研究确定：

    1 坝基下存在相对不透水层，且埋藏深度不大时，帷幕应深入该层至少5m；

    2 当坝基相对不透水层埋藏较深或分布无规律时，应根据渗流分析、防渗要求，并结合类似工程经验研究确定帷幕深度；

    3 喀斯特地区的帷幕深度，应根据岩溶及渗漏通道的分布情况和防渗要求确定。

8.4.8 灌浆帷幕的设计标准应按灌浆后岩体的透水率控制。根据坝的级别和坝高确定，1级坝、2级坝和高坝的透水率宜为3Lu～5Lu，3级以下的中低坝的透水率宜为5Lu～10Lu。抽水蓄能电站或水源短缺水库可取低值，滞洪水库等可用高值。基岩相对不透水层透水率的控制标准同上。帷幕灌浆完成后，应进行质量检查，检查孔宜布置在基岩破碎带、灌浆吸浆量大、钻孔偏斜度大等有特殊情况的部位和有代表性的地层部位，其数量宜为灌浆孔总数的10%，检查标准按灌浆帷幕的设计标准进行。

8.4.9 防渗帷幕的排数、排距、孔距及灌浆压力，应根据工程地质条件、水文地质条件、作用水头及灌浆试验资料选定。灌浆帷幕一般宜采用一排灌浆孔。对基岩破碎带部位和喀斯特地区宜采用两排或多排孔。对于高坝，根据基岩透水情况可采用两排。帷幕灌浆采用多排孔时宜按梅花形布置。当帷幕灌浆采用两排孔时，可将其中的一排钻孔灌至设计深度，另一排钻孔可取设计深度的1/2左右。帷幕排距、孔距一般宜取1.5m～3.0m。在施工过程中，排距、孔距和灌浆压力还应根据钻孔灌浆资料进行修正。

8.4.11 土质防渗体坝，当其基岩较破碎透水性较大时，除做帷幕灌浆外，高坝还宜同时进行固结灌浆处理。

8.4.12 帷幕灌浆和固结灌浆对水泥强度等级和浆液的要求、灌浆方法、灌浆结束标准等应按照DL 5148执行。

8.4.13 对特别重要的1、2级高坝，或坝基地质条件特别复杂的高土石坝，可在坝基岩石内设置排水、监测、灌浆和检修的平洞或廊道。

8.5 易液化土、软黏土和湿陷性黄土坝基的处理

8.5.1 对地震区建坝后的坝基中可能发生液化的无黏性土和少黏性土，应按GB 50287进行地震液化可能性的评价。

8.5.2 对判定为可能液化的土层，应挖除、换土。在挖除比较困难或很不经济时，可采取人工加密措施。对浅层宜用表面振动压密法，对深层宜用振冲、强夯等方法加密，还可结合振冲处理设置砂石桩，加强坝基排水，以及采取盖重等防护措施。

8.5.3 软黏土抗剪强度低，压缩性高，不宜作为坝基。经过技术经济论证，采取处理措施后，可修建低坝。但填土的含水率应略高于最优含水率。

8.5.4 软黏土坝基的处理措施，宜挖除；当厚度较大、分布较广难以挖除时，可用打砂井、插塑料排水带、加荷预压、真空预压、振冲置换，以及调整施工速率等措施处理。在软黏土坝基上筑坝应加强现场孔隙压力和变形监测。

8.5.5 有机质土不应作为坝基。如坝基内存在厚度较小且不连续的夹层或透镜体，挖除有困难时，应经过论证并采取有效措施处理。

8.5.6 湿陷性黄土可用于低坝坝基，但应论证其沉降、湿陷和溶滤对土石坝的危害，并应做好处理工作。

8.5.7 湿陷性黄土坝基宜采用挖除、翻压、强夯等方法，消除其湿陷性；经过论证也可采用预先浸水的方法处理，使湿陷大部分在建坝前或施工期完成。对黄土中的陷穴、动物巢穴、窑洞、墓坑等地下空洞，应查明处理。

（三）6.2.5.1（4）引用国家现行标准《混凝土重力坝设计规范》SL319 第七章的内容。

7 坝基处理设计

7.1 一般规定

7.1.1 混凝土重力坝的基础经处理后应符合下列要求：

　　1 具有足够的强度，以承受坝体的压力；

　　2 具有足够的整体性和均匀性，以满足坝体抗滑稳定和减小不均匀沉陷；

　　3 具有足够的抗渗性，以满足渗透稳定，控制渗流量，降低渗透压力；

　　4 具有足够的耐久性，以防止岩体性质在水的长期作用下发生恶化。

7.1.2 坝基处理设计应综合考虑基础与其上部结构之间的相互关系，必要时可采取措施，调整上部结构的形式，使上部结构与其基础工作条件相协调。

7.1.3 基础处理设计时，应同时论证两岸坝肩部位和上、下游附近地区的边坡稳定、变形和渗流情况，必要时应采取相应的处理措施。

7.1.4 岩溶地区的坝坝基处理设计，应在认真查明岩溶洞穴、宽大溶隙等在坝基下的分布范围、形态特征、充填物性质及地下水活动状况的基础上，进行专门的处理设计。

7.2 坝基开挖

7.2.1 建基面位置应根据大坝稳定、坝基应力、岩体物理力学性质、岩体类别、基础变形和稳定性、上部结构对基础的要求、基础加固处理效果及施工工艺、工期和费用等因素经技术经济比较确定。可考虑通过基础加固处理和调整上部结构的措施，在满足坝基强度和稳定的基础上，减少开挖量。坝高超过 100m 时，可建在新鲜、微风化至弱风化下部基岩上；坝高 100m～50m 时，可建在微风化至弱风化中部基岩上；坝高小于 50m 时，可建在弱风化中部至上部基岩上。两岸地形较高部位的坝段，可适当放宽。

7.2.2 重力坝的建基面形态应根据地形地质条件及上部结构的要求确定，坝段的建基面上、下游高差不宜过大，并宜略向上游倾斜。若基础面高差过大或向下游倾斜时，宜开挖成带钝角的大台阶状。台阶的高差应与混凝土浇筑块的尺寸和分缝的位置相协调，并和坝趾处的坝体混凝土厚度相适应。对基础高差悬殊的部位宜调整坝段的分缝或作必要的处理。

7.2.3 两岸岸坡坝段建基面在坝轴线方向应开挖成有足够宽度的台阶状，或采取其他结构措施，确保坝体侧向稳定。

7.2.4 基础中存在的表层夹泥裂隙、风化囊、断层破碎带、节理密集带、岩溶充填物及浅埋的软弱夹层等局部工程地质缺陷，均应结合基础开挖予以挖除，或局部挖除后再进行处理。

7.2.5 坝基开挖设计中应对爆破方式提出相应的要求，保证坝基岩体不受破坏或产生不良后果。对易风化、泥化的岩体，应采取相应的保护措施。

7.3　坝基固结灌浆

7.3.1 坝基固结灌浆的设计，应根据坝基工程地质条件、坝高和灌浆试验资料确定。

1　宜在坝基上游和下游一定的范围内进行固结灌浆；当坝基岩体裂隙发育时，且具有可灌性时，可在全坝基范围进行固结灌浆，并根据坝基应力及地质条件，向坝基外及宽缝重力坝的宽缝部位适当扩大灌浆范围；

2　防渗帷幕上游的坝基宜进行固结灌浆；

3　断层破碎带及其两侧影响带或其他地质缺陷应加强固结灌浆；

4　基础中的岩溶洞穴、溶槽等，在清挖回填后其周边应根据岩溶分布情况适当加强固结灌浆。

7.3.2 固结灌浆孔的孔距、排距可采用 3m～4m，或根据开挖以后的地质条件由灌浆试验确定。固结灌浆深度应根据坝高和开挖以后的地质条件确定，可采用 5m～8m；局部地区及坝基应力较大的高坝基础，必要时可适当加深，帷幕上游区宜根据帷幕深度采用 8m～15m。

7.3.3 固结灌浆孔通常布置成梅花形，对于较大的断层和裂隙带应专门布孔。灌浆孔方向应根据主要裂隙产状结合施工条件确定，使其穿过较多的裂隙。

7.3.4 帷幕上游区和地质缺陷部位的坝基固结灌浆宜在有 3m～4m 混凝土盖重情况下施灌，其他部位的固结灌浆可根据地质条件采用有混凝土盖重方式施灌，经论证亦可采用无混凝土盖重或找平混凝土封闭方式施灌。

7.3.5 在不抬动基础岩体和盖重混凝土的原则下，固结灌浆压力宜尽量提高。有混凝土盖重时视其厚度可采用 0.4MPa～0.7MPa。采用找平混凝土封闭灌浆时，其灌浆压力宜通过灌浆试验确定，可采用 0.2MPa～0.4MPa。对缓倾角结构面发育的基岩及软岩，其灌浆压力应由灌浆试验确定。

7.4　坝基防渗和排水

7.4.1 坝基防渗和排水设计，应以坝基的工程地质、水文地质条件和灌浆试验资料为依据，结合水库功能、坝高综合考虑防渗和排水措施的适应性及二者的联合作用，确定相应的措施。水文地质条件复杂的高坝，应进行渗流计算分析。

7.4.2 坝基及两岸的防渗措施，可采用水泥灌浆，亦可采用水泥混合材料灌浆，必要时可采用化学材料灌浆；经研究论证坝基也可采用混凝土齿墙、防渗墙或水平防渗铺盖；两岸岸坡也可采用明挖或洞挖后回填混凝土形成的防渗墙。多泥沙河流上，经分析淤积物的渗透系数及上游的淤积厚度能起防渗作用时，设计中可适当考虑其效果，但应确保大坝初期运行的安全。

7.4.3 防渗帷幕应符合下列要求：

1　减小坝基和绕坝渗漏，防止渗漏水流对坝基及两岸边坡稳定产生不利影响；

2　防止在坝基软弱结构面、断层破碎带、岩体裂隙充填物以及抗渗性能差的岩层中产生渗透破坏；

3　在帷幕和坝基排水的共同作用下，使坝基扬压力和坝基渗漏量降至允许值以内；

4　具有连续性和足够的耐久性。

7.4.4 大、中型工程或高坝应事先进行帷幕灌浆试验。在施工过程中可根据钻孔资料修正防渗帷幕设计。主帷幕应在水库蓄水前完成。

7.4.5 帷幕的防渗标准和相对隔水层的透水率根据不同坝高采用下列控制标准：

　　1　坝高在 100m 以上，透水率 q 为 1Lu～3Lu；

　　2　坝高在 100m～50m 之间，透水率 q 为 3Lu～5Lu；

　　3　坝高在 50m 以下，透水率 q 为 5Lu。抽水蓄能电站和水源短缺水库坝基帷幕防渗标准和相对隔水层的透水率 q 值控制标准取小值。

7.4.6 防渗帷幕的设计深度，应遵守下列规定：

　　1　封闭式帷幕：当坝基下存在可靠的相对隔水层，并且埋深较浅时，防渗帷幕应伸入到该岩层内 3m～5m，不同坝高的相对隔水层的 q 值控制标准见 7.4.5；

　　2　悬挂式帷幕：当坝基下相对隔水层埋藏较深或分布无规律时，帷幕深度应符合本规范 7.4.3 的规定，并参照渗流计算，考虑工程地质条件和坝基扬压力等因素，结合工程经验研究确定，通常在 0.3～0.7 倍水头范围内选择。

7.4.7 当坝肩及两岸帷幕深度较深时，应分层设置灌浆隧洞，灌浆隧洞的布置应根据地形地质条件、钻孔灌浆技术水平、施工通风和排水等因素确定，岩溶地区还应根据岩溶分布高程确定。隧洞层间高差可取 30m～60m。上、下层帷幕的搭接形式可采用斜接式、直接式及错列式等，应保证搭接部位连续封闭和密实。

7.4.8 两岸坝头部位，防渗帷幕伸入山体内的长度及帷幕轴线的方向，应根据工程地质、水文地质条件确定，宜延伸到相对隔水层处或正常蓄水位与地下水位相交处，并应与河床部位的帷幕保持连续性。

7.4.9 防渗帷幕的排数、排距及孔距，应根据工程地质、水文地质、作用水头以及灌浆试验资料选定。帷幕排数在考虑帷幕上游区的固结灌浆对加强基础浅层的防渗作用后，坝高 100m 以上的坝可采用两排，坝高 100m 以下的可采用一排。对地质条件较差、岩体裂隙特别发育或可能发生渗透变形的地段或研究认为有必要加强防渗帷幕时，可适当增加帷幕排数。当帷幕由多排灌浆孔组成时，应将其中的一排孔钻灌至设计深度，其余各排孔的孔深可取设计深度的 1/2～2/3。帷幕孔距可为 1.5m～3m，排距宜比孔距略小。钻孔宜穿过岩体的主要裂隙和层理，可采用倾向上游 0°～10° 的斜孔。

7.4.10 帷幕灌浆必须在浇筑一定厚度的坝体混凝土作为盖重后施工。灌浆压力应通过试验确定，通常在帷幕孔第 1 段取 1.0～1.5 倍坝前静水头，以下各段可逐渐增加，孔底段可取 2～3 倍坝前静水头，但灌浆时不得抬动坝体混凝土和坝基岩体。

7.4.11 坝基主排水孔一般设置在基础灌浆廊道内防渗帷幕的下游，在建基面上主排水孔与帷幕孔的距离不宜小于 2m。高坝可设置 2～3 排辅助排水孔，中坝可设置 1～2 排辅助排水孔，必要时可沿横向排水廊道或宽缝设置排水孔。当基础中存在相对隔水层和缓倾角岩层时，应根据其分布情况合理布置排水孔。

7.4.12 尾水位较高的坝，采取抽排措施时，应在主排水下游坝基设置纵、横向辅助排水孔。当高尾水位历时较长或岩体透水性较大时，宜在坝趾增设封闭防渗帷幕。

7.4.13 坝高较低，基岩条件较好且为弱透水层（渗透系数小于 0.1m/d）时，也可不设帷幕而只设排水，以降低坝基渗透压力，但应在坝基面的上游部位进行固结灌浆。

7.4.14 主排水孔的孔距可为 2m～3m，辅助排水孔的孔距可为 3m～5m。

7.4.15　排水孔孔深应根据帷幕和固结灌浆的深度及基础的工程地质、水文地质条件确定。

1　主排水孔深为帷幕深的 0.4 倍～0.6 倍；高、中坝的坝基主排水孔深，应不小于 10m；当坝基内存在裂隙承压水层、深层透水区时，除加强防渗措施外，主排水孔宜深入此部位。

2　辅助排水孔深可为 6m～12m。

7.4.16　在岸坡坝段的坝基可设置专门的排水设施，必要时可在岸坡山体内设置排水隧洞，并布设排水孔。

7.4.17　当排水孔的孔壁有塌落危险或排水孔穿过软弱结构面、夹泥裂隙时，应采取相应的保护措施。

7.5　断层破碎带和软弱结构面处理

7.5.1　坝基范围内的断层破碎带或软弱结构面，应根据其所在部位、埋藏深度、产状、宽度、组成物性质以及有关试验资料，研究其对上部结构的影响，进行专门处理。在地震设计烈度为 8 度以上的区域，其处理要求应适当提高。低坝的断层破碎带处理要求，可适当降低。

7.5.2　倾角较陡的断层破碎带，可用下述方法处理：

1　坝基范围内单独出露的断层破碎带，其组成物质主要为坚硬构造岩，对基础的强度和压缩变形影响不大时，可将断层破碎带及其两侧影响带岩体适当挖除。

2　断层破碎带规模不大，但其组成物质以软弱的构造岩为主，且对基础的强度和压缩变形有一定影响时，可用混凝土塞加固，混凝土塞的深度可采用 1.0～1.5 倍断层破碎带的宽度或根据计算确定。贯穿坝基上、下游的纵向断层破碎带的处理，宜向上、下游坝基外适当延伸。

3　规模较大的断层破碎带或断层交汇带，影响范围较广，且其组成物质主要是软弱构造岩，并对基础的强度和压缩变形有较大的影响时，必须进行专门的处理设计。

7.5.3　提高坝基深层抗滑稳定性处理原则有：

1　提高软弱结构面抗剪能力；

2　增加尾岩抗力；

3　提高软弱结构面抗剪能力与增加尾岩抗力相结合。应根据软弱结构面产状、埋深、特性及其对坝体影响程度，结合工程规模、施工条件和工程进度，进行综合分析比较后选定。

7.5.4　根据软弱结构面埋深不同可分别采用混凝土置换、混凝土深齿墙、混凝土洞塞等措施，提高软弱结构面抗剪能力；必要时也可采用抗滑桩、预应力锚索、化学灌浆等措施。

7.5.5　当采用规模较大的混凝土塞、大齿墙或混凝土洞塞进行缓倾角软弱结构面的处理时，应制定相应的温度控制等措施，并进行接触灌浆。

7.5.6　伸入水库区内的断层破碎带或软弱结构面，有可能造成渗漏通道并使地质条件恶化时，应进行专门的防渗处理。

7.5.7　断层破碎带或软弱结构面部位基础排水设施的设置，应根据地质条件确定，并应符合本规范 7.4.17 的规定。

7.6 岩溶的防渗处理

7.6.1 岩溶的防渗处理方式有防渗帷幕灌浆、防渗墙等，应根据岩溶的规模、发育规律、充填物性质及透水性等条件选定。对存在岩溶洞穴或具有强透水性的溶蚀裂隙，可采取追索开挖回填混凝土或设置阻浆洞（井）等措施后再进行高压灌浆处理。

7.6.2 当坝基存在连通上、下游的溶洞，埋藏不深或施工条件许可时，应采用开挖回填混凝土处理；埋藏较深不宜明挖时，可采取洞挖回填混凝土处理，也可采用抽槽开挖回填混凝土处理。

7.6.3 两岸防渗帷幕线路应根据两岸地形地质条件和岩溶分布特征选定，可采用直线式、折线式、前翼式及后翼式等布置方式，地质条件复杂的坝基防渗线路需经多方案技术经济比较，必要时结合坝轴线比较选定。帷幕线路应尽量选择岩溶发育较弱地带通过，如必须通过岩溶暗河或岩溶通道时，宜与其垂直。

7.6.4 岩溶地区灌浆帷幕深度应根据相对隔水层的埋深、坝高、坝基及两岸允许的渗漏量及幕后扬压力等因素，在保证大坝安全的前提下，通过技术经济比较选定。

7.6.5 帷幕排数、孔距、排距和灌浆压力应根据地质构造和岩溶水文地质条件，通过帷幕灌浆试验选定，灌浆试验时应研究不同类型的溶洞及充填物灌浆所形成幕体的允许渗透水力比降及耐久性。

7.6.6 灌浆材料可根据岩溶洞穴和溶蚀裂隙规模及充填情况选用纯水泥浆、水泥砂浆、水泥粘土浆、水泥粉煤灰浆等，必要时可钻大口径钻孔灌注高流态细骨料混凝土。

（四）6.2.5.1（5）引用国家现行标准《碾压式土石坝施工规范》DL/T5129 第 6 章的内容。

6 坝基与岸坡处理

6.0.1 坝基与岸坡处理工程为隐蔽工程，必须按设计要求并遵循有关规定认真施工。

6.0.2 施工单位应根据合同技术条款要求以及有关规定，充分研究工程地质和水文地质资料，制定相应的技术措施或作业指导书，报监理工程师批准后实施。

6.0.3 清理坝基、岸坡和铺盖地基时，应将树木、草皮、树根、乱石、坟墓以及各种建筑物等全部清除，并认真做好水井、泉眼、地道、洞穴等处理。坝基和岸坡表层的粉土、细砂、淤泥、腐殖土、泥炭等均应按设计要求和有关规定清除。对于风化岩石、坡积物、残积物、滑坡体等应按设计要求和有关规定处理。

6.0.4 坝区范围内的地质勘测孔、竖井、平洞、试坑等均应按图逐一检查处理，并经监理工程师主持验收，记录备查。

6.0.5 肩岸坡的开挖清理工作，宜自上而下一次完成。对于高坝可分阶段进行，但应提出保证质量和不影响工期的措施。清除出的废料，应全部运到坝外指定场地。

6.0.6 坝基和岸坡易风化、易崩解的岩石和土层，开挖后不能及时回填者，应留保护层，或喷水泥砂浆或喷混凝土保护。

6.0.7 坝基与岸坡处理和验收过程中，应系统地进行地质描绘、编录，必要时进行摄影、录像和取样、试验。对于非岩石坝基，应布置方格网（边长 50m～100m），在每个角点取样，检验深度一般应深入清基表面 1m。若方格网中土层不同，亦应取样。对地质情况复杂的坝基，应加密布点取样检验。

6.0.8 坝基和岸坡处理过程中，如发现新的地质问题或检验结果与勘探有较大出入时，应报监理工程师。

6.0.9 设置在岩石地基上的防渗体、反滤和均质坝体与岩石岸坡接合，必须采用斜面连接，不得有台阶、急剧变坡，更不得有反坡。岩石岸坡开挖清理后的坡度，应符合设计要求。对于局部凹坑、反坡以及不平顺岩面，可用混凝土填平补齐，使其达到设计坡度。非黏性土的坝壳与岸坡接合，亦不得有反坡，清理坡度按设计规定进行。

6.0.10 防渗体部位的坝基、岸坡岩面开挖，应采用预裂、光面等控制爆破法，使开挖面基本上平顺。严禁采用洞室、药壶爆破法施工。必要时可预留保护层，在开始填筑前清除。

6.0.11 防渗体和反滤过渡区部位的坝基和岸坡岩面的处理，包括断层、破碎带以及裂隙等处理，尤其是顺河方向的断层、破碎带必须按设计要求作业，不留后患。

6.0.12 对高坝防渗体与坝基及岸坡结合面，设置有混凝土盖板时，宜在填土前自下而上一次浇筑完成。如与防渗体平行施工时，不得影响基础灌浆和防渗体的施工工期。应做好防裂止水，对出现的裂缝应做好补强封闭处理。

6.0.13 灌浆法处理地基时，水泥灌浆应按照 SL62 进行，化学灌浆可参照该标准进行。灌浆工作除进行室内必要的灌浆材料性能试验外，必须在施工现场进行灌浆试验，以确定施工工艺及灌浆技术参数，并通过检查孔以论证灌浆效果。砂砾石层灌浆处理后，应清除表层至灌浆合格处，方可与防渗体或截水墙相连接。

6.0.14 所有灌浆工作，应与水库蓄水过程相协调。

6.0.15 砂砾类坝基明挖截水槽时，应遵守下列规定：

　　1 开挖断面应符合设计要求，并满足施工排水的需要。

　　2 开挖、填筑过程中，必须排除地下水与地表径流。应配备足够的排水设备，并保证排水的电力供应。为使排水计算尽可能接近实际，必要时可对地层渗透系数值进行复查。

　　3 排水时应防止地基和基坑边坡的渗透破坏。

6.0.16 防渗体如与基岩直接结合时，岩石上的裂隙水、泉眼渗水均应处理。填土必须在无水岩面进行，严禁水下填土。

6.0.17 插入防渗体内的现浇混凝土防渗墙与水下浇筑的墙体，必须结合良好，混凝土墙体的缺陷必须处理。

6.0.18 人工铺盖的地基按设计要求清理，表面应平整压实。砂砾石地基上，必须按设计要求做好反滤过渡层。

6.0.19 利用天然土层作铺盖时，应按设计要求复查土的物理性质、渗透系数、渗透稳定性，对厚度、长度、分布是否连续，以及根孔结构等亦应查明。凡不能满足设计要求的地段，应采取补强措施或做人工铺盖。凡已确定为天然铺盖的区域，严禁取土，施工期间应予保护，不得破坏。

6.0.20 人工或天然铺盖的表面均应根据设计要求设置保护层，以防干裂、冻裂及冲刷。

6.0.21 天然黏性土作为坝基和岸坡时，应根据设计要求进行清理和处理。天然黏性土岸坡的开挖坡度，应符合设计规定。必要时可预留保护层，在开始填筑前清除。

6.0.22 坝基中软黏土、湿陷性黄土、软弱夹层、中细砂层、膨胀土、岩溶构造等，应按设计要求进行处理。

6.0.23　混凝土防渗墙施工，应遵守 SL174 的规定。对于大型工程和特殊地层构造的工程，应进行施工试验，以确定施工工艺、技术参数和施工设备。

6.0.24　有关岩石锚固、地基振冲、强夯加固、高压喷射灌浆等施工，均应按有关标准执行，并进行必要的现场试验。

　　（五）6.2.6.1（8）引用国家现行标准《水工建筑物抗震设计规范》SL203 第 5 章和《土工建筑物抗冰冻设计规范》SL211 第 6 章的内容。

5　土　石　坝

5.1　抗震计算

5.1.1　土石坝应采用拟静力法进行抗震稳定计算。

　　设计烈度为 8、9 度的 70m 以上土石坝，或地基中存在可液化土时，应同时用有限元法对坝体和坝基进行动力分析，综合判断其抗震安全性。土石坝动力分析的要求见本规范附录 A 中的 A.1。

5.1.2　采用拟静力法进行抗震稳定计算时，对于均质坝、厚斜墙坝和厚心墙坝，可采用瑞典圆弧法按本规范 4.7.1 的规定进行验算，其作用效应和抗力的计算公式见本规范附录 A 中的 A.2；对于 1、2 级及 70m 以上土石坝，宜同时采用简化毕肖普法。对于夹有薄层软黏土的地基，以及薄斜墙坝和薄心墙坝，可采用滑楔法计算。

5.1.3　在拟静力法抗震计算中，质点 Ⅰ 的动态分布系数，应按表 5.1.3 的规定采用。表中 a_m 在设计烈度为 7，8，9 度时，分别取 3.0、2.5 和 2.0。

5.1.4　1、2 级坝，宜通过动力试验测定土体的动态抗剪强度。当动力试验给出的动态强度高于相应的静态强度时，应取静态强度值。黏性土和紧密砂砾等非液化土在无动力试验资料时，宜采用静态有效抗剪强度指标，其中对堆石、砂砾石等粗粒无黏性土，可采用对数函数或指数函数表达的非线性静态抗剪强度指标。

5.1.5　混凝土面板堆石坝的动水压力可按本规范 6.1.9 和 6.1.10 的规定确定。

5.1.6　采用瑞典圆弧法进行抗震稳定计算时，其结构系数应取 1.25。采用简化毕肖普法时，相应的结构系数应比采用瑞典圆弧法时的值提高 5%～10%。

5.2　抗震措施

5.2.1　地震区修建土石坝，宜采用直线的或向上游弯曲的坝轴线，不宜采用向下游弯曲的、折线形的或 S 形的坝轴线。

5.2.2　设计烈度为 8、9 度时，宜选用堆石坝，防渗体不宜选用刚性心墙的形式。选用均质坝时，应设置内部排水系统，降低浸润线。

5.2.3　确定地震区土石坝的安全超高时应包括地震涌浪高度，可根据设计烈度和坝前水深，取地震涌浪高度为 0.5～1.5m。对库区内可能因地震引起的大体积塌岸和滑坡而形成的涌浪，应进行专门研究。设计烈度为 8、9 度时，安全超高应计入坝和地基在地震作用下的附加沉陷。

5.2.4　设计烈度为 8、9 度时，宜加宽坝顶，采用上部缓、下部陡的断面。坝坡可采用大块石压重，或土体内加筋。

5.2.5　应加强土石坝防渗体，特别是在地震中容易发生裂缝的坝体顶部、坝与岸坡或混凝土等刚性建筑物的连接部位。应在防渗体上、下游面设置反滤层和过渡层，且必须压实并适当加厚。

5.2.6 应选用抗震性能和渗透稳定性较好且级配良好的土石料筑坝。均匀的中砂、细砂、粉砂及粉土不宜作为地震区的筑坝材料。

5.2.7 对于黏性土的填筑密度以及堆石的压实功能和设计孔隙率，应按 SDJ 218—84 及其补充规定中的有关条文执行。设计烈度为 8、9 度时，宜采用其规定范围值的高限。

5.2.8 对于无黏性土压实，要求浸润线以上材料的相对密度不低于 0.75，浸润线以下材料的相对密度则根据设计烈度大小，选用 0.75～0.85；对于砂砾料，当大于 5mm 的粗料含量小于 50% 时，应保证细料的相对密度满足上述对无黏性土压实的要求，并按此要求分别提出不同含砾量的压实干密度作为填筑控制标准。

5.2.9 1、2 级土石坝，不宜在坝下埋设输水管。当必须在坝下埋管时，宜采用钢筋混凝土管或铸铁管，且宜置于基岩槽内，其管顶与坝底齐平，管外回填混凝土；应做好管道连接处的防渗和止水，管道的控制闸门应置于进水口或防渗体上游端。

6 挡水与泄水建筑物

6.1 一般规定

6.1.1 坝顶超高应按常规设计和抗冰要求计算。并应取两种计算超高的较大值。按抗冰要求计算的抗冰设计超高应只算至坝顶，不应算至防浪墙顶。

6.1.2 抗冰设计超高应按下列情况计算：

1 流冰期库水位低于正常蓄水位，能调蓄凌汛流量而不超过正常蓄水位的水库，其坝顶超高可按常规设计。

2 流冰期按正常蓄水位运行的水库，其正常蓄水位以上的蓄冰库容不宜小于年流冰总量的 1/3，并自蓄冰最高水位以上按常规计算超高。

3 无蓄冰库容需要泄冰的水库。混凝土坝和浆砌石坝的挡水坝段和土石坝岸边溢洪道（溢流坝段）相邻翼墙（翼坝）的超高不宜小于开始流冰时库水位以上 1.5 倍库内最大冰厚。

6.1.5 根据建坝后的冰情条件，宜按附录 D 计算冰压力对大坝的作用。

6.1.6 坝体观测设施应防止受结霜、冰冻或冻胀的影响。严寒地区变形观测成果分析时，应考虑有无上述影响。

6.2 混凝土坝与浆砌石坝

6.2.1 岩基上的低坝在冰推力作用下的抗滑稳定计算，应考虑混凝土与基岩黏着力，其取值宜根据具体情况考虑冻融导致抗剪强度降低的影响。

6.2.2 为防止坝顶积雪积水，坝顶栏杆（至少是下游侧栏杆）宜采用不致挡风遮阳和积水的稀疏栏杆，坝顶路面应具有横向坡度，并应设置相应的排水设施。

6.2.3 坝顶路面宜采用黑色路面。采用混凝土路面时宜与下层大体积混凝土整体浇筑。

6.2.4 坝体廊道、电梯（转梯）井均应设置密闭保温弹簧门。温和和寒冷地区可设单层门，严寒地区宜设置双重门，并应防止其结冰、积雪、结霜。

6.2.5 露天的人行通道、桥梁、阶梯等应防止积雪或结冰。经常使用的通道、桥梁、阶梯和廊道出口不宜设在易积雪结冰的阴面岸坡与坝面交接低处。

6.2.6 坝体闸门井和各种内部充水井、管应做好内部防渗和防冻。井口不宜敞露于大气中。直径较小的管道和壁宜用钢管或钢衬。闸门井内壁宜采用防渗涂料或护面。严寒地区的廊道、电梯（转梯）井的壁过于单薄时，宜在内壁涂气密性油漆。

6.2.7 坝基应防止受冻。施工期有可能受冻时，应采取保温措施。运行期有可能受冻时，可在坝脚覆土石保温。

6.2.8 带有周边缝的薄拱坝应防止周边缝冻结。

6.2.9 支墩坝和空腹坝的腹腔宜做封闭保温，外露的接缝应防止漏水结冰。

6.2.10 碾压混凝土坝应做好上游防渗、分缝和内部排水，并应防止下游面渗水和冻胀。严寒地区内部排水宜采用从坝顶或上层廊道向下层廊道钻设排水孔的方式。

6.2.11 浆砌石坝应做好防渗、分缝和内部排水，下游渗水出逸点应覆土石保温。上下游面宜用粗方石或条石砌筑。严寒地区宜采用上游现浇钢筋混凝土护面防渗形式。

6.2.12 寒冷和严寒地区混凝土坝的止水片距离坝面不宜小于 1.0m。

6.3　土石坝

6.3.1 寒冷和严寒地区土石坝的土心墙、斜墙和防渗铺盖应防止运行和施工期冻结。当采取覆土防冻时，覆土厚度不宜小于当地最大冻深。土质防渗体与防浪墙、齿墙、翼墙连接面应设置防冻层。

6.3.2 黏性土质坝的上游坡应设非冻胀性土的防冻层。防冻层包括护面层和砂砾料垫层，其设置范围及厚度应根据工程规模、坝坡土的冻胀级别，以及护面允许变形程度和当地冰冻条件按下列各项规定确定：

　　1　冻深大于 1～2m 地区或水库冰厚大于 60cm 的工程，在历年冬季最高水位以上 2.0m 至最低水位以下 1.0m 高程的坡长范围内，当坝坡土的冻胀级别属Ⅳ、Ⅴ级时。防冻层厚度不宜小于当地最大冻深；当坝坡土的冻胀级别属Ⅰ、Ⅱ、Ⅲ级时，可适当减小，但不宜小于 0.8 倍当地最大冻深。

　　2　不属 1 款所列条件的范围内的水上坝坡，防冻层厚度应大于 0.6 倍当地最大冻深。

6.3.3 土石坝护坡结构除应按风浪计算外，还应根据冰压力大小和类似工程经验确定。在 6.3.2 条 1 款规定的条件和范围内的主要坝段，可选用下列一种或其他适宜的护坡结构，砌体结构砌筑应平整，但库面开阔的大型平原水库的护坡结构应作专门研究：

　　1　在当地有丰富的良好石料且有机械化施工的条件下，宜采用抛石（堆石）护坡。1、2 级坝护坡的水平宽度不宜小于 3.0m，应采用开采级配堆筑。其下层可用细石料作垫层，水平宽度不应小于 1.0m。

　　2　干砌石护坡应采用质地良好的块石。所用石料的最小边长宜大于 30cm，层厚宜大于 35cm，砌筑缝隙不宜大于 3cm。有条件时宜采用方石，其最短边长宜大于 30cm，砌筑缝隙不宜大于 3cm。戈壁地区可采用大卵石砌筑。无大块石料时可采用钢筋混凝土菱形框格内砌块石护坡，混凝土抗冻级别应满足表 5.1-2 的要求。菱形框格的顺坡对角线长宜为 3.0m～5.0m；另一对角线长度可小于此值。框格梁的断面尺寸宜为宽度 30cm、高度 40cm，并嵌入垫层内。

　　3　混凝土砌块护坡每边尺寸不宜小于 35cm，厚度不宜小于 30cm，砌筑缝隙不宜大于 10mm。现浇混凝土板的边长宜大于 3.0m，厚度宜大于 20cm，混凝土强度和抗冻级别应满足表 5.1.2 的要求。

　　4　土工织物模袋混凝土护坡的模袋可用机织产品或手工缝制。模袋混凝土平均厚度宜取 15cm～20cm，底部宜为平面，混凝土强度和抗冻级别应满足表 5.1.2 的要求。人工缝制模袋混凝土护坡应采用导管法浇筑，不应出现局部鼓包、蜂窝等缺陷，底部应平整，宜设置非织造土工织物作反滤层。冰推力较大时，模袋混凝土中宜顺坡加插钢筋。

　　5　在水位变化区砌体的砌筑及灌缝宜采用二级配混凝土，其抗冻级别应满足表 5.1.2 的要求。

6.3.4　护坡的坡脚高程应在冬季最低水位减 1 倍冰厚以下，否则坡脚结构应考虑冰冻作用的影响。

6.3.5　坝体的浸润线宜低于设计冻深线。下游排水、减压设施应防止冻结，使之冬季能正常排水。

6.3.6　设有防浪墙的土石坝，当冬季库水位高，水上部分坡长较短，冰层爬坡有可能推坏防浪墙时，应考虑加固防浪墙或设置防冰墩。防浪墙还应考虑水平冻胀力的作用。

6.3.7　严寒地区的混凝土面板堆石坝，除应遵循常规设计要求外，还应满足下列要求：

　　1　面板和趾板混凝土抗冻性能应满足 5.1.2 条的规定；

　　2　垫层料中，粒径小于 0.075mm 的含量不宜超过 8%；

　　3　止水片在冬季最低气温下应具有符合设计要求的延伸率和三向变形能力；

　　4　面板与坡顶防浪墙的接缝应保证在冰推力作用下止水不失效；

　　5　水库死水位以上或冬季最低水位以上区域的垫层料在压实后具有内部渗透稳定性的前提下，其渗透系数不宜小于 1×10^{-3} cm/s；

　　6　在水位变动区不宜采用镀锌铁片或不锈钢片作为填料的保护罩；

　　7　在水位变动区不应采用角钢、膨胀螺栓作为柔性填料面膜的止水固定件，宜采用粘接材料，以避免遭到冻胀破坏而失去其固定作用。

6.6　堤防与护岸

6.6.1　在频繁发生冰凌壅塞的河段，堤顶高程应考虑冰凌壅塞河道的影响。

6.6.2　受流冰作用的堤岸护坡，应考虑冰块撞击作用的影响。

6.6.3　严寒和寒冷地区冻胀性土基的堤岸护坡宜根据基土的冻胀级别采取换填非冻胀性土或保温防冻胀措施。换填防冻层的厚度宜根据基土的冻胀级别和冰情条件，按 6.3.2 条的规定确定。

6.6.4　严寒和寒冷地区的堤岸护面层宜采用埋石混凝土、浆砌石、干砌石、混凝土砌块、土工织物模袋混凝土等，有条件的地区可采用抛石（堆石）护坡，其结构应满足 6.3.3 条的规定。堤岸护面层厚度及高度（超出设计水面高度）应满足抗冻胀要求。在水位变化区砌体的砌筑及勾缝宜采用二级配混凝土，其抗冻性能应满足 5.1.2 条的规定。

6.6.5　堤岸护坡的坡脚应满足 6.3.4 条的规定。

　　（六）6.2.6.1（9）引用国家现行标准《水工建筑物抗震设计规范》SL203 中第六章 6.1、6.2、6.3 和 6.6 节的内容。

6.1　一般规定

6.1.1　坝顶超高应按常规设计和抗冰要求计算。并应取两种计算超高的较大值。按抗冰要求计算的抗冰设计超高应只算至坝顶，不应算至防浪墙顶。

6.1.2　抗冰设计超高应按下列情况计算：

1　流冰期库水位低于正常蓄水位，能调蓄凌汛流量而不超过正常蓄水位的水库，其坝顶超高可按常规设计。

2　流冰期按正常蓄水位运行的水库，其正常蓄水位以上的蓄冰库容不宜小于年流冰总量的1/3，并自蓄冰最高水位以上按常规计算超高。

3　无蓄冰库容需要泄冰的水库。混凝土坝和浆砌石坝的挡水坝段和土石坝岸边溢洪道（溢流坝段）相邻翼墙（翼坝）的超高不宜小于开始流冰时库水位以上1.5倍库内最大冰厚。

6.1.5　根据建坝后的冰情条件，宜按附录D计算冰压力对大坝的作用。

6.1.6　坝体观测设施应防止受结霜、冰冻或冻胀的影响。严寒地区变形观测成果分析时，应考虑有无上述影响。

6.2　混凝土坝与浆砌石坝

6.2.1　岩基上的低坝在冰推力作用下的抗滑稳定计算，应考虑混凝土与基岩黏着力，其取值宜根据具体情况考虑冻融导致抗剪强度降低的影响。

6.2.2　为防止坝顶积雪积水，坝顶栏杆（至少是下游侧栏杆）宜采用不致挡风遮阳和积水的稀疏栏杆，坝顶路面应具有横向坡度，并应设置相应的排水设施。

6.2.3　坝顶路面宜采用黑色路面。采用混凝土路面时宜与下层大体积混凝土整体浇筑。

6.2.4　坝体廊道、电梯（转梯）井均应设置密闭保温弹簧门。温和和寒冷地区可设单层门，严寒地区宜设置双重门，并应防止其结冰、积雪、结霜。

6.2.5　露天的人行通道、桥梁、阶梯等应防止积雪或结冰。经常使用的通道、桥梁、阶梯和廊道出口不宜设在易积雪结冰的阴面岸坡与坝面交接低处。

6.2.6　坝体闸门井和各种内部充水井、管应做好内部防渗和防冻。井口不宜敞露于大气中。直径较小的管道和壁宜用钢管或钢衬。闸门井内壁宜采用防渗涂料或护面。严寒地区的廊道、电梯（转梯）井的壁过于单薄时，宜在内壁涂气密性油漆。

6.2.7　坝基应防止受冻。施工期有可能受冻时，应采取保温措施。运行期有可能受冻时，可在坝脚覆土石保温。

6.2.8　带有周边缝的薄拱坝应防止周边缝冻结。

6.2.9　支墩坝和空腹坝的腹腔宜做封闭保温，外露的接缝应防止漏水结冰。

6.2.10　碾压混凝土坝应做好上游防渗、分缝和内部排水，并应防止下游面渗水和冻胀。严寒地区内部排水宜采用从坝顶或上层廊道向下层廊道钻设排水孔的方式。

6.2.11　浆砌石坝应做好防渗、分缝和内部排水，下游渗水出逸点应覆土石保温。上下游面宜用粗方石或条石砌筑。严寒地区宜采用上游现浇钢筋混凝土护面防渗形式。

6.2.12　寒冷和严寒地区混凝土坝的止水片距离坝面不宜小于1.0m。

6.3　土石坝

6.3.1　寒冷和严寒地区土石坝的土心墙、斜墙和防渗铺盖应防止运行和施工期冻结。当采取覆土防冻时，覆土厚度不宜小于当地最大冻深。土质防渗体与防浪墙、齿墙、翼墙连接面应设置防冻层。

6.3.2　黏性土质坝的上游坡应设非冻胀性土的防冻层。防冻层包括护面层和砂砾料垫层，其设置范围及厚度应根据工程规模、坝坡土的冻胀级别，以及护面允许变形程度和当地冰冻条件按下列各项规定确定：

1 冻深大于 1～2m 地区或水库冰厚大于 60cm 的工程，在历年冬季最高水位以上 2.0m 至最低水位以下 1.0m 高程的坡长范围内，当坝坡土的冻胀级别属Ⅳ、Ⅴ级时。防冻层厚度不宜小于当地最大冻深；当坝坡土的冻胀级别属Ⅰ、Ⅱ、Ⅲ级时，可适当减小，但不宜小于 0.8 倍当地最大冻深。

2 不属 1 款所列条件的范围内的水上坝坡，防冻层厚度应大于 0.6 倍当地最大冻深。

6.3.3 土石坝护坡结构除应按风浪计算外，还应根据冰压力大小和类似工程经验确定。在 6.3.2 条 1 款规定的条件和范围内的主要坝段，可选用下列一种或其他适宜的护坡结构，砌体结构砌筑应平整，但库面开阔的大型平原水库的护坡结构应作专门研究：

1 在当地有丰富的良好石料且有机械化施工的条件下，宜采用抛石（堆石）护坡。1、2 级坝护坡的水平宽度不宜小于 3.0m，应采用开采级配堆筑。其下层可用细石料作垫层，水平宽度不应小于 1.0m。

2 干砌石护坡应采用质地良好的块石。所用石料的最小边长宜大于 30cm，层厚宜大于 35cm，砌筑缝隙不宜大于 3cm。有条件时宜采用方石，其最短边长宜大于 30cm，砌筑缝隙不宜大于 3cm。戈壁地区可采用大卵石砌筑。无大块石料时可采用钢筋混凝土菱形框格内砌块石护坡，混凝土抗冻级别应满足表 5.1-2 的要求。菱形框格的顺坡对角线长宜为 3.0～5.0m；另一对角线长度可小于此值。框格梁的断面尺寸宜为宽度 30cm、高度 40cm，并嵌入垫层内。

3 混凝土砌块护坡每边尺寸不宜小于 35cm，厚度不宜小于 30cm，砌筑缝隙不宜大于 10mm。现浇混凝土板的边长宜大于 3.0m，厚度宜大于 20cm，混凝土强度和抗冻级别应满足表 5.1.2 的要求。

4 土工织物模袋混凝土护坡的模袋可用机织产品或手工缝制。模袋混凝土平均厚度宜取 15～20cm，底部宜为平面，混凝土强度和抗冻级别应满足表 5.1.2 的要求。人工缝制模袋混凝土护坡应采用导管法浇筑，不应出现局部鼓包、蜂窝等缺陷，底部应平整，宜设置非织造土工织物作反滤层。冰推力较大时，模袋混凝土中宜顺坡加插钢筋。

5 在水位变化区砌体的砌筑及灌缝宜采用二级配混凝土，其抗冻级别应满足表 5.1.2 的要求。

6.3.4 护坡的坡脚高程应在冬季最低水位减 1 倍冰厚以下，否则坡脚结构应考虑冰冻作用的影响。

6.3.5 坝体的浸润线宜低于设计冻深线。下游排水、减压设施应防止冻结，使之冬季能正常排水。

6.3.6 设有防浪墙的土石坝，当冬季库水位高，水上部分坡长较短，冰层爬坡有可能推坏防浪墙时，应考虑加固防浪墙或设置防冰墩。防浪墙还应考虑水平冻胀力的作用。

6.3.7 严寒地区的混凝土面板堆石坝，除应遵循常规设计要求外，还应满足下列要求：

1 面板和趾板混凝土抗冻性能应满足 5.1.2 条的规定；

2 垫层料中，粒径小于 0.075mm 的含量不宜超过 8%；

3 止水片在冬季最低气温下应具有符合设计要求的延伸率和三向变形能力；

4 面板与坡顶防浪墙的接缝应保证在冰推力作用下止水不失效；

5 水库死水位以上或冬季最低水位以上区域的垫层料在压实后具有内部渗透稳定性的前提下，其渗透系数不宜小于 1×10^{-3} cm/s；

6　在水位变动区不宜采用镀锌铁片或不锈钢片作为填料的保护罩；

7　在水位变动区不应采用角钢、膨胀螺栓作为柔性填料面膜的止水固定件，宜采用粘接材料，以避免遭到冻胀破坏而失去其固定作用。

6.6　堤防与护岸

6.6.1　在频繁发生冰凌壅塞的河段，堤顶高程应考虑冰凌壅塞河道的影响。

6.6.2　受流冰作用的堤岸护坡，应考虑冰块撞击作用的影响。

6.6.3　严寒和寒冷地区冻胀性土基的堤岸护坡宜根据基土的冻胀级别采取换填非冻胀性土或保温防冻胀措施。换填防冻层的厚度宜根据基土的冻胀级别和冰情条件，按6.3.2条的规定确定。

6.6.4　严寒和寒冷地区的堤岸护面层宜采用埋石混凝土、浆砌石、干砌石、混凝土砌块、土工织物模袋混凝土等，有条件的地区可采用抛石（堆石）护坡，其结构应满足6.3.3条的规定。堤岸护面层厚度及高度（超出设计水面高度）应满足抗冻胀要求。在水位变化区砌体的砌筑及勾缝宜采用二级配混凝土，其抗冻性能应满足5.1.2条的规定。

6.6.5　堤岸护坡的坡脚应满足6.3.4条的规定。

五、第七章〈防渗及地下水导排系统技术要求与设计计算〉引用标准内容

（一）7.2.2.2引用现行国家标准《生活垃圾卫生填埋处理技术规范》CB 50869中第八章8.2.2节的内容。

8.2.2　天然黏土基础层进行人工改性压实后达到天然黏土衬里结构的等效防渗性能要求，可采用改性压实黏土类衬里作为防渗结构。

（二）7.2.4引用国家现行标准《生活垃圾卫生填埋场防渗系统工程技术规范》CJJ 113－2007中第五章5.3节的内容。

5.3　高密度聚乙烯（HDPE）膜

5.3.1　HDPE膜材料在进填埋场交接前，应进行相关的性能检查。

5.3.2　在安装前，HDPE膜材料应正确地贮存，并应标明其在总平面图中的安装位置。

5.3.3　HDPE膜的铺设量不应超过一个工作日能完成的焊接量。

5.3.4　在安装HDPE膜之前，应检查其膜下保护层，每平方米的平整度误差不宜超过20mm。

5.3.5　HDPE膜铺设时应符合下列要求：

1　铺设应一次展开到位，不宜展开后再拖动；

2　应为材料热胀冷缩导致的尺寸变化留出伸缩量；

3　应对膜下保护层采取适当的防水、排水措施；

4　应采取措施防止HDPE膜受风力影响而破坏。

5.3.6　HDPE膜展开完成后，应及时焊接，HDPE膜的搭接宽度应符合本规范表3.7.2的规定。

5.3.7　HDPE膜铺设展开过程应按照附录A表A.0.1的要求填写有关记录，焊接施工应按附录B表B.0.1、表B.0.2和表B.0.3的要求填写有关记录。

5.3.8　HDPE膜铺设过程中必须进行搭接宽度和焊接质量控制。监理必须全过程监督膜的焊接和检验。

5.3.9　施工中应注重保护HDPE膜不受破坏，车辆不得直接在HDPE膜上碾压。

（三）7.2.5引用国家现行标准《生活垃圾卫生填埋场防渗系统工程技术规范》CJJ 113-2007中第五章5.5节的内容。

5.5 钠基膨润土防水毯（GCL）

5.5.1 GCL贮存应防水、防潮、防暴晒。

5.5.2 GCL不应在雨雪天气下施工。

5.5.3 GCL的施工过程中应符合下列要求：

1 应以品字形分布，不得出现十字搭接；

2 边坡不应存在水平搭接；

3 搭接宽度应符合本规范表3.7.2的要求，局部可用膨润土粉密封；

4 应自然松弛与基础层贴实．不应褶皱、悬空；

5 应随时检查外观有无破损、孔洞等缺陷，发现缺陷时，应及时采取修补措施，修补范围宜大于破损范围200mm；

6 在管道或构筑立柱等特殊部位施工时，应加强处理。

5.5.4 GCL施工完成后，应采取有效的保护措施，任何人员不得穿钉鞋等在GCL上踩踏，车辆不得直接在GCL上碾压。

（四）7.2.6.1和7.2.6.2引用国家现行标准《生活垃圾卫生填埋场防渗系统工程技术规范》CJJ 113-2007中第五章5.4节的内容。

5.4 土工布

5.4.1 土工布应铺设平整，不得有石块、土块、水和过多的灰尘进入土工布。

5.4.2 土工布搭接宽度应符合本规范表3.7.2的规定。

5.4.3 土工布的缝合应使用抗紫外和化学腐蚀的聚合物线，并应采用双线缝合。非织造土工布采用热粘连接时，应使搭接宽度范围内的重叠部分全部粘接。

5.4.4 边坡上的土工布施工时，应预先将土工布锚固在锚固沟内，再沿斜坡向下铺放，土工布不得折叠。

5.4.5 土工布在边坡上的铺设方向应与坡面一致，在坡面上宜整卷铺设，不宜有水平接缝。

5.4.6 土工布上如果有裂缝和孔洞，应使用相同规格材料进行修补，修补范围应大于破损处周边300mm。

（五）7.2.6.3引用国家现行标准《生活垃圾卫生填埋场防渗系统工程技术规范》CJJ 113-2007中第五章5.6节的内容。

5.6 土工复合排水网

5.6.1 土工复合排水网的排水方向应与水流方向一致。

5.6.2 边坡上的土工复合排水网不宜存在水平接缝。

5.6.3 在管道或构筑立柱等特殊部位施工时，应进行特殊处理，并保证排水畅通。

5.6.4 土工复合排水网的施工中，土工布和排水网都应和同类材料连接。相邻的部位应使用塑料扣件或聚合物编织带连接，底层土工布应搭接，上层土工布应缝合连接，连接部分应重叠。沿材料卷的长度方向，最小连接间距不宜大于1.5m。

5.6.5 排水网芯复合的土工布应全面覆盖网芯。

5.6.6 土工复合排水网巾的破损均应使用相同材料修补，修补范围应大于破损范围周边

300mm。

5.6.7 在施工过程中，不得损坏已铺设好的 HDPE 膜。施工机械不得直接在复合土工排水材料上碾压。

六、第八章〈防洪及雨污分流系统技术要求与设计计算〉引用标准内容

（一）8.2.1.1引用国家现行标准《生活垃圾卫生填埋处理工程项目建设标准》建标124－2009第二十一条、第二十二条的内容。

第二十一条　填埋场应设置独立的雨水及地下水导排系统。雨水导排应满足雨污分流、场外汇水和场内未作业区域的汇水直接排放要求，尽量减少雨水侵入垃圾堆体，其排水能力应按照50年一遇、100年一遇校核设计。地下水导排系统应做到及时排导，防止地下水对地基和防渗系统产生不良影响，其排水能力应与地下水产生量相匹配。

第二十二条　填埋场的防洪标准应按照不小于50年一遇洪水位考虑，遵循《生活垃圾填埋场污染控制标准》GB 16889、《防洪标准》GB 50201 和《城市防洪工程设计规范》CJJ 50 以及相关标准的技术要求，并和环境影响评价结论相符。

（二）8.2.3.2引用现行国家标准《生活垃圾卫生填埋处理技术规范》GB 50869 中第9 章9.2节的内容。

9.2 **填埋库区雨污分流系统**

9.2.1 填埋库区雨污分流系统应阻止未作业区域的汇水流入生活垃圾堆体，应根据填埋库区分区和填埋作业工艺进行设计。

9.2.2 填埋库区分区设计应满足下列雨污分流要求：

1 平原型填埋场的分区应以水平分区为主，坡地型、山谷型填埋场的分区宜采用水平分区与垂直分区相结合的设计；

2 水平分区应设置具有防渗功能的分区坝，各分区应根据使用顺序不同铺设雨污分流导排管；

3 垂直分区宜结合边坡临时截洪沟进行设计，生活垃圾堆高达到临时截洪沟高程时，可将边坡截洪沟改建成渗沥液收集盲沟。

9.2.3 分区作业雨污分流应符合下列规定：

1 使用年限较长的填埋库区，宜进一步划分作业分区；

2 未进行作业的分区雨水应通过管道导排或泵抽排的方法排出库区外；

3 作业分区宜根据一定时间填埋量划分填埋单元和填埋体，通过填埋单元的日覆盖和填埋体的中间覆盖实现雨污分流。

9.2.4 封场后雨水应通过堆体表面排水沟排入截洪沟等排水设施。

（三）8.2.4.2引用国家现行标准《生活垃圾卫生填埋场封场技术规程》CJJ 112－2007中第5.0.3条的内容。

5.0.3 排水层顶坡应采用粗粒或土工排水材料，边坡应采用土工复合排水网，粗粒材料厚度不应小于30cm，渗透系数应大于1×10^{-2}m/s。材料应有足够的导水性能，保证施加于下层衬垫的水头小于排水层厚度。排水层应与填埋库区四周的排水沟相连。

七、第九章〈渗沥液收集及处理系统技术要求与设计计算〉引用标准内容

（一）9.2.1.2引用现行国家标准《生活垃圾卫生填埋处理技术规范》GB 50869 中第10 章表10.2.2 的内容。

表 10.2.2 国内典型填埋场不同年限渗沥液水质范围

单位：mg/L（pH除外）

项目 \ 类别	填埋初期渗沥液（<5年）	填埋中后期渗沥液（>5年）	封场后渗沥液
COD	6000~20000	2000~10000	1000~5000
BOD₅	3000~10000	1000~4000	300~2000
NH₃-N	600~2500	800~3000	1000~3000
SS	500~1500	500~1500	200~1000
pH	5~8	6~8	6~9

注：表中均为调节池出水水质。

（二）9.2.3.1 引用现行国家标准《生活垃圾卫生填埋处理技术规范》GB 50869 中第 10 章表 10.3 节的内容。

10.3 渗沥液收集

10.3.1 填埋库区渗沥液收集系统应包括导流层、盲沟、竖向收集井、集液井（池）、泵房、调节池及渗沥液水位监测井。

10.3.2 渗沥液导流层设计应符合下列规定：

1 导流层宜采用卵（砾）石或碎石铺设，厚度不宜小于 300mm，粒径宜为 20~60mm，由下至上粒径逐渐减小；

2 导流层与垃圾层之间应铺设反滤层，反滤层可采用土工滤网，单位面积质量宜大于 200g/m²；

3 导流层内应设置导排盲沟和渗沥液收集导排管网；

4 导流层应保证渗沥液通畅导排，降低防渗层上的渗沥液水头；

5 导流层下可增设土工复合排水网强化渗沥液导流；

6 边坡导流层宜采用土工复合排水网铺设。

10.3.3 盲沟设计应符合下列规定：

1 盲沟宜采用砾石、卵石或碎石（CaCO₃ 含量不应大于 10%）铺设，石料的渗透系数不应小于 1.0×10^{-3} cm/s。主盲沟石料厚度不宜小于 40cm，粒径从上到下依次为 20~30mm、30~40mm、40~60mm；

2 盲沟内应设置高密度聚乙烯（HDPE）收集管，管径应根据所收集面积的渗沥液最大日流量、设计坡度等条件计算，HDPE 收集干管公称外径（dn）不应小于 315mm，支管外径（dn）不应小于 200mm；

3 HDPE 收集管的开孔率应保证环刚度要求。HDPE 收集管的布置宜呈直线。Ⅲ类以上填埋场 HDPE 收集管宜设置高压水射流疏通、端头井等反冲洗措施；

4 主盲沟坡度应保证渗沥液能快速通过渗沥液 HDPE 干管进入调节池，纵、横向坡度不宜小于 2%；

5 盲沟系统宜采用鱼刺状和网状布置形式，也可根据不同地形采用特殊布置形式（反锅底型等）；

6 盲沟断面形式可采用菱形断面或梯形断面，断面尺寸应根据渗沥液汇流面积、

HDPE 管管径及数量确定；

　　7　中间覆盖层的盲沟应与竖向收集井相连接，其坡度应能保证渗沥液快速进入收集井。

10.3.4　导气井可兼做渗沥液竖向收集井，形成立体导排系统收集垃圾堆体产生的渗沥液。

10.3.5　集液井（池）宜按库区分区情况设置，并宜设在填埋库区外侧。

10.3.6　调节池设计应符合以下规定：

　　1　调节池容积宜按本规范附录 C 的计算要求确定，调节池容积不应小于三个月的渗沥液处理量；

　　2　调节池可采用 HDPE 土工膜防渗结构，也可采用钢筋混凝土结构；

　　3　HDPE 土工膜防渗结构调节池的池坡比宜小于 1∶2，防渗结构设计可参考本规范第 8 章的相关规定；

　　4　钢筋混凝土结构调节池池壁应作防腐蚀处理；

　　5　调节池宜设置 HDPE 膜覆盖系统，覆盖系统设计应考虑覆盖膜顶面的雨水导排、膜下的沼气导排及池底污泥的清理。

10.3.7　库区渗沥液水位应控制在渗沥液导流层内。应监测填埋堆体内渗沥液水位，当出现高水位时，应采取有效措施降低水位。

　　（三）9.2.3.7 引用国家现行标准《垃圾填埋场用高密度聚乙烯管材》CJ/T 371 中第 6 章的内容。

6　试　验　方　法

6.1　试样的状态调节和试验的标准环境

　　按 GB/T 2918 规定，温度为 23℃±2℃，状态调节时间为 24h。试验方法标准中有规定的按照试验方法标准。

6.2　颜色和外观

　　用肉眼观察（目测）。

6.3　尺寸测量

6.3.1　长度

　　用精度为 1mm 的钢卷尺测量直管。

6.3.2　平均外径

　　按 GB/T 8806 规定测量平均外径。

6.3.3　壁厚

　　按 GB/T 8806 规定测量管材的壁厚。

6.4　氧化诱导时间

　　按 GB/T 17391 规定进行测试。

6.5　环刚度

　　按 GB/T 9647 规定进行测试。每个样品的长度为 500mm。

6.6　密度

　　按 GB/T 1033.1 规定进行测试。

6.7　碳黑含量

按 GB/T 13021 规定进行测试。

6.8　碳黑分散

按 GB/T 18251 规定进行测试。

6.9　熔体质量流动速率

按 GB/T 3682 规定进行测试。

6.10　断裂伸长率

按 GB/T 8804.3 规定进行测试。

6.11　静液压试验

按 GB/T 6111 规定进行测试。

（四）9.2.3.9 引用国家现行标准《生活垃圾卫生填埋场岩土工程技术规范》CJJ 176 中第 9 章 9.2 节的内容。

9.2　渗沥液水位监测

9.2.1　渗沥液水位监测方法应符合下列要求：

1　渗滤液导排层水头监测宜在导排层埋设水平水位管，采用剖面沉降仪与水位计联合测定的测试方法；

2　当堆体内无滞水位时，宜埋设竖向水位管采用水位计测量垃圾堆体主水位；当堆体内存在滞水位时，宜埋设分层竖向水位管，采用水位计测量主水位和滞水位。

9.2.2　监测点布设应符合下列要求：

1　渗沥液导排层水头监测点在每个排水单元宜至少布置两个，宜布置在每个排水单元最大坡度方向的中间位置；

2　渗沥液主水位和滞水位应沿垃圾堆体边坡走向布置监测点，平面间距 30～60m，应保证管底离衬垫系统不应小于 5m，总数不宜少于 3 个；分层竖向水位管底部宜埋至隔水层上方，各支管之间应密闭隔绝。

9.2.3　当垃圾堆体水位接近或达到本规范第 6.4.1 条所确定的警戒水位时应提高检测频次，并应立即采取应急措施。

（五）9.2.5.14 引用现行国家标准《生活垃圾填埋场污染控制标准》GB 16889－2008 中第九章 9.1 和 9.4 节的内容。

9.1　水污染物排放控制要求

9.1.1　生活垃圾填埋场应设置污水处理装置，生活垃圾渗滤液（含调节池废水）等污水经处理并符合本标准规定的污染物排放控制要求后，可直接排放。

9.1.2　现有和新建生活垃圾填埋场自 2008 年 7 月 1 日起执行表 2 规定的水污染物排放浓度限值。

现有和新建生活垃圾填埋场水污染物排放浓度限值　　　　表 2

序号	控制污染物	排放浓度限值	污染物排放监控位置
1	色度（稀释倍数）	40	常规污水处理设施排放口
2	化学需氧量（COD_{Cr}）（mg/L）	100	常规污水处理设施排放口
3	生化需氧量（BOD_5）（mg/L）	30	常规污水处理设施排放口

续表

序号	控制污染物	排放浓度限值	污染物排放监控位置
4	悬浮物（mg/L）	30	常规污水处理设施排放口
5	总氮（mg/L）	40	常规污水处理设施排放口
6	氨氮（mg/L）	25	常规污水处理设施排放口
7	总磷（mg/L）	3	常规污水处理设施排放口
8	粪大肠菌群数（个/L）	10000	常规污水处理设施排放口
9	总汞（mg/L）	0.001	常规污水处理设施排放口
10	总镉（mg/L）	0.01	常规污水处理设施排放口
11	总铬（mg/L）	0.1	常规污水处理设施排放口
12	六价铬（mg/L）	0.05	常规污水处理设施排放口
13	总砷（mg/L）	0.1	常规污水处理设施排放口
14	总铅（mg/L）	0.1	常规污水处理设施排放口

9.1.3 2011 年 7 月 1 日前，现有生活垃圾填埋场无法满足表 2 规定的水污染物排放浓度限值要求的，满足以下条件时可将生活垃圾渗滤液送往城市二级污水处理厂进行处理：

1 生活垃圾渗滤液在填埋场经过处理后，总汞、总镉、总铬、六价铬、总砷、总铅等污染物浓度达到表 2 规定浓度限值；

2 城市二级污水处理厂每日处理生活垃圾渗滤液总量不超过污水处理量的 0.5%，并不超过城市二级污水处理厂额定的污水处理能力；

3 生活垃圾渗滤液应均匀注入城市二级污水处理厂；

4 不影响城市二级污水处理场的污水处理效果；

2011 年 7 月 1 日起，现有全部生活垃圾填埋场应自行处理生活垃圾渗滤液并执行表 2 规定的水污染排放浓度限值。

9.1.4 根据环境保护工作的要求，在国土开发密度已经较高、环境承载能力开始减弱，或环境容量较小、生态环境脆弱，容易发生严重环境污染问题而需要采取特别保护措施的地区，应严格控制生活垃圾填埋场的污染物排放行为，在上述地区的现有和新建生活垃圾填埋场自 2008 年 7 月 1 日起执行表 3 规定的水污染物特别排放限值。

现有和新建生活垃圾填埋场水污染物特别排放限值　　表 3

序号	控制污染物	排放浓度限值	污染物排放监控位置
1	色度（稀释倍数）	30	常规污水处理设施排放口
2	化学需氧量（COD_{Cr}）（mg/L）	60	常规污水处理设施排放口
3	生化需氧量（BOD_5）（mg/L）	20	常规污水处理设施排放口
4	悬浮物（mg/L）	30	常规污水处理设施排放口
5	总氮（mg/L）	20	常规污水处理设施排放口
6	氨氮（mg/L）	8	常规污水处理设施排放口
7	总磷（mg/L）	1.5	常规污水处理设施排放口
8	粪大肠菌群数（个/L）	1000	常规污水处理设施排放口

续表

序号	控制污染物	排放浓度限值	污染物排放监控位置
9	总汞（mg/L）	0.001	常规污水处理设施排放口
10	总镉（mg/L）	0.01	常规污水处理设施排放口
11	总铬（mg/L）	0.1	常规污水处理设施排放口
12	六价铬（mg/L）	0.05	常规污水处理设施排放口
13	总砷（mg/L）	0.1	常规污水处理设施排放口
14	总铅（mg/L）	0.1	常规污水处理设施排放口

9.4 生活垃圾转运站产生的渗滤液经收集后，可采用密闭运输送到城市污水处理厂处理、排入城市排水管道进入城市污水处理厂处理或者自行处理等方式。排入设置城市污水处理厂的排水管网的，应在转运站内对渗滤液进行处理，总汞、总镉、总铬、六价铬、总砷、总铅等污染物浓度限值达到表2规定浓度限值，其他水污染物排放控制要求由企业与城镇污水处理厂根据其污水处理能力商定或执行相关标准。排入环境水体或排入未设置污水处理厂的排水管网的，应在转运站内对渗滤液进行处理并达到表2规定的浓度限值。

八、第十章〈填埋气体收集及利用系统技术要求与设计计算〉引用标准内容

（一）10.2.3.2引用国家现行标准《生活垃圾填埋场填埋气体收集处理及利用工程技术规范》CJJ 133-2009中第6章6.1.4～6.1.14条的内容。

6.1 管网的布置与敷设

6.1.4 输气管道不得在堆积易燃、易爆材料和具有腐蚀性液体的场地下面或上面通过，不宜与其他管道同沟敷设。

6.1.5 输气管道沿道路敷设时，宜敷设在人行道或绿化带内，不应在道路路面下敷设。

6.1.6 输气管地面或架空敷设时，不应妨碍交通和垃圾填埋操作，架空管应每隔300m设接地装置，管道支架应采用阻燃材料。

6.1.7 地面与架空附设的塑料管道应设伸缩补偿设施。

6.1.8 输气管与其他管道共架敷设时，输气管道与其他管道的水平净距不应小于0.3m。当管径大于300mm时，水平净距不应小于管道直径。

6.1.9 架空敷设输气管与架空输电线之间的水平和垂直净距不应小于4m，与露天变电站围栅的净距不应小于10m。

6.1.10 寒冷地区，输气管宜采用埋地敷设，管道埋深宜在土壤冰冻线以下，管顶覆土厚度还应满足下列要求：

　　1 埋设在车行道下时，不得小于0.8m；

　　2 埋设在非车行道下时，不得小于0.6m。

6.1.11 地下输气管道与建筑物、构筑物或相邻管道之间的最小水平净距和垂直净距应满足现行国家标准《城镇燃气设计规范》GB 50028和《输气管道工程设计规范》GB 50251的有关规定。

6.1.12 输气管道不得穿过大断面管道或通道。

6.1.13 输气管道穿越铁路、河流等障碍物时，应符合现行国家标准《输气管道工程设计规范》GB 50251 的有关规定。

6.1.14 在填埋场内敷设的填埋气体管道应做明显的标识。

（二）10.2.3.3 引用国家现行标准《生活垃圾填埋场填埋气体收集处理及利用工程技术规范》CJJ 133－2009 中第 6 章 6.1.2 条的内容。

6.1.2 填埋气体收集管道应选用耐腐蚀、柔韧性好的材料及配件，管路应有良好的密封性。

（三）10.2.4.2 引用国家现行标准《生活垃圾填埋场填埋气体收集处理及利用工程技术规范》CJJ 133－2009 中第 7 章 7.2.5 条的内容。

7.2.5 填埋气体主动导排系统的抽气流量应能随填埋气体产生速率的变化而调节，气体收集率不宜小于 60%。

（四）10.2.4.3 引用国家现行标准《生活垃圾填埋场填埋气体收集处理及利用工程技术规范》CJJ 133－2009 中第 7 章 7.2.1～7.2.3 条的内容。

7.2.1 填埋气体抽气设备应选用耐腐蚀和防爆型设备。

7.2.2 填埋气体抽气设备应设调速装置，宜采用变频调速装置。

7.2.3 填埋气体抽气设备应至少有 1 台备用。

（五）10.2.5.2 引用国家现行标准《生活垃圾填埋场填埋气体收集处理及利用工程技术规范》CJJ 133－2009 中第 7 章 7.3.1～7.3.3 条的内容。

7.3.1 设置主动导排设施的填埋场，必须设置填埋气体燃烧火炬。

7.3.2 填埋气体收集量大于 $100m^3/h$ 的填埋场，应设置封闭式火炬。

7.3.3 填埋气体火炬应有较宽的负荷适应范围，应能满足填埋气体产量变化、气体利用设施负荷变化、甲烷浓度变化等情况下的填埋气体稳定燃烧。

（六）10.2.5.3 引用国家现行标准《生活垃圾填埋场填埋气体收集处理及利用工程技术规范》CJJ 133－2009 中第 7 章 7.3.5～7.3.7 条的内容。

7.3.5 填埋气体火炬应具有点火、熄火安全保护功能。

7.3.6 封闭式火炬距地面 2.5m 以下部分的外表面温度不应高于 50℃。

7.3.7 火炬的填埋气体进口管道上必须设置与填埋气体燃烧特性相匹配的阻火装置。

（七）10.2.5.4 引用现行国家标准《生活垃圾卫生填埋处理技术规范》GB 50869 中第 11 章 11.5 节的内容。

11.5 填埋气体利用

11.5.1 填埋气体利用和燃烧系统应统筹设计，应优先满足利用系统的用气，剩余填埋气体应能自动分配到火炬系统进行燃烧。

11.5.2 填埋气体利用方式和规模应根据填埋场的产气量及当地条件等因素，通过多方案技术经济比较确定。气体利用率不宜小于 70%。

11.5.3 填埋气体利用系统应设置预处理工序，预处理工艺和设备的选择应根据气体利用方案、用气设备的要求和污染排放标准确定。

11.5.4 填埋气体燃烧火炬应有较宽的负荷适应范围以满足稳定燃烧，应具有主动和被动两种保护措施，并应具有点火、灭火安全保护功能及阻火器等安全装置。

（八）10.2.5.5 引用国家现行标准《生活垃圾填埋场填埋气体收集处理及利用工程技术规范》CJJ 133－2009 中第 7 章 7.4.1 和 7.4.4 条的内容。

7.4.1　填埋气体利用方式及规模的选择应符合下列规定：

1　填埋气体利用方式应根据当地的条件，经过技术经济比较确定，宜优先选择效率高的利用方式。

2　填埋气体利用规模，应根据填埋气体收集量，经过技术经济比较确定，气体利用率不宜小于70%。

7.4.4　填埋气体制造城镇燃气或汽车燃料应符合下列规定：

1　填埋气体处理及甲烷提纯工艺应根据城镇燃气或汽车燃料质量标准要求确定。

2　填埋气体提纯处理设施的设计、施工与运行应符合国家现行有关标准的规定。

（九）10.2.5.6引用国家现行标准《生活垃圾填埋场填埋气体收集处理及利用工程技术规范》CJJ 133－2009中第7章7.4.2和7.4.3条的内容。

7.4.2　填埋气体用于内燃机发电应符合下列规定：

1　内燃机发电的总规模应在合理预测各年填埋气体收集量的基础上确定。

2　内燃机发电机组应选择技术成熟、可靠性好的产品。

3　有热、冷用户的情况下，宜选择热、电、冷三联供的工艺方案回收内燃机烟气和冷却液带出的热能。

4　额定负荷下，内燃机发电机组的发电效率不应低于30%。

5　内燃机发电机组的技术性能应符合现行行业标准《气体燃料发电机组通用技术条件》JB/T 9583.1的规定。

7.4.3　填埋气体用于锅炉燃料应符合下列规定：

1　应确保填埋气体燃烧系统稳定、安全运行。

2　锅炉出力的选择应根据用热负荷和填埋气体收集量及热值确定。

3　锅炉排放烟气各项指标应满足现行国家标准《锅炉大气污染物排放标准》GB 13271的要求。

4　锅炉房的设计、施工和运行应符合现行国家标准《锅炉房设计规范》GB 50041的有关规定。

（十）10.2.6.3引用现行国家标准《生活垃圾填埋场污染控制标准》GB 16889－2008中第10章10.4节的内容。

10.4　甲烷监测基本要求

10.4.1　生活垃圾填埋场管理机构应每天进行一次填埋场区和填埋气体排放口的甲烷浓度监测。

10.4.2　地方环境保护行政主管部门应每3个月对填埋区和填埋气体排放口的甲烷浓度进行

一次监督性监测。

10.4.3　对甲烷浓度的每日监测可采用符合GB 13486要求或者具有相同效果的便携式甲烷测定器进行测定。对甲烷浓度的监督性监测应按照HJ/T 38中甲烷的测定方法进行测定。

九、第十一章〈封场系统技术要求与设计计算〉引用标准内容

（一）11.2.2.1引用国家现行标准《生活垃圾卫生填埋场封场技术规程》CJJ 112－2007第3章3.0.1～3.0.8的内容。

3.0.1 填埋场整形与处理前，应勘察分析场内发生火灾、爆炸、垃圾堆体崩场等填埋场安全隐患。

3.0.2 施工前，应制定消除陡坡、裂隙、沟缝等缺陷的处理方案、技术措施和作业工艺，并宜实行分区域作业。

3.0.3 挖方作业时，应采用斜面分层作业法。

3.0.4 整形时应分层压实垃圾，压实密度应大于 $800kg/m^3$。

3.0.5 整形与处理过程中，应采用低渗透性的覆盖材料临时覆盖。

3.0.6 在垃圾堆体整形作业过程中，挖出的垃圾应及时回填。

垃圾堆体不均匀沉降造成的裂缝、沟坎、空洞等应充填密实。

3.0.7 堆体整形与处理过程中，应保持场区内排水、交通、填埋气体收集处理、渗沥液收集处理等设施正常运行。

3.0.8 整形与处理后，垃圾堆体顶面坡度不应小于5%；当边坡坡度大于10%时宜采用台阶式收坡，台阶间边坡坡度不宜大于1:3，台阶宽度不宜小于2m，高差不宜大于5m。

（二）11.2.3.4引用行业标准《生活垃圾卫生填埋场岩土工程技术规范》CJJ 176-2012中第5章5.2节的内容。

5.2　边坡稳定性分析

5.2.1 边坡稳定性分析应遵循以定性分析为基础，以定量计算为重要辅助手段，进行综合评价的原则。因此，根据工程地质条件、可能的破坏模式以及已经出现的变形破坏迹象对边坡的稳定性状态做出定性判断，并对其稳定性趋势做出估计，是边坡稳定性分析的重要内容。

根据已经出现的变形破坏迹象对边坡稳定性状态做出定性判断时，应十分重视坡体后缘可能出现的微小张裂现象，并结合坡体可能的破坏模式对其成因作细致分析。若坡体侧边出现斜列裂缝，或在坡体中下部出现剪出或隆起变形时，可做出不稳定的判断。

5.2.2 岩质边坡稳定性计算时，在发育3组以上结构面，且不存在优势外倾结构面组的条件下，可以认为岩体为各向同性介质，在斜坡规模相对较大时，其破坏通常按近似圆弧滑面发生，宜采用圆弧滑动面条分法计算。对边坡规模较小、结构面组合关系较复杂的块体滑动破坏，采用赤平极射投影法及实体比例投影法较为方便。

5.2.5 本条推荐的计算方法为不平衡推力传递法，计算中应注意如下可能出现的问题：

1　当滑面形状不规则，局部凸起而使滑体较薄时，宜考虑从凸起部位剪出的可能性，可进行分段计算；

2　由于不平衡推力传递法的计算稳定系数实际上是滑坡最前部条块的稳定系数，若最前部条块划分过小，在后部传递力不大时，边坡稳定系数将显著地受该条块形状和滑面角度影响而不能客观地反映边坡整体稳定性状态。因此，在计算条块划分时，不宜将最下部条块分得大小；

3　当滑体前部滑面较缓，或出现反倾段时，自后部传递来的下滑力和抗滑力较小，而前部条块下滑力可能出现负值而使边坡稳定系数为负值，此时应视边坡为稳定状态；当最前部条块稳定系数不能较好地反映边坡整体稳定性时，可采用倒数第二条块的稳定性系数，或最前部2个条块稳定系数的平均值。

5.2.6 边坡地下水动水压力的严格计算应以流网为基础。但是，绘制流网通常是较困难的。考虑到用边坡中地下水位线与计算条块底面倾角的平均值作为地下水动水压力的作用方向具有可操作性，且可能造成的误差不会太大，因此可以采用第 5.2.6 条规定的方法。

（三）11.2.3.8 引用《生活垃圾卫生填埋场岩土工程技术规范》CJJ 176—2012 中第 5 章 5.4 节的内容。

5.4　填埋场库区设施不均匀沉降验算

5.4.1　下列填埋场库区设施应进行不均匀沉降验算：

　　1　可压缩地基上填埋场渗沥液导排系统和防渗系统；

　　2　填埋堆体内部的水平气体收集井、渗沥液导排系统和中间衬垫系统；

　　3　封场覆盖系统。

5.4.2　不均匀沉降计算应沿若干条选定的沉降线进行，沉降线应沿填埋场库区设施布置，并应考虑下列位置：

　　1　填埋场底部高程及表面高程剧烈变化的位置；

　　2　填埋场基层下存在回填土、污泥库等特殊区域；

　　3　两个相邻填埋分区交界线附近。

5.4.3　沉降线上沉降点应符合下列布置要求：

　　1　宜均匀布置；

　　2　沉降点间距不宜大于 20m，总数不宜少于 5 个；

　　3　复杂地形处应增加沉降点。

5.4.4　沉降后两个相邻沉降点之间的最终坡度宜按下式计算：

$$\tan \alpha_{Fnl} = \frac{X \cdot \tan \alpha_{Int} - \Delta S}{X} \tag{5.4.4-1}$$

式中：α_{Fnl}——沉降后两个相邻沉降点之间的最终坡度，°；

　　　α_{Int}——两个相邻沉降点之间的初始坡度，°；

　　　X——两个相邻沉降点之间的水平距离，m；

　　　ΔS——两个相邻沉降点之间的沉降差，m。

沉降后两个相邻沉降点之间的拉伸应变宜按下列公式计算：

$$\varepsilon_{Fnl} = \frac{L_{Fnl} - L_{Int}}{L_{Int}} \times 100\% \tag{5.4.4-2}$$

$$L_{Int} = (X^2 + X^2 \cdot \tan \alpha_{Int}^2)^{1/2} \tag{5.4.4-3}$$

$$L_{Fnl} = [X^2 + (X \cdot \tan \alpha_{Int} - \Delta S)^2]^{1/2} \tag{5.4.4-4}$$

式中：ε_{Fnl}——沉降后两个相邻沉降点之间土工膜的拉伸应变，%；

　　　L_{Int}——两个相邻沉降点之间的初始距离，m；

　　　L_{Fnl}——沉降后两个相邻沉降点之间的最终距离，m。

5.4.5　土工膜由不均匀沉降引起的拉伸应变应小于其允许应变特征值，允许应变特征值按附录 B 中式（B.0.1）确定。土工膜还应进行由下卧堆体局部沉陷引起的拉伸应变验算，应符合本规范附录 B 规定。

5.4.6　填埋场库区设施初始坡度和沉降完成后的最终坡度宜符合下列规定：

　　1　底部渗沥液导排管的初始坡度不宜小于 2%，沉降完成后的最终坡度不宜小于 1%；

　　2　地下水导排设施的最终坡度不宜小于 1%；

　　3　垃圾堆体内渗沥液导排管的最终坡度不宜小于 1%；

　　3　封场覆盖系统的最终坡度不宜小于 2%。

　　（四）11.2.5.1引用国家现行标准《生活垃圾卫生填埋场封场技术规程》CJJ 112 - 2007 第 7 章 7.0.1～7.0.4 节的内容。

7　渗沥液收集处理系统

7.0.1　封场工程应保持渗沥液收集处理系统的设施完好和有效运行。

7.0.2　封场后应定期监测渗沥液水质和水量，并应调整渗沥液处理系统的工艺和规模。

7.0.3　在渗沥液收集处理设施发生堵塞、损坏时，应及时采取措施排除故障。

7.0.4　渗沥液收集管道施工中应采取防爆施工措施。

　　（五）11.2.5.1引用国家现行标准《生活垃圾卫生填埋场岩土工程技术规范》CJJ 176 - 2012 第四章 4.5 节的内容。

4.5　垃圾堆体水位及控制

4.5.1　填埋场设计时，宜根据垃圾田间持水量、水力渗透系数和渗沥液导排层渗透系数等水力特性参数，采用水量平衡法或渗流分析法估算堆体水位；当垃圾堆体主水位的计算结果超过警戒水位时，应设置长期水位控制设施，包括中间渗沥液导排盲沟、抽排竖井等，警戒水位的确定应符合本规范第 6.4.1 条的规定。

4.5.2　现有高水位填埋场应设置长期水位控制设施，确保垃圾堆体主水位处于警戒水位以下。

4.5.3　垃圾堆体主水位接近警戒水位或存在堆体失稳隐患时，应及时采取应急降水措施，宜采用小口径抽排竖井。

4.5.4　中间渗沥液导排盲沟应符合下列要求：

　　1　宜随着填埋堆高分层建设，竖向间距宜为 10～15m，横向间距宜为 50～60m；靠近堆体边坡 50m 范围内宜适当减小导排盲沟间距以加强渗沥液导排；

　　2　断面面积不宜小于 1m×1m，沟周边宜设置反滤层，内宜铺洗净颗粒材料，沟中宜设导排管，管径不宜小于 250mm；

　　3　应验算中间渗沥液导排盲沟沉降后排水坡度，避免产生倒坡；

　　4　宜设置端头井等反冲洗维护通道。

4.5.5　渗沥液抽排竖井宜符合下列要求：

　　1　井间距不宜大于 2 倍单井影响半径，需强化降水效果时可适当加密布置；

　　2　成井直径宜为 800～1000mm，井管直径宜为 200mm，管外应包反滤材料，井管与井壁间宜充填洗净碎石；

　　3　宜在井壁内设置钢筋笼并宜采用高强度刚性井管，以减少堆体侧向位移和沉降的影响；

　　4　宜采用压缩空气排水。

4.5.6　减少中间渗沥液导排盲沟及抽排竖井等设施时，在垃圾堆体开槽和钻孔应避免塌方、火灾、爆炸、中毒等安全事故。

（六）11.2.5.3引用《生活垃圾填埋场填埋气体收集处理及利用工程技术规范》CJJ 133第5章5.1～5.3节和第7章7.1～7.4节的内容。

5.1 一般规定

5.1.1 填埋场垃圾堆体内应设置导气井或导气盲沟；两种气体导排设施的选用，应根据填埋场的具体情况选择或组合。

5.1.2 新建垃圾填埋场，宜从填埋场使用初期铺设导气井或导气盲沟。导气井基础与底部防渗层接触时应做好防护措施。

5.1.3 对于无气体导排设施的在用或停用填埋场，应采用钻孔法设置导气井。

5.1.4 用于填埋气体导排的碎石不应使用石灰石，粒径宜为10mm～50mm。

5.2 导气井

5.2.1 用钻孔法设置的导气井，钻孔深度不应小于垃圾填埋深度的2/3，但井底距场底间距不宜小于5m，且应有保护场底防渗层的措施。

5.2.2 导气井宜采用下列结构：

1 主动导排导气井结构应按下图（图5.2.2-1）设计。

2 被动导排导气井结构应按下图（图5.2.2-2）设计。

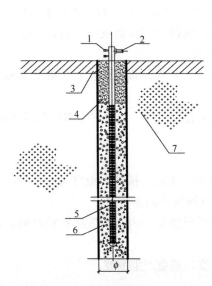

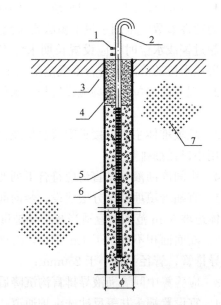

图5.2.2-1 主动导排导气井结构
1—检测取样口；2—输气管接口；
3—具有防渗功能的最终覆盖
（具体结构由设计确定）；
4—膨润土或黏土；5—多孔管；
6—回填碎石滤料；7—垃圾层

图5.2.2-2 被动导排导气井结构
1—检测取样口；2—导气管；
3—具有防渗功能的最终覆盖
（具体结构由设计确定）；
4—回填土；5—多孔管；
6—回填碎石滤料；7—垃圾层

5.2.3 导气井直径（ϕ）不应小于600mm，垂直度偏差不应大于1%。

5.2.4 主动导排导气井井口应采用膨润土或黏土等低渗透性材料密封，密封厚度宜为3～5m。

5.2.5　导气井中心多孔管应采用高密度聚乙烯等高强度耐腐蚀的管材，管内径不应小于100mm，需要排水的导气井管内径不应小于200mm；穿孔宜用长条形孔，在保证多孔管强度的前提下，多孔管开孔率不宜小于2％，中心多孔管四周宜用级配碎石填充。

5.2.6　导气井应根据垃圾填埋堆体形状、导气井作用半径等因素合理布置，应使全场导气井作用范围完全覆盖垃圾填埋区域；垃圾堆体中部的主动导排导气井间距不应大于50m，沿堆体边缘布置的导气井间距不宜大于25m；被动导排导气井间距不应大于30m。

5.2.7　被动导排的导气井，其排放管的排放口应高于垃圾堆体表面2m以上。

5.2.8　导气井与垃圾堆体覆盖层交叉处，应采取封闭措施，减少雨水的渗入。

5.2.9　主动导排系统，当导气井内水位过高时，应采取降低井内水位的措施。

5.2.10　导气井降水所用抽水设备应具有防爆功能。

5.3　导气盲沟

5.3.1　填埋气体导气盲沟断面宽、高均不应小于1000mm。

5.3.2　导气盲沟中心管应采用柔性连接的管道，管内径不应小于150mm；当采用多孔管时，在保证中心管强度的前提下，开孔率不宜小于2％；中心管四周宜用级配碎石填充。

5.3.3　导气盲沟水平间距可按30～50m设置，垂直间距可按10～15m设置。

5.3.4　被动导排的导气盲沟，其排放管的排放口应高于垃圾堆体表面2m以上。

5.3.5　垃圾堆体下部的导气盲沟，应有防止被水淹没的措施。

5.3.6　主动导排导气盲沟外穿垃圾堆体处应采用膨润土或黏土等低渗透性材料密封，密封厚度宜为3～5m。

7.1　一般规定

7.1.1　填埋气体抽气、处理和利用系统应包括抽气设备、气体预处理设备、燃烧设备、气体利用设备、建（构）筑物、电气、输变电系统、给排水、消防、自动化控制等设施。

7.1.2　抽气、处理和利用设施和设备应布置在垃圾堆体以外。

7.1.3　填埋气体处理和利用设施宜靠近抽气设备布置。

7.1.4　填埋气体抽气、预处理及利用设施应具有良好的通风条件，不得使可燃气体在空气中聚集。

7.1.5　抽气、气体预处理、利用和火炬燃烧系统应统筹设计，从填埋场抽出的气体应优先满足气体利用系统的用气，利用系统用气剩余的气体应能自动分配到火炬系统进行燃烧。

7.2　填埋气体抽气及预处理

7.2.1　填埋气体抽气设备应选用耐腐蚀和防爆型设备。

7.2.2　填埋气体抽气设备应设调速装置，宜采用变频调速装置。

7.2.3　填埋气体抽气设备应至少有1台备用。

7.2.5　填埋气体主动导排系统的抽气流量应能随填埋气体产生速率的变化而调节，气体收集率不宜小于60％。

7.3　火炬燃烧系统

7.3.1　设置主动导排设施的填埋场，必须设置填埋气体燃烧火炬。

7.3.2　填埋气体收集量大于100m³/h的填埋场，应设置封闭式火炬。

7.3.3　填埋气体火炬应有较宽的负荷适应范围，应能满足填埋气体产量变化、气体利用设施负荷变化、甲烷浓度变化等情况下的填埋气体稳定燃烧。

7.3.5 填埋气体火炬应具有点火、熄火安全保护功能。

7.3.6 封闭式火炬距地面 2.5m 以下部分的外表面温度不应高于 50℃。

7.3.7 火炬的填埋气体进口管道上必须设置与填埋气体燃烧特性相匹配的阻火装置。

7.4 填埋气体利用

7.4.1 填埋气体利用方式及规模的选择应符合下列规定：

1 填埋气体利用方式应根据当地的条件，经过技术经济比较确定，宜优先选择效率高的利用方式。

2 填埋气体利用规模，应根据填埋气体收集量，经过技术经济比较确定，气体利用率不宜小于 70%。

7.4.2 填埋气体用于内燃机发电应符合下列规定：

1 内燃机发电的总规模应在合理预测各年填埋气体收集量的基础上确定。

2 内燃机发电机组应选择技术成熟、可靠性好的产品。

3 有热、冷用户的情况下，宜选择热、电、冷三联供的工艺方案回收内燃机烟气和冷却液带出的热能。

4 额定负荷下，内燃机发电机组的发电效率不应低于 30%。

5 内燃机发电机组的技术性能应符合现行行业标准《气体燃料发电机组通用技术条件》JB/T 9583.1 的规定。

7.4.3 填埋气体用于锅炉燃料应符合下列规定：

1 应确保填埋气体燃烧系统稳定、安全运行。

2 锅炉出力的选择应根据用热负荷和填埋气体收集量及热值确定。

3 锅炉排放烟气各项指标应满足现行国家标准《锅炉大气污染物排放标准》GB 13271 的要求。

4 锅炉房的设计、施工和运行应符合现行国家标准《锅炉房设计规范》GB 50041 的有关规定。

7.4.4 填埋气体制造城镇燃气或汽车燃料应符合下列规定：

1 填埋气体处理及甲烷提纯工艺应根据城镇燃气或汽车燃料质量标准要求确定。

2 填埋气体提纯处理设施的设计、施工与运行应符合国家现行有关标准的规定。

（七）11.2.5.4 引用国家现行标准《生活垃圾卫生填埋场封场技术规程》CJJ 112 - 2007 第 6 章 6.0.1～6.0.8 节的内容。

6 地表水控制

6.0.1 垃圾堆体外的地表水不得流入垃圾堆体和垃圾渗沥液处理系统。

6.0.2 封场区域雨水应通过场区内排水沟收集，排入场区雨水收集系统。排水沟断面和坡度应依据汇水面积和暴雨强度确定。

6.0.3 地表水、地下水系统设施应定期进行全面检查。对地表水和地下水应定期进行监测。

6.0.4 对场区内管、井、池等难以进入的狭窄场所，应配备必要的维护器具，并应定期进行检查、维护。

6.0.5 大雨和暴雨期间，应有专人巡查排水系统的排水情况，发现设施损坏或堵塞应及时组织人员处理。

6.0.6 填埋场内贮水和排水设施竖坡、陡坡离差超过1m时，应设置安全护栏。

6.0.7 在检查井的入口处应设置安全警示标识。进入检查井的人员应配备相应的安全用品。

6.0.8 对存在安全隐患的场所，应采取有效措施后方可进入。

（八）11.2.6.1引用国家现行标准《生活垃圾卫生填埋场封场技术规程》CJJ 122 - 2007中第9章9.0.1～9.0.3节的内容。

9 封场工程后续管理

9.0.1 填埋场封场工程竣工验收后，必须做好后续维护管理工作。

9.0.2 后续管理期间应进行封闭式管理。后续管理工作应包括下列内容：

1 建立检查维护制度，定期检查维护设施。

2 对地下水、渗沥液、填埋气体、大气、垃圾堆体沉降及噪声进行跟踪监测。

3 保持渗沥液收集处理和填埋气体收集处理的正常运行。

4 绿化带和堆体植被养护。

5 对文件资料进行整理和归档。

9.0.3 未经环卫、岩土、环保专业技术鉴定之前，填埋场地禁止作为永久性建（构）筑物的建筑用地。

（九）11.2.8.1引用现行国家标准《生活垃圾卫生填埋处理技术规范》GB 50869中第13章13.2.7节的内容。

13.2.7 填埋场封场后的土地利用应符合下列规定：

1 填埋场封场后的土地利用应符合现行国家标准《生活垃圾填埋场稳定化场地利用技术要求》GB/T 25179 的规定。

2 填埋场土地利用前应做出场地稳定化鉴定、土地利用论证及有关部门审定；

3 未经环境卫生、岩土、环保专业技术鉴定前，填埋场地严禁作为永久性封闭式建（构）筑物用地。

（十）11.2.11.1引用国家现行标准《生活垃圾卫生填埋场岩土工程技术规范》CJJ 176 - 2012第9章的内容。

9 填埋场岩土工程安全监测

9.3 表面水平位移监测

9.3.1 表面水平位移应设置标志点，采用测量平面坐标的方法监测。

9.3.2 监测点宜结合作业分区呈网格状布置，随垃圾堆体填埋高度发展逐步设置，平面间距宜为30～60m，在不稳定区域应适当加密。

9.3.3 表面水平位移监测的警戒值宜为连续两天的位移速率超过10mm/d。

9.4 深层水平位移监测

9.4.1 当渗沥液水位超过警戒水位或垃圾堆体出现失稳征兆时，应检测深层水平位移。

9.4.2 垃圾堆体深层水平位移可通过在堆体中埋设测斜管，采用测斜仪测量。

9.4.3 监测点宜沿垃圾堆体边坡倾向布置，间距宜为 30～60m，总监测点数量不宜少于 2 个；当垃圾堆体出现失稳征兆时，应在失稳区域设置监测点，监测点数量可根据边坡的具体情况确定；测斜管的埋设深度应足够深，且应保证管底离衬垫系统不应小于 5m。

9.5 垃圾堆体沉降监测

9.5.1 当渗沥液水位超过警戒水位或垃圾堆体出现失稳征兆时，应检测垃圾堆体表面沉降；软弱地基沉降、中间衬垫系统沉降和竖井等刚性设施沉降宜根据具体情况进行监测。监测方法宜符合下列要求：

1 垃圾堆体表面沉降应设置标志点，并应通过测量标志点的高程监测；

2 软弱地基和中间衬垫系统沉降应埋设沉降管或沉降板，通过测量沉降管沿线或沉降板的高程监测；

3 竖井等刚性设施沉降应埋设沉降板，通过测量沉降板的高程监测。

9.5.2 监测点布设应符合下列要求：

1 地表沉降监测点宜布置成网格状，平面间距宜为 30～60m，不均匀沉降大的区域适当加密。

2 软弱地基和中间衬垫系统监测的沉降管宜沿垃圾堆体主剖面方向布置，长度不宜小于 100m；若采用沉降板，间距宜为 50～80m。

9.6 填埋气压监测

9.6.1 当覆盖系统该发生土工膜鼓出或有失稳迹象时，宜进行气压监测。

9.6.2 气压预警值应符合现行行业标准《生活垃圾卫生填埋场封场技术规程》CJJ 112 的规定。

（十一）11.2.11.2 引用国家现行标准《生活垃圾填埋场封场技术规程》CJJ 112-2007 第 9 章 9.0.2 条的内容。

9.0.2 后续管理期间应进行封闭式管理。后续管理工作应包括下列内容：

1 建立检查维护制度，定期检查维护设施。

2 对地下水、渗沥液、填埋气体、大气、垃圾堆体沉降及噪声进行跟踪监测。

3 保持渗沥液收集处理和填埋气体收集处理的正常运行。

4 绿化带和堆体植被养护。

5 对文件资料进行整理和归档。

（十二）11.2.11.3（1）引用现行国家标准《环境空气质量标准》GB 3095 中第 4 章 4.1～4.2 节的内容。

4 环境空气功能区分类和质量要求

4.1 环境空气功能区分类

环境空气功能区分为二类：一类区为自然保护区、风景名胜区和其他需要特殊保护的区域；二类区为居住区、商业交通居民混合区、文化区、工业区和农村地区。

4.2 环境空气功能区质量要求

一类区适用一级浓度限值，二类区适用二级浓度限值。一、二类环境空气功能区质量要求见表 1 和表 2。

环境空气污染物基本项目浓度限值　　　　　　表 1

序号	污染物项目	平均时间	浓度限值		单位
			一级	二级	
1	二氧化硫（SO_2）	年平均	20	60	$\mu g/m^3$
		24 小时平均	50	150	
		1 小时平均	150	500	
2	二氧化氮（NO_2）	年平均	40	40	
		24 小时平均	80	80	
		1 小时平均	200	200	
3	一氧化碳（CO）	24 小时平均	4	4	mg/m^3
		1 小时平均	10	10	
4	臭氧（O_3）	日最大 8 小时平均	100	160	$\mu g/m^3$
		1 小时平均	160	200	
5	颗粒物（粒径小于等于 $10\mu m$）	年平均	40	70	
		24 小时平均	50	150	
6	颗粒物（粒径小于等于 $2.5\mu m$）	年平均	15	35	
		24 小时平均	35	75	

环境空气污染物其他项目浓度限值　　　　　　表 2

序号	污染物项目	平均时间	浓度限值		单位
			一级	二级	
1	总悬浮颗粒物（TSP）	年平均	80	200	$\mu g/m^3$
		24 小时平均	120	300	
2	氮氧化物（NO_x）	年平均	50	50	
		24 小时平均	100	100	
		1 小时平均	250	250	
3	铅（Pb）	年平均	0.5	0.5	
		季平均	1	1	
4	苯并［a］芘（Bap）	年平均	0.001	0.001	
		24 小时平均	0.0025	0.0025	

附录 A　（资料性附录）

环境空气中镉、汞、砷、六价铬和氟化物参考浓度限值污染物限值。

各省级人民政府可根据当地环境保护的需要，针对环境污染的特点，对本标准中未规定的污染物项目定制并实施地方环境空气质量标准。以下为环境空气中部分污染物参考浓度限值。

环境空气中镉、汞、砷、六价铬和氟化物参考浓度限值 表 A.1

序号	污染物项目	平均时间	浓度（通量）限值		单位
			一级	二级	
1	镉（Cd）	年平均	0.005	0.005	$\mu g/mg^3$
2	汞（Hg）	年平均	0.05	0.05	
3	砷（As）	年平均	0.006	0.006	
4	六价铬（Cr（Ⅵ））	年平均	0.000025	0.000025	
5	氟化物（F）	1 小时平均	20[①]	20[①]	
		24 小时平均	7[①]	7[①]	
		月平均	1.8[②]	3.0[③]	$\mu g/（dm^3 \cdot d）$
		植物生长季平均	1.2[②]	2.0[③]	

注：① 适用于城市地区；② 适用于牧业区和以牧业为主的半农牧区，蚕桑区；③ 适用于农业和林业区

（十三）11.2.11.3（3）引用国家现行标准《地表水和污水监测技术规范》HJ/T 91 中第 5 章 5.1～5.2 节的内容。

5.1 污染源污水监测点位的布设

5.1.1 布设原则

5.1.1.1 第一类污染物采样点位一律设在车间或车间处理设施的排放口或专门处理此类污染物设施的排口。

5.1.1.2 第二类污染物采样点位一律设在排污单位的外排口。

5.1.1.3 进入集中式污水处理厂和进入城市污水管网的污水采样点位应根据地方环境保护行政主管部门的要求确定。

5.1.1.4 污水处理设施效率监测采样点的布设

a. 对整体污水处理设施效率监测时，在各种进入污水处理设施污水的入口和污水设施的总排口设置采样点。

b. 对各污水处理单元效率监测时，在各种进入处理设施单元污水的入口和设施单元的排口设置采样点。

5.1.2 采样点位的登记

5.1.2.1 必须全面掌握与污染源污水排放有关的工艺流程、污水类型、排放规律、污水管网走向等情况的基础上确定采样点位。排污单位需向地方环境监测站提供废水监测基本信息登记表。由地方环境监测站核实后确定采样点位。

5.1.3 采样点位的管理

5.1.3.1 采样点位应设置明显标志。采样点位一经确定，不得随意改动。应执行 GB 15562.1-1995 标准。

5.1.3.2 经设置的采样点应建立采样点管理档案，内容包括采样点性质、名称、位置和编号，采样点测流装置，排污规律和排污去向，采样频次及污染因子等。

5.1.3.3 采样点位的日常管理

经确认的采样点是法定排污监测点，如因生产工艺或其他原因需变更时，由当地环境保护行政主管部门和环境监测站重新确认。排污单位必须经常进行排污口的清障、疏通工作。

5.2　污染源污水监测的采样

5.2.1　采样频次

5.2.1.1　监督性监测

地方环境监测站对污染源的监督性监测每年不少于 1 次，如被国家或地方环境保护行政主管部门列为年度监测的重点排污单位，应增加到每年 2～4 次。因管理或执法的需要所进行的抽查性监测或对企业的加密监测由各级环境保护行政主管部门确定。

5.2.1.2　企业自我监测

工业废水按生产周期和生产特点确定监测频率。一般每个生产日至少 3 次。

5.2.1.3　对于污染治理、环境科研、污染源调查和评价等工作中的污水监测，其采样频次可以根据工作方案的要求另行确定。

5.2.1.4　排污单位为了确认自行监测的采样频次，应在正常生产条件下的一个生产周期内进行加密监测：周期在 8h 以内的，每小时采 1 次样；周期大于 8h 的，每 2h 采 1 次样，但每个生产周期采样次数不少于 3 次。采样的同时测定流量。根据加密监测结果，绘制污水污染物排放曲线（浓度—时间，流量—时间，总量—时间），并与所掌握资料对照，如基本一致，即可据此确定企业自行监测的采样频次。根据管理需要进行污染源调查性监测时，也按此频次采样。

5.2.1.5　排污单位如有污水处理设施并能正常运转使污水能稳定排放，则污染物排放曲线比较平稳，监督监测可以采瞬时样；对于排放曲线有明显变化的不稳定排放污水，要根据曲线情况分时间单元采样，再组成混合样品。正常情况下，混合样品的单元采样不得少于两次。如排放污水的流量、浓度甚至组分都有明显变化，则在各单元采样时的采样量应与当时的污水流量成比例，以使混合样品更有代表性

（十四）11.2.11.3（4）引用国家现行标准《城市生活垃圾采样和物理分析方法》CJ/T 3039 中第 3 章 3.4 节的内容。

3.4　样品制备

测定垃圾容重后将大块垃圾破碎至粒径小于 50mm 的小块，摊铺在水泥地面充分混合搅拌，再用四分法（见图 2）缩分 2（或 3）次至 25～50kg 样品，置于密闭容器运到分析场地。确实难全部破碎的可预先剔除，在其余部分破碎缩分后，按缩分比例，将剔除垃圾部分破碎加入样品中。

（十五）11.2.11.3（4）引用国家现行标准《城市生活垃圾　有机质的测定　灼烧法》CJ/T 96 中第 3～7 章的内容。

3. 样品的采集与制备

样品的采集、含水率的测定以及试样的保存均按 CJ/T 3039 规定进行。在制备有机质分析试样时，应剔除塑料等不活性物质。

4. 原理

垃圾中的有机质可视为 600℃高温灼烧失重。

5. 仪器

a）马弗炉；b）25ml 瓷坩埚；c）分析天平；d）干燥器。

6. 操作步骤

称取 2.0g 试样，精确至 0.0001g，置于已恒重的瓷坩埚中（坩埚空烧 2h）。将坩埚放

入马弗炉中升温至 600℃，恒温 6～8h 后取出坩埚移入干燥器中，冷却后称重，再将坩埚重新放入马弗炉中同样温度下灼烧 10min，同样冷却称重，直到恒重。

7. 分析结果的表述

有机质的含量 C（％）按下式计算：

$$C = \frac{m_1 - m_2}{m_样(1 + c_i)} \times 100$$

式中：C——试样中有机质的含量，％；

m_1——坩埚和烘干式样重，g；

m_2——坩埚和灼烧后试样重，g；

c_i——塑料在垃圾干基中的百分比，％；

$m_样$——称样量，g。

所得结果应表示至四位小数。

附录 V 材 料 技 术 要 求

一、光面 HDPE 土工膜技术性能指标

光面 HDPE 土工膜技术性能指标 表 V-1

序号	指 标	测 试 值						
		0.75mm	1.00mm	1.25mm	1.50mm	2.00mm	2.50mm	3.00mm
1	最小密度 g/cm³	0.939						
2	拉伸性能							
	屈服强度（应力），N/mm	11	15	18	22	29	37	44
	断裂强度（应力），N/mm	20	27	33	40	53	67	80
	屈服伸长率，％	12						
	断裂伸长率，％	700						
3	直角撕裂强度，N	93	125	156	187	249	311	374
4	穿刺强度，N	240	320	400	480	640	800	960
5	耐环境应力开裂（单点切口恒载拉伸法），h	300						
6	碳黑							
	碳黑含量（范围），％	2.0～3.0						
	碳黑分散度	10 个观察区域中的 9 次应属于第 1 级或第 2 级，属于第 3 级的不应多于 1 次						
7	氧化诱导时间（OIT）							
	标准 OIT，min；或	100						
	高压 OIT，min	400						

序号	指　标	测　试　值						
		0.75mm	1.00mm	1.25mm	1.50mm	2.00mm	2.50mm	3.00mm
8	85℃烘箱老化（最小平均值）							
	烘烤 90d 后，标准 OIT 的保留 %；或	55						
	烘烤 90d 后，高压 OIT 的保留 %	80						
9	抗紫外线强度							
	紫外线照射 1600h 后，标准 OIT 的保留 %；	50						
	或							
	紫外线照射 1600h 后，高压 OIT 的保留 %	50						
10	−70℃低温冲击脆化性能	通过						
11	水蒸气渗透系数 g・cm/（cm² ・ s ・ Pa）	$\leqslant 1.0 \times 10^{-13}$						
12	尺寸稳定性 %	±2						

二、糙面 HDPE 土工膜技术性能指标

糙面 HDPE 土工膜技术性能指标　　　　表Ⅴ-2

序号	指　标	测　试　值					
		1.00mm	1.25mm	1.50mm	2.00mm	2.50mm	3.00mm
1	毛糙高度，mm	0.25					
2	最小密度 g/cm³	0.939					
3	拉伸性能						
	屈服强度（应力），N/mm	15	18	22	29	37	44
	断裂强度（应力），N/mm	10	13	16	21	26	32
	屈服伸长率，%	12					
	断裂伸长率，%	100					
4	直角撕裂强度，N	125	156	187	249	311	374
5	穿刺强度，N	267	333	400	534	667	800
6	耐环境应力开裂（单点切口恒载拉伸法），h	300					
7	碳黑						
	碳黑含量（范围），%	2.0～3.0					
	碳黑分散度	10 个观察区域中的 9 次应属于第 1 级或第 2 级，属于第 3 级的不应多于 1 次					
8	氧化诱导时间（OIT）						
	标准 OIT，min；或	100					
	高压 OIT，min	400					

序号	指 标	测 试 值					
		1.00mm	1.25mm	1.50mm	2.00mm	2.50mm	3.00mm
9	85℃烘箱老化（最小平均值）						
	烘烤90d后，标准OIT的保留 %；或				55		
	烘烤90d后，高压OIT的保留 %				80		
10	抗紫外线强度						
	紫外线照射1600h后，标准OIT的保留%；				50		
	或						
	紫外线照射1600h后，高压OIT的保留%；				50		
11	−70℃低温冲击脆化性能				通过		
12	水蒸气渗透系数 g·cm/（cm²·s·Pa）				$\leqslant 1.0 \times 10^{-13}$		
13	尺寸稳定性 %				±2		

三、GCL 物理力学性能指标

GCL 物理力学性能指标 表 V-3

序号	项 目		技术指标		
			GCL-NP	GCL-OF	GCL-AH
1	膨润土防水毯单位面积质量，g/cm²		≥4000且不小于规定值	≥4000且不小于规定值	≥4000且不小于规定值
2	膨润土膨胀系数，mL/2g		≥24	≥24	≥24
3	吸蓝量，g/100g		≥30	≥30	≥30
4	拉伸强度，N/100mm		≥600	≥700	≥600
5	最大负荷下伸长率，%		≥10	≥10	≥8
6	剥离强度，N/100mm	非织造布与编织布	≥40	≥40	—
		PE膜与非织造布	—	≥30	—
7	渗透系数，m/s		$\leqslant 5.0 \times 10^{-11}$	$\leqslant 5.0 \times 10^{-12}$	$\leqslant 1.0 \times 10^{-12}$
8	耐静水压		0.4MPa，1h，无渗漏	0.6MPa，1h，无渗漏	0.6MPa，1h，无渗漏
9	滤失量，mL		≤18	≤18	≤18
10	膨润土耐久性，mL/2g		≥20	≥20	≥20

四、土工滤网技术指标

土工滤网技术指标 表 V-4

序号	项　目		地下水、封场渗流水收集用土工滤网	渗沥液收集用土工滤网
			指　标	
1	断裂强度，kN/m	纵向	≥45	≥45
		横向	≥30	≥30
2	断裂伸长率，%	纵向	≤25	≤25
		横向	≤15	≤15
3	撕破强力，kN	纵向	≥0.6	≥0.6
		横向	≥0.4	≥0.4
4	刺破强力，kN		≥0.4	≥0.4
5	顶破强力（CBR），kN		≥3.0	≥3.0
6	等效孔径 O_{90}，mm		0.10～0.30	0.30～0.80
7	垂直渗透系数，(cm/s)		$k\times(10^{-1}\sim10^{-2})$，其中：$k=1.0\sim9.9$	
8	开孔率，%		4～8	8～12
9	单位面积质量，g/m²		≥200	≥200
10	抗紫外线性能	断裂强度保持率，%	70	85
		断裂伸长率保持率，%	70	85
11	抗酸碱性能	断裂强度保持率，%	70	85
		断裂伸长率保持率，%	70	85

五、土工网垫技术要求

（1）规格

土工网垫宽度宜大于等于 2000mm，宽度及偏差应符合表 V-5 的规定。

土工网垫宽度及偏差 表 V-5

项　目	指　标		
宽度，mm	2000	3000	4000
偏差，‰	≥-0.5		

（2）颜色

土工网垫颜色宜为黑色。采用其他规格和颜色时，由供需双方商定。

（3）技术指标

产品技术指标应符合表 V-6 的规定。

技　术　指　标 表 V-6

序号	项　目	土工网垫	加筋土工网垫
		指　标	
1	单位面积质量，g/m²	≥500	—
2	厚度，mm	≥12	≥12
3	纵向抗拉强度，kN/m	≥1.4	≥30
4	剥离强度，kN/m	—	≥0.3

六、垃圾填埋场用管材技术要求

（一）颜色

垃圾填埋场用管材颜色宜为黑色。

（二）外观

（1）管材的内外表面应清洁、光滑、不应有气泡、明显的划伤、凹陷、杂质、颜色不均等缺陷。管端头应切割平整，并与管轴线垂直。

（2）开孔管的孔数、孔径及形状可由供需双方商定。

（三）管材尺寸

（1）管材长度

管材长度可为 6m、9m、12m，其他长度规格可由供需双方商定。

（2）平均外径

管材的平均外径应符合表 V-7 的要求。

管材的平均外径　　　　　　　　　　　　　　　表 V-7

单位：毫米

公称外径 d_n	平均外径 d_{em}		公称外径 d_n	平均外径 d_{em}	
	最小平均外径 $d_{em,min}$	最大平均外径 $d_{em,max}$		最小平均外径 $d_{em,min}$	最大平均外径 $d_{em,max}$
110	110.0	111.0	280	280.0	282.6
125	125.0	126.2	315	315.0	317.9
140	140.0	141.3	355	355.0	358.2
160	160.0	161.5	400	400.0	403.6
180	180.0	181.7	450	450.0	454.1
200	200.0	201.8	500	500.0	504.5
225	225.0	227.1	560	560.0	565.0
250	250.0	252.3	630	630.0	635.7

（3）壁厚及公差

1. 管材的壁厚应符合表 V-8 的要求。

管材的公称壁厚　　　　　　　　　　　　　　　表 V-8

单位：毫米

公称外径 d_n	壁厚 e_n			公称外径 d_n	壁厚 e_n		
	标准尺寸比（SDR）				标准尺寸比（SDR）		
	SDR17	SDR13.6	SDR11		SDR17	SDR13.6	SDR11
110	6.6	8.1	10	280	16.6	20.6	25.4
125	7.4	9.2	11.4	315	18.7	23.2	28.6
140	8.3	10.3	12.7	355	21.1	26.1	32.2
160	9.5	11.8	14.6	400	23.7	29.4	36.3
180	10.7	13.3	16.4	450	26.7	33.1	40.9
200	11.9	14.7	18.2	500	29.7	36.8	45.4
225	13.4	16.6	20.5	560	33.2	41.2	50.8
250	14.8	18.4	22.7	630	37.4	46.3	57.2

2. 管材的壁厚公差应符合表 V-9 的要求。

任一点壁厚的公差

表 V-9

单位：毫米

最小壁厚 $e_{y,min}$		公差 t_y	最小壁厚 $e_{y,min}$		公差 t_y	最小壁厚 $e_{y,min}$		公差 t_y
>	≤		>	≤		>	≤	
6.6	7.3	1.1	25.5	26.0	5.1	42.0	42.5	8.4
7.3	8.0	1.2	26.0	26.5	5.2	42.5	43.0	8.5
8.0	8.6	1.3	26.5	27.0	5.3	43.0	43.5	8.6
8.6	9.3	1.4	27.0	27.5	5.4	43.5	44.0	8.7
9.3	10.0	1.5	27.5	28.0	5.5	44.0	44.5	8.8
10.0	10.6	1.6	28.0	28.5	5.6	44.5	45.0	8.9
10.6	11.3	1.7	28.5	29.0	5.7	45.0	45.5	9.0
11.3	12.0	1.8	29.0	29.5	5.8	45.5	46.0	9.1
12.0	12.6	1.9	29.5	30.0	5.9	46.0	46.5	9.2
12.6	13.3	2.0	30.0	30.5	6.0	46.5	47.0	9.3
13.3	14.0	2.1	30.5	31.0	6.1	47.0	47.5	9.4
14.0	14.6	2.2	31.0	31.5	6.2	47.5	48.0	9.5
14.6	15.3	2.3	31.5	32.0	6.3	48.0	48.5	9.6
15.3	16.0	2.4	32.0	32.5	6.4	48.5	49.0	9.7
16.0	16.5	3.2	32.5	33.0	6.5	49.0	49.5	9.8
16.5	17.0	3.3	33.0	33.5	6.6	49.5	50.0	9.9
17.0	17.5	3.4	33.5	34.0	6.7	50.0	50.5	10.0
17.5	18.0	3.5	34.0	34.5	6.8	50.5	51.0	10.1
18.0	18.5	3.6	34.5	35.0	6.9	51.0	51.5	10.2
18.5	19.0	3.7	35.0	35.5	7.0	51.5	52.0	10.3
19.0	19.5	3.8	35.5	36.0	7.1	52.0	52.5	10.4
19.5	20.0	3.9	36.0	36.5	7.2	52.5	53.0	10.5
20.0	20.5	4.0	36.5	37.0	7.3	53.0	53.5	10.6
20.5	21.0	4.1	37.0	37.5	7.4	53.5	54.0	10.7
21.0	21.5	4.2	37.5	38.0	7.5	54.0	54.5	10.8
21.5	22.0	4.3	38.0	38.5	7.6	54.5	55.0	10.9
22.0	22.5	4.4	38.5	39.0	7.7	55.0	55.5	11.0
22.5	23.0	4.5	39.0	39.5	7.8	55.5	56.0	11.1
23.0	23.5	4.6	39.5	40.0	7.9	56.0	56.5	11.2
23.5	24.0	4.7	40.0	40.5	8.0	56.5	57.0	11.3
24.0	24.5	4.8	40.5	41.0	8.1	57.0	57.5	11.4
24.5	25.0	4.9	41.0	41.5	8.2			
25.0	25.5	5.0	41.5	42.0	8.3			

（4）打孔

根据设计要求可沿环向全部开孔或部分开孔，开孔后环刚度满足（V-10）要求。

（四）物理、力学性能

管材的物理、力学性能应符合表 V-10 的要求。

管材物理、力学性能 表 V-10

项 目	技 术 要 求		试验方法
氧化诱导时间（200℃），min	≥20		见 6.4
环刚度，kN/m² SN4 SN8 SN12.5 SN16	≥4 ≥8 ≥12.5 ≥16		见 6.5
密度，kg/m³	940～980		见 6.6
碳黑含量，%	2.0～2.5		见 6.7
碳黑分散，等级	≤3		见 6.8
断裂伸长率，%	≥350		见 6.10
静液压试验ª	PE80	20℃，环向应力 9.0MPa，100h 管材无破坏无渗漏	见 6.11
		80℃，环向应力 4.6MPa，165h 管材无破坏无渗漏	
	PE100	20℃，环向应力 12.4MPa，100h 管材无破坏无渗漏	
		80℃，环向应力 5.5MPa，165h 管材无破坏无渗漏	

注：a 打孔管材应在打孔前进行此项测试。

附录 Ⅵ 本指南试验方法

一、HDPE 膜试验方法

（一）试样状态调节和试验的标准环境

按 GB/T 2918 的规定。试验条件：温度 23℃±2℃；相对湿度 50%±5%；状态调节周期不少于 88h。

（二）厚度

光面 HDPE 按 GB/T 6672 中规定的方法在加压 20kPa，保留 5s 的条件下进行测试；糙面 HDPE 土工膜按本标准附录 A 的规定测试。均以测得数据的最大值和最小值作为极限厚度值，以测得数据的算术平均值作为产品的平均厚度值，精确到 0.01mm，计算厚度极限偏差和平均偏差。

结果计算见式（Ⅵ-1）和（Ⅵ-2）：

$$\Delta t = t_{max}（或 t_{min}）- t_0 \tag{Ⅵ-1}$$

$$\Delta \bar{t} = \frac{\bar{t} - t_0}{t_0} \times 100 \tag{Ⅵ-2}$$

式中：Δt —— 厚度极限偏差，mm；

t_{max} —— 实测最大厚度，mm；

$\Delta \bar{t}$ —— 厚度平均偏差百分数，%；

$\bar{t}$ —— 平均厚度，mm；

t_0——公称厚度，mm。

3 宽 度 与 长 度

按 GB/T 6673 的规定测试，记录每次测量的宽度，计算其算术平均值，作为卷材或样品的平均宽度。

（三）外观

在自然光线下用肉眼观测，按本标准第 5.2 条的规定测试。

（四）密度

按 GB 1033 的规定测试，测试和计算应当选用 D 法。

（五）拉伸性能

（1）测试

按 GB/T 1040 的规定测试，测试应当用 Ⅱ 型试样，试验速度选择 $F = 50\text{mm/min} \pm 10\%$。

（2）结果的计算和表示

拉伸性能测试结果按 GB/T 1040 第 8 节的规定计算和表示。

（六）直角撕裂强度

（1）相关定义

以试样撕裂过程中的最大负荷值作为直角撕裂负荷，N。

（2）测试

按 QB/T 1130 的规定测试，试验速度应为 50mm/min±10%。

（3）计算

直角撕裂强度按式（Ⅵ-3）计算：

$$\sigma_{\text{tr}} = \frac{P}{d} \qquad\qquad （Ⅵ\text{-}3）$$

式中：σ_{tr}——直角撕裂强度，kN/m；

P——撕裂负荷，N；

d——试样厚度，mm。

试样结果以所有直角撕裂负荷或直角强度的算术平均值表示。试验结果的有效数字取二位或按产品标准规定。

（七）穿刺强度

按本标准附录 B 的规定测试。

（八）耐环境应力开裂（单点切口恒载拉伸法）

按本标准附录 C 的规定测试，糙面土工膜应在其光边上或按 GB/T 9352 制备相同厚度的光面试样测试。

（九）碳黑含量

按 GB/T 13021 的规定测试。

（十）碳黑分散度

按本标准附录 D 的规定测试。

（十一）氧化诱导时间（OIT）

可选择标准 OIT 或者高压 OIT 二者之一来检查土工膜的抗氧化性能。标准 OIT 按 GB/T 17391 的规定测试；高压 OIT 按本标准附录 E 的规定测试。

（十二）85℃烘箱老化

按 GB/T 7141 的规定，在 85℃温度下，将样品悬挂在烘箱中，测试 90d，每周应检查试样的变化和均匀受热情况。标准 OIT 按 GB/T 17391 的规定测试；高压 OIT 按本标准附录 E 的规定测试。宜测试 30d 和 60d 后的 OIT，以便比较。

（十三）抗紫外线强度

按 GB/T 16422.3，但测试条件应为在 75℃温度下紫外线照射 20h，再在 60℃温度下冷凝暴露 4h，重复共计 1600h。高压 OIT 按本标准附录 E 的规定测试，应取暴露面测试。

（十四）毛糙高度

按本标准附录 F 的规定。在 10 次测试中，其中 8 次的结果应大于 0.18mm，最小值应大于 0.13mm。对双糙面土工膜，应交替在两面进行测量。

（十五）水蒸气渗透系数

按 GB/T 1037 的规定测试，按条件 A 的要求进行。

（十六）低温冲击脆化性能

按 GB/T 5470 的规定测试，在 −70℃下进行试验，30 个试样中的 25 个以上不破坏为通过。

（十七）尺寸稳定性

按 GB/T 12027 的规定测试，试验温度为 100℃，时间 1h。

二、GCL 试验方法

（一）取样

按 GB/T 13760 取样，然后按表Ⅵ-1 要求的试件尺寸、数量和检测频率裁取试件。

试件尺寸、数量和检测频率　　　　　　　表 Ⅵ-1

项　目	试件尺寸，mm	试件数量，个	检验频率，m²
膨润土防水毯单位面积质量	500×500	5	12000
拉伸强度及最大负荷下伸长率	200×100	5（纵向）	12000
非织造布与编织布剥离强度	200×100	5（纵向）	4000
PE 膜与非织造布剥离强度	200×100	5（纵向）	4000
渗透系数	φ70	3	12000
耐静水压	φ55	3	12000

（二）外观质量

外观质量逐卷（段）检验，按卷（段）评定。样品表面应平整，针刺均匀、厚度均匀，无破洞和破边，且无断针残留在膨润土防水毯内。

（三）尺寸偏差

长度和宽度按 GB/T 4667 的规定用精度为 1mm 的量具测量，然后计算尺寸偏差。

（四）膨润土防水毯单位面积质量

将膨润土防水毯喷洒少量水，以防止防水毯裁剪处的膨润土散落。沿长度方向距外层端部 200mm、沿宽度方向距边缘 10mm 处裁取试样，于 105℃±5℃下烘干至恒重。用精度为 1mm 的量具测量每块试样的尺寸，然后分别在天平上进行称量。按式（Ⅵ-4）计算单位面积质量，结果精确至 1g，求 5 块试样的算术平均数。

$$M = \frac{m}{S} \qquad (Ⅵ\text{-}4)$$

式中：M——单位面积质量，g/m^2；

      m——试样烘干至恒重后的质量，g；

      S——试样初始面积，m^2。

（五）膨润土膨胀指数

将膨润土试样轻微研磨，过 200 目标准筛，于 105℃±5℃烘干至恒重，然后放在干燥器内冷却至室温。称取 2.00g 膨润土试样，将膨润土分多次放入已加有 90mL 去离子水的量筒内，每次在大约 30s 内缓慢加入不大于 0.1g 的膨润土，待膨润土沉至量筒底部后再次添加膨润土，相邻两次时间间隔不少于 10min，直至 2.00g 膨润土完全加入到量筒中。用玻璃棒使附着在量筒内壁上的土也沉淀至量筒底部，然后将量筒内的水加至 100mL（2h 后，如果发现量筒底部沉淀物中存在夹杂的空气，允许以 45 度角缓慢旋转量筒，直到沉淀物均匀）。静置 24h 后，读取沉淀物界面的刻度值（沉淀物不包括低密度的膨润土絮凝物），精确至 0.5mL。

（六）吸蓝量

按照 JC/T 593 中吸蓝量的测定方法进行。

（七）拉伸强度

按照 GB/T 15788 进行，拉伸速度为 300mm/min。

（八）最大负荷下伸长率

按照 GB/T 15788 进行，拉伸速度为 300mm/min。

（九）剥离强度

按照 GB/T 2791 进行。沿试样长度方向将编织土工布与非织造土工布或将 PE 膜与非织造土工布预先剥离开 30mm，将剥开的两端分开，对称地夹在上下夹持器中。开动试验机，使上下夹持器以 300mm/min 的速度分离。

（十）渗透系数

按照附录 A 进行。

（十一）耐静水压

按照附录 B 进行。

（十二）滤失量

按照 JC/T 593 中滤失量的测定方法进行。

（十三）膨润土耐久性

试验方法同 5.5，测试膨润土在 0.1%CaCl$_2$ 溶液中静置 168h 后的膨胀指数。

三、非织造土工布试验方法

（一）宽度

将土工网垫展开在平整的场地上，用精度为 1mm 的卷尺在宽度方向上测量。

（二）单位面积质量

按 GB/T 13762 测定。单个试样面积不应小于 0.20m×0.33m，结果取 4 块试样的算术平均值（g/m²）。

（三）厚度

按 GB/T 13761.1 测定。测量试验在 2.0kPa±0.1kPa 力作用下的厚度（mm）。

（四）纵向抗拉强度

土工网垫纵向抗拉强度按 GB/T 15788 测定。

（五）剥离强度

在拉力测试机上对加筋土工网垫进行网垫和加筋材料的张拉，直至土工网垫中聚合物网丝剥离或断裂。测定拉伸过程中所需力的大小，根据对应的荷载和试样有效宽度，计算加筋土工网垫的剥离强度。

（六）断裂强度和标准强度对应伸长率按 GB/T 15788 测定。

（七）CBR 顶破强力按 GB/T 14800 测定。

（八）撕破强力按 GB/T 13763 测定。

（九）厚度按 GB/T 13761 测定。

（十）等效孔径按 GB/T 14799 测定，湿筛法孔径按 GB/T 17634 测定。

（十一）垂直渗透系数按 GB/T 15789 测定。

（十二）单位面积质量按 GB/T 13762 测定。

（十三）幅宽按 GB/T 4667 测定。

（十四）平面内水流量按 GB/T 17633 测定。

（十五）动态穿孔（落锥）性能按 GB/T 17630 测定。

（十六）摩擦系数按 GB/T 17635.1 测定。

（十七）抗磨损性能按 GB/T 17636 测定。

（十八）抗氧化性能按 GB/T 17631 测定。

（十九）抗酸碱性能按 GB/T 17632 测定。

（二十）蠕变性能按 GB/T 17637 测定。

（二十一）拼接断裂强度按 GB/T 1 6989 测定。

（二十二）刺破强力按 GB/T 19978 测定。

（二十三）抗紫外线性能按 GB/T 1 6422.1～16422.3 测定。通常测定光照后强力保持率，试验时间可根据需要选定。

（二十四）定负荷伸长率和定伸长负荷：结合断裂强伸度的测定按 GB/T 15788 进行，在拉伸试验过程中，测取达到规定负荷时的伸长率和（或）达到规定伸长率时的强度值。

四、土工滤网试验方法

（一）幅宽按 GB/T 4667 测定。

（二）断裂强度按 GB/T 15788 测定。

（三）断裂伸长率按 GB/T 15788 测定。

（四）撕破强力按 GB/T 13763 测定。

（五）刺破强力按 GB/T 19978 测定。

（六）顶破强力（CBR）按 GB/T 14800 测定。

（七）等效孔径按 GB/T 14799 测定。

（八）垂直渗透系数按 GB/T 15789 测定。

（九）抗紫外线性能按 GB/T 16422.2 测定。

（十）单位面积质量按 GB/T 13762 测定。

（十一）抗酸碱性能按 GB/T 17632 测定。

五、土工排水网试验方法

（一）宽度按 GB/T 6673 测定。

（二）厚度按 GB/T 6672 测定。

（三）外观在自然光线下用肉眼观测。

（四）密度按 GB/T 1033.2 测定。

（五）碳黑含量按 GB/T 13021 测定。

（六）土工布单位面积质量按 GB/T 13762 测定。

（七）纵向拉伸强度按 GB/T 15788 测定。

（八）剥离强度测定时在拉力测试机上对土工复合排水网进行土工布和土工排水网的张拉，直至土工布从土工排水网上剥离。测定拉伸过程中所需力的大小，根据对应的荷载和试样有效宽度，计算土工复合排水网的剥离强度。

（九）熔体流动速率按 GB/T 3682 测定。

六、土工网垫试验方法

（一）宽度

将土工网垫展开在平整的场地上，用精度为 1mm 的卷尺在宽度方向上测量。

（二）单位面积质量

按 GB/T 13762 测定。单个试样面积不应小于 0.20m×0.33m，结果取 4 块试样的算术平均值（g/m²）。

（三）厚度

按 GB/T 13761.1 测定。测量试验在 2.0kPa±0.1kPa 力作用下的厚度（mm）。

（四）纵向抗拉强度

土工网垫纵向抗拉强度按 GB/T 15788 测定。

（五）剥离强度

用拉力测试机对加筋土工网垫试样拉伸，拉至加筋土工网垫中一根网丝断裂，测定加筋土工网垫的力学性能。根据加筋土工网垫中第一根网丝断裂时对应的荷载和拉伸试样的有效宽度，计算加筋土工网垫的纵向抗拉强度。

七、垃圾土试验方法

（一）压缩试验

（1）本试验适用于最大颗粒尺寸小于 20mm 的垃圾土，试验前应将大块状物体（砖石、橡胶、布匹等）破碎并均匀分布于待测试样中。

（2）生活垃圾土压缩试验所用大固结仪应符合下列规定：

1　固结容器：内径不应小于 200mm，高不应小于 300mm，壁厚 20mm，底部安有排水管；

2　加载装置：最大加压可达 3000kPa，且没有冲击力，压力准确度应符合现行国家标准《土工仪器的基本参数及通用技术条件》GB/T 15406 的规定；

3　位移量测装置：量程 100mm，最小分度值 0.1mm 的百分表，或准确度为全量程

0.2%的位移传感器。

(3) 生活垃圾土压缩试验应按下列步骤进行：

1 制样；

2 固结容器底部依次放入透水石和滤纸，分层轻微捣实装入待测样，捣实力应小于第一级压力，试样上依次放上薄型滤纸、透水板和加压上盖，并将固结容器置于加压框架正中，调整杠杆水平，安装百分表；

3 施加 1kPa 的预压力使试样与仪器上下各部件之间接触，加荷后，应将杠杆调平衡，并将百分表或位移传感器调零；

4 荷载等级宜为 12.5kPa、25kPa、50kPa、100kPa、200kPa、400kPa、800kPa、和1600kPa，第一级压力视垃圾土的软硬程度，宜为 12.5kPa 或 25kPa，最后一级压力应视垃圾土的埋深，荷载间隔应为 24h；

5 卸去预压荷载，施加第一级荷载，分别测量加载 10min，30min，1h，2h，6h，12h，24h 后的沉降变形和渗沥液流出量，按上述步骤逐级加压至试验结束；

6 试验结束后吸去容器中的水，拆除仪器各部件并清洗，取出整块试样，测定含水率。

(4) 试样的初始孔隙比应按式Ⅵ-5 计算：

$$e_0 = \frac{(1 + 0.01w_0)G_s\rho_w}{\rho_0} - 1 \qquad (\text{Ⅵ-5})$$

式中：G_s——垃圾土试样比重；

ρ_0——试样初始密度，g/cm³；

w_0——试样含水率，%；

ρ_w——4℃时纯水的密度，g/cm³。

(5) 各级压力下试样固结后的孔隙比，某一压力范围内的压缩系数、压缩模量、体积压缩系数和压缩（回弹）指数应按现行国家标准《土工试验方法标准》GB/T 50123 中第14.1 节中的公式进行计算。

(6) 应以孔隙比为纵坐标，压力为横坐标绘制孔隙比与压力的关系曲线，见图Ⅵ-1。

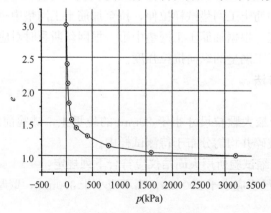

图Ⅵ-1 e-p 关系曲线图

(7) 应以孔隙比为纵坐标，压力的对数为横坐标绘制孔隙比与压力的对数关系曲线，见图Ⅵ-2。

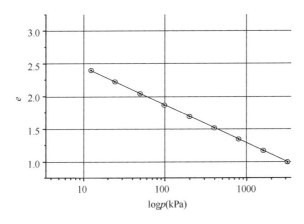

图Ⅵ-2 e-$\log p$ 关系曲线图

（8）应以渗沥液体积为纵坐标，压力为横坐标绘制渗沥液体积与压力的关系曲线，见图Ⅵ-3。

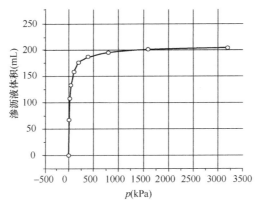

图Ⅵ-3 渗沥液体积-P 关系曲线图

（9）生活垃圾土试样的先期固结压力、固结系数应按现行国家标准《土工试验方法标准》GB/T 50123 中第 14.1.15 条、第 14.1.16 条中的相关规定进行计算。

（10）生活垃圾土压缩试验的记录宜按表Ⅵ-2 填写。

压缩试验记录表格　　　　　　　　　　　　　　　　表Ⅵ-2

压力　　　时间	MPa		MPa		MPa		MPa	
	变形（mm）	渗沥液（mL）	变形（mm）	渗沥液（mL）	变形（mm）	渗沥液（mL）	变形（mm）	渗沥液（mL）
10min								
30min								
1h								
2h								
6h								
12h								
24h								
总变形/总渗沥液量								

历时 (h)	压力 (MPa)	变形量 (mm)	压缩后试样高度 (mm)	孔隙比	压缩系数 (MPa⁻¹)	压缩模量 (MPa)	固结系数 (cm²/s)
24							
48							
72							
96							

（二）渗透试验

（1）生活垃圾土渗透试验应采用常水头。

（2）生活垃圾土渗透试验用渗透仪应符合下列规定：

常水头渗透仪装置的组成应符合现行国家标准《土工试验方法标准》GB/T 50123 中第 13.2.1 条的规定，其中，金属圆筒内径不应小于 200mm，高不应小于 500mm，水力梯度可调。

（3）生活垃圾土渗透试验应按下列步骤进行：

1　将垃圾土中大尺寸颗粒破碎至最大尺寸小于 20mm，最后一层试样应高出上测压孔 30～40mm，试验时应选择至少 3 个孔隙比；

2　设定水力梯度值并计算相应进出口水位高差，水力梯度值不应少于 3 个；

3　试验预处理、浸水饱和、梯度调节和数据记录应按现行国家标准《土工试验方法标准》GB/T 50123 中第 13.2.2 条的相关规定进行。

（4）常水头渗透系数和标准温度下的系数应按现行国家标准《土工试验方法标准》GB/T 50123 中式 13.2.3、13.1.3 进行计算。

（5）应以不同水力梯度作用下的平均渗透系数的对数为横坐标，孔隙比为纵坐标，绘制关系曲线，见图Ⅵ-4。

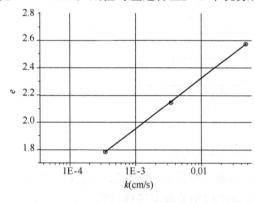

图Ⅵ-4　$e\text{-}\log k$ 关系曲线图

（6）生活垃圾土渗透试验的记录宜按表Ⅵ-3填写。

渗透试验记录表格　　　　　　　　表Ⅵ-3

孔隙比	经过时间 (s)	水位差 (cm)	水力梯度	渗水量 (s)	渗透系数 (cm/s)	水温 (℃)	标准渗透系数	平均渗透系数

续表

孔隙比	经过时间 （s）	水位差 （cm）	水力梯度	渗水量 （s）	渗透系数 （cm/s）	水温 （℃）	标准渗透 系数	平均渗透 系数

（三）有机质试验

（1）应将待测试样经 60～70℃ 恒温烘干，并应剔除其中的橡胶、塑料等非活性物质，计算非活性物质在垃圾土干基中的百分比，垃圾土研磨后过 0.1mm 筛，充分混合后储藏于干燥容器中。

（2）生活垃圾土有机质试验所用的主要仪器设备应符合下列规定：

1 马弗炉：最高温度不应小于 1000℃；

2 瓷坩埚：25mL；

3 天平：最小分度值 0.0001g；

4 干燥器。

（3）生活垃圾土有机质试验应按下列步骤进行：

1 将瓷坩埚于马弗炉中在 600℃ 高温下空烧 2h 至恒重；

2 于备用样中按四分法称取 2.0g 试样，精确至 0.0001g，置于已恒重的瓷坩埚中；

3 将瓷坩埚放入马弗炉中升温至 600℃，恒温 6～8h 后取出瓷坩埚移入干燥器中，冷却后称重，精确至 0.0001g；

4 将瓷坩埚再次放入马弗炉中，在 600℃ 温度下灼烧 10min，同样冷却称重，反复进行直到恒重。

（4）生活垃圾土中有机质含量的计算应按国家现行标准《城市生活垃圾有机质的测定》CJ/T 96 中规定的公式进行。

（5）生活垃圾土有机质试验应进行至少三次平行测定。

（6）生活垃圾土有机质含量试验的记录宜按表 Ⅵ-4 填写。

有机质含量试验的记录表格 表 Ⅵ-4

序号	试样质量 （g）	瓷坩埚和烘 干试样重 （g）	瓷坩埚和灼 烧后试样重 （g）	塑料在垃圾干 基中的百分比 （%）	试样中有机 质的含量 （%）	平均值
1						
2						
3						

（四）浸出试验

（1）取试样 2kg，破碎其中的大块状土样，应使样品颗粒最大尺寸不大于 3mm，过筛，取筛下细垃圾土，均匀混合后待测。

（2）生活垃圾土浸出试验所需主要仪器应符合下列规定：

1 振荡设备：频率可调的往复式水平振荡装置；

2 过滤器：加压过滤或真空过滤装置，滤膜为 $0.45\mu m$ 微孔；

3 天平：称量 200g，最小分度值 0.01g；称量 1000g，最小分度值 0.1g；称量 5000g，最小分度值 1g；

4 提取瓶：2L 具旋盖和内盖的广口瓶，由不能浸出或吸附样品所含成分的惰性材料制成。

（3）按四分法取样 500g，用过滤器和滤膜对样品进行压力过滤，称取滤渣质量，测定滤渣的含水率，并按式Ⅵ-6计算样品的含固量。当含固量小于或等于 5% 时，所得到的过滤液体即为浸出液，直接进行分析。

$$w_s = \frac{m_1}{500(0.01w_0 + 1)} \times 100 \qquad (Ⅵ\text{-}6)$$

式中：w_s——含固量，%；

m_1——滤渣质量，g；

w_0——滤渣含水率，%。

（4）当含固量大于 5% 时，应将滤渣继续浸出，应按国家现行标准《固体废物浸出毒性浸出方法　醋酸缓冲溶液法》HJ/T 300 中第 7 章的规定进行，浸出液与初始过滤液混合后进行分析。

（5）生活垃圾土浸出液的检测项目与方法应按表Ⅵ-5执行。

检测项目与方法　　　　　　　　　　　　　　　　　　表Ⅵ-5

序号	项目	执 行 标 准
1	浊度	《水质　浊度的测定》GB/T 13200
2	色度	《水质　色度的测定》GB/T 11903
3	总悬浮物	《水质　悬浮物的测定　重量法》GB/T 11901
4	总硬度	《水质　钙和镁总量的测定　EDTA滴定法》GB/T 7477
5	挥发酚	《水质　挥发酚的测定　蒸馏后4-氨基安替比林分光光度法》GB/T 7490
6	总磷	《水质　总磷的测定　钼酸铵分光光度法》GB/T 11893
7	总氮	《水质　总氮的测定　碱性过硫酸钾消解紫外分光光度法》GB/T 11894
8	氨	《水质　铵的测定蒸馏和滴定法》GB/T 7478
9	铅	《水质　铅的测定双硫腙分光光度法》GB/T 7470
10	铬	《水质　总铬的测定》GB/T 7466
11	镉	《水质　镉的测定双硫腙分光光度法》GB/T 7471
12	汞	《水质　总汞的测定　冷原子吸收分光光度法》GB/T 7468
13	砷	《水质　痕量砷的测定硼氢化钾-硝酸银分光光度法》GB/T 11900

（6）生活垃圾土浸出试验中的质量保证和质量控制应符合国家现行标准《固体废物浸

出毒性浸出方法 醋酸缓冲溶液法》HJ/T 300 中的相关规定。

（7）生活垃圾土浸出试验应进行至少两次平行测定。

（8）生活垃圾土浸出试验的记录宜按表Ⅵ-6 填写。

浸出试验记录表格   表Ⅵ-6

序 号	项 目	平行测定值		平均值
		A	B	
1	浊度			
2	色度			
3	总悬浮物			
4	总硬度			
5	挥发酚			
6	总磷			
7	总氮			
8	氨			
9	铅			
10	铬			
11	镉			
12	汞			
13	砷			

（五）化学分析试验

（1）取代表性垃圾土样 200g，破碎其中的大块状物质，将剩下的土样在 60～70℃恒温下烘干，研磨，过 0.1mm 筛，取筛下的土样，密封备用。

（2）按四分法取样，生活垃圾土化学分析项目和方法应按表Ⅵ-7 的规定执行。

垃圾土化学分析项目和方法   表Ⅵ-7

序 号	项 目	分析方法（参考标准）
1	总铬	《城市生活垃圾 总铬的测定 二苯碳酰二肼比色法》CJ/T 97
2	汞	《城市生活垃圾 汞的测定 冷原子吸收分光光度法》CJ/T 98
3	镉	《城市生活垃圾 镉的测定 原子吸收分光光度法》CJ/T 100
4	铅	《城市生活垃圾 铅的测定 原子吸收分光光度法》CJ/T 101
5	砷	《城市生活垃圾 砷的测定 二乙基二硫代氨基甲酸银分光光度法》CJ/T 102
6	全氮	《城市生活垃圾 全氮的测定 半微量开氏法》CJ/T 103
7	全磷	《城市生活垃圾 全磷的测定 偏钼酸铵分光光度法》CJ/T 104
8	全钾	《城市生活垃圾 全钾的测定 火焰光度法》CJ/T 105

（3）生活垃圾土化学分析试验应进行至少两次平行测定。

（4）生活垃圾土化学分析试验的记录宜按表Ⅵ-8 填写。

化学分析试验记录表格 表Ⅵ-8

序 号	项 目	浓度（mg/kg）	平均值
1	总铬		
2	汞		
3	镉		
4	铅		
5	砷		
6	全氮		
7	全磷		
8	全钾		

（六）臭味试验

（1）生活垃圾土臭气应按排放源臭气进行测定。

（2）生活垃圾土臭味试验所用仪器设备应符合下列规定：

1 聚酯无臭袋：1个×10L、18个×3L，选择无臭袋时应由嗅辨员进行嗅觉尝试；

2 注射器：量程100mL，最小分度值1mL。

（3）嗅辨员应符合下列要求：

1 首先应符合现行国家标准《空气质量恶臭的测定》GB/T 14675中第5章的规定；

2 嗅辨小组应充分考虑性别比例和年龄比例的合理搭配问题，男女比宜采用2∶1；18岁～30岁、30岁～45岁阶段嗅辨员比例宜为2∶1；

3 正式嗅辨前，应让每个嗅辨员对未经稀释的样品进行嗅辨记忆，对同一样品应选用同一组嗅辨小组，中间不应更换嗅辨员；

4 嗅辨员在监测当天应有良好的身体状况和情绪，不能携带和使用有气味的香料和化妆品，不能食用有刺激气味的食物；

5 嗅辨员在连续测试45min后要到无臭环境中休息15min。

（4）嗅辨室应符合下列要求：

1 嗅辨室要远离臭源，不应使用新装修的房间，室内应能通风换气并保持室温在17℃～25℃；

2 带有异味的试验用品不应在嗅辨室存放；

3 配气室和嗅辨室应相邻或者相对。

（5）高浓度臭气样品的稀释梯度应按表Ⅵ-9操作。

高浓度臭气样品的稀释梯度 表Ⅵ-9

在3L无臭袋中注入样品的量，mL	100	30	10	3	1	0.3	0.1	…
稀释倍数	30	100	300	1000	3000	1万	3万	…

（6）生活垃圾土臭味试验应按下列步骤进行：

1　采样袋运回实验室后，直接用注射器由采样袋小孔处抽取袋内气体配制供嗅辨的气袋；

2　采样瓶运回实验室后，取下瓶上的大塞并迅速从该瓶口装入带通气管瓶塞的10L聚酯衬袋。用注射器由采样瓶小塞处抽取瓶内气体配制供嗅辨的气袋；

3　由配气员（必须是嗅觉检测合格者）首先对采集样品在3L无臭袋内稀释梯度配制几个不同稀释倍数的样品，进行嗅辨尝试，从中选择一个既能明显嗅出气味又不强烈刺激的样品，以样品的稀释倍数作为配制小组嗅辨样品的初始稀释倍数；

4　配气员将18只3L无臭袋分成6组，每一组中的三只袋分别标上1、2、3号，将其中一只按正确的初始稀释倍数定量注入取自采样瓶中样品后充满清洁空气，其余二只仅充满清洁空气。然后将6组气袋分发给六名嗅辨员嗅辨；

5　6名嗅辨员对分配的3袋进行嗅辨，嗅辨过程中，若有人回答错误时，应终止该人的嗅辨，全员嗅辨结束后，进行下一级稀释倍数试验，当有5名嗅辨员回答错误时试验全部终止。

（7）结果结算应按下列步骤进行：

1　应按式Ⅵ-7计算个人嗅觉阈值：

$$x_i = \frac{\lg a_1 + \lg a_2}{2} \qquad (Ⅵ\text{-}7)$$

式中：a_1——个人正解最大稀释倍数；

a_2——个人误解稀释倍数。

2　应舍去小组个人嗅阈值中最大和最小值后，按式Ⅵ-8计算小组算术平均阈值（x）。

$$x = \frac{x_1 + x_2 + \cdots x_n}{n} \qquad (Ⅵ\text{-}8)$$

3　应按式Ⅵ-9计算样品臭气浓度：

$$y = 10^x \qquad (Ⅵ\text{-}9)$$

式中：y——样品臭气浓度；

x——小组算术平均阈值。

（8）生活垃圾土臭味试验的记录宜按表Ⅵ-10填写。

臭味试验记录表格　　　　　　　　　　　　　　　　　表Ⅵ-10

稀释倍数（a）		30	100	300	1000	3000	1万	3万	个人嗅阈值 （x_i）	平均阈值 （x）
对数值（lga）		1.48	2.00	2.48	3.03	3.48	4.00	4.48		
嗅辨员	A									
	B									
	C									
	D									
	E									
	F									

（七）蝇密度试验

(1) 本试验方法适用于室外测试。

(2) 本试验应在晴朗的天气下进行，环境温度宜为 27～30℃，试验地点周围应无其他异味物质，试验时间宜在上午 9 点至下午 3 点之间。

(3) 本试验所用捕蝇笼，应符合现行国家标准《病媒生物密度监测方法 蝇类》GB/T 23796 中第 3.1.2 条的规定。

(4) 生活垃圾土蝇密度试验应按下列步骤进行：

1 按四分法称取待测样 50g 放置于捕蝇笼诱饵盘中，诱饵盘与捕蝇笼下沿的间隙应不大于 20mm；

2 将带样捕蝇笼放入指定的试验地点，开始计时，试验时间不应小于 5 小时，同时记录温度、湿度和风速等环境条件；

3 将捕获蝇类有杀虫剂杀灭后计数。

(5) 生活垃圾土蝇密度应按式Ⅵ-10 计算：

$$D = \frac{N}{T} \tag{Ⅵ-10}$$

其中：D——蝇密度，只/h；

N——捕获蝇总数，只；

T——试验时间，h。

(6) 生活垃圾土蝇密度试验应进行至少三次平行测定，试验环境应相同，当同时进行时，应保持二捕蝇笼间距不小于 100m。

(7) 生活垃圾土蝇密度试验的记录宜按表Ⅵ-11 填写。

蝇密度试验记录表格　　　　　　　　　　　　　　　　　　　　　　表Ⅵ-11

笼号	时间 (d、h)	蝇总数 (只)	蝇密度 (只/h)	温度 (℃)	湿度 (%)	风速 (m/s)
1						
2						
3						

附录Ⅶ　防渗结构渗漏破损探测方法与要求

(一) 渗漏破损探测方法见表Ⅶ-1。

探测方法一览表　　　　　　　　　　　　　　　　　　　　　　表Ⅶ-1

序号	方法	特点	用途	限制条件
1	水枪法	·适用于裸露土工膜； ·能够准确定位≥1mm 的破损位置； ·探测时需要有水喷淋土工膜	定位土工膜上没有覆盖层的裸露土工膜上的破损孔洞	·要求土工膜紧密贴合下层材料，下层材料要求能够导电； ·土工膜的褶皱和隆起，会影响探测结果

序号	方法	特点	用途	限制条件
2	电火花法	·适用于裸露土工膜； ·土工膜必须有一侧属于导电土工膜，导电一侧接触地基基础； ·能够准确定位≥1mm的破损孔洞； ·不需要洒水，不要求土工膜和地基紧密贴合	定位导电土工膜没有覆盖层情况下，裸露土工膜的破损孔洞	·不能定位覆盖有保护层情况下土工膜的破损位置； ·不能取代修补区域的电火花测试
3	双电极法	·适用于膜上覆盖有水、砾石、土等物料层； ·能够准确确定孔洞位置，一般位置误差小于50cm； ·在土工膜上有30cm覆盖层的情况下，能够探测到≥6mm的孔洞	定位防渗土工膜上覆盖有砂石或水情况下的渗漏破损点	·要求土工膜和上下层材料紧密贴合，上下层材料具有导电性能； ·探测区域不能有和场外连接的导体，如土堆、垃圾堆体等； ·大型渗漏孔洞有可能屏蔽其距离1m以内的小型孔洞
4	高密度电阻率法	·数据量丰富且实现了自动化或半自动化采集； ·成本低、操作简单； ·受场地干扰小； ·可形象直观地反映出地下不同性质介质变化及异常体的产状和深度	定位运行期或封场后填埋场渗漏破损位置	·须了解场区内物质电性

（二）水枪法、电火花法、双电极法和高密度电阻率法等四种探测方法的步骤及要求如下。

1　水　枪　法

1.1　采用水枪法探测时，被探测的防渗土工膜下材料应具有导电性能，包括潮湿的砂、土或土工布；

1.2　水枪法应可探测到最小为1mm的渗漏破损，并可精确定位防渗土工膜渗漏破损的位置。

1.3　存在下述情况时，水枪法探测前应采取人为措施使防渗土工膜与基础层贴合：

（1）防渗土工膜铺设存在皱纹或者波浪突起；

（2）陡坡位置，土工膜自然贴合不好；

（3）其他防渗土工膜与其下基础层贴合不好的情况。

1.4　水枪法探测设备应包括：电源转换器、水枪、埋地电极、导线、电流感应器和信号转换器等。

1.5　水枪法探测设备主要技术指标应符合表Ⅶ-2的要求。

水枪法探测设备主要技术指标　　　　　　　表Ⅶ-2

项　目	指　标	项　目	指　标
输入电压（V）	220	探测电压（V）	0.001～25
输出电压（V）	0～36 可调	探测宽度（m）	≤1

1.6　水枪法的探测步骤包括：场地绝缘，埋放电极，设备试验校准，实际探测，渗漏点分析，复测，报告整理。

1.7　水枪法探测前，可采用直径为 1mm 的金属导电体校准，导电体一端与防渗土工膜下的导电基础层连接，一端置于防渗土工膜之上。按照设备说明书的操作要求进行校准，以信号最清晰时的参数作为探测基准。

1.8　在防渗土工膜下的基础层贴合良好条件下，向土工膜上喷淋水后，同时观测探测仪发出的声光报警信号，进行仪器实验校准，确定设备的测试参数。

2　电 火 花 法

2.1　电火花法渗漏破损探测时土工膜表面应干燥、裸露，并处于绝缘状态的，膜下应紧密贴合导电土工布或具有导电性的防渗土工膜等专用导电材料。

2.2　电火法可探测定位防渗土工膜上不小于 1mm 的渗漏破损。

2.3　使用电火法探测时，探测区域防渗土工膜应保持平整、干燥、绝缘，并没有其他杂物。

2.4　电火花法探测设备包括：蓄电池、探测仪、埋地电极、导线、电容器、感应器和信号转换器等

2.5　电火花法探测设备主要技术指标应符合表Ⅶ-3 的要求。

电火花法探测设备主要技术指标　　　　　　　表Ⅶ-3

项　目	指　标
输入电压（V）	220
输出电压（V）	15000～35000
探测宽度（m）	≤1

2.6　电火花法探测步骤包括：场地准备，设备试验校准，实际探测，复测，报告整理。

2.7　电火花法探测前设备校准可使用直径约 1mm 的实际破损孔洞或人工模拟破损孔洞。人工模拟渗漏破损孔洞做法宜采用直径不大于 1mm 的导电体刺穿防渗土工膜，使导电体一端与防渗土工膜之下基础层连接，一端置于防渗土工膜之上。

2.8　电火花法探测在供电电压范围 15000～35000V 内调整输出电压，确认探测设备可灵敏探测到人工试验破损漏洞时，为最佳探测参数。

2.9　按拟定的探测网络布置进行逐点探测，同时观测电火花和探测仪发出的声音信号，确定渗漏破损位置。

3　双 电 极 法

3.1　双电极法适用于防渗系统施工完成后，填埋垃圾之前，探测防渗土工膜上覆盖有砾石、砂或土等粒料层的情况。

3.2 双电极法应能精确定位防渗土工膜上最小为 6mm 的渗漏破损。

3.3 探测时应确保防渗土工膜上、下铺设的砾石、砂或土与防渗膜密切贴合并处于湿润导电状态。

3.4 探测设备包括：电源转换器、电势测量仪、埋地电极、导线等。

3.5 探测设备主要技术指标应符合表Ⅶ-4 的要求。

双电极法探测设备主要技术指标

表Ⅶ-4

项　　目	指　　标	项　　目	指　　标
输入电压（V）	AC220	探测电压（V）	0.01～25V
输出电压（V）	12～1000 可调	偶极间距（m）	1

3.6 双电极法探测步骤包括：场地绝缘，埋放电极，设备试验校准，实际探测，渗漏点分析，复测，报告整理。

3.7 渗漏破损探测前应进行防渗土工膜上、下层的绝缘准备，包括排除被探区域内存在的导电物体和与其他电源接触的物体，确保防渗边坡与外界电场阻隔，土工布、粒料层及可能连接到场外的任何能导电物体都需要隔离。必要时应采取开挖沟槽等措施，对该区域进行绝缘处理。

3.8 应根据预先确定的待测区域，安放设备，电源的负极应埋放在防渗土工膜下面，正极置于防渗土工膜上面。

3.9 探测作业前，应进行渗漏探测设备校准和确定探测的间距。设备校准和确定探测的间距可使用实际破损孔洞或人工渗漏模拟破损孔洞。

3.10 人工模拟渗漏破损孔洞应按以下方式操作：

（1）开挖防渗土工膜上的覆盖材料，在防渗土工膜上切割 3～6mm 的孔洞；

（2）采用直径不小于 6mm 的金属导体作为电极，埋入防渗土工膜上，覆盖层内，保持与防渗土工膜的接触；

（3）同样方法将另一金属导体埋设到防渗土工膜下，基底层上面。

3.11 探测前，应进行试验性探测和探测设备校准。应根据校准的探测参数，结合仪器的覆盖宽度确定探测的线、点间距。并应符合下述规定：

（1）根据现场试验确定采用的探测电压等主要参数；

（2）调校设备仪器的灵敏度；

（3）根据调校核准的灵敏度确定匹配的探测间距。

3.12 根据校准确定的间距放线，划分检测单元格和探测网络，布设探测线、点。

3.13 应根据仪器记录的数据，使用光栅数据格式或轮廓图分析数据，绘制出各区域线、点的数据曲线图，根据曲线图查找并确定渗漏点的位置。

4　高密度电阻率法

4.1 高密度电阻率法适用于运行期和封场后垃圾填埋场渗沥液渗漏的探测。

4.2 高密度电阻率仪不应长期存放在潮湿或有腐蚀性气体的环境中，仪器严禁在 −20℃以下的温度环境中工作或存放。

4.3 高密度电阻率探测设备系统应包括：多路电极转换器、测控主机、电缆、电极和电法处理软件等。

4.4 高密度电阻率仪最大供电电压不应小于 450V，最大供电电流不应小于 5A，测试精度应小于 1%±1。

4.5 探测前的准备工作应符合下列规定：

(1) 探测区域应事先平整，地面起伏不应过大；

(2) 应根据填埋场的渗漏点设计多条测线，粗测时可延长测线和电极矩；

(3) 应根据防渗层深度设计测线的长度。

4.6 电极布设应符合下列要求：

(1) 电极应等间距布置；

(2) 电极距不应大于电缆上的电极间距长度。

4.7 高密度电阻率仪连线应按图Ⅶ-1 操作，用专用通讯电缆将测控主机与兼容计算机连接，连线应在仪器处于关机状态下进行，严禁将直流高压、A、B、M、N 相互混接。

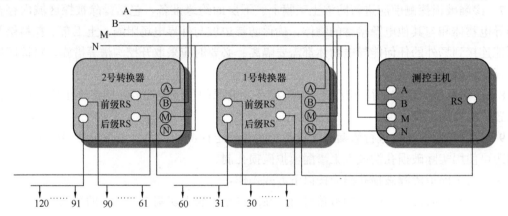

图Ⅶ-1 高密度电阻率测量系统布线图

4.8 人工防渗系统渗漏破损探测应按下列步骤进行：

(1) 打开高密度电阻率仪电源，调节仪器显示对比度；

(2) 选择系统工作方式，确定系统工作模式后不应随意改变；

(3) 进行仪器硬件检测、电极接地电阻检测、电池电压检测，若仪器显示"电源电压过低！"，应立即更换电池；

(4) 设置工作参数，工作参数包括：断面号、装置、滚动数、电极数、极距、剖面数；

(5) 启动测量。

4.9 人工防渗系统渗漏破损探测应符合下列规定：

(1) 若高密度电阻率仪显示"过流保护！"，应关掉电源检查 AB 是否短路；

(2) 每测量完一个断面时应检查一次电池电压；

(3) 对于新的工作断面，在测量前，事先应设置正确的工作参数；

(4) 仪器执行某一功能未结束时，不应关机；

(5) 仪器面板应避免阳光直射。

4.10 应根据工作区的地形地质条件、勘探目的、勘探深度和勘探精度等因素来选择合适的装置。宜选取两种或两种以上的排极装置进行探测。

4.11 探测结束后应对数据进行格式转化、突变点剔除、滤波、编辑绘图和反演处理。结合图中电阻率异常区、场区内物质电性差异对数据进行解释，确定渗沥液渗漏点。

4.12 应采用改变装置或断面的方法对渗漏点的数据进行检验。

4.13 测试结束操作应符合下列规定：

（1）应用脱脂棉蘸少许水将高密度电阻率仪显示窗、面板、直流高压线、外壳擦拭干净，严禁用有机溶剂擦拭；

（2）仪器若长期不用，应将机内电池取出。